新编高等职业教育电子信息、机电类规划教材·应用电子技术专业

低频电子线路

（第3版）

刘树林　主　编

岳改丽
王党树　副主编

電子工業出版社
Publishing House of Electronics Industry
北京·BEIJING

内 容 简 介

本书从电子信息类专业学生对电子技术知识的实际需求出发，以“淡化理论，够用为度，加强实用”为指导原则，通俗流畅地介绍了常用半导体器件（二极管、稳压管、三极管、场效应管等）和集成运算放大器及其所组成电路的原理和基本分析方法；为使学生掌握更多的实用技能，加强对学生实际动手能力的训练，书中附有各类常用元器件和仪器使用测量等基本知识，每章后面都附有实用性较强的实训实例。

本书共分 10 章，内容包括：半导体二极管及其应用、双极型三极管及其放大电路、场效应管及其放大电路、放大电路中的反馈、低频功率放大电路、集成运算放大器、波形发生器、直流电源、Muitisim 仿真及综合技能训练。每章后面均附有小结和足量的习题。

本书可作为机械和电子信息类等专业的高职高专教材，也可作为其他相关专业的教材，亦可供从事电子技术工作的工程技术人员学习参考。

图书在版编目（CIP）数据

低频电子线路 / 刘树林主编. —3 版. —北京：电子工业出版社，2015.7
ISBN 978-7-121-26605-8

Ⅰ. ①低… Ⅱ. ①刘… Ⅲ. ①低频－电子电路－高等学校－教材 Ⅳ. ①TN722.1

中国版本图书馆 CIP 数据核字（2015）第 156343 号

策　　划：陈晓明
责任编辑：郭乃明　　特约编辑：范　丽
印　　刷：北京七彩京通数码快印有限公司
装　　订：北京七彩京通数码快印有限公司
出版发行：电子工业出版社
　　　　　北京市海淀区万寿路 173 信箱　邮编：100036
开　　本：787×1092　1/16　印张：17.5　字数：448 千字
版　　次：2003 年 9 月第 1 版
　　　　　2015 年 7 月第 3 版
印　　次：2024 年 1 月第 4 次印刷
定　　价：39.00 元

凡所购买电子工业出版社图书有缺损问题，请向购买书店调换。若书店售缺，请与本社发行部联系，联系及邮购电话：（010）88254888。
质量投诉请发邮件至 zlts@phei.com.cn，盗版侵权举报请发邮件至 dbqq@phei.com.cn。
服务热线：（010）88258888。

第 3 版前言

自《低频电子线路》第 2 版发行以来，获得相关院校师生及工程技术人员的好评和欢迎，使用本教材的院校和老师还提出了许多宝贵的意见和建议，并期待着对《低频电子线路》第 2 版尽快修订；同时考虑到模拟电子技术及其应用一直在向前发展，因此为进一步适应现代社会发展对应用型和技能型人才的需求，实现高等教育、尤其是高职高专教育的培养目标，本书第 3 版在保持第 2 版理论体系的基础上主要做了以下几个方面的修改：

1. 为使学生具备基本的电路仿真知识，更好更快地设计电子电路，增加了第 9 章 Multisim 10 仿真的内容。

2. 为增强学生分析问题和解决问题的能力，加强学生对所学内容的理解，每章课后习题内容都有所增加。

3. 将原版中的第 6 章多级放大电路的内容移至第 2 章介绍，同时在第 2 章中增加了三极管使用中应注意事项、多级放大电路的基本性能、多级放大电路的频率响应等内容。

4. 新版的综合技能训练（第 10 章）较第 2 版的综合技能训练（第 9 章）做了较大篇幅改动，其中增加了电子线路读图的内容，并将第 2 版的常用元器件及其测量方法、常用仪器仪表及其使用移至第 10 章介绍，同时增加了 5 种常用仪器仪表的介绍、综合设计及制作等内容。

5. 增加了场效应管与三极管的比较、场效应管使用应注意的问题、场效应管放大电路与三极管放大电路的比较、电路中引入负反馈的一般原则、功率放大器的保护电路、集成运放的线性应用之三——信号变换电路等内容。

6. 新版在第 7 章和第 8 章的实训中分别增加了方波和三角波发生电路的安装与调试及直流稳压电源的安装、调试与检测这两项内容，删去了第 8 章单相可控整流电路。

编写《低频电子线路》第 3 版的指导思想仍然是以半导体分立元件为基础，集成电路及其应用为重点，着重培养学生分析和解决问题的能力。

《低频电子线路》第 3 版的编写原则是：淡化理论，够用为度；深入浅出，注重实用；语音流畅，条理清晰，在对具体问题进行分析时，避免采用繁琐的公式推导，力求结合图、表和波形，用通俗流畅的语音对一些难于理解的问题进行由浅入深的分析。

本教材建议学时数为 80～100（包括实训），可根据各院校的具体情况而定。

本书第 1、3、4 章由刘树林编写，第 2、6、7、9 章及各章后面的本章小结由岳改丽编写，5、8、10 章由王党树编写，刘树林负责全书的统稿和最后定稿。

本书在编写过程中，得到了西安科技大学电控学院同志们的大力支持与热情帮助，他们为本书的编写提供了许多宝贵资料，在此表示感谢。李阿龙、徐志财等研究生协助完成了部分书稿的图文处理等工作，也在此表示感谢。

同时向所有关心和帮助本书编写、出版的同志一并表示谢意。

由于编写时间仓促和水平有限，书中难免有错误和不妥之处，恳请读者指正。

编　者
2015 年 3 月于西安

第3版前言

目　录

第 1 章　半导体二极管及其应用

序号	本章要点	特　　点		重点和难点
1	半导体（Si、Ge）	杂敏性、热敏性、光敏性		P 型和 N 型半导体、PN 结
2	二极管	普通二极管	在 PN 结两端引出电极而形成	单向导电性、整流、钳位
		发光二极管	由化合物半导体 GaAs、GaP 形成	正向应用，可发红、黄、绿等光
		稳压二极管	反向应用	典型电路，限流电阻的选择
		光电二极管	反向应用	反向电流与光照强度成正比
3	二极管简化模型	理想模型、恒压降模型、折线模型		实际应用

1.1　PN 结与二极管

1.1.1　半导体概述

自然界中的物质按导电能力强弱的不同，可以分为 3 大类：导体、绝缘体和半导体。导体是导电能力特别强的物质，如一般的金属、碳和电解液等；绝缘体是导电能力特别差，几乎不导电的物质，如胶木、橡胶和陶瓷等；半导体是导电能力介于导体和绝缘体之间的物质，常用的半导体材料有锗（Ge）、硅（Si）和砷化镓（GaAs）等，大多数半导体器件所用的主要材料就是锗和硅。

尽管半导体的导电性能不如导体，绝缘性能又不如绝缘体，但半导体却得到了广泛的应用。现代电子技术的发展实际上就是半导体技术的发展，为什么半导体技术会有如此大的影响力呢？主要在于半导体具有如下一些奇妙特性。

（1）杂敏性：半导体对杂质很敏感。在半导体硅中只要掺入亿分之一的硼（B），电阻率就会下降到原来的五百万分之一。人们就用控制掺杂的方法，精确地控制半导体的导电能力，制造出各种不同性能、不同用途的半导体器件，如普通半导体二极管、三极管、晶闸管、电阻和电容等。

而且，在半导体中不同的部分掺入不同的杂质就呈现不同的性能，再采用一些特殊工艺，将各种半导体器件进行适当的连接就可制成具有某一特定功能的电路——集成电路，甚至系统，这是半导体最具魅力之处。

（2）热敏性：半导体对温度很敏感。温度每升高 10℃，半导体的电阻率就减小为原来的 1/2。这种特性对半导体器件的工作性能有许多不利的影响，但利用这一特性可制成自动控制中有用的热敏电阻，热敏电阻可以感知万分之一摄氏度的温度变化。

把热敏电阻装在机器的各个重要部位，就能集中控制和测量它们的温度。用热敏电阻制作的恒温调节器，可以把环境温度稳定在上下不超过 0.5℃的范围。在农业上，热敏电阻制成的感测装置能准确地测出植物叶面的温度和土壤的温度。它还能测量辐射，几百米远人体发出的热辐射或 1000 米外的热源都能方便地测出。

（3）光敏性：半导体对光照很敏感。半导体受光照射时，它的电阻率会显著减小。例如，一种硫化镉（CdS）的半导体材料，在一般灯光照射下，它的电阻率是移去灯光后的几十分之一或几百分之一。自动控制中用的光电二极管、光电三极管和光敏电阻等，就是利用这一特性制成的。

应用光电器件可以实现路灯、航标灯的自动控制，制成火灾报警装置，可以进行产品自动计数，实现机器设备的人身安全保护等。

在纯净的半导体（又称为本征半导体）中掺入杂质就成了杂质半导体，根据其内部掺入杂质的不同，可将杂质半导体分为两类。

（1）P 型半导体，又称为空穴型半导体。它是在半导体中掺入三价元素，多子为空穴，少子为电子。

（2）N 型半导体，又称为电子型半导体。它是在半导体中掺入五价元素，多子为电子，少子为空穴。

电子带负电，空穴带正电，因此电子和空穴的定向运动就形成了电流。电子和空穴同时参与导电，是半导体与导体导电的本质区别。

如果在半导体的一侧掺入三价元素，另一侧掺入五价元素，则半导体的一侧为 P 型，另一侧为 N 型，在 P 型与 N 型的交界处就形成了一块特殊的区域，成为 PN 结。PN 结具有单向导电性，即 PN 结外加正向电压时表现为导通；外加反向电压时表现为截止。正是利用了 PN 结具有单向导电性这一奇妙的特性，人们制造出了如二极管、三极管、场效应管、晶闸管等众多的半导体器件，甚至电路。

1.1.2 二极管及其伏安特性

在 PN 结的两端引出两个电极，并在外面装上管壳，就成为半导体二极管。

1. 二极管的结构和符号

半导体二极管的结构、符号和外形如图 1.1 所示。接在 P 区的引出线称为二极管的阳极，用 A 表示；接在 N 区的引出线称为二极管的阴极，用 K 表示。

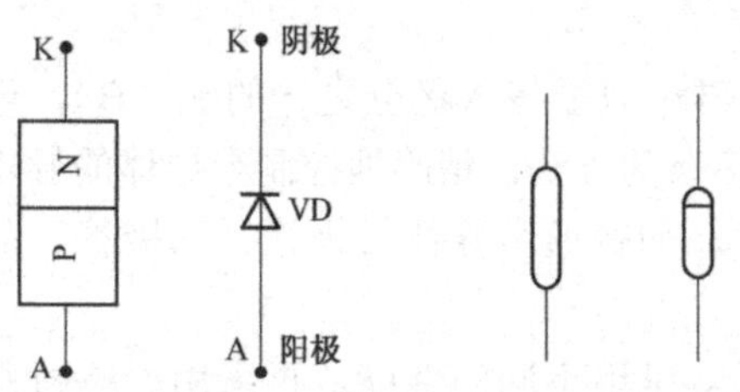

图 1.1 半导体二极管的结构、符号和外形

2. 二极管的伏安特性

加在二极管两端的电压与流过二极管电流的关系称为二极管的伏安特性，二极管两端电压与流过二极管的电流可用如图 1.2（a）和图 1.2（b）所示电路进行测试。

根据测出的二极管两端电压及对应的流过二极管的电流数值，所描绘出的电流随电压变化的曲线，称为二极管的伏安特性曲线，如图 1.3 所示（图中是硅二极管）。

下面对二极管伏安特性曲线加以说明。

（1）正向特性。当二极管加正向电压（P 接电源的正端，N 接电源的负端）时，伏安特性曲线分为正向死区和正向导通区两部分。

① 正向死区：如图 1.3 所示，*OA* 段为正向死区。当加在二极管两端正向电压较小时，正向电流极小（几乎为 0），二极管呈现很大的电阻，这一部分区域称为正向特性的死区。随着二极管两端电压不断增大，并超过某一电压时，流过二极管的电流迅速增加，所以称这个电压为门槛电压，有时也称死区电压。在常温下，硅管的门槛电压约为 0.5～0.7V，锗管

约为 0.1～0.3V。

② 正向导通区：如图 1.3 所示，*AB* 段为正向导通区。当二极管正向电压大于门槛电压 U_{th} 时，电流随电压增加而迅速增大，二极管处于导通状态，电流与电压的关系基本上是一条指数曲线。此时正向电流上升很快，而二极管的正向压降变化很小，基本保持不变。

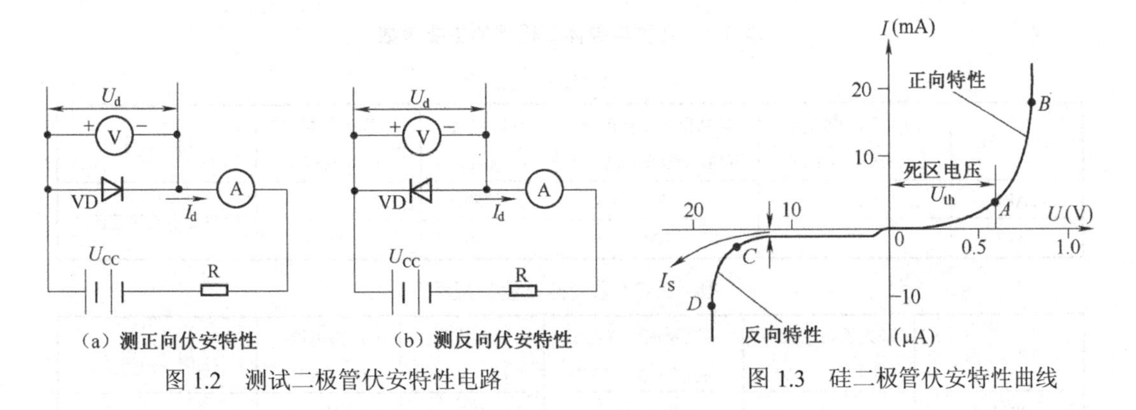

图 1.2　测试二极管伏安特性电路　　图 1.3　硅二极管伏安特性曲线

（2）反向特性。当二极管两端加反向电压时，伏安特性曲线分为反向截止区和反向击穿区两部分。

① 反向截止区：如图 1.3 所示，*OC* 段为反向截止区。在反向截止区，给二极管加反向电压时，反向电流很小，呈现的电阻很大，二极管处于反向截止状态，这时流过二极管的反向电流几乎不随反向电压的变化而变化，该电流叫做反向饱和电流 I_S。小功率硅管的 I_S 约为几十毫安，小功率锗管的 I_S 约为几百毫安。温度升高时，反向饱和电流随之增加。

② 反向击穿区：当反向电压增加到一定大小时，反向电流急剧增加，这种现象称为二极管的反向击穿，如图 1.3 所示的 *CD* 段即为反向击穿区，这时的反向电压称为二极管的反向击穿电压，用 U_{BR} 表示。普通二极管反向击穿后，应当采取限流措施，否则很大的反向击穿电流会使 PN 结温度迅速升高而烧坏 PN 结。在实际应用中，应尽量避免二极管的反向击穿。

1.1.3　二极管的主要参数

二极管的参数是工程设计中选用二极管的主要依据，二极管的主要参数如下。

1．最大正向电流 I_F

最大正向电流 I_F 是指二极管长期运行时允许通过的最大正向平均电流，如果实际工作时的正向平均电流超过此值，二极管内的 PN 结可能会因过分发热而损坏。

2．最高反向工作电压 U_R

最高反向工作电压 U_R 是指正常使用时所允许加在二极管两端的最大反向电压。为了确保二极管安全工作，通常取二极管反向击穿电压 U_{BR} 的一半作为 U_R。

3．反向电流 I_S

反向电流 I_S 是指二极管未击穿时的反向电流，其值愈小，则二极管的单向导电性愈好。由于反向电流会随着温度的增加而增加，所以在使用二极管时要注意温度的影响。

二极管的参数是正确使用二极管的依据，一般半导体手册中都给出了各种型号二极管的参数。在使用时，应特别注意不要超过最大正向电流和最高反向工作电压，否则管子容易损坏。

如表 1.1 所示列出一些常用二极管参数，以供参考。其中，2AP1～2AP7 检波二极管（点接触型锗管），在电子设备中用做检波和小电流整流用；2CZ52～2CZ59 系列整流二极管，用于电子设备的整流电路中。

表 1.1 几种半导体二极管的主要参数

国产 2AP 型锗二极管

型 号	最大正向电流 I_F（平均值）（mA）	最高反向工作电压 U_{RM}（峰值）（V）	反向电流 I_S（μA）	最高工作频率 f（MHz）	用 途
2AP1	16	20	≤250	150	检波及小电流整流
2AP7	12	100	≤250	150	

国产 2CZ 系列硅整流二极管

型 号	最大正向电流 I_F（平均值）（A）	最高反向工作电压 U_{RM}（峰值）（V）	反向压降 U_F（V）	反向电流 I_S（μA）	用 途
2CZ52	0.1	25～600	0.7	1	用于频率为 3kHz 以下电子设备的整流电路中
2CZ53	0.3	25～400	1	5	
2CZ54	0.5	25～800	1	10	
2CZ55	1	25～1000	1	10	
2CZ56	3	100～2000	0.8	20	
2CZ57	5	25～2000	0.8	20	
2CZ58	10	100～2000	0.8	30	
2CZ59	20	25～1400	0.8	40	

整流二极管

型 号	最大正向电流 I_F（平均值）（A）	最高反向工作电压 U_{RM}（峰值）（V）	正向压降 U_F（V）	反向电流 I_S（μA）
IN4148	0.1	80	1	1
IN4001	1	100	1	5
IN4004	1	400	1	5
IN4007	1	1000	1	5
IN5391	1.5	100	1	5
IN5392	1.5	100	1	5
IN5399	1.5	1000	1	5
IN5401	3	100	1	5
IN5404	3	400	1	5
IN5408	3	1000	1	5

1.2 二极管的实用简化模型

从前面的分析可以看到，二极管的伏安特性是非线性的，所以我们不能用以前学过的用于线性元件的欧姆定律来对其进行分析计算。但在实际应用中，我们在特定的条件下完全可以对它进行简化的处理，只要处理符合实际情况，不但会给分析带来较大的方便，而且能保证工程上允许的准确程度。简化处理通常有以下几种方式。

1.2.1　理想二极管模型

我们把二极管的理想特性定义为：正向偏置时电压降为 0；反向偏置时反向电流为 0。在分析电路时，理想二极管的导通和截止可等效为一只理想开关的闭合和断开，理想二极管的符号和等效电路模型如图 1.4 所示。

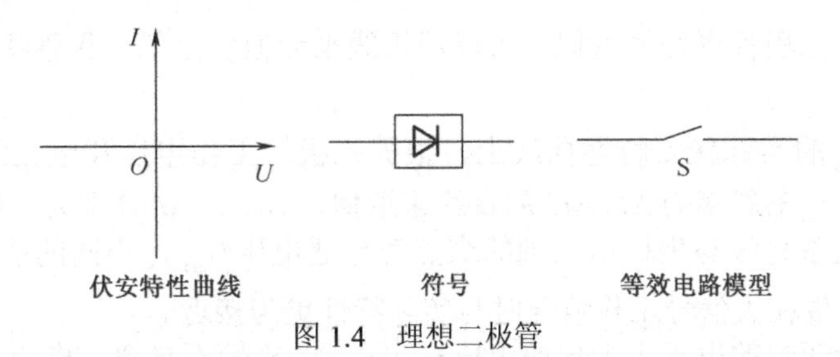

图 1.4　理想二极管

在实际电路中，若二极管正向导通，其两端的正向电压远小于与它串联的其他电压时，可将二极管两端的正向电压作零电压处理；若二极管反向截止，其反向电流远小于和它并联的电流时，可将二极管的反向电流作零电流处理。即在上述条件下，可把实际的二极管看做理想二极管。

例 1-1　二极管电路如图 1.5 所示。二极管为理想的硅二极管，电阻 R=2kΩ，电源电压 U_{DD}=2V，求回路中的电流 I 和电阻 R 两端的电压 U。

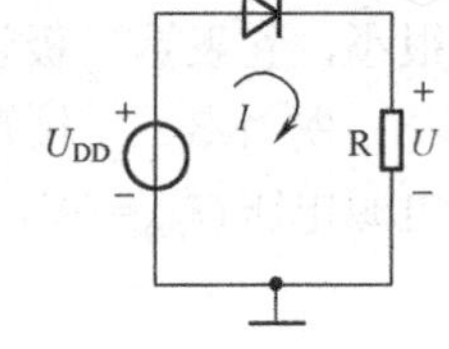

图 1.5　二极管电路

解：题中已知的二极管为理想二极管，所以其两端的正向压降为 0。由图可得

$$I=\frac{U_{DD}}{R}=\frac{2V}{2k\Omega}=1mA, \qquad U=U_{DD}=R\times I=2V$$

1.2.2　恒压降二极管模型

考虑到实际二极管正向特性曲线中的门槛电压（硅管约为 0.5V，锗管约为 0.1V），我们可用图 1.6 来等效实际的二极管。其特性可近似如下。

（1）二极管有一个导通电压，只有当正向电压超过导通电压后，二极管才导通，否则二极管不导通，电流为 0。

（2）二极管导通后，规定其两端的正向电压为常量，通常硅管取 0.7V，锗管取 0.3V。

（3）反偏时电流为 0。

显然，这种处理方式比理想二极管更接近实际的二极管特性。

例 1-2　二极管电路如图 1.7 所示。二极管为硅二极管，其正向导通压降为 0.7V，电阻 R=2kΩ，电源电压 U_{DD}=10V，求回路中的电流 I 和电阻 R 两端的电压 U。

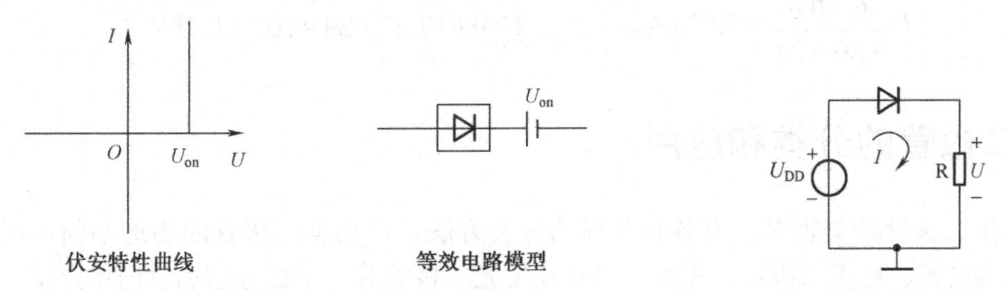

图 1.6　正向导通电压恒定的二极管　　　图 1.7　正向导通电压恒定的二极管电路

解：题中已知硅二极管的正向导通压降为 0.7V，所以由图 1.7 可得

$$I=\frac{U_{\mathrm{DD}}-0.7\mathrm{V}}{R}=\frac{10\mathrm{V}-0.7\mathrm{V}}{2\mathrm{k}\Omega}=4.65\mathrm{mA}, \qquad U=RI=U_{\mathrm{DD}}-0.7\mathrm{V}=10\mathrm{V}-0.7\mathrm{V}=9.3\mathrm{V}$$

1.2.3 折线近似的二极管模型

如果要与实际二极管更好的近似，可以用折线来近似实际的二极管特性曲线，如图 1.8 所示。

（1）在二极管的实际伏安特性曲线上，根据二极管工作电压和电流的范围，其正向导通的伏安特性可由一条斜率为 $\Delta I/\Delta U$ 的直线来近似，ΔU 、ΔI 分别为二极管工作电压和电流的变化范围。这条直线与坐标电压轴的交点为导通电压 U_{on} ，不同的情况下，U_{on} 的值是不相等的。这种等效在大信号工作情况时与实际特性更为接近。

（2）当二极管两端的电压小于导通电压 U_{on} 时，二极管不导通，电流为 0。当二极管两端的电压超过导通电压 U_{on} 后，这条斜率为 $\Delta I/\Delta U$ 的直线反映了二极管导通后其两端电压和电流的关系。

（3）二极管导通后的等效导通电阻 $R_{\mathrm{d(on)}}=\Delta U/\Delta I$ ，它是斜率 $\Delta I/\Delta U$ 的倒数。二极管的工作电流较大时，其实际正向特性曲线在很陡直的区域，所以近似直线的斜率很大，其倒数很小，它表示二极管在大信号作用下的导通电阻很小。

例 1-3 二极管电路及所用二极管的折线近似特性曲线如图 1.9 所示。电阻 R=680Ω，电源电压 U_{DD}=6V，求回路中的电流 I 和二极管两端的电压 U。

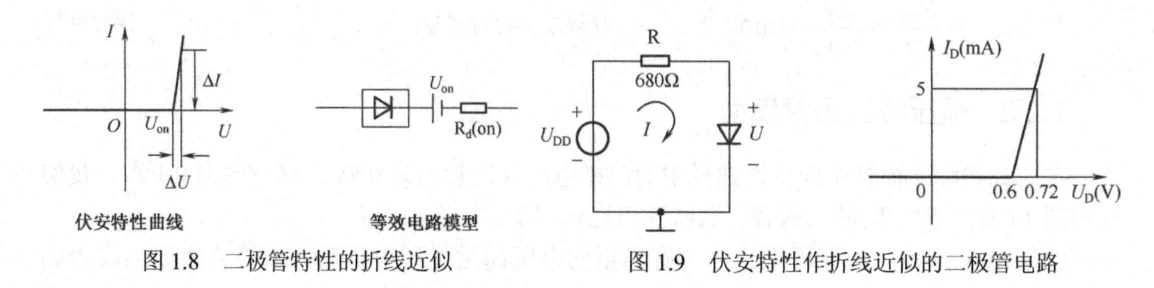

图 1.8 二极管特性的折线近似　　　　图 1.9 伏安特性作折线近似的二极管电路

解：由图 1.9 可知，当加在二极管两端的正向电压大于 0.6 伏时，二极管正向导通，导通后的等效电阻

$$R_{\mathrm{d(on)}}=\frac{\Delta U}{\Delta I}=\frac{0.72-0.6}{5}=24\Omega$$

再根据图 1.8 的二极管等效电路，可通过计算得到

$$I=\frac{6-0.6}{680+24}\approx 7.67\mathrm{mA}, \qquad U=0.6+7.67\times 24\times 10^{-3}=0.78\mathrm{V}$$

1.3 二极管的分类和应用

半导体二极管种类繁多，有各种各样的分类方法，但根据二极管的用途不同，可分为普通整流二极管、稳压二极管、光电二极管及发光二极管等，下面分别加以简单介绍。

1.3.1　普通整流二极管及其应用

普通整流二极管按所用的半导体材料的不同分为锗管和硅管；按其工艺和内部结构的不同又分为点接触型和面接触型二极管。点接触型二极管 PN 结的面积小，适用于高频小电流场合工作，主要用于小电流整流和高频检波、混频等，如 2AP、2AK 型二极管。面接触型二极管 PN 结的面积大，适用于低频大电流场合工作，主要用于大电流整流电路中，如 2CP、2CZ 型二极管等。

1．二极管在整流电路中的应用

在工程应用中，常常需要利用二极管的单向导电性，将交流输入电压变为直流电压，如图 1.10 所示。输入正弦波电压经降压变压器降压后变为正弦波电压 u_2，在正半周（A 为正，B 为负），二极管导通，输出电压 u_o 与输入电压 u_2 波形相同；负半周（A 为负，B 为正），由于二极管反偏截止，输出电压 u_o=0。由图 1.10 可看出，正弦波交流电压经二极管整流后，只有半周通过，所以将这种整流电路称为半波整流电路。

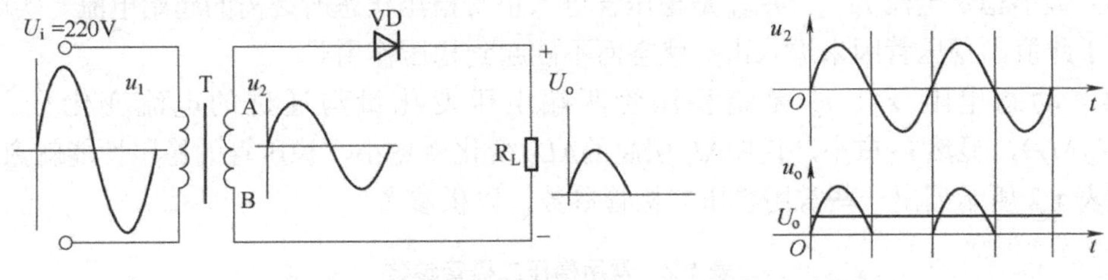

图 1.10　二极管组成的整流电路和输入/输出波形

上述整流电路可将交流电压变为直流电压，但由于脉动成分很大，还不能满足很多工程应用要求，还必须经过滤波、稳压才能得到广泛的应用（详见第 8 章）。

2．二极管在钳位电路中的应用

在工程应用中，二极管还常常用在钳位电路中，如图 1.11 所示。在某些器件（如第 3 章中的 MOS 管）的输入端，所加的电压必须要维持在一定的范围内，否则就会因电压过高或过低而损坏器件。利用二极管可将图 1.11 的 U_{in2} 限制在−0.7V 到 U_{CC}+0.7V 之间，R 为限流电阻，原理如下：当 $U_{in1} \geqslant U_{CC}+0.7V$ 时，二极管 VD_1 导通，将 U_{in2} 钳位在 U_{CC}+0.7V；当 $U_{in1} \leqslant -0.7V$ 时，二极管 VD_2 导通，将 U_{in2} 钳位在−0.7V。

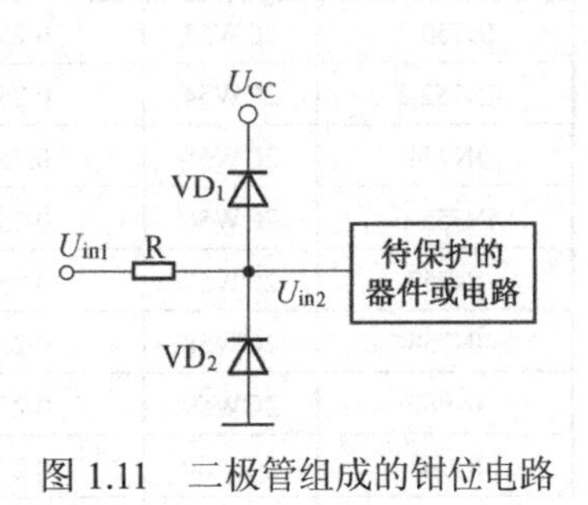

图 1.11　二极管组成的钳位电路

1.3.2　稳压二极管及其应用

1．稳压管的特性

稳压管是利用二极管的反向击穿特性，并用特殊工艺制造的面接触型硅半导体二极管，它具有低压击穿特性。由于工艺上的特殊处理，只要反向电流小于它的最大允许值，管子仅发生电击穿而不会损坏。如图 1.12 所示为稳压管的符号和伏安特性曲线，它和普通硅二极管的伏安特性基本相似，在反向击穿区（图中 AB 段），反向电流的变

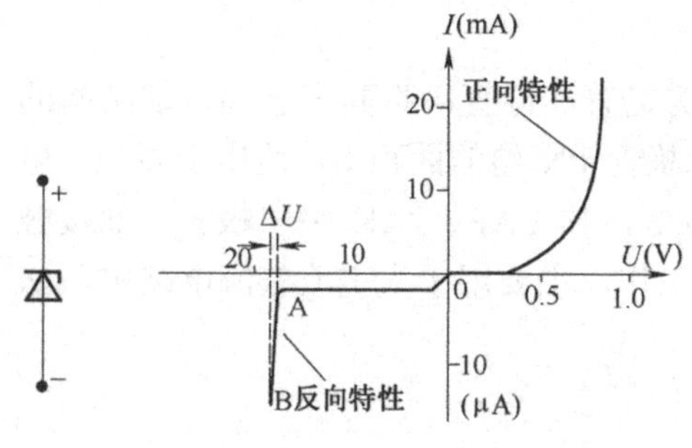

图 1.12　稳压管的符号和伏安特性曲线

化ΔI很大，管子两端电压ΔU变化却很小，这就是稳压管的稳压特性。

2．稳压管的主要参数

（1）稳定电压 U_Z。U_Z是指稳压管正常工作时其两端所具有的电压值，它近似等于稳压管反向击穿电压，每个稳压管只有一个稳定电压 U_Z，即使同一型号管子的 U_Z 值也具有一定的分散性。例如，一个 2DW231 稳压管的 U_Z 值是 5.8～6.6V 之间的某一确定值。在使用和更换稳压管时一定要对具体的管子进行测试，看其稳压值是否合乎要求。

应当指出，稳压管只有工作在反向击穿状态时，其两端电压才能稳定在 U_Z。

（2）最大稳定电流 I_{Zmax}。I_{Zmax} 是指稳压管长期工作所允许通过的最大工作电流。

（3）最小稳定电流 I_{Zmin}。I_{Zmin} 是稳压管进入正常稳压状态所必需的起始电流。实际电流如果小于此值，稳压管因未进入击穿状态而不能起到稳压作用。

（4）动态电阻 r_Z。r_Z 是指稳压管两端电压变化量与通过的电流变化量之比值（$r_Z=\Delta U_Z/\Delta I_Z$），显然 r_Z 愈小，说明ΔI_Z引起的ΔU_Z变化就愈小，稳压管的稳压性能就愈好。

如表 1.2 所示列出一些常用稳压二极管参数，以供参考。

表 1.2　常用稳压二极管参数

型号 \ 参数		最大耗散功率 P_{ZM}(W)	最大工作电流 I_{ZM}(mA)	稳定电压 U_Z(V)	反向漏电流 I_S(μA)	正向压降 U_F(V)
(IN4370)	2CW50	0.25	83	1～2.8	≤10(U_R=0.5V)	≤1
IN746(1N4371)	2CW51	0.25	71	2.5～3.5	≤2(U_R=0.5V)	≤1
IN747-9	2CW52	0.25	55	3.2～4.5	≤2(U_R=0.5V)	≤1
IN750-1	2CW53	0.25	41	4～5.8	≤1	≤1
IN752-3	2CW54	0.25	38	5.5～6.5	≤0.5	≤1
IN754	2CW55	0.25	33	6.2～7.5	≤0.5	≤1
IN755-6	2CW56	0.25	27	7～8.8	≤0.5	≤1
IN757	2CW57	0.25	26	8.5～9.5	≤0.5	≤1
IN758	2CW58	0.25	23	9.2～10.5	≤0.5	≤1
IN962	2CW59	0.25	20	10～11.8	≤0.5	≤1
IN963	2CW60	0.25	19	11.5～12.5	≤0.5	≤1
IN964	2CW61	0.25	16	12.2～14	≤0.5	≤1
IN965	2CW62	0.25	14	13.5～17	≤0.5	≤1
(2DW7A)	2DW230	0.2	30	5.8～6.0	≤1	≤1
(2DW7B)	2DW231	0.2	30	5.8～6.0	≤1	≤1
(2DW7C)	2DW232	0.2	30	6.0～6.5	≤1	≤1
2DW8A		0.2	30	5～6	≤1	≤1
2DW8B		0.2	30	5～6	≤1	≤1
2DW8C		0.2	30	5～6	≤1	≤1

3．稳压管的应用

稳压管在直流稳压电源中获得广泛的应用。如图 1.13 所示是最简单的稳压电路，U_{in} 为输入直流电压，稳压管并联在负载 R_L 两端，负载两端电压 U_o 在 U_{in} 与及 I_L 变化时基本稳定。

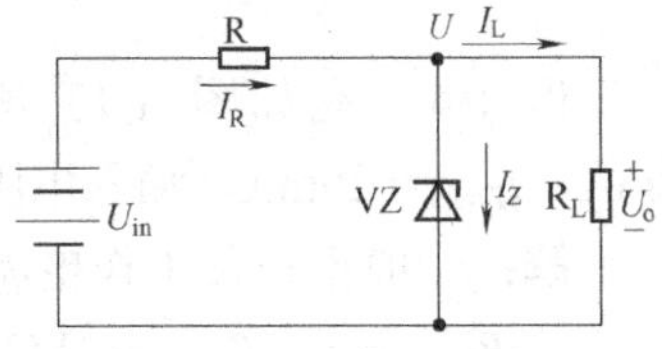

图 1.13　稳压管组成的稳压电路

（1）电路的工作原理。由稳压管特性可知，在电路中若能使稳压管始终工作在 $I_{Zmin}<I_Z<I_{Zmax}$ 的区域内，则稳压管上的电压 U_Z 基本上是稳定的，而 $U_o=U_Z$，所以输出电压是稳定的。电路中 R 为限流电阻，它起到限流与调节输出电压的作用。如图 1.13 所示的电路稳定输出电压的原理如下。

若负载电阻 R_L 不变而 U_{in} 增大时，输出电压 U_o 有增加的趋势，这一趋势将引起下列过程：首先是 I_Z 增大，随即 I_R 也增大，则 R 两端电压 U_R 增大，稳压管的特性将使 U_{in} 和 U_R 增加量相等，最终保证 $U_o=U_{in}-U_R$ 基本不变，实现了输出电压的稳定。上述过程可表示为

$$U_{in}\uparrow\rightarrow U_o\uparrow\rightarrow I_Z\uparrow\rightarrow I_R\uparrow\rightarrow U_R=I_R R\uparrow\rightarrow U_o=U_{in}-U_R\rightarrow U_o\downarrow$$

若电网电压 U_{in} 不变，负载电阻 R_L 减小时，输出电压 U_o 有减小的趋势，这一趋势将引起下列过程：首先是 I_Z 减小，I_R 也减小，则 R 两端电压 U_R 减小，而 $U_o=U_{in}-U_R$，所以将使 U_o 有增加的趋势，最终维持输出电压的稳定。上述过程可表示为

$$R_L\downarrow\rightarrow U_o\downarrow\rightarrow I_Z\downarrow\rightarrow I_R\downarrow\rightarrow U_R=I_R R\downarrow\rightarrow U_o=U_{in}-U_R\rightarrow U_o\uparrow$$

（2）限流电阻的选择。由图 1.13 可看出，所需稳定的输出电压 U_o 实际上就是稳压管的稳定电压 U_Z，因此，要使输出电压 U_o 稳定不变，则必须确保在容许的输入电压和负载电阻变化范围内，稳压管的工作电流 I_Z 满足：$I_{Zmin}<I_Z<I_{Zmax}$。

限流电阻 R 的主要作用是：当输入电压波动和负载电阻 R_L 变化时，将稳压管的电流限制在 $I_{Zmin}\sim I_{Zmax}$ 范围内。若输入电压的最大值为 U_{inmax}，最小值为 U_{inmin}，负载电阻的最大值为 R_{Lmax}，最小值为 R_{Lmin}，则负载电流的最小值和最大值分别为

$$I_{Lmin}=\frac{U_Z}{R_{Lmax}}，\quad I_{Lmax}=\frac{U_Z}{R_{Lmin}} \tag{1.1}$$

当输入电压最大和负载电流最小时，I_Z 最大，但不能超过 I_{Zmax}，即有

$$\frac{U_{inmax}-U_Z}{R}-I_{Lmin}\leqslant I_{Zmax}$$

则

$$R\geqslant\frac{U_{inmax}-U_Z}{I_{Lmin}+I_{Zmax}}=R_{min} \tag{1.2}$$

当输入电压最小和负载电流最大时，I_Z 最小，但不得小于 I_{Zmin}，同样可得到

$$\frac{U_{inmin}-U_Z}{R}-I_{Lmax}\geqslant I_{Zmin}$$

则

$$R \leqslant \frac{U_{\text{in min}} - U_{\text{Z}}}{I_{\text{L max}} + I_{\text{Z min}}} = R_{\max} \tag{1.3}$$

由式（1.2）和式（1.3）可得到 R 的范围为：$R_{\min} \sim R_{\max}$，即

$$R_{\min} \leqslant R \leqslant R_{\max} \tag{1.4}$$

例 1-4 在如图 1.13 所示的电路中，稳压管的参数为：U_Z=8V，正常工作电流为 2mA，$I_{Z\max}$ = 20mA，输入电压 U_{in}=(18±2)V，负载电阻由开路变到 1kΩ，如何选择限流电阻？

解：一般把正常工作电流视为稳压管的 $I_{Z\min}$，即 $I_{Z\min}$=2mA；由题意知

$R_{L\max}$=∞，$R_{L\min}$ = 1kΩ；则 $I_{L\max}=U_Z/R_{L\min}$ = 8 mA，$I_{L\min}$= 0；而 $I_{Z\max}$ = 20mA，

所以，

$$R_{\min} = \frac{U_{\text{in max}} - U_{\text{Z}}}{I_{\text{L min}} + I_{\text{Z max}}} = \frac{18+2-6}{0+20} = 700\Omega$$

$$R_{\max} = \frac{U_{\text{in min}} - U_{\text{Z}}}{I_{\text{L max}} + I_{\text{Z min}}} = \frac{18-2-6}{6+2} = 1.25\text{k}\Omega$$

则

$$700\Omega \leqslant R \leqslant 1.25\text{k}\Omega$$

选择 R=1kΩ。

稳压管稳压电路虽然简单，但输出电压不能调节，输出电流的变化范围小，稳压精度不高，它只能用于电流较小和负载基本不变的场合。在输出电流较大、要求较高时，可采用其他形式的稳压电路（详见第 8 章）。

1.3.3 光电二极管及其应用

光电二极管的结构与一般的二极管类似，但在它的 PN 结处，通过管壳上的一个玻璃管窗口能接收外部的光照。这种器件的 PN 结处在反向偏置状态，它的反向电流随光照强度的增加而上升。如图 1.14 所示是光电二极管的符号，它的主要特点是反向电流与照度成正比。

图 1.14 光电二极管的符号

光电二极管可用于光的测量，是将光信号转换为电信号的常用器件。当制成大面积光电二极管时，可作为一种能源，称为光电池。

1.3.4 发光二极管及其应用

1. 发光二极管基本知识

发光二极管（LED）也是具有一个 PN 结的半导体器件，通常由砷化镓、磷化镓等化合物半导体材料制成。当这种管子通以电流时就会发光，光的颜色主要取决于制造所用的半导体材料。目前市场上发光二极管主要的颜色有红、橙、黄、绿等。如图 1.15 所示为发光二极管的符号和典型应用电路。发光二极管只能工作在正向偏置状态，通常其工作电流为几毫安，电流太大会烧坏二极管，所以电路中必须串接限流电阻，它的正向管压降较

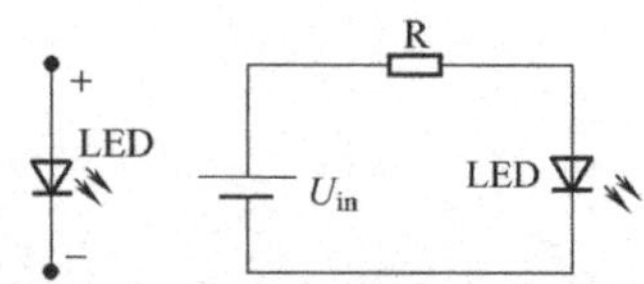

图 1.15 发光二极管符号和典型应用电路

高，约为 1.2～2.2V。

2. 发光二极管的应用

发光二极管是一种新型冷光源。由于它体积小，用电省，工作电压低，寿命长，单色性好和响应速度快，因此常用来作为显示器。除了单个使用外，还可做成七段式数码显示器、矩阵显示屏等。

用发光二极管制作的七段显示器如图 1.16 所示，每段就是一个发光二极管，当其中通过正向电流时，二极管就发光。通过逻辑电路控制不同的字段发光，可显示需要的数字。为了限制发光二极管的电流，每段需要串接限流电阻。如果图中的二极管发红光，电流只需约 5mA 就可正常工作，串接电阻根据七段驱动器的输出电压而定。例如，七段驱动器的输出高电平为 5V，发光二极管的端电压为 1.8V，则可选限流电阻为 640Ω（3.2V/5mA）。

需要说明的是，如图 1.16 所示的七段显示器为共阴极型，如 BS201A；还有共阳极型的，如 BS202A 等。

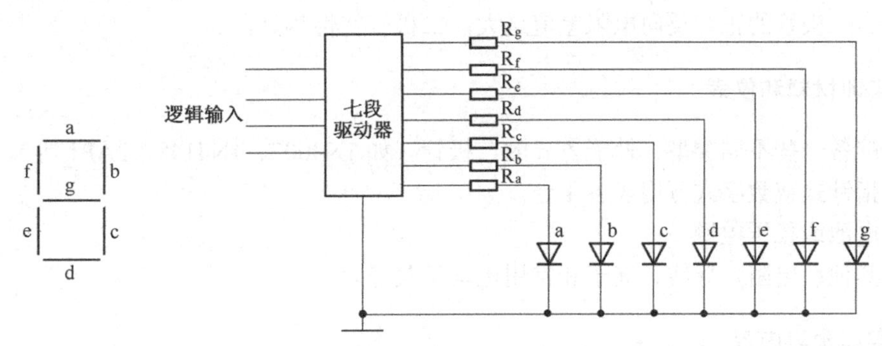

图 1.16　七段数码管符号及其典型应用电路

1.4　实训 1

1.4.1　二极管的测试和判别

1. 实训目的

（1）能认识常用的半导体二极管。

（2）掌握二极管的识别与检测方法。

（3）了解各类二极管的性能和用途。

2. 实训内容和原理

（1）二极管极性的判别。作为一个有一定实际工程经验的技术人员，只要一看二极管的封装（未经磨损），即可判断出二极管的极性，即哪端为 P，哪端为 N。但作为一个初学者，或二极管的表面已经磨损，那又如何来判断二极管的极性呢？

半导体二极管是只有一个 PN 结的半导体器件，它的主要特点是单向导电性。当在其两端加上一定的正向电压（正向电压不能太小，否则工作于“死区”）时，即会导通；当在其两端加上一定的反向电压（反向电压不能太大，否则就会因击穿而可能导致损坏）时，就处于截止状态。因此，可以根据单向导电性判断其正、负极性及其性能的好坏。

当二极管正向导通时，有一个小的导通电阻，通常小功率锗二极管的正向电阻值为300～500Ω，硅管为 1kΩ或更大些；当二极管反向截止时，反向电阻并非无穷大，只不过电阻比正偏时大得多，锗管反向电阻为几十千欧，硅管反向电阻在 500kΩ以上（大功率二极管的反向电阻值要小得多）。

（2）二极管材料的判别。判断二极管的材料构成有两种方法：一种是根据正、反向电阻；另一种是根据正向导通压降。

① 根据正、反向电阻来判断。小功率锗二极管的正向电阻值为 300～500Ω，反向电阻值为几十千欧；硅管的正向电阻值为 1kΩ或更大些，反向电阻值在 500kΩ以上（大功率二极管的反向电阻值要小得多）。

② 根据正向导通压降来判断。硅二极管的正向压降一般为 0.6～0.7V，锗二极管的正向压降为 0.2～0.3V，所以测量一下二极管的正向导通电压，便可判别被测二极管是硅管还是锗管。

（3）二极管性能的判别。根据半导体二极管的单向导电性和正、反向电阻的大小，就可判断其性能的好坏。如果测得其正、反向电阻值都为 0 或者都为无穷大，则半导体二极管已经损坏。二极管的正、反向电阻差值越大，二极管特性越好。

3. 实训材料和仪表

（1）准备一些不同类型、性能各异的二极管（如 1N4007、1N4148、2AP1 等）。

（2）指针式或数字式万用表各 1 台。

（3）电池或稳压电源。

（4）其他：电阻、导线、夹子和常用电动工具等。

4. 实训预习内容

（1）预习关于半导体二极管的知识。

（2）预习指针式和数字式万用表的基本知识。

5. 实训步骤

判别之前，首先要了解指针式和数字式万用表电阻挡的等效电路，如图 1.17 所示，可以利用万用表的内部电池给二极管外加正、反向电压，测得其正、反向电阻、正向压降（仅指数字式万用表），并判别其极性。

（1）目测判断。不同材料、功率和性能的二极管，就其封装而言存在明显的差别，可以通过其外形封装，试着认识和判断二极管的种类及极性。

（2）极性的判别。根据二极管正向电阻小，反向电阻大的特点可判别二极管的极性。

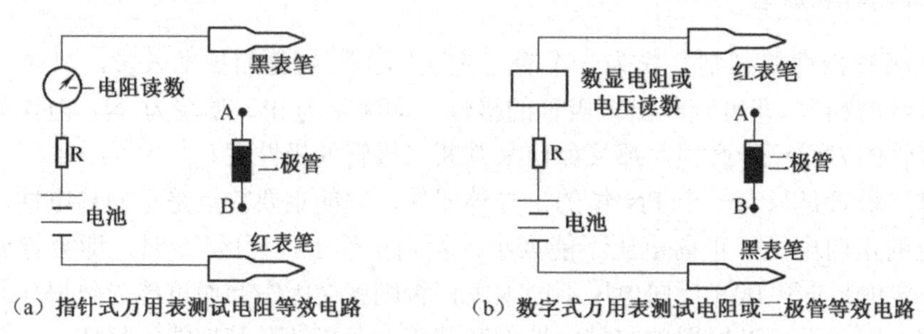

（a）指针式万用表测试电阻等效电路　（b）数字式万用表测试电阻或二极管等效电路

图 1.17　万用表测试二极管的等效电路

① 指针式万用表测试判别极性。将指针式万用表拨到欧姆挡（一般用 R×100 或 R×1k 挡），将表笔分别与二极管的两极相连，如图 1.17（a）所示，测出两个阻值 R_A、R_B，对于所测阻值较小的情况，与黑表笔相接的一端为二极管的阳极，与红表笔相接的一端为二极管的阴极。如果测得的正反向电阻值均很小，说明二极管内部短路；如果测得的正反向电阻值均很大，则说明二极管内部断开。在这两种情况下二极管已损坏。

② 数字式万用表测试判别极性。将数字式万用表拨到欧姆挡（一般用 1M 挡），将表笔分别与二极管的两极相连，如图 1.17（b）所示，测出两个阻值 R_A、R_B，对于所测阻值较小的情况，与黑表笔相接的一端为二极管的阴极，与红表笔相接的一端为二极管的阳极（注意：这与指针式的判断正好相反）。

任意测量几种不同类型的二极管，将有关内容填入表 1.3 中。

表 1.3　万用表检测二极管的极性

测试二极管编号	1#	2#	3#	4#	5#
万用表红表笔接 A，黑表笔接 B，测得电阻					
万用表红表笔接 B，黑表笔接 A，测得电阻					
结论（说明二极管的极性）					

（3）二极管材料的判别方法。因为硅二极管正向压降一般为 0.6～0.7V，锗二极管的正向压降为 0.2～0.3V，所以测量一下二极管的正向导通电压，便可判别被测二极管是硅管还是锗管。

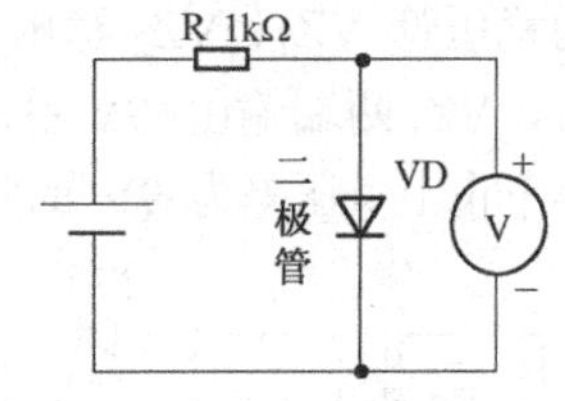

图 1.18　二极管正向压降测试电路

方法 1：在干电池（1.5V）或稳压电源的一端串一个电阻（约 1kΩ），同时按极性与二极管相接，如图 1.18 所示，使二极管正向导通，这时用万用表测量二极管两端的管压降，将有关内容填入表 1.4 中，根据正向压降判别二极管的材料。

表 1.4　二极管的材料测试

测试二极管编号	1#	2#	3#	4#	5#
正向电压值（V）					
结论（说明二极管的材料类型）					

方法 2：用数字式万用表进行测试判别。将数字式万用表拨到“二极管”挡，然后测试二极管的端压降，将测得的电压值列于表 1.5 中，根据压降大小来判断二极管的材料。采用这一方法既可判断极性，又可确定二极管的材料。

表 1.5　二极管的材料测试

测试二极管编号	1#	2#	3#	4#	5#
万用表红表笔接 A，黑表笔接 B，测得电压					
万用表红表笔接 B，黑表笔接 A，测得电压					
结论（说明二极管的材料类型和极性）					

6. 实训报告要求

（1）画出等效测试电路。

（2）标注测试元器件参数值。

（3）总结实训数据结果，并进行讨论和分析。

1.4.2 简易二极管整流电路的制作

1. 实训目的

（1）了解二极管整流电路的工作原理。

（2）掌握电子元器件的焊接方法及技巧。

（3）学习调试电路的基本方法。

2. 实训设备及器材

二极管整流电路散件一套；电烙铁（配烙铁架）、镊子、斜口钳、尖嘴钳、螺丝刀（一字、十字各一把）；万用表一块；焊锡丝若干。

3. 实训原理

简易二极管整流电路如图 1.19 所示，该电路主要通过电容 C_1 降压限流，经两只反向串联的稳压管 VZ_1、VZ_2 稳压与二极管 VD_1、VD_2 换向整流向电容 C_2 充电。当交流电为正半周时，VZ_1 两端输出+9V 脉动直流，经 VD_1 向电容 C_2 充电；当交流电为负半周时，VZ_2 两端获得下正上负压差为 9V 的脉动直流，经 VD_2 换向后向电容 C_2 充电，所以在交流电的一个完整周期内，C_2 两端均可获得 9V 供电电压，所以电路可对外输出稳定的 9V 直流电压。

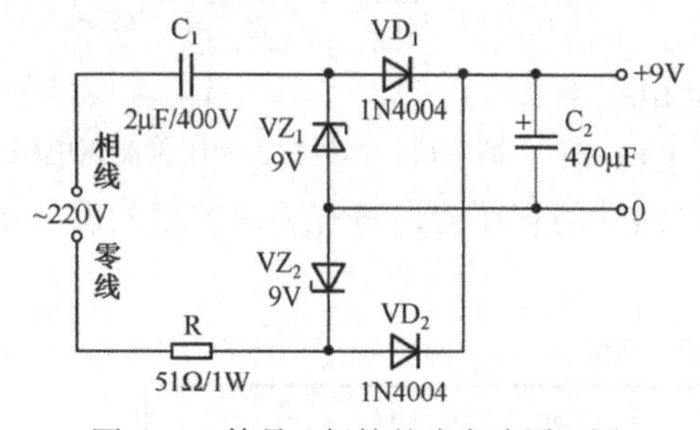

图 1.19 简易二极管整流电路原理图

图 1.19 中 VZ_1、VZ_2 应采用特性尽可能一致的 9V、1W 稳压二极管，如 UZP-9.1B 型等。如要更改输出电压的大小，可同时更换稳压值不同的稳压二极管 VZ_1 和 VZ_2。C_1 应采用 CBB-630V 型等聚丙烯电容器，其容量大小决定稳压电源的负载能力，可按 1μF 等同 66mA 来计算。C_2 可用 CD11-16V 型普通电解电容器。R 是为了减小电路通电瞬间对稳压管的冲击而设置，应采用 RJ-1W 型金属膜电阻器。VD_1、VD_2 可用普通 1N4004 型硅整流二极管。

4. 实训内容

（1）将印制板图与电路原理图进行对照，判明各元件在印制板上的位置；

（2）根据元件清单，检查元器件数量和质量是否符合要求；

（3）焊接电源电路，最后按照说明安装产品。

元件清单如表 1.6 所示。

表 1.6 元件清单

序号	名称	型号	数量	序号	名称	型号	数量
1	电阻	RJ-1W	1	4	二极管	1N4004	2
2	电容	CD11-16V	1	5	稳压管	UZP-9.1B	2
3	电容	CBB-630V	1				

5．实训提示及要求

（1）元件选择：VZ_1、VZ_2应采用特性尽可能一致的 9V、1W 稳压二极管 UZP-9.1B 型等。C_1采用 CBB-630V 型等聚丙烯电容器。C_2可用 CD11-16V 型普通电解电容器。R 采用 RJ-1W 型金属膜电阻器。VD_1、VD_2可用普通 1N4004 型硅整流二极管。

（2）图 1.19 所示是一个无电源变压器的稳压电源，它可输出稳定的 9V 直流电压，最大输出电流为 120mA 左右。

（3）本电路虽然简单，但使用效果尚可。由于它没有电源变压器隔离，线路是带电的，使用时需注意安全，谨防触电！电路在接入市电网络时，其相线、零线最好按图所示连接，这样相对要安全一些。

6．问题与思考

（1）对你而言，本实训的难点在何处？你是如何解决的？

（2）本电路的输出电压是多少？

（3）本电路可以改装成双向的电压输出装置（±9V），如何改装？

本章小结

1．PN 结是构成半导体器件的基本单元，它具有单向导电性、击穿特性等。当 PN 结正向偏置时，空间电荷区变窄，呈现为低电阻，处于导通状态；当 PN 结反向偏置时，空间电荷区变宽，呈现为高电阻，处于截至状态。

2．半导体二极管是由 PN 结构成的。常用伏安特性描述其性能，伏安特性的数学表达式为：

$$I_D = I_S(e^{\frac{U_D}{U_T}} - 1)$$

3．二极管的参数分直流参数和交流参数，选用时一定要注意参数的限制。另外，二极管具有温敏特性，许多参数值会随温度的变化而变化。

4．稳压二极管是一种特殊的二极管，利用它在反向击穿状态下的恒压特性，可构成简单的稳压电路，其正向特性与普通二极管相同。除此之外，还有变容二极管、肖特基二极管、发光二极管、光敏二极管等特殊二极管。

5．二极管电路的分析主要采用模型分析法。在大信号运用时，可视输入信号的大小选用理想模型、恒压降模型和折线模型；当输入信号很微小时，需要使用小信号模型。

6．利用二极管的单向导电性和反向击穿特性，可构成整流、稳压、限幅、开关等各种应用电路。

习　题　1

1.1　二极管正向电阻越________，反向电阻越________，表明________好。若正、反向电阻均趋于 0，表明二极管________。若正、反向电阻均趋于无穷大，表明二极管________。

1.2　稳压管的反向特性很________，反向击穿时，电流虽然在很大范围内变化，但稳压管的________变化却很小。

1.3　PN 结在________时导通，________时截止，这种特性称为________。

1.4　在室温（27℃）时，硅二极管的死区电压约为_______V，锗二极管的死区电压约为_______V，导通后在较大电流作用下，硅二极管的正向压降约为_______V，锗二极管的正向压降约为_______V。

1.5　当温度升高时，二极管的正向压降将________，反向饱和电流将________。

1.6　稳压二极管稳压时工作在________。

1.7　什么是二极管的单向导电性?

1.8　二极管正偏时，其阴、阳极应分别接电源的哪一端?电路中串联电阻起什么作用？

1.9　硅二极管和锗二极管的管压降各约为多少?

1.10　如何用万用表的电阻挡判断二极管的极性?

1.11　如何用万用表判别二极管是硅管还是锗管?

1.12　硅稳压管和硅二极管有何不同？在应用稳压管时，外接限流电阻起什么作用？

1.13　简要说明光电二极管的工作原理和用途。

1.14　发光二极管是用什么材料制成的？发光二极管的英文缩写是什么？

1.15　如图 1.20 所示，设二极管的正向压降为 0.7V、E_2=5V，当 E_1 分别等于 2V、5V、10V 时，求 A 点的电压 U_A 各等于多少？如果 E_1 的电压继续增加，A 点电压的最大值 U_{Amax} 为多少？

1.16　如图 1.21 所示电路只能输出正半周，如何改动使电路输出负半周?

1.17　画出全波整流电路，简要说明电路的工作原理，并画出输出电压波形。设二极管是理想的（正向压降为 0)。

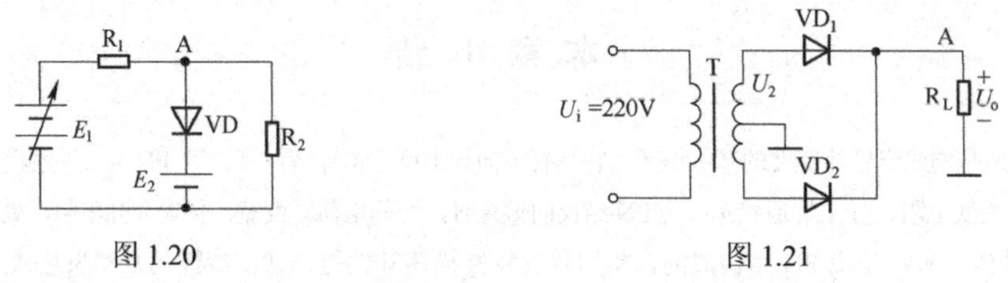

图 1.20　　　　图 1.21

1.18　电路如图 1.22（a)、(b）所示，稳压管的稳定电压 U_Z=3V，R 的取值合适，u_i 的波形如图（c）所示。试分别画出 u_{o1} 和 u_{o2} 的波形。

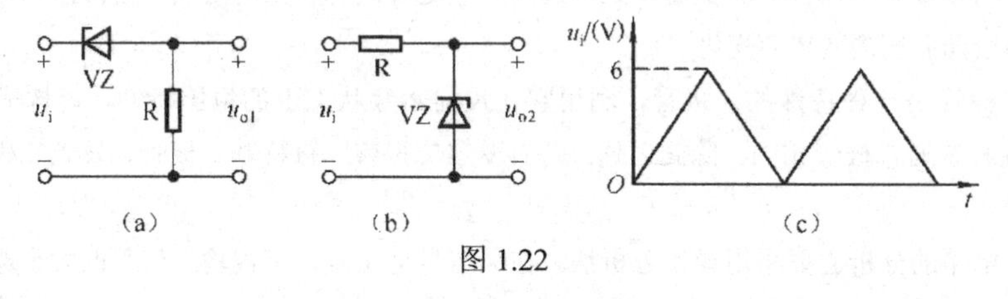

图 1.22

1.19　写出图 1.23 所示各电路的输出电压值。设二极管导通电压 U_D=0.7V。

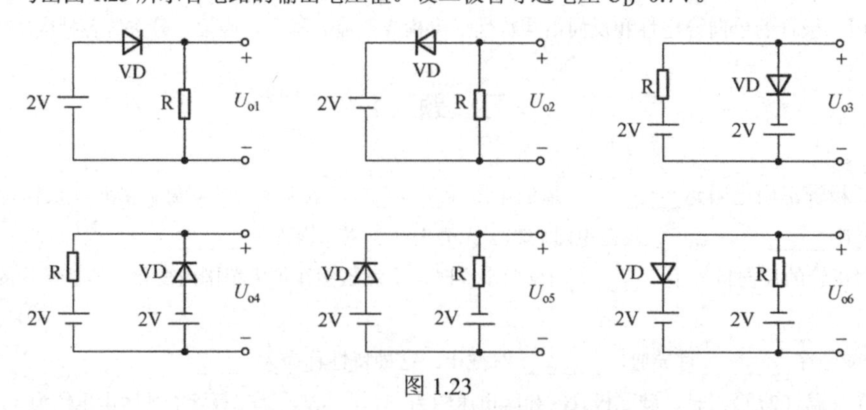

图 1.23

第2章　双极型三极管及其放大电路

<table>
<tr><th>序号</th><th>本章要点</th><th colspan="3">特　点</th><th>重点和难点</th></tr>
<tr><td rowspan="2">1</td><td rowspan="2">双极型三极管</td><td>NPN</td><td>发射区-N、基区-P、集电区-N</td><td rowspan="2">发射区高掺杂，基区薄低掺杂</td><td rowspan="2">载流子运动与电流分配；输出特性曲线；电流放大倍数；工作于放大区的条件</td></tr>
<tr><td>PNP</td><td>发射区-P、基区-N、集电区-P</td></tr>
<tr><td rowspan="4">2</td><td rowspan="4">NPN三极管放大电路</td><td rowspan="3">三种基本放大电路</td><td>共射</td><td>输入与输出公共端-发射极</td><td>具有电流、电压放大倍数、R_i、R_o中等</td></tr>
<tr><td>共基</td><td>输入与输出公共端-基极</td><td>无电流放大能力，R_i小、R_o大</td></tr>
<tr><td>共集</td><td>输入与输出公共端-集电极（射随器）</td><td>无电压放大能力，R_i大、R_o小</td></tr>
<tr><td>稳定工作点放大电路</td><td colspan="2">分压电阻定U_{BQ}、发射极接电阻和电容</td><td>Q点不受温度影响，动态特性同共射电路</td></tr>
<tr><td rowspan="2">3</td><td rowspan="2">放大电路分析方法</td><td>图解法</td><td colspan="2">用作图的方法分析放大电路，最大特点是直观</td><td>静态工作点；交、直流通路；交、直流负载线；波形失真；最大输出幅度</td></tr>
<tr><td>微变等效电路法</td><td colspan="2">在一微小区域，将放大电路线性化，用解析法分析放大电路</td><td>放大电路的微变等效电路；微变参数r_{be}；电压放大倍数；输入、输出电阻</td></tr>
<tr><td rowspan="3">4</td><td rowspan="3">多级耦合放大电路</td><td>阻容耦合</td><td colspan="2">Q点独立</td><td rowspan="3">阻容、变压器和直接耦合；三种耦合方式的特点和不足；直接耦合电路中的温漂或零漂；多级放大电路的放大倍数、输入和输出电阻</td></tr>
<tr><td>变压器耦合</td><td colspan="2">Q点独立；可实现阻抗变换</td></tr>
<tr><td>直接耦合</td><td colspan="2">可放大直流或交流信号；适合集成</td></tr>
<tr><td>5</td><td>频率响应</td><td colspan="3">单级放大电路频率响应、多级放大电路频率响应</td><td>放大电路的幅频、相频特性;放大电路的上限频率、下限频率及其通频带</td></tr>
</table>

2.1　双极型三极管

2.1.1　三极管的结构和分类

半导体三极管又称双极型晶体管，简称三极管。三极管的种类很多：按照频率分，有高频管、低频管；按照功率来分，有大、中、小功率管；按半导体材料分，有硅管、锗管等。但是从它的外形来看，三极管都有三个电极，几种常见的三极管的外形如图2.1所示。

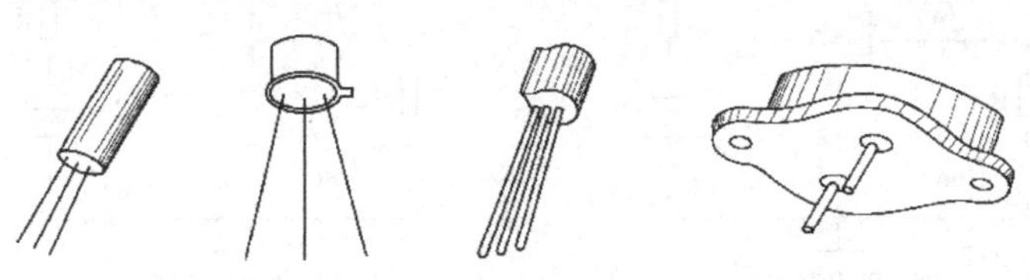

图2.1　几种常见的三极管外形示意图

无论采用什么材料，从三极管的结构来看，一般可分为两种类型：NPN型和PNP型。这两种晶体三极管的结构示意图如图2.2所示，它有三个区：发射区、基区、集电区，各自引出一个电极分别称为发射极E（e）、基极B（b）、集电极C（c）。每个三极管内部都有两个 PN 结：发射区和基区之间的 PN 结，称为发射结；集电区和基区之间的 PN 结，称为集电结。

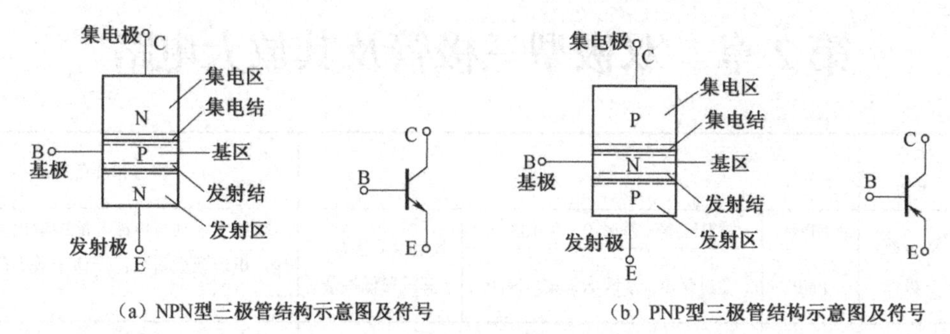

(a) NPN型三极管结构示意图及符号　　(b) PNP型三极管结构示意图及符号

图 2.2　双极型晶体三极管的结构示意和电路符号图

需要指出的是，三极管并不是两个 PN 结的简单组合，其内部的三个区必须满足如下条件：基区薄且杂质浓度很低，发射区高掺杂、杂质浓度高，集电区面积大。因此，三极管不能简单地用两个二极管代替，也不可以将集电极和发射极颠倒使用。NPN 型和 PNP 型三极管符号中的发射极 E 的箭头，表示发射结正偏时的电流方向。

2.1.2　三极管的电流分配与放大作用

三极管与二极管的不同之处就是它具有放大作用，为此，三极管除了满足必要的内部条件外，其外部连接还必须满足下列条件：即确保发射结正偏——给发射结加正向电压；集电结反偏——给集电结加反向电压。因此，对于 NPN 管，其集电极电位高于基极电位，基极电位又要高于发射极电位，即 $U_C > U_B > U_E$；而对于 PNP 管的情况正好相反，其发射极电位高于基极电位，基极电位又要高于集电极电位，即 $U_E > U_B > U_C$。如图 2.3 所示画出了这两种三极管满足要求的直流供电电路，$+U_{CC} > +U_{BB}$。

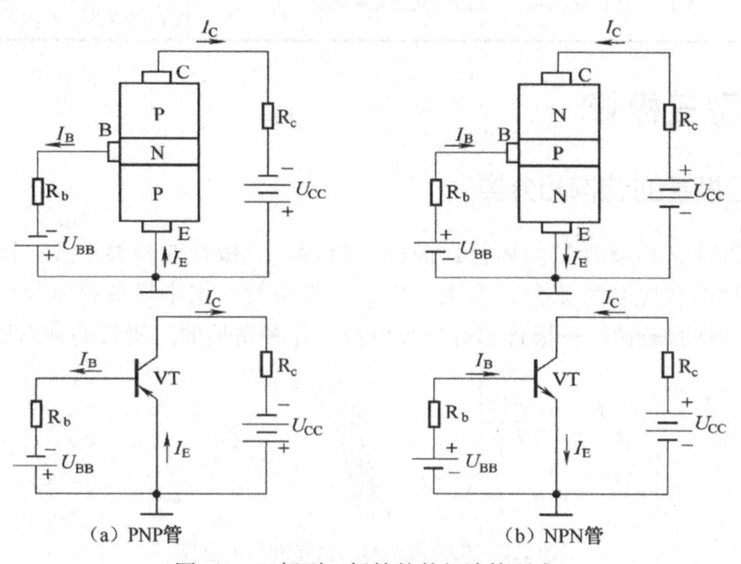

(a) PNP管　　(b) NPN管

图 2.3　双极型三极管的外部连接要求

晶体管正常工作时发射结要正偏，集电结要反偏。发射结加正向偏压 U_{BE}，才能使发射区的多数载流子注入基区，形成发射极电流；给集电结加上较大的反向电压，才能保证发射区注入到基区并扩散到集电结边缘的载流子，被集电区收集形成集电极电流。

下面以 NPN 管子的共射极接法为例，讨论管子内部载流子的运动和电流分布情况。

1．载流子的运动规律

如图 2.4 所示，内部载流子的运动分为三个过程。

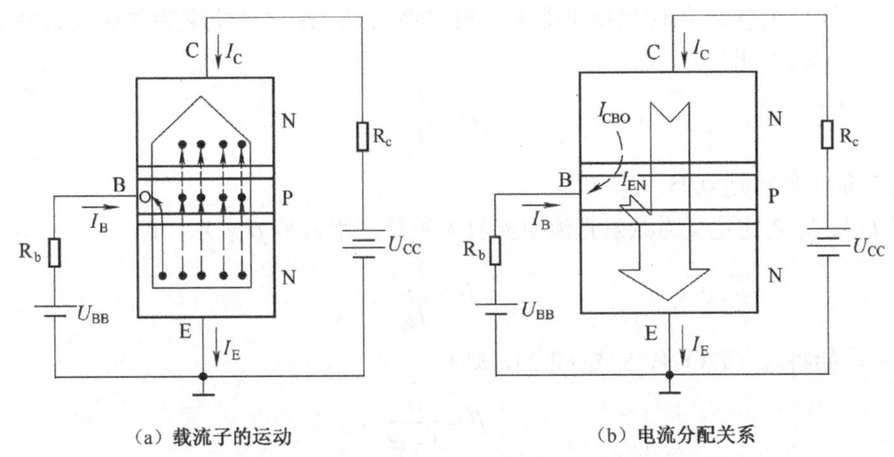

（a）载流子的运动　　（b）电流分配关系

图 2.4　三极管中载流子的运动和电流分配关系

（1）发射——形成发射极电流 I_E。由于发射结正向偏置，因而外加电场有利于多数载流子的扩散运动，又因为发射区的多数载流子电子的浓度很高，于是发射出大量的电子，这些电子越过发射结到达基区，形成电子电流。因为电子带负电，所以电子电流的方向与电子流动的方向相反，如图 2.4（b）所示。与此同时，基区中的多数载流子空穴也向发射区扩散而形成空穴电流，上述电子电流和空穴电流的总和就是发射极电流 I_E，但由于基区中空穴的浓度比发射区中电子的浓度低得多，因此电子电流要比空穴电流大得多，可以认为 I_E 主要由发射区发射的电子电流产生。

（2）复合和扩散——形成基极电流 I_B。电子到达基区后，因为基区为 P 型，其中的多数载流子是空穴，所以从发射区扩散过来的部分电子和空穴产生复合运动而形成基极电流 I_B，基区被复合掉的空穴由外电源 U_{BB} 不断进行补充。但是，因为基区空穴的浓度比较低，而且基区很薄，所以到达基区的电子与空穴复合的机会很少，因而基极电流 I_B 比发射极电流 I_E 小得多，如图 2.4（a）、（b）所示。大多数电子在基区中继续扩散，到达靠近集电结的一侧。

（3）收集——形成集电极电流 I_C。由于集电结反向偏置，外电场的方向将阻止集电区中的多数载流子电子向基区运动，但是却有利于将基区中扩散过来的电子收集到集电极而形成集电极电流 I_{CN}（N 表示集电极电流为电子电流）。由图 2.4 可见，外电源 U_{CC} 的正端接集电极，因此对基区中集电结附近的电子有吸引作用。

以上分析了三极管中载流子运动的主要过程。此外，因为集电结反向偏置，所以集电区中的少数载流子空穴和基区中的少数载流子电子在外电场的作用下还将进行漂移运动而形成反向电流，这个电流称为反向饱和电流，用 I_{CBO} 表示。

2．三极管内部电流分配关系及其电流放大系数

（1）三极管的内部电流分配关系。由图 2.4 可见，集电极电流 I_C 由两部分组成：发射区发射的电子被集电极收集后形成的 I_{CN}，以及集电区和基区的少数载流子进行漂移运动而产

生的反向饱和电流 I_{CBO}。由于通常有 $I_{CBO} << I_{CN}$，则 $I_C = I_{CN} + I_{CBO} \approx I_{CN}$

发射极电流 I_E 也由两部分组成：集电极电流 I_C 和基极电流 I_B，即

$$I_E = I_C + I_B \tag{2.1}$$

如图 2.4（a）所示很直观地表示了 I_E、I_C 和 I_B 三者之间的关系，显然 $I_E = 5$，$I_B = 1$，$I_C = 4$。

（2）三极管的电流放大系数。一般希望发射区发射的电子绝大多数能够到达集电极，即要求 I_C 在总的 I_E 中占的比例尽可能大。通常将 I_C 与 I_E 之比定义为共基直流电流放大系数，用符号 $\overline{\alpha}$ 表示，即

$$\overline{\alpha} = \frac{I_C}{I_E} \tag{2.2}$$

三极管的 $\overline{\alpha}$ 值一般可达 0.95～0.99。

而将 I_C 与 I_B 之比定义为共射直流电流放大系数，用符号 $\overline{\beta}$ 表示，即

$$\overline{\beta} \approx \frac{I_C}{I_B} \tag{2.3}$$

通常 $\overline{\beta} >> 1$，如将式（2.3）代入式（2.2），则有

$$\overline{\beta} = \frac{\overline{\alpha}}{1 - \overline{\alpha}} \tag{2.4}$$

$\overline{\alpha}$ 和 $\overline{\beta}$ 是表征三极管直流电流放大作用的两个重要参数。

同理，将集电极电流与基极电流的变化量之比定义为三极管的共射交流电流放大系数，用 β 表示，即

$$\beta = \frac{\Delta I_C}{\Delta I_B} \tag{2.5}$$

相应地，将集电极电流与发射极电流的变化量之比定义为共基交流电流放大系数，用 α 表示，即

$$\alpha = \frac{\Delta I_C}{\Delta I_E} \tag{2.6}$$

根据 α 和 β 的定义，以及三极管中三个电流的关系，可得

$$\alpha = \frac{\Delta I_C}{\Delta I_E} = \frac{\Delta I_C}{\Delta I_B + \Delta I_C} = \frac{\Delta I_C / \Delta I_B}{\dfrac{\Delta I_B + \Delta I_C}{\Delta I_B}} = \frac{\beta}{1 + \beta}$$

故 α 与 β 两个参数之间满足

$$\alpha = \frac{\beta}{1 + \beta}$$

或

$$\beta = \frac{\alpha}{1 - \alpha} \tag{2.7}$$

由前面的讨论可知，直流参数 $\overline{\alpha}$ 和 $\overline{\beta}$ 与交流参数 α 和 β 的含义不同，但是，对于大多数三极管来说，β 与 $\overline{\beta}$、α 与 $\overline{\alpha}$ 的数值却差别不大。所以在今后的计算中，常常不再将它们严格地区分开。

（3）三极管的电流放大作用。设三极管的 $\overline{\beta} = 50$，由式（2.3）可知，当三极管的基极电流 I_B 有一个微小的变化时，相应的集电极电流将发生较大的变化。例如，当 I_B 由 0.02mA

变为 0.04mA（ΔI_B=0.02mA）时，相应的 I_C 由 1.00mA 变为 2.00mA（ΔI_C=1.00mA），集电极电流的变化量是基极电流变化量的 50 倍，这说明三极管具有电流放大作用。

2.1.3　三极管的伏安特性和主要参数

1. 三极管伏安特性

三极管的特性曲线是指各电极间电压和各电极电流之间的关系曲线，其中主要有输入特性和输出特性两种曲线。下面以常用的 NPN 管共发射极电路为例，来分析三极管的输入、输出特性曲线。

（1）输入特性曲线。输入特性曲线是指当三极管的 C 极与 E 极之间电压 U_{CE} 一定时，B 和 E 之间电压 U_{BE} 与基极电流 I_B 之间的关系曲线。我们可以通过实验来测试输入特性曲线，如图 2.5 所示是三极管特性曲线测试电路示意图。测试时，首先固定 U_{CE} 为某一个值，然后改变 U_{BB}，测量相对应的 I_B 和 U_{BE} 值，根据测试数值绘制出输入特性曲线，如图 2.6 所示。

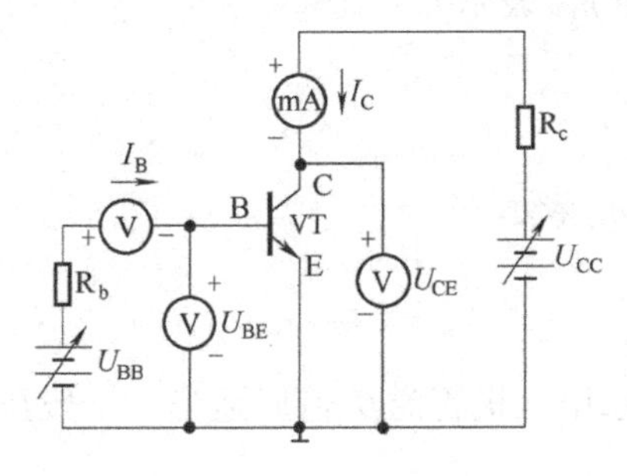

图 2.5　三极管特性曲线测试电路示意图

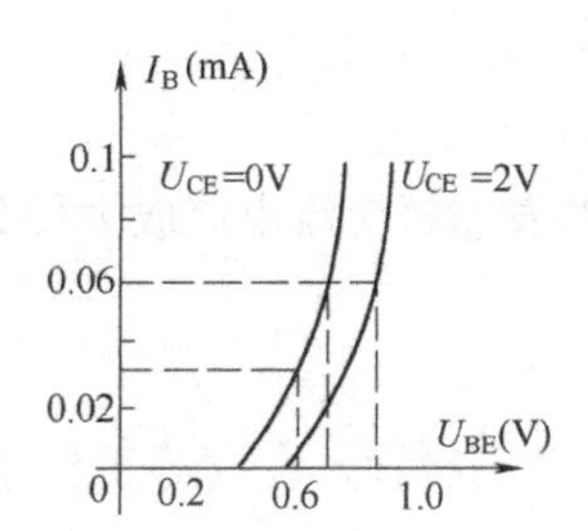

图 2.6　三极管输入特性曲线

根据输入特性曲线可得出如下结论。

① 当 U_{CE}=0 时，相当于 C、E 短接，这时的三极管相当于两个二极管并联，所以它和二极管的正向伏安特性相似。

② 当 U_{CE}>0 时，曲线形状基本不变，曲线位置随 U_{CE} 增加向右平移，但当 U_{CE}>1V 后，曲线基本重合。

③ 与二极管相似，发射结也存在门槛电压（死区电压）U_{th}，小功率硅管约为 0.5V，锗管约为 0.2V。

④ 正常工作时发射结正向压降变化不大，硅管约为 0.7V，锗管约为 0.3V。

（2）输出特性曲线。输出特性曲线是指基极电流 I_B 一定时，集电极电流 I_C 与 U_{CE} 的关系曲线。输出特性曲线也可通过测试得到，测试时先固定 I_B 为某值，然后改变 U_{CC}，测出相应的 I_C 和 U_{CE} 的值。根据测试数据，可绘制出输出特性曲线图，如图 2.7 所示。

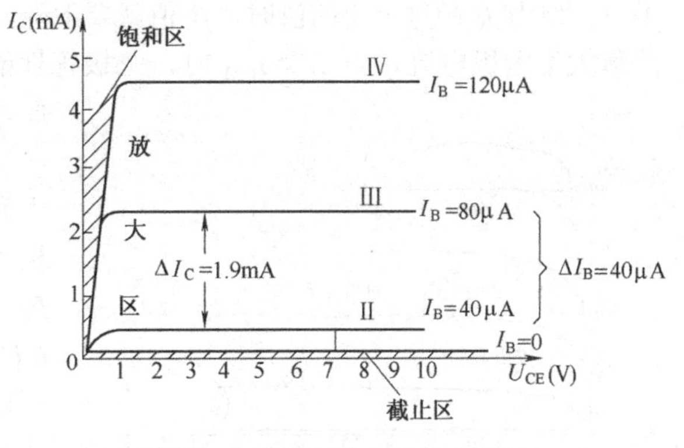

图 2.7　三极管的输出特性曲线图

通常把输出特性曲线图分成 3 个工作区来分析三极管的工作状态。

① 截止区。截止区是图 2.7 中 I_B =0 曲线下面画斜线的区域，此时三极管的发射结与集

电结均处于反偏状态。但在 $I_B=0$ 时 I_C 并不等于 0，这个电流称为穿透电流 I_{CEO}。

② 饱和区。饱和区是指 $U_{CE} \leqslant U_{BE}$ 的区域，此时发射结和集电结均正偏，三极管失去放大作用，I_C 不受 I_B 的控制。三极管饱和时，各极之间电压很小，而电流却较大，呈现低阻状态。三极管饱和时的 U_{CE} 值称为饱和压降，记作 U_{CES}，小功率硅管约为 0.3V，锗管约为 0.1V。

③ 放大区。处于饱和区与截止区之间的区域为放大区，此时发射结正向偏置而集电结反向偏置。在这个区域里三极管具有电流放大作用，有 $I_C=\beta I_B$，集电极电流 I_C 仅受 I_B 的控制，这就是三极管的受控特性；对于一定的 I_B，I_C 基本不受 U_{CE} 的影响，即 U_{CE} 变化时而 I_C 基本不变，这就是三极管的恒流特性。

2. 三极管的主要参数

（1）电流放大系数。三极管的电流放大系数是反映三极管电流放大能力强弱的参数。根据工作状态的不同直流和交流两种情况下分别用符号 $\overline{\beta}$ 和 β 表示。

① 共发射极直流电流放大系数 $\overline{\beta}$（$\overline{\beta}$ 有时用 h_{FE} 表示）。

$$\overline{\beta} = \frac{I_C}{I_B}$$

② 共发射极交流电流放大倍数 β（β 有时用 h_{fe} 表示）。

$$\beta = \frac{\Delta I_C}{\Delta I_B}$$

同一个三极管，在同等工作条件下 $\beta \approx \overline{\beta}$。选用三极管时 β 值应适当，一般 β 值太大的管子工作稳定性也较差。

（2）反向饱和电流。集电极—基极反向饱和电流 I_{CBO} 是指发射极开路，集电结在反向电压作用下形成的反向电流。I_{CBO} 受温度的影响很大，它随温度的升高而增加，常温下小功率硅管的 $I_{CBO}<1\mu A$，锗管的 I_{CBO} 在 $10\mu A$ 左右。I_{CBO} 的大小反映了三极管的热稳定性，I_{CBO} 越小其热稳定性越好。

（3）极限参数。表征三极管安全工作的参数叫做三极管极限参数，它是指三极管工作时不允许超过的极限工作条件。超过此界限，三极管的性能下降甚至毁坏，因而极限参数是保证管子安全运行和选择三极管的重要依据。

① 集电极最大允许电流 I_{CM}：集电极电流 I_C 在一定范围内变化时，三极管的 β 值基本不变，但当 I_C 超过一定的值时，β 值就要下降。I_{CM} 是指 β 值下降到正常值的 2/3 时所允许的最大集电极电流。当 $I_C>I_{CM}$ 时，三极管性能将明显下降，甚至有烧坏管子的可能。因此，在实际使用中必须使 $I_C<I_{CM}$。

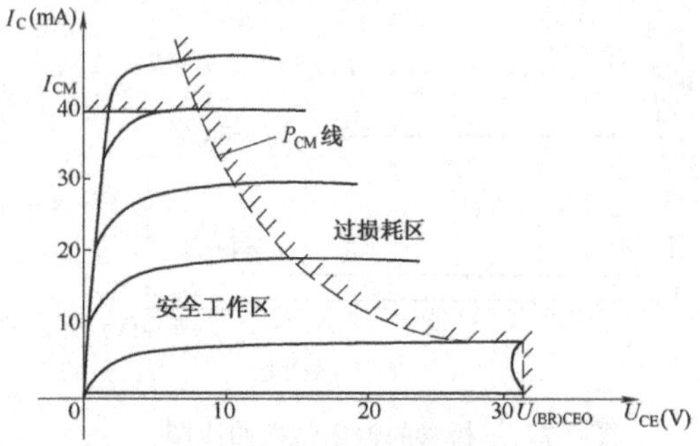

图 2.8 三极管的安全工作区

② 集电极最大允许功耗 P_{CM}：表示集电结上允许功率损耗的最大值，超过此值就会使三极管性能变坏或烧毁。集电极实际损耗功率 $P_C = I_C U_{CE}$，三极管正常工作时必须满足 $I_C U_{CE}<P_{CM}$。将 $P_{CM} = I_C U_{CE}$ 的点连接起来，可以在共发射极输出特性曲线上画出最大功耗线，如图 2.8 所示，曲线左侧满足 $I_C U_{CE}<P_{CM}$，是安全的，曲线右侧 $I_C U_{CE}>P_{CM}$ 为过损耗区，三极管正常工作时不允许进入这个区域。

③ 集电极–发射极间反向击穿电压 U_{CEO}：U_{CEO} 是基极开路时，加在集电极和发射极之间的反向击穿电压。当温度升高时 U_{CEO} 要下降，实际使用中必须使 $U_{CE} < U_{CEO}$ 。

④ 三极管的安全工作区。在三极管的输出特性曲线上，将 I_{CM} 、U_{CEO}、P_{CM} 围成的区域称为三极管的安全工作区，正常工作时不能超出该区域，否则三极管将烧坏。

常用 NPN、PNP 型三极管的主要参数如表 2.1 和表 2.2 所示。

表 2.1　NPN 型硅高频小功率管

型　　号		3DG130A	3DG130B	9011	9013	9014	9018	测 试 条 件
极限参数	P_{CM} (mW)	700	700	400	625	450	450	
	I_{CM} (mA)	300	300	30	500	100	50	
	$U_{(BR)CEO}$ (V)	≥30	≥45	≥30	≥35	≥35	≥30	I_C=100μA
	$U_{(BR)CBO}$ (V)	≥40	≥60	≥50	≥40	≥40	≥30	I_C=100μA
直流参数	I_{CBO} (μA)	≤0.1	≤0.1	≤0.1	≤0.1	≤0.1	≤0.1	U_{CB}=10V
	I_{CEO} (μA)	≤0.5	≤0.5	≤0.1	≤0.1	≤0.1	≤0.1	U_{CE}=10V
	I_{EBO} (μA)	≤0.5	≤0.5	≤0.1	≤0.1	≤0.1	≤0.1	U_{EB}=1.5V
	h_{FE}	≥40	≥40	≥29	≥64	≥60	≥28	U_{CE}=10V I_C=50mA
交流参数	f_T (MHz)	≥150	≥150	≥100	≥100	≥150	≥600	U_{CB}=10V I_C=50mA f=100MHz R_L=5Ω
h_{FE} 色标分挡		（红）30～60，（绿）50～110，（蓝）90～160，（白）>150						

表 2.2　PNP 型硅高频小功率管

型　　号		3CG7A	3CG7B	3CG7C	9012	9015	测 试 条 件
极限参数	P_{CM} (mW)	700	700	700	625	400	
	I_{CM} (mA)	150	150	150	500	100	
	$U_{(BR)CEO}$ (V)	≥15	≥20	≥35	≥35	≥45	I_C=100μA
	$U_{(BR)CBO}$ (V)	≥20	≥30	≥40	≥30	≥50	I_C=50μA
直流参数	I_{CEO} (μA)	≤1	≤1	≤1	≤0.5	≤0.5	U_{CE}=−10V
	h_{FE}	≥20	≥30	≥50	≥64	≥60	U_{CE}=−6V　I_C=20 mA
交流参数	f_T (MHz)	≥80	≥80	≥80	≥100	≥100	U_{CB}=−10V　I_C=40mA

例 2-1　某三极管的输出特性曲线如图 2.9 所示，求三极管的电流放大系数β、穿透电流 I_{CEO}、反向击穿电压 U_{CEO}、集电极最大电流 I_{CM} 及集电极最大功耗 P_{CM}。

解：本题的意图是根据输出特性曲线求三极管的参数，借助输出特性曲线更深刻地理解各参数的含义。

（1）取 ΔI_B=60μA–40μA=20μA=0.02mA。从图中可以看到对应的 ΔI_C=2.9mA–1.9mA=1mA，则三极管的电流放大系数为

$$\beta = \Delta I_C / \Delta I_B = 1/0.02 = 50$$

（2）由公式 $I_C=\beta I_B+I_{CEO}$ 可知，当 I_B=0，$I_C=I_{CEO}$，由图可知，I_B=0 的那条输出特性曲线所对应的集电极电流为 10μA，所以 I_{CEO}=10μA。

（3）U_{CEO} 为基极开路（即 I_B=0），集电极 c 和发射极 e 之间的击穿电压。从 I_B=0 的那条特性曲线可以看出，U_{CE}>50V 时 I_C 迅速增大，所以 U_{CEO} 为 50V。

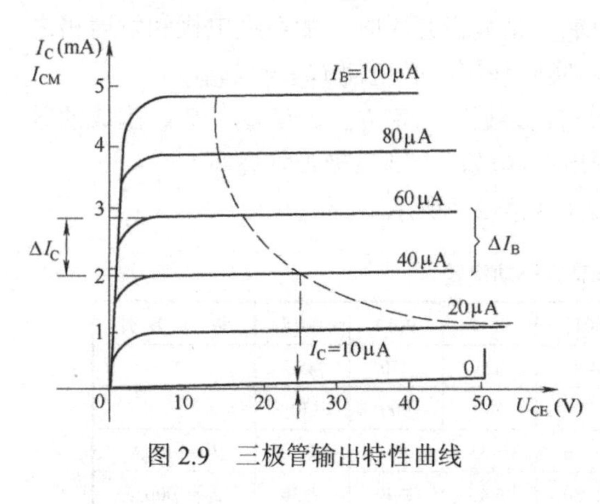

图 2.9　三极管输出特性曲线

（4）过 U_{CE}=25V 作垂线与 P_{CM} 的交点的纵坐标 I_C=2mA，$P_{CM}=I_C U_{CE}=2\times50=100$mW。

（5）I_{CM} 已从图中标出，其值为 5mA，所以 I_{CM}=5mA。

例 2-2　若测得放大电路中 3 个三极管的 3 个电极对地电位 U_1、U_2、U_3 分别为下述数值，试判断它们是硅管还是锗管，是 NPN 管还是 PNP 管，并确定 e，b，c 各极。（1）U_1=2.5V，U_2=6V，U_3=1.8V；（2）U_1=−6V，U_2=−3V，U_3=−2.7V；（3）U_1=−1.7V，U_2=−2V，U_3=0V。

解：本题的解题思路是，首先根据两电极的电位差（硅管 0.7V，锗管 0.3V）找出发射结，从而确定集电极，并区分硅管还是锗管，其次根据发射极与集电极间的高低电位判别是 NPN 管还是 PNP 管，最后根据发射结两个电极电位高低区别发射极与基极。

（1）由于 1、3 脚间电位 $U_{13}=U_1-U_3$=0.7V，故 1、3 脚间为发射结，2 脚则为 c 极，该管为硅管，又 $U_2>U_1>U_3$，故该管为 NPN 型，且 1 脚为 b 极、3 脚为 e 极。

（2）由于$|U_{23}|$=0.3V，故 2、3 脚间为发射结，1 脚为 c 极，该管为锗管。又 $U_1<U_2<U_3$，故该管为 PNP 型，且 2 脚为 b 极，3 脚 e 极。

（3）根据同样方法可以确定：该管是 NPN 型锗管，2 脚为 e 极，1 脚为 b 极，3 脚为 c 极。

例 2-3　测得工作在放大状态的三极管的两个电极电流如图 2.10（a）所示。求：（1）另一个电极电流，并在图中标出实际方向；（2）标出 e，b，c 极，判断该管是 NPN 型还是 PNP 型管；（3）估算其β 值。

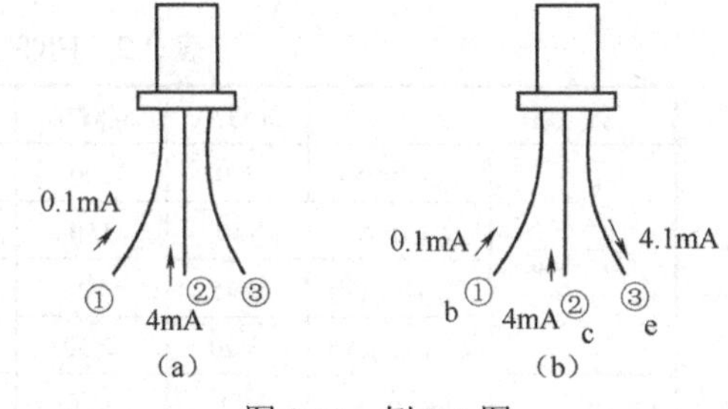

图 2.10　例 2-3 图

解：（1）由于各电极满足基尔霍夫定律，即流进管内和流出管外的电流大小相等，而在图 2.10（a）中，①脚和②脚的电流均为流进管内，因此③脚电流的大小和方向如图 2.10（b）所示。

（2）由于③脚电流最大，①脚电流最小。故③脚为 e 极，①脚为 b 极，则②脚为 c 极。该管的发射极电流流出管外，故它是 NPN 型管。e，b，c 极标在图 2.10（b）上。

（3）由于 I_B=0.1mA，I_C=4mA，I_E=4.1mA，故

$$\beta\approx\frac{I_C}{I_B}=\frac{4}{0.1}=40$$

2.1.4　三极管使用中应注意的事项

1. 三极管的正确选用

实际放大电路中，为了保证三极管正常工作，选用三极管时应注意以下几点：

（1）三极管的工作电流、电压应小于其极限参数，即 $I_C<I_{CM}$，$U_{CE}<U_{CEO}$，$P_C<P_{CM}$。

（2）电路需要输出较大功率时，应选用大功率三极管，并且加装散热片；电路如果需要工作在频率较高场合时，则需要选用高频晶体管或超高频晶体管；开关电路中则应选择开关晶体管；当直流电源的电压对地为正值时多选用 NPN 型三极管组成的电路，为负值时多选用 PNP 型三极管组成的电路。

（3）应选反向电流小的三极管。因为同型号三极管的反向电流越小，一般来说它的性能越好；β 值选几十到 150 左右的三极管，β 值太大三极管热稳定性不好。

（4）硅三极管的热稳定性比锗三极管好，所以在工作温度高、要求热稳定性好的场合，应选用硅三极管；要求导通电压低的场合可选用锗三极管。

（5）在修理电子设备时，如果发现三极管损坏，应尽量用同型号的三极管来替换。如果找不到同型号的三极管而用其他型号的三极管来替代时，则要注意三极管的类型要相同，即硅三极管和锗三极管、NPN 型三极管和 PNP 型三极管不能混用。另外，还要注意替代三极管的主要参数（β，I_{CM}，U_{CEO}，P_{CM} 等），应尽量与原三极管匹配，或者优于原三极管。

2. 三极管的正确使用

（1）焊接时，应使用低熔点焊锡，管脚引线不应短于 10mm，焊接动作要快，每根引脚焊接时间不应超过 2s。

（2）三极管在焊入电路时，应先接通基极，再接入发射极，最后接入集电极；拆下时，应按相反次序，以免烧坏管子；在电路通电的情况下，不得断开基极引线，以免损坏管子。

（3）使用三极管时要固定好，以免因振动而发生短路或接触不良，且不应靠近发热元件。

2.2 共射放大电路的组成和工作原理

2.2.1 放大电路原理及主要性能指标

我们日常生活中所用的收音机、电视机、扩音器及工农业生产中所用的精密电子测量仪器、仪表、自动控制系统中都含有用三极管构成的放大电路，其作用是将微弱的电信号放大成幅度足够大且与原来信号变化规律一致的信号，以便人们测量和使用。

我们都熟悉扩音系统，当人对着话筒讲话时，话筒会把声音的声波变化转换成以同样规律变化的电信号（弱小的），经扩音机电路放大后输出给扬声器，则扬声器放出较大的声音，这就是放大器的放大作用。这种放大还要求放大后的声音必须真实地反映讲话人的声音和语调，是一种不失真地放大。

尽管放大电路应用的场合和所起的作用不同，但信号的放大过程是相同的，可以用图 2.11 来表示它们的共性。

从电子技术的观点来看，放大的本质是实现能量的控制，即用能量比较小的输入信号控制另一个能源，从而使输出端的负载得到能量较大的信号。负载上信号的变化规律是由输入信号决定的，而负载得到的较大能量是由另一个能源提供的。例如，上面提到的从扩音机话筒上接收到的信号能量非常微弱，需要经过放大才能驱动扬声器发出声音。从扬声器听到什么样的声音，决定于从话筒上接收到什么样的信号，而发出功率很大的音量所需的能量却由另外一个直流电源提供。

为了实现能量的控制，达到放大的目的，必须采用具有放大作用的电子器件，双极型三极管和场效应三极管便是常用的放大元件。在双极型三极管中利用基极电流 I_B 对集电极电流的控制作用实现放大；而在场效应三极管中则是利用栅极与源极之间的电压 U_{GS} 对漏极电流的控制作用实现放大。

为了衡量一个放大电路的性能，规定了若干技术指标。对于低频放大电路来讲，经常以输入端加入不同频率的正弦电压来对电路进行分析。在本书中，当不考虑放大电路和负载中电抗元件的影响时，正弦交流量均以有效值表示。若考虑电抗元件所引起的相移时，正弦交流量以复数或向量表示。在放大电路规定的性能指标中，最主要的有以下几项，它们的含义可用图 2.12 来说明。

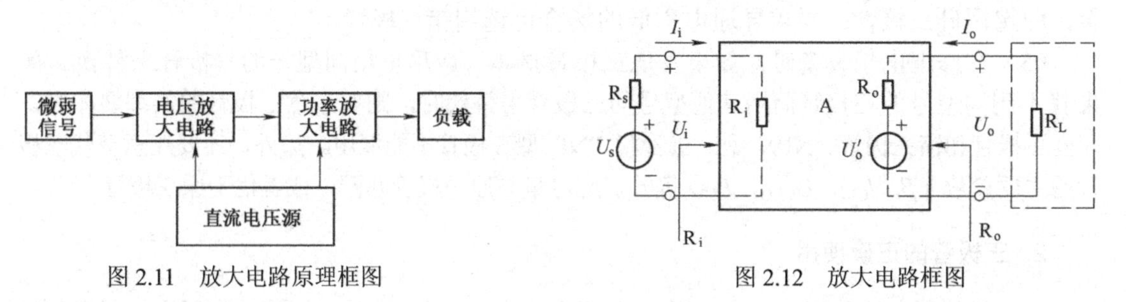

图 2.11　放大电路原理框图　　　　图 2.12　放大电路框图

1. 放大倍数

放大倍数（也称增益）是表示放大电路放大能力的一项重要指标，常用的有以下两种。

（1）电压放大倍数 A_u。

$$A_u = \frac{U_o}{U_i} \tag{2.8}$$

它表示放大电路放大信号电压的能力，式中 U_o 和 U_i 分别表示输出电压和输入电压。

（2）电流放大倍数 A_i。

$$A_i = \frac{I_o}{I_i} \tag{2.9}$$

它表示放大电路放大信号电流的能力，式中 I_o 和 I_i 分别为输出电流和输入电流。

2. 输入电阻 R_i

由图 2.12 可知，当输入信号电压加到放大电路的输入端时，在其输入端产生一个相应的电流，从输入端往里看进去有一个等效的电阻，这个等效电阻就是放大电路的输入电阻，定义为外加正弦输入电压有效值与相应的输入电流有效值之比，即

$$R_i = \frac{U_i}{I_i} \tag{2.10}$$

它是衡量放大电路对信号源影响程度的一个指标。其值越大，放大电路从信号源索取的电流就越小，对信号源的影响就越小。

3. 输出电阻 R_o

在放大电路的输入端加入信号，如果改变接在输出端的负载电阻，则输出电压也会随着改变，从输出端看进去相当于有一个等效的具有内阻 R_o 的电压源 U'_o，如图 2.12 所示，通常把 R_o 称为放大电路的输出电阻。输出电阻可以这样分析：在输入端加入一个固定的交流信号 U_i，先测出负载开路时的输出电压 U'_o，再测出接上负载电阻 R_L 后的输出电压 U_o，

由于输出电阻 R_o 的影响，使输出电压下降。由图 2.12 可得输出电阻为

$$R_o = \left(\frac{U'_o}{U_o} - 1\right) R_L \tag{2.11}$$

输出电阻是描述放大电路带负载能力的一项技术指标，通常放大电路的输出电阻越小越好。R_o 越小，说明放大电路的带负载能力越强。

4．最大输出功率 P_{oM} 和效率 η

P_{oM} 是指在输出信号基本不失真的情况下能输出的最大功率。效率 η 为 P_{oM} 与直流电源提供的功率 P_S 之比，即

$$\eta = \frac{P_{oM}}{P_S} \times 100\% \tag{2.12}$$

5．最大输出幅度 U_{oM}（或 I_{oM}）

U_{oM} 表示在输出波形没有明显失真的情况下，放大电路能够提供给负载的最大输出电压（或最大输出电流）。

此外，还有通频带、非线性失真系数、信号噪声比等性能指标。对于这些指标的定义，后面用到时再介绍。

2.2.2 共射放大电路的构成和原理

放大电路是最常见、最典型的模拟电子电路，而单管放大电路又是组成各种复杂放大电路的基础。用三极管构成的单管放大电路有 3 种，下面以常用的单管共射电路（共集电极、共基极电路两种后面介绍）为例，介绍放大电路的构成、各元件的作用及电路的工作原理。

1．放大电路的构成

如图 2.13 所示是一个单管共发射极（以下简称单管共射）放大电路的原理电路图。电路仅用一个双极型三极管作为放大器件，输入回路与输出回路的公共端是三极管的发射极，所以称为单管共射放大电路。图中，AO 端为放大电路的输入端，用来接收待放大的信号；BO 端为输出端，用来输出放大后的信号。图中“⊥”表示公共端，也称为“地”，但并非真正接大地，只是表示电路中的参考零电位，电路中的其他各点电位都是相对“⊥”而言。为了分析方便，通常规定：电压的正方向是以公共端为负端，其他各点为正端。图中标出的“+”、“−”分别表示各电压的参考极性，电流的参考方向如图中的箭头所示。

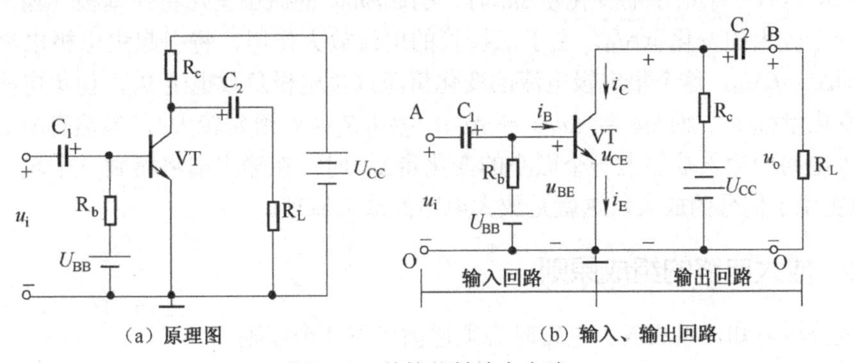

（a）原理图　　（b）输入、输出回路

图 2.13　单管共射放大电路

2．放大电路中各元件的作用

下面详细介绍如图 2.13 所示的放大电路中各元件的作用。

（1）三极管 VT。图中采用的是 NPN 型硅管，具有电流放大作用，是放大电路中的核心元件。

（2）集电极直流电源 U_{CC}。U_{CC} 的正极通过 R_c 接三极管的集电极，负极接三极管的发射极，其作用是使集电结反偏，并为放大电路的输出提供直流能量。U_{CC} 一般为几伏到几十伏。

（3）基极直流电源 U_{BB} 和基极偏置电阻 R_b。U_{BB} 和 R_b 作用是：一方面为三极管的发射结提供正向偏置电压；另一方面二者共同决定了当不加输入电压时三极管基极回路的偏置电流，这个电流称为静态基流。在以后的分析中将会看到，静态基流的大小对放大作用的优劣，以及放大电路的其他性能有着密切的关系。R_b 的阻值一般取几十千欧到几百千欧，改变 R_b 的大小可使三极管获得合适的静态工作点。

（4）集电极负载电阻 R_c。R_c 又称集电极电阻，它的作用主要是将集电极电流的变化转换成电压的变化，以实现电压放大功能。另一方面，电源 U_{CC} 可通过 R_c 加到三极管上，使三极管获得正常的工作电压，所以 R_c 也起直流负载的作用。R_c 的阻值一般为几千欧到几十千欧。

（5）耦合电容 C_1 和 C_2。C_1 和 C_2 又称耦合电容，它们分别接在放大电路的输入端和输出端，起“隔直流，通交流”的作用：即 C_1 用来隔断放大电路与信号源之间的直流通路，C_2 用来隔断放大电路与负载之间的直流通路，同时保证交流信号畅通无阻地通过放大电路，沟通信号源、放大电路和负载三者之间的联系。因此，C_1 和 C_2 的电容量一般较大，通常为几微法到几十微法，一般用电解电容，连接时电容的正极接高电位，负极接低电位。

（6）负载电阻 R_L。R_L 是放大电路的外接负载，如耳机、扬声器等。

值得指出的是，如图 2.13 所示的放大电路只是一个原理性的电路，实际上该电路还可做一些适当的简化（如基极直流电源 U_{BB} 可省掉），在 2.2.3 节将详细介绍。

3．共射放大电路的放大原理

本节将定性地分析如图 2.13 所示的单管共射放大电路是如何实现放大作用的。为此，我们首先讨论一下Δu_o与Δi_C和 R_c 的关系：由图 2.13 可见，当集电极电流 i_C 增加时，R_c 上的电压降也增大，于是 u_{CE} 将降低，因为 $U_{CC}= u_{CE}+i_CR_c$，而 U_{CC} 是恒定不变的。所以 u_{CE} 的变化量Δu_{CE} 与Δi_C 在 R_c 上产生的电压变化量数值相等而极性相反，即$\Delta u_{CE}=-\Delta i_CR_c$。在本电路中，集电极电压 u_{CE} 即等于输出电压 u_o，故$\Delta u_o=\Delta u_{CE}$。

假设电路中的参数能够保证三极管工作在放大区，此时由三极管的输入特性曲线可知，当输入电压有一个很小的变化量Δu_i 时，引起Δu_{BE} 的微小变化将使基极（输入）回路的电流产生一个较大的变化量Δi_B，由于三极管的电流放大作用，将引起集电极电流发生更大的变化，即$\Delta i_C=\beta\Delta i_B$，这个集电极电流的变化量流过集电极负载电阻 R_c，使集电极电压也产生相应的变化量Δi_CR_c。而$\Delta u_o = \Delta u_{CE} =-\Delta i_CR_c=\beta\Delta i_BR_c$（$R_c$ 通常较大），显然有$\Delta u_o\gg\Delta u_i$，因此当在放大电路的输入端加上一个微小的变化量Δu_i 时，在输出端将得到一个较大的变化量Δu_o，从而实现了信号的放大，这就是放大电路的放大原理。

2.2.3　放大电路的组成原则

从以上分析可知，组成放大电路时必须遵循以下几个原则。

（1）外加直流电源的极性必须使三极管的发射结正向偏置，而集电结反向偏置，以保证三极管工作在放大区。此时若基极电流有一个微小的变化量Δi_B，将控制集电极电流产生一个较大的变化量Δi_C，二者之间的关系为$\Delta i_C=\beta\Delta i_B$。

（2）输入回路的接法应该使输入电压的变化量Δu_i能够传送到三极管的基极回路，并使基极电流产生相应的变化量Δi_B。

（3）输出回路的接法应使集电极电流的变化量Δi_C能够转化为集电极电压的变化量Δu_{CE}，并传送到放大电路的输出端。

只要符合上述几项原则，即使电路的形式有所变化，仍然能够实现放大作用。

现在来观察图 2.14（a）（即图 2.13（a））所示的单管共射放大电路。它只是一个原理性电路，在这只有一个放大元件的简单电路中却用了两路直流电源 U_{CC} 和 U_{BB}，既不方便也不经济。为此，可以根据上述组成放大电路的几项原则，对原来的电路进行简化。

首先，省去基极直流电源 U_{BB}，将基极电阻 R_b 改接到 U_{CC} 的正端，则图 2.14（a）变为图 2.14（b）。由图 2.14（b）可见，U_{CC} 的极性能够保证发射结正向偏置，克服了原来电路多用一路直流电源 U_{BB} 的缺点，比较实用，而且电路符合组成放大电路的三项原则，能够实现放大作用。

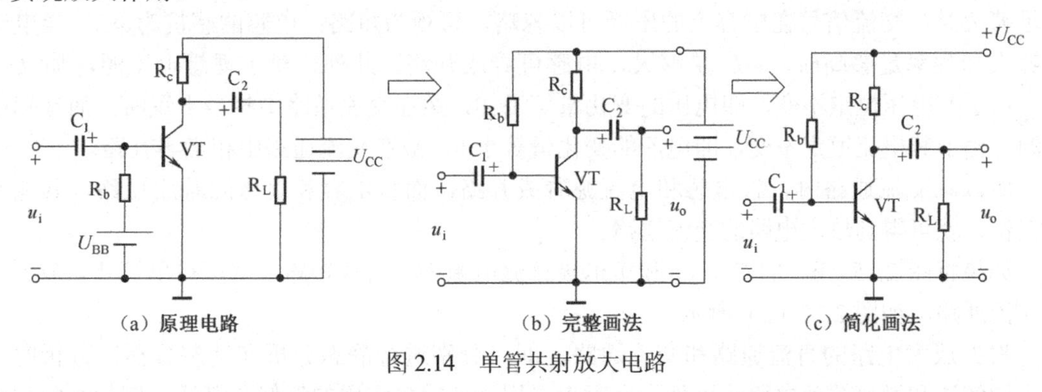

（a）原理电路　　（b）完整画法　　（c）简化画法

图 2.14　单管共射放大电路

其次，为了简化画图过程，通常不将直流电源 U_{CC} 画出，而只标出其正端，如图 2.14（c）所示。

2.3　放大电路的分析方法

双极型三极管或场效应管（第 3 章介绍）是组成放大电路的主要器件，而它们的特性曲线都是非线性的，因此对放大电路进行定量分析时，主要矛盾在于如何处理放大器件的非线性问题。对此问题，常用的解决办法有两个：第一是图解法，这是在承认放大器件特性曲线为非线性的前提下，在放大管的特性曲线上用作图的方法求解；第二是微变等效电路法，其实质是在一个比较小的变化范围内，近似地认为双极型三极管和场效应管的特性曲线是线性的，由此导出放大器件的等效电路以及相应的微变等效参数，从而将非线性的问题转化为线性问题，于是就可以利用电路原理中介绍的适用于线性电路的各种定律、定理等来对放大电路进行求解。因此，放大电路最常用的基本分析方法，就是图解法和微变等效电路法。

对一个放大电路进行定量分析时，首先要进行静态分析，即分析未加输入信号时的工作状态，估算电路中各处的直流电压和直流电流——静态工作点。然后进行动态分析，即分析加上交流输入信号时的工作状态，估算放大电路的各项动态技术指标，如电压放大倍数、输入电阻、输出电阻、通频带、最大输出幅度等。分析的过程一般是先静态后动态。

静态分析讨论的对象是直流成分，动态分析讨论的对象则是交流成分。由于放大电路中存在着电抗性元件，所以直流成分的通路和交流成分的通路是不一样的。为了进行静态分析和动态分析，首先来分析放大电路的直流通路和交流通路有何不同。

2.3.1 直流通路和交流通路

1. 直流通路

直流成分流过的通路，称为直流通路。画直流通路时，电容对直流信号的阻抗是无穷大，相当于开路；电感对直流信号的阻抗为 0，相当于短路；其他元件保留，即可得放大电路的直流通路。在图 2.15（b）中将隔直电容 C_1、C_2 看成开路，其他元件保留就可得对应的直流通路，如图 2.15（a）所示。

2. 交流通路

交流信号流过的通路，称为交流通路。对于交流成分而言，电容容抗为 $1/\omega C$，当电容值足够大时，交流信号在电容上的压降可以忽略，可视为短路；电感的感抗为 ωL，当电感足够大和频率足够高时，ωL 足够大，电感可看成开路。此外，对于理想电压源，如 U_{CC} 等，由于其电压恒定不变，即电压的变化量等于 0，故在交流通路中相当于短路。而理想电流源，由于其电流恒定不变，即电流的变化量等于 0，故在交流通路中相当于开路。

所以画交流通路时，将电感和电流源看成开路，而将电容和电压源看成短路，其他元件保留，就可得到放大电路的交流通路。

如果将图 2.15（b）的 C_1、C_2 和集电极直流电源 U_{CC} 看成短路，就可得单管共射放大电路交流通路，如图 2.15（c）所示。

根据放大电路的直流通路和交流通路，即可分别进行静态分析和动态分析。分析时，除了图解法和微变等效电路法以外，有时也采用一些简单实用的近似估算法。例如，常常根据直流通路，对放大电路的静态工作情况进行近似估算。

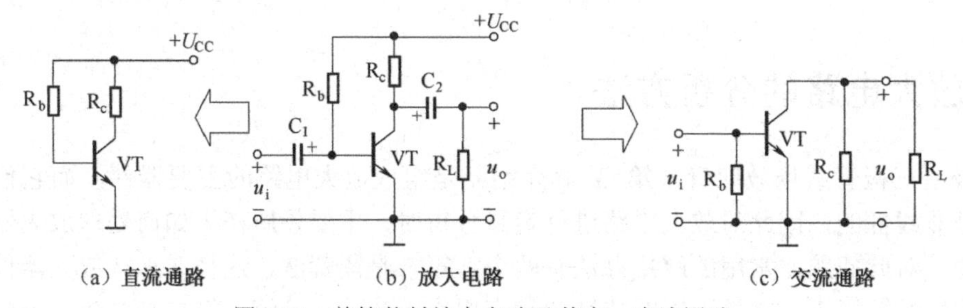

图 2.15 单管共射放大电路及其交、直流通路

2.3.2 静态工作点与静态分析

什么叫静态呢？所谓静态就是外加输入信号为 0 时，放大电路所处的状态。静态时，三极管的基极回路和集电极回路均存在着直流电流和直流电压，这些直流电流和电压在三极管的输入、输出特性上对应一个点，这就是静态工作点（通常用 Q 来表示）。Q 点处的基极电流、基极与发射极之间的电压分别用符号 I_{BQ}、U_{BEQ} 表示，集电极电流、集电极与发射极之间的电压则用 I_{CQ}、U_{CEQ} 表示。

Q 点的位置对放大电路的性能影响很大，因此如何设置一个合适的工作点至关重要，同时求解静态工作点也是分析放大电路的基础和首要步骤，下面先以如图 2.15 所示的共射放大电路为例来说明 Q 点的近似估算方法。

（1）画出放大电路的直流通路，如图 2.15（a）所示。

（2）根据直流通路，求 Q 点的静态参数 I_{BQ}、U_{BEQ}、I_{CQ} 和 U_{CEQ}。

① 求 I_{BQ}：按照上述步骤，根据如图 2.15（a）所示的直流通路，可求得单管共射放大电路的静态基极电流为

$$I_{BQ}=\frac{U_{CC}-U_{BEQ}}{R_b} \tag{2.13}$$

由三极管的输入特性可知，U_{BEQ} 的变化范围很小，可近似认为硅管的 $U_{BEQ}=0.7V$，锗管的 $U_{BEQ}=0.2V$，根据以上近似值，若给定 U_{CC} 和 R_b，即可由式（2.13）估算 I_{BQ}。

② 求 I_{CQ}：已知三极管的集电极电流与基极电流之间存在关系 $I_C\approx\bar{\beta}I_B$，且 $\beta\approx\bar{\beta}$，故可得静态集电极电流为

$$I_{CQ}\approx\beta I_{BQ} \tag{2.14}$$

③ 求 U_{CEQ}：由图 2.15（a）的直流通路可得

$$U_{CEQ}=U_{CC}-I_{CQ}R_C \tag{2.15}$$

至此，静态工作点的有关电流、电压：I_{BQ}、U_{BEQ}、I_{CQ} 和 U_{CEQ} 就估算出来了。

例 2-4 设图 2.15（b）所示的单管共射放大电路中，$U_{CC}=12V$，$R_c=3k\Omega$，$R_b=280k\Omega$，NPN 型硅三极管的 $\beta=50$，试估算静态工作点。

解：设三极管的 $U_{BEQ}=0.7V$，则根据式（2.13）、式（2.14）、式（2.15）可得

$$I_{BQ}=\frac{U_{CC}-U_{BEQ}}{R_b}=\left(\frac{12-0.7}{280}\right)=0.04mA=40\mu A$$

$$I_{CQ}\approx\beta I_{BQ}=(50\times0.04)=2mA$$

$$U_{CEQ}=U_{CC}-I_{CQ}R_c=(12-2\times3)=6V$$

图解法也是进行静态分析的一种常用方法，它的任务是用作图的方法确定放大电路的静态工作点 Q，求出 I_{BEQ}、I_{CQ} 和 U_{CEQ}。

从原则上说，基极回路的 I_{BQ} 和 U_{BEQ}，可以在输入特性曲线上作图求得，但是由于器件手册通常不给出三极管的输入特性曲线，而输入特性也不易准确测得，因此一般不在输入特性曲线上用图解法求 I_{BQ} 和 U_{BEQ}，而是利用近似估算法，根据给出的 U_{BEQ} 的近似值，利用式（2.13）估算 I_{BQ}。下面详细说明用图解法求解静态工作点 Q 的步骤。

（1）画出放大电路的直流通路。

（2）用近似估算法求出 I_{BQ}。

（3）画出输出回路的直流负载线。

（4）图解法确定 Q 点、I_{CQ} 和 U_{CEQ}。

前两步按上面 2.3.2 节的步骤进行，下面详细介绍画直流负载线和确定 Q 点的步骤。

（1）画直流负载线的步骤。

① 先根据直流通路写出输出回路电压、电流关系式——即直流负载线的方程。将图 2.15（a）所示的直流通路的输出回路重画于图 2.16（a）中。若以虚线 MN 为界，将图 2.16（a）中的输出回路分为两部分，左边是三极管的集电极回路，其中 i_C 与 u_{CE} 的关系是非线性的，即是三极管的输出特性，如图 2.16（b）所示。右边是放大电路的外电路部分，由负载电阻 R_c 和集电极直流电源 U_{CC} 串联而成。因二者皆为线性元件，故 i_C 与 u_{CE} 之

间存在线性关系，可用以下直线方程表示

$$u_{CE}=U_{CC}-i_C R_c \tag{2.16}$$

式（2.16）所描述的方程即为直流负载线的方程。

② 根据该方程可以得到直线上的两个特殊点$\frac{U_{CC}}{R_c}$点和U_{CC}点。

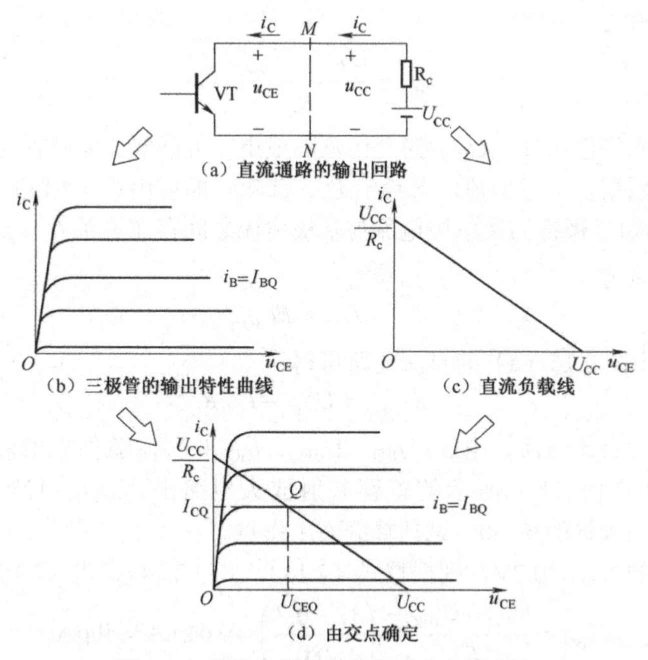

图 2.16　直流负载线和静态工作点的求法

当$i_C=0$时，$u_{CE}=U_{CC}$，此点为直线与横坐标的交点。

当$u_{CE}=0$时，$i_C=\frac{U_{CC}}{R_c}$，此点为直线与纵坐标的交点。

③ 连接以上两点即可画出外电路的伏安特性，如图 2.16（c）所示。这条直线是根据放大电路的直流通路得到的，表示外电路的伏安特性，所以称为直流负载线。直流负载线的斜率为$-\frac{1}{R_c}$。集电极电阻 R_c 愈大，则直流负载线愈平坦；R_c 愈小，则直流负载线愈陡。

（2）确定 Q 点并求出静态参数。将上述直流负载线画在三极管的输出特性曲线上，如图 2.16（d）所示，则直流负载线与 I_{BQ} 对应的输出特性曲线的交点就是静态工作点 Q，由 Q 点的坐标就可确定静态集电极电流 I_{CQ} 和静态集电极电压 U_{CEQ}。下面举一例加以说明。

例 2-5　在如图 2.17（a）所示的单管共射放大电路中，已知$R_b=280\text{k}\Omega$，$R_c=3\text{k}\Omega$，集电极直流电源U_{CC}=12V，三极管的输出特性曲线如图 2.17（b）所示。试用图解法确定静态工作点。

解：首先根据式（2.13）估算 I_{BQ}。

$$I_{BQ}=\frac{U_{CC}-U_{BEQ}}{R_b}=\left(\frac{12-0.7}{280}\right)=0.04\text{mA}=40\mu\text{A}$$

然后在输出特性曲线上作直流负载线。根据式（2.16）的直流负载线方程，可得直线上的两个特殊点为：当 $i_C=0$ 时，u_{CE}=12V；当 u_{CE}=0 时，$i_C=\left(\frac{12}{3}\right)$=4mA。连接以上两点，便可画出直流负载线，如图 2.17（b）所示。

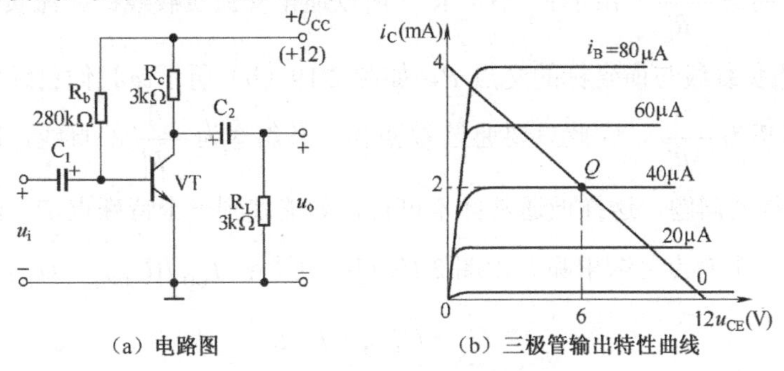

图 2.17 例 2-5 电路及特性曲线

直流负载线与 i_B=40μA 的输出特性曲线的交点，即是静态工作点 Q。由图 2.17（b）可得，静态工作点处的 I_{CQ}=2mA，U_{CEQ}=6V。

通过比较可知，本例中用图解法求出的静态工作点与例 2-3 中估算得到的结果一致。

2.3.3 动态分析——图解分析法

图解法进行动态分析的任务：用作图的方法分析放大电路各电流、电压波形随输入信号的变化情况；Q 点对非线性失真的影响；放大器的最大输出动态范围等。

那什么叫动态呢？所谓动态，就是放大电路外加输入信号不等于 0 时，放大电路的工作状态。值得指出的是，这里的输入信号不等于 0 是针对输入信号的有效值来说的。然而，输入信号有效值尽管不等于 0，但是由于输入信号是一交流信号，因此每一周期都存在过零的时刻，此刻实际上就是我们前面所说的静态，所以动态之中包含着静态。

在静态分析的基础上，下面详细说明根据放大电路的交流通路，用图解法来分析其动态工作情况的步骤。

（1）画出放大电路的交流通路。

（2）根据交流通路求出等效的交流负载电阻 $R_L' = R_c // R_L$。

（3）画交流负载线。

根据前面 2.3.1 节介绍的方法，可画出交流通路，根据交流通路可求 R_L'。下面主要说明画交流负载线的步骤。

① 首先说明的是交流负载线必通过 Q 点。因为外加交流输入电压 u_i 过 0 的时刻，实际上就相当于放大电路静态（输入信号 u_i=0）时的情况，因此放大电路的静态工作点不仅在直流负载线上，还在交流负载线上，即交流负载线必定经过 Q 点。

② 交流负载线的斜率为 $-\dfrac{1}{R'_L}$（$R_L' = R_c // R_L$）。将图 2.15（c）中交流通路的输出回路重画于图 2.18 中。因为讨论的是动态，故图中的集电极电流和集电极电压分别用变化量 Δi_C 和 Δu_{CE} 表示。

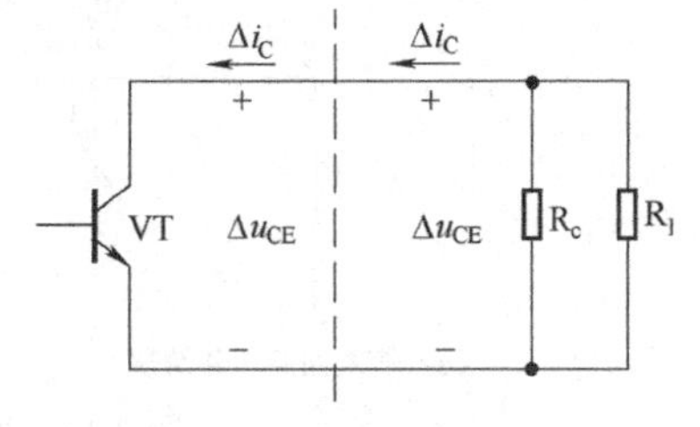

图 2.18 交流通路的输出回路

交流通路外电路的伏安特性称为交流负载线。由图 2.18 可见，交流通路的外电路包括两个电阻 R_c 和 R_L，我们用 R'_L 表示 R_c 与 R_L 并联后得到的阻值，即 $R'_L=R_c//R_L$，因此，交流负载线的斜率将与直流负载线不同，不是$-\frac{1}{R_c}$，而是$-\frac{1}{R_L'}$。由于R_L'小于R_c，所以通常交流负载线比直流负载线更陡。

③ 求出交流负载线与横坐标的交点 P，如图 2.19（b）所示。我们已经知道交流负载线通过 Q 点，且斜率为$-\frac{1}{R_L'}$，因此只要通过 Q 点作一条斜率为$-\frac{1}{R_L'}$的直线，即可得到交流负载线。但由于量纲的问题，这样做通常并不可行，如能找到一个特殊点 P，则连接 Q、P 即可得交流负载线。那 P 点怎么求呢？由图 2.19（b）可得：$I_{CQ}/(U_{CEQ}-U_P)=-\frac{1}{R_L'}$，则

$$U_P = U_{CEQ} + I_{CQ}R_L' \tag{2.17}$$

所以 P 点的坐标为：（$U_{CEQ}+I_{CQ}R_L'$，0）。

④ 连接 Q、P 即可得交流负载线。当外加一个正弦输入电压 u_i 时，放大电路的工作点将沿着交流负载线运动，所以只有交流负载线才能描述动态时 i_C 与 u_{CE} 的关系，而直流负载线的作用只能用以确定静态工作点，不能表示放大电路的动态工作情况。

⑤ 根据交流负载线画出各电压、电流波形，并可求出放大倍数。假设在放大电路的输入端加上一个正弦电压 u_i，则在线性范围内，三极管的 u_{BE}、i_B、i_C 和 u_{CE} 都将围绕各自的静态值基本上按正弦规律变化，放大电路基极回路和集电极回路的动态工作情况分别如图 2.19（a）和（b）所示，放大倍数的求解方法在下面的例题中介绍。

例 2-6 在图 2.17（a）的单管共射放大电路中，已知负载电阻 R_L=3kΩ，试用图解法求电压放大倍数。三极管的输出特性曲线如图 2.19（b）所示。

解：首先求出 R_L'，即

$$R_L' = R_C // R_L = \left(\frac{3\times3}{3+3}\right) = 1.5\text{k}\Omega$$

则

$$U_P = U_{CEQ} + I_{CQ}R_L' = 6+1.5\times2=9\text{V}$$

所以 P 点的坐标为（9，0），连接 Q、P 即可得交流负载线，如图 2.19（b）所示。

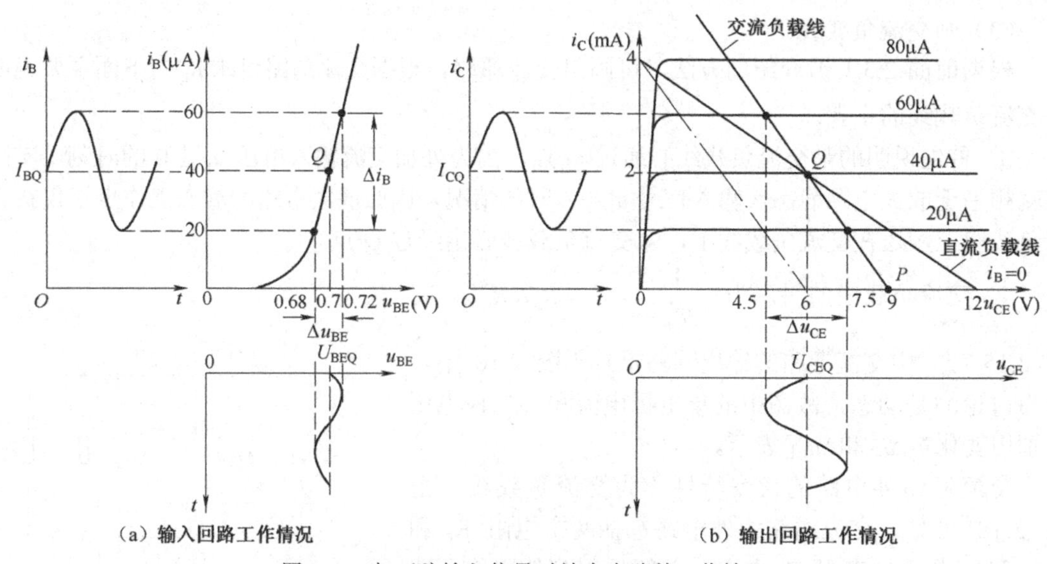

图 2.19 加正弦输入信号时放大电路的工作情况

为了求出电压放大倍数，在图 2.19（a）中取Δi_B=(60−20)=40μA，查出相应的

Δu_{BE}=(0.72−0.68)=0.04V，再从图 2.19（b）的交流负载线上查出，当Δi_B=40μA 时，Δu_{CE}=(4.5−7.5)=−3V，则

$$A_u = \frac{\Delta u_{CE}}{\Delta u_{BE}} = \frac{-3}{0.04} = -75$$

以上 A_u 的表达式中有一个负号，表示单管共射放大电路的电压放大倍数为负值，说明 u_{CE} 与 u_{BE} 的变化方向相反。

根据图 2.19，可以整理得到当加上正弦波输入电压 u_i 时，放大电路中相应的 u_{BE}、i_B、i_C、u_{CE} 和 u_o 的波形，如图 2.20 所示。

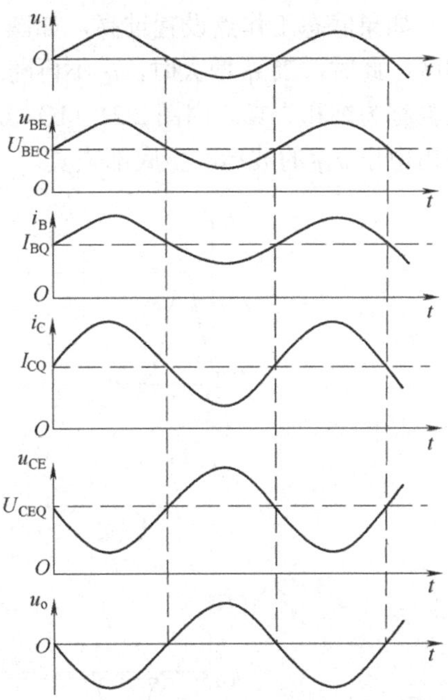

仔细观察这些波形，可以得到以下几点重要的结论。

（1）当输入一个正弦电压 u_i 时，放大电路中三极管的各极电压和电流都是围绕各自的静态值，也基本上按正弦规律变化。即 u_{BE}、i_B、i_C 和 u_{CE} 的波形均为在原来静态直流量的基础上，再叠加一个正弦交流成分，成为交直流并存的状态。

图 2.20　单管共射放大电路的电压电流波形

（2）当输入电压有一个微小的变化量时，通过放大电路，在输出端可得到一个比较大的电压变化量，可见单管共射放大电路能够实现电压放大作用。

（3）当 u_i 的瞬时值增大时，u_{BE}、i_B 和 i_C 的瞬时值也随之增大，但因 i_C 在 R_c 上的压降增大，故 u_{CE} 和 u_o 的瞬时值将减小。换言之，当输入一个正弦电压 u_i 时，输出端的正弦电压信号 u_o 的相位与 u_i 相反，通常称为单管共射放大电路的倒相作用。

综上所述，可以将用图解法分析放大电路的步骤归纳如下。

（1）由放大电路的直流通路画出输出回路的直流负载线。

（2）根据式（2.13）估算静态基极电流 I_{BQ}。直流负载线与 $i_B=I_{BQ}$ 的一条输出特性曲线的交点即是静态工作点 Q，由图可得到 I_{CQ} 和 U_{CEQ} 值。

（3）由放大电路的交流通路计算等效的交流负载电阻 $R'_L=R_c//R_L$。

（4）求出 P 点（$U_{CEQ}+I_{CQ}R'_L$，0）。

（5）连接 Q、P 即得交流负载线。

（6）如欲求电压放大倍数，可在 Q 点附近取一个Δi_B值，在输入特性上找到相应的Δu_{BE}值，再在输出特性的交流负载线上找到相应的Δu_{CE}值，Δu_{CE}与Δu_{BE}的比值即是放大电路的电压放大倍数。

图解分析法有以下几个方面的应用。

1. 非线性失真分析

静态工作点的位置必须设置适当，否则放大电路的输出波形容易产生明显的非线性失真。

在图 2.21（a）中，静态工作点设置过低，在输入信号的负半周，工作点进入截止区，使 i_B、i_C 等于 0，从而引起 i_B、i_C 和 u_{CE} 的波形发生失真，这种失真称为截止失真。由图 2.21（a）

可见，对于 NPN 三极管，当放大电路产生截止失真时，输出电压 u_{CE} 的波形出现顶部失真。

如果静态工作点设置过高，如图 2.21（b）所示，则在输入信号的正半周工作点进入饱和区，此时，当 i_B 增大时，i_C 不再随之增大，因此也将引起 i_C 和 u_{CE} 的波形发生失真，这种失真称为饱和失真。由图 2.21（b）可见，对于 NPN 三极管，当放大电路产生饱和失真时，输出电压 u_{CE} 的波形产生底部失真。

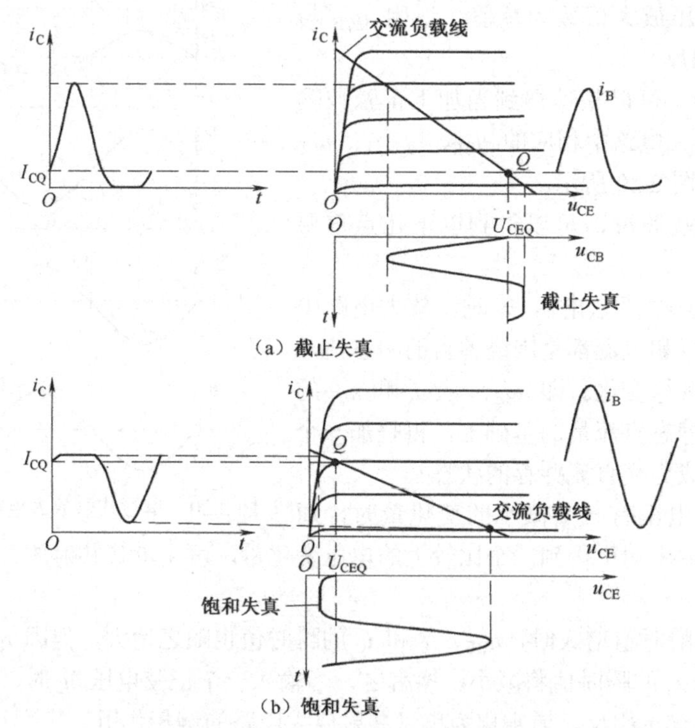

图 2.21　静态工作点对非线性失真的影响

关于 PNP 型三极管的非线性失真波形，读者可利用图解法自行分析。

2. 最大输出幅度估算

最大输出幅度是指在输出波形没有明显失真的情况下，放大电路能够输出的最大电压幅度或其有效值。利用图解法可以估算出最大不失真输出电压的范围。

如在放大电路的输入端加上交流正弦电压，则工作点将围绕 Q 点在交流负载线上移动。由图 2.22 可见，当工作点向上移动超过 A 点时，将进入饱和区；当工作点向下移动超过 B 点时，将进入截止区。可见，输出波形不产生明显失真的动态工作范围由交流负载线上 A、B 两点所限定的范围决定。

一般来说，集电极直流电源 U_{CC} 愈大，则工作点的动态范围也愈大。在 U_{CC} 值一定的情况下，应将静态工作点 Q 尽量设置在交流负载线上线段 AB 的中点，即 $BQ=QA$。若 BQ 和 QA 在横坐标上的投影分别为 ED 和 DC，且假设饱和压降等于 0，则 $DC\approx U_{CEQ}$，$ED\approx U_P-U_{CEQ}$。

（1）当 Q 点设置在线段 AB 的中点时，由图 2.22 可见，此时 $CD=DE$，即 $U_{CEQ}=U_P-U_{CEQ}$，$U_P=2U_{CEQ}$，$CD=DE=1/2\ U_P$，则最大不失真输出幅度的有效值为

$$U_{\mathrm{oM}}=\frac{CD}{\sqrt{2}}=\frac{DE}{\sqrt{2}}=\frac{U_{\mathrm{CEQ}}}{\sqrt{2}} \tag{2.18}$$

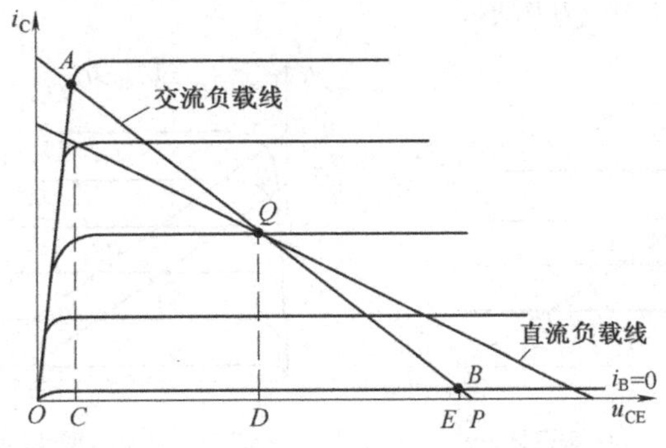

图 2.22　用图解法估算最大输出幅度

（2）如果 Q 点没在线段 AB 的中点，而设置得过高或过低，则交流负载线上 AB 之间的动态工作范围不能充分利用，使最大输出幅度减小，此时，$CD\neq DE$，即 $U_{\mathrm{CEQ}}\neq U_{\mathrm{P}}-U_{\mathrm{CEQ}}$，则 U_{oM} 将由 $CD(U_{\mathrm{CEQ}})$和 $DE(U_{\mathrm{P}}-U_{\mathrm{CEQ}})$二者中之较小者决定。

例 2-7　试用图解法估算例 2-6 电路的最大输出幅度。设三极管的输出特性曲线如图 2.19（b）所示。

解：由图 2.19（b）可见，该放大电路的静态工作点设置较低，不在其交流负载线的中点。即工作点向上移动时动态范围较大，而向下移动时动态范围较小，较易进入截止区，故最大输出幅度由交流负载线上 Q 点以下的线段长度决定。由图可见，最大输出幅度的有效值为

$$U_{\mathrm{oM}}\approx\left(\frac{9-6}{\sqrt{2}}\right)=2.1\mathrm{V}$$

3．电路参数对静态工作点的影响

由上述可知，放大电路的静态工作点的位置十分重要，如果设置不当，则输出波形可能产生严重的非线性失真，或者使最大输出幅度减小。以下分析 Q 点的位置与电路参数的关系。仍然可以利用图解法进行分析，当放大电路的各种参数如 U_{CC}、$\mathrm{R_b}$、$\mathrm{R_c}$、β 等改变时，Q 点的位置如何变化。

当电路中其他参数保持不变，增大基极电阻 R_{b} 时，I_{BQ} 将减小，使 Q 点沿直流负载线下移，靠近截止区，见图 2.23（a）中的 Q_2 点，则输出波形容易产生截止失真；反之，如果减小 $\mathrm{R_b}$，则 I_{BQ} 增大，Q 点上移，靠近饱和区，此时输出波形易于产生饱和失真。

当电路中其他参数不变，升高集电极直流电源 U_{CC} 时，直流负载线将平行右移，Q 点移向右上方，见图 2.23（b）中的 Q_2 点，则放大电路的动态工作范围增大，但同时三极管的静态功耗也增大。

当其他参数保持不变，增大集电极电阻 $\mathrm{R_c}$ 时，直流负载线与纵轴的交点$\left(\frac{U_{\mathrm{CC}}}{R_{\mathrm{c}}}\right)$下降，但直流负载线与横轴的交点（$U_{\mathrm{CC}}$）不变，因此直流负载线比原来平坦，而 I_{BQ} 不变，故 Q 点移近饱和区，见图 2.23（c）中的 Q_2 点。

若其他参数不变，增大三极管的电流放大系数β（例如，由于更换三极管或由于温度升

高等原因而引起β 增大），假设此时三极管的特性曲线如图 2.23（d）中的虚线所示。如果 I_{BQ} 不变，但由于同–I_{BQ} 值所对应的输出特性曲线上移，使 I_{CQ} 增大，U_{CEQ} 减小，则 Q 点移近饱和区，如图 2.23（d）中 Q_2 所示。

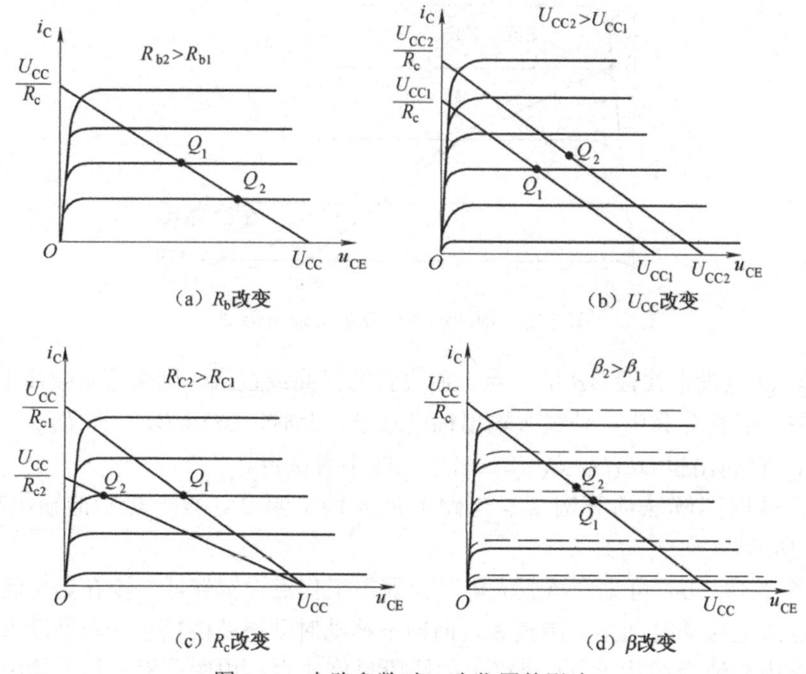

（a）R_b改变　　（b）U_{CC}改变

（c）R_c改变　　（d）β改变

图 2.23　电路参数对 Q 点位置的影响

以上分析表明，图解法不仅能够形象地显示静态工作点的位置与非线性失真的关系，方便地估算最大输出幅度的数值，而且可以直观地表示出电路各种参数对静态工作点的影响。在实际工作中调试放大电路时，这种分析方法对于检查被测电路的静态工作点是否合适，以及如何调整电路参数等，都有很大帮助。

2.3.4　动态分析——微变等效电路分析法

如果研究的对象仅仅是变化量，而且信号的变化范围很小，就可以用微变等效电路来处理三极管的非线性问题。

由于在一个微小的工作范围内，三极管电压、电流变化量之间的关系基本上是线性的，因此可以用一个等效的线性电路来代替这个三极管。所谓等效就是从线性电路的三个引出端看进去，其电压、电流的变化关系和原来的三极管一样，这样的等效线性电路称为三极管的微变等效电路。

用微变等效电路来代替三极管之后，具有非线性元件的放大电路就转化成为我们熟悉的线性电路了。

1．三极管的微变等效电路（简化的 *h* 参数微变等效电路）

我们首先根据共射接法时三极管的输入、输出特性来研究三极管的微变等效电路。

（1）三极管输入部分的微变等效电路。从图 2.24（a）中可见，在输入特性 Q 点附近，特性曲线基本上是一段直线，即可认为Δi_B 与Δu_{BE} 成正比，因而输入电压和电流之间的关系可以用一个等效电阻 r_{be} 代替——即三极管的输入等效电路可用电阻 r_{be} 来表示。

$$r_{be}=\frac{\Delta u_{BE}}{\Delta i_B} \tag{2.19}$$

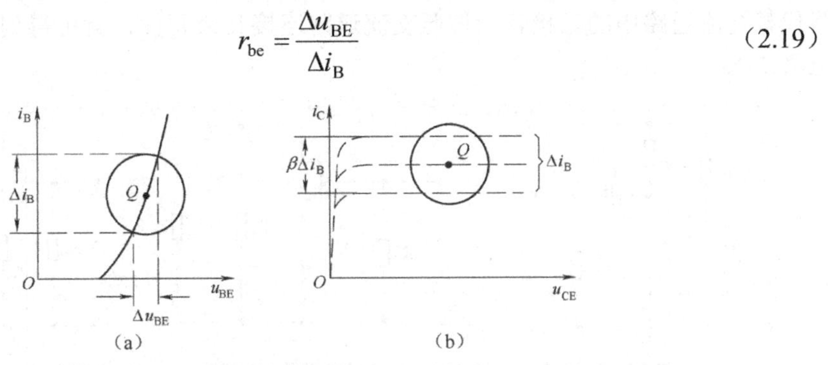

图 2.24　三极管特性曲线的局部线性化

（2）三极管输出部分的微变等效电路。再从图 2.24（b）中的输出特性看，在 Q 点附近的特性曲线基本上是水平的，即 Δi_C 与 Δu_{CE} 无关，而只取决于 Δi_B（$\Delta i_C=\beta\Delta i_B$），所以从三极管的输出端看进去，三极管的输出特性可以用一个大小为 $\beta\Delta i_B$ 的电流源来代替——即输出部分的微变等效电路可用电流源来表示。但是，这个电流源是一个受控电流源而不是独立电流源，受控电流源 $\beta\Delta i_B$ 实质上体现了基极电流 i_B 对集电极电流 i_C 的控制作用。

（3）三极管的微变等效电路。将输入、输出微变等效电路组合在一起就得到了图 2.25（b）中的三极管微变等效电路。在这个等效电路中，忽略了 u_{CE} 对 i_C 的影响，也没有考虑 u_{CE} 对输入特性的影响，所以称为简化的 h 参数微变等效电路。

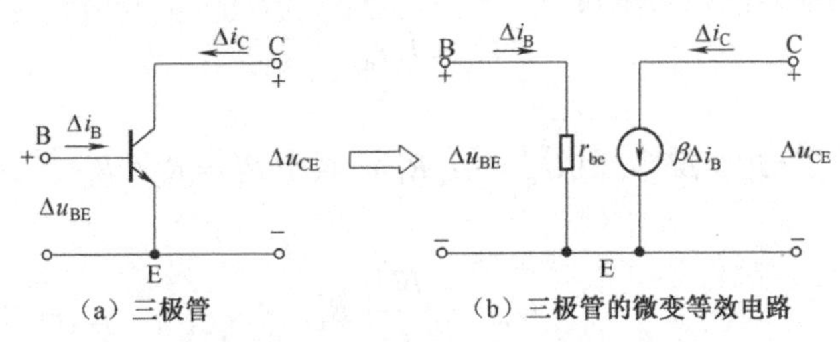

图 2.25　三极管及其微变等效电路

严格地说，从三极管的输出特性看，i_C 不仅与 i_B 有关，而且当 u_{CE} 增大时，i_C 也随之稍有增大；从输入特性看，当 u_{CE} 增大时，i_B 与 u_{BE} 之间的关系曲线将微微右移，互相之间略有不同。但是实际上在放大区内，三极管的输出特性近似为水平的直线，当 u_{CE} 变化时可以认为 i_C 基本不变；在输入特性上，当 u_{CE} 大于某一值时，各条输入特性曲线实际上靠得很近，基本上重合在一起，因此，忽略 u_{CE} 对输入特性和输出特性的影响，带来的误差很小。在大多数情况下，简化的微变等效电路对于工程计算来说已经足够了。

2．放大电路的微变等效电路

下面以单管共射放大电路为例，来说明画放大电路微变等效电路的方法。

（1）画出单管共射放大电路的交流通路。如图 2.26（a）所示的单管共射放大电路的交流通路如图 2.26（b）所示。

（2）用如图 2.26（b）所示的三极管等效电路代替如图 2.26（a）所示的交流通路中的三极管，再画出交流通路的其余部分，则单管共射放大电路的微变等效电路如图 2.26（c）所示。

可见画放大电路的微变等效电路时，首先画出交流通路，然后用三极管的微变等效电路代替交流通路中的三极管，按照交流通路连接其余元件，就可得到放大电路的微变等效电路。

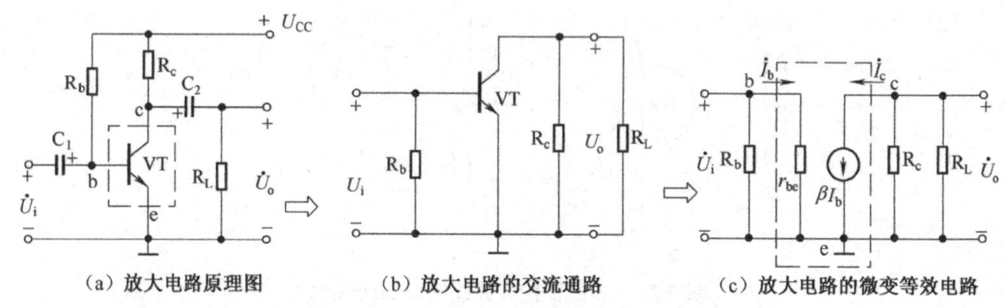

图 2.26　单管共射放大电路的等效电路

3．放大电路主要参数的计算

（1）电压放大倍数 $\dot{A}_u$。根据放大电路的微变等效电路，就可求放大电路的电压放大倍数 $\dot{A}_u$，以及输入、输出电阻 R_i 和 R_o。根据定义，它们都决定于电压和电流变化量之间的比例关系。现在假设在输入端加上一个正弦电压，当放大电路工作于线性状态时，则电路中有关电压或电流的变化量均为正弦量。图 2.26 中用 $\dot{U}_i$、$\dot{U}_o$、$\dot{I}_b$、和 $\dot{I}_c$ 等分别代表有关电压或电流的正弦相量。

根据等效电路的输入回路可求得

$$\dot{U}_i = \dot{I}_b r_{be}$$

由输出回路可知

$$\dot{I}_c = \beta \dot{I}_b\text{，且}\dot{U}_o = -\dot{I}_c R'_L\text{，其中} R'_L = R_c // R_L$$

则

$$\dot{U}_o = -\frac{\beta \dot{U}_i}{r_{be}} R'_L$$

所以

$$\dot{A}_u = \frac{\dot{U}_o}{\dot{U}_i} = -\frac{\beta R'_L}{r_{be}} \tag{2.20}$$

（2）输入电阻 R_i 和输出电阻 R_o。从图 2.26（c）还可求得基本放大电路的输入电阻 R_i 和输出电阻 R_o 分别为

$$R_i = r_{be} // R_b \tag{2.21}$$

$$R_o = R_c \tag{2.22}$$

由式（2.20）和式（2.21）可知，电压放大倍数 $\dot{A}_u$ 和输入电阻 R_i 均与 r_{be} 有关，那如何求 r_{be} 呢？

4．微变等效电路参数 r_{be} 的近似估算

从原则上说，r_{be} 可以从输入特性求得，但三极管的输入特性曲线在一般手册中往往并不给出，而且也不大容易测准，所以需要找出一个简便的估算公式。

r_{be} 主要由两部分组成：基区的体电阻 $r_{bb'}$ 和基射之间的结电阻 $r_{e'b'}$。对于不同类型的三

极管，$r_{bb'}$ 的数值有所不同，一般低频小功率三极管的 $r_{bb'}$ 约为几百欧，基射之间结电阻 $r_{e'b'}$ 可用下式近似估算。

$$r_{e'b'} \approx \frac{26}{I_{EQ}}$$

式中，I_{EQ} 为放大电路的静态发射极电流，分子为 26mV，如分母 I_{EQ} 的单位为 mA，则上式中求得的 $r_{e'b'}$ 的单位是Ω。所以可得 r_{be} 的估算公式如下：

$$r_{be} = \frac{du_{BE}}{di_B} = r_{bb'} + r_{e'b'} \approx r_{bb'} + (1+\beta)\frac{26}{I_{EQ}} \tag{2.23}$$

以后在利用微变等效电路法分析放大电路时，可以根据式（2.23）估算 r_{be}。对于低频、小功率三极管，如果没有特别说明，可以认为式中 $r_{bb'}$ 约为 300Ω。

由式（2.23）可见，当 I_{EQ} 一定时，β 愈大则 r_{be} 也愈大，而单管共射放大电路的电压放大倍数 $\dot{A}_u = -\frac{\beta R'_L}{r_{be}}$，由此可知，选用$\beta$值大的三极管并不能按比例地提高电压放大倍数，因为在 I_{EQ} 相同的条件下，β 值大的三极管，其 r_{be} 值也相应较大。但是，由式（2.23）可以看出，当β 值一定时，I_{EQ} 愈大则 r_{be} 愈小，说明对同一个三极管来说，如果设法调整静态工作点的位置，适当提高 I_{EQ}，则由于 r_{be} 减小，可以得到较大的$|\dot{A}_u|$，这种办法更为有效。

5. 等效电路分析法的步骤

根据以上讨论，可以归纳出利用等效电路法分析放大电路的步骤如下：

（1）首先利用图解法或近似估算法确定放大电路的静态工作点 Q。

（2）求出静态工作点处的微变等效电路参数β 和 r_{be}。

（3）画出放大电路的微变等效电路。可先画出三极管的等效电路，然后画出放大电路交流通路的其余部分。

（4）列出电路方程并求解放大电路的主要参数 $\dot{A}_u$，R_i 和 R_o。

下面举例说明微变等效电路分析法的应用。

例 2-8 在如图 2.26（a）所示的放大电路中，已知 R_L=3kΩ，试估算三极管的 r_{be} 及放大电路的 $\dot{A}_u$，R_i，R_o。如欲提高$|\dot{A}_u|$，可采用何种措施？应调整电路中哪些参数？

解： 例 2-5 已解得此电路的 I_{CQ} = 2mA，U_{CEQ} = 6V。由图 2.17（b）可得 Q 点处的 β=50。可认为 I_{EQ}≈I_{CQ}=2mA，则由式（2.23）可得

$$r_{be} = r_{bb'} + (1+\beta)\frac{26}{I_{EQ}} = \left(300 + 51\times\frac{26}{2}\right) = 963\Omega$$

而

$$R'_L = R_c // R_L = \left(\frac{3\times 3}{3+3}\right) = 1.5\text{k}\Omega$$

则

$$\dot{A}_u = -\frac{\beta R'_L}{r_{be}} = -\frac{50\times 1.5}{0.96} = -78$$

求出的 $\dot{A}_u$ 值与例 2-6 用图解法得到的结果基本一致。

由式（2.21）和式（2.22）可得：$R_i = r_{be} // R_b \approx r_{be} = 963\Omega$，$R_o = R_c = 3\text{k}\Omega$

如欲提高$|\dot{A}_u|$，可调整 Q 点使 I_{EQ} 增大，则 r_{be} 减小，$|\dot{A}_u|$升高。例如，将 I_{EQ} 增大至

3mA，则此时有

$$r_{\rm be}=\left(300+51\times\frac{26}{3}\right)=742\Omega$$

$$\dot{A}_{\rm u}=-\frac{50\times1.5}{0.74}=-101$$

为了增大 $I_{\rm EQ}$，在 $U_{\rm CC}$、$R_{\rm c}$ 等电路参数不变的情况下，应减小基极电阻 $R_{\rm b}$，则 $I_{\rm BQ}$ 及 $I_{\rm CQ}$、$I_{\rm EQ}$ 将随之增大。

但要注意，当 $I_{\rm EQ}$ 增大时，Q 点移向左上方，靠近饱和区，容易产生饱和失真。

2.4 静态工作点稳定放大电路

放大电路的多项重要技术指标均与静态工作点的位置密切相关，如果静态工作点不稳定，则放大电路的某些性能也将发生变动，因此如何使静态工作点保持稳定，是一个十分重要的问题。

2.4.1 温度对静态工作点的影响

有时，一些电子设备在常温下能够正常工作，但当温度升高时，性能就可能不稳定，甚至不能正常工作。产生这种现象的主要原因是电子器件的参数受温度影响而发生变化。

三极管是一种对温度十分敏感的元件。温度变化对三极管参数的影响主要表现在以下 3 个方面。

（1）从输入特性看，当温度升高时，$U_{\rm BEQ}$ 值将减小，则 $I_{\rm BQ}$ 将增大。三极管 $U_{\rm BE}$ 的温度系数约为−2mV/℃，即温度每升高 1℃，$U_{\rm BE}$ 约下降 2mV。

（2）温度升高时，三极管的 β 值也将增加。温度每升高 1℃，β 值约增加 0.5%～1%，但对不同的三极管，β 的温度系数分散性比较大。

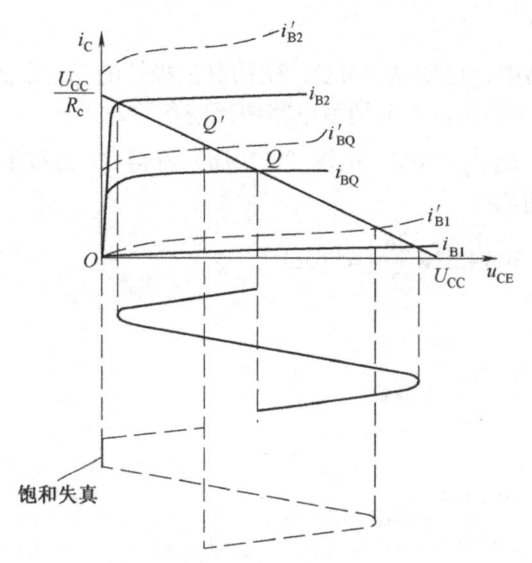

图 2.27　温度对 Q 点和输出波形的影响（实线为 20℃时的特性曲线，虚线为 50℃时的特性曲线）

（3）当温度升高时，三极管的反向饱和电流 $I_{\rm CBO}$ 将急剧增加。这是因为反向电流是由少数载流子形成的，因此受温度影响比较严重。温度每升高 10℃，$I_{\rm CBO}$ 大致将增加一倍，说明 $I_{\rm CBO}$ 将随温度按指数规律上升。

综上所述，温度升高对三极管各种参数的影响，最终将导致集电极电流 $I_{\rm C}$ 增大。例如，20℃时三极管的输出特性如图 2.27 中实线所示，而当温度上升至 50℃时，输出特性可能变为图 2.27 中的虚线所示，静态工作点将由 Q 点上移至 Q' 点。由图可见，该放大电路在常温下能够正常工作，但当温度升高时，静态工作点移近饱和区，使输出波形产生严重的饱和失真。

2.4.2 稳定静态工作点放大电路

通过上面的分析可以看到，引起工作点波动的外因是环境温度的变化，内因则是三极管本身所具有的温度特性，所以要解决这个问题，也不外乎从以上两方面来想办法：从外因来解决，就是要保持放大电路的工作温度恒定，如将放大电路置于恒温槽中，可以想象，这种办法要付出的代价是很高的。在本节主要介绍如何从放大电路本身想办法，在允许温度变化的前提下，尽量保持静态工作点稳定。

1. 电路组成

如图 2.28 所示给出了最常用的静态工作点稳定放大电路。不难发现，此电路与前面介绍的单管共射放大电路的差别，在于发射极接有电阻 R_e 和电容 C_e，另外，直流电源 U_{CC} 经电阻 R_{b1} 及 R_{b2} 分压后接到三极管的基极，所以通常称为分压式工作点稳定电路。

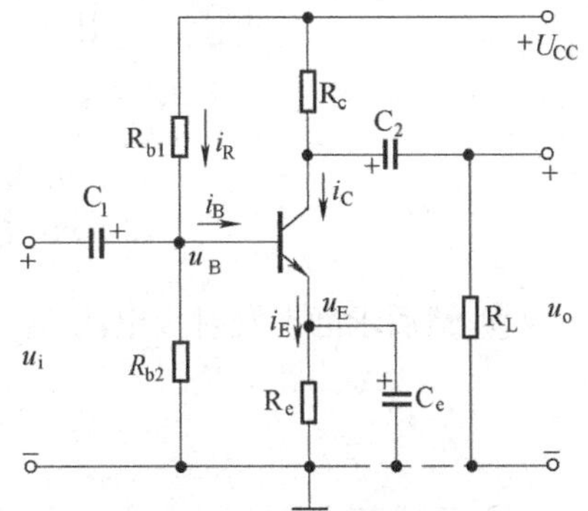

图 2.28 静态工作点稳定放大电路

在如图 2.28 所示的电路中，三极管的静态基极电位 U_{BQ} 由 U_{CC} 经电阻分压后得到，故可认为其不受温度变化的影响，基本上是稳定的。当集电极电流 I_{CQ} 随温度的升高而增大时，发射极电流 I_{EQ} 也将相应增大，此 I_{EQ} 流过 R_e 使发射极电位 U_{EQ} 升高，则三极管的发射结电压 $U_{BEQ}=U_{BQ}-U_{EQ}$ 将降低，从而使静态基流 I_{BQ} 减小，于是 I_{CQ} 也随之减小，结果使静态工作点基本保持稳定。这一过程可表示为

$$\text{环境温度 } T(^\circ\mathrm{C})\uparrow \rightarrow I_{CQ}\uparrow(I_{EQ}) \rightarrow U_{EQ}\uparrow \rightarrow U_{BEQ}\downarrow \rightarrow I_{BQ}\downarrow \rightarrow I_{CQ}\downarrow$$

可见，本电路是通过发射极电流的负反馈（负反馈的概念将在第 3 章详细介绍）作用来牵制集电极电流的变化，使 Q 点保持稳定，所以如图 2.28 所示的电路也称为电流负反馈式工作点稳定电路。显然，R_e 愈大，同样的 I_{EQ} 变化量所产生的 U_{EQ} 的变化量也愈大，则电路的温度稳定性愈好。但是 R_e 增大以后，U_{EQ} 值也随之增大，此时为了得到同样的输出电压幅度，必须增大 U_{CC} 值。

如果仅接入发射极电阻 R_e，则电压放大倍数将大大降低。在本电路中，在 R_e 两端并联一个大电容 C_e，若 C_e 足够大，则 R_e 两端的交流压降可以忽略（动态时，C_e 使 R_e 短路），此时 R_e 和 C_e 的接入对电压放大倍数基本没有影响，所以 C_e 称为旁路电容。

为了保证 U_{BQ} 基本稳定，要求流过分压电阻的电流 I_R 比 I_{BQ} 大得多，为此希望电阻 R_{b1}、R_{b2} 小一些。但 R_{b1}、R_{b2} 减小时，电阻上消耗的功率将增大，而且放大电路的输入电阻将降低。在实际工作中，通常选用适当的 R_{b1}、R_{b2} 值，使 $I_R=(5\sim10)I_{BQ}$，且 $U_{BQ}=(5\sim10)U_{BEQ}$。

2. 静态与动态分析

（1）画出直、交流通路。图 2.28 所示的稳定工作点放大电路的直、交流通路如图 2.29（a）、（b）所示。

（2）由直流通路求静态工作点及其静态参数。

① 首先求静态基极电压 U_{BQ}。由于 $I_R\gg I_{BQ}$，可得

$$U_{BQ} \approx \frac{R_{b2}}{R_{b1}+R_{b2}} U_{CC} \tag{2.24}$$

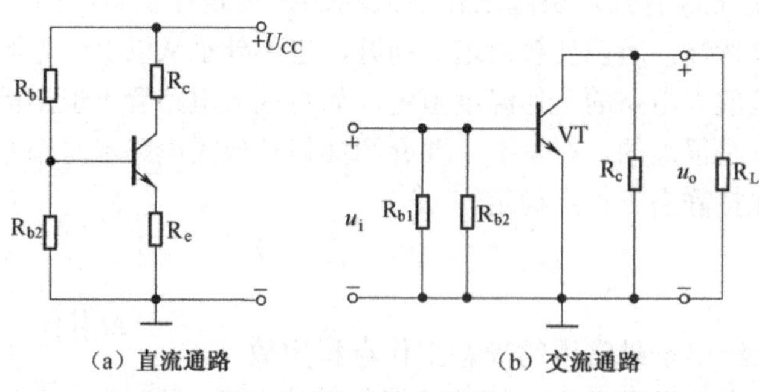

（a）直流通路　　（b）交流通路

图 2.29　稳定工作点放大电路的直、交流通路

② 然后求静态发射极电流 I_{EQ}。

$$I_{EQ} = \frac{U_{EQ}}{R_e} = \frac{U_{BQ}-U_{BEQ}}{R_e} \tag{2.25}$$

③ 再求静态集电极电流 I_{CQ}。可认为静态集电极电流与发射极电流近似相等，即

$$I_{CQ} \approx I_{EQ} = \frac{U_{BQ}-U_{BEQ}}{R_e} \tag{2.26}$$

④ 求静态集、射极间的电压 U_{CEQ}。三极管 c、e 之间的静态电压为

$$U_{CEQ} = U_{CC} - I_{CQ}R_c - I_{EQ}R_e \approx U_{CC} - I_{CQ}(R_c + R_e) \tag{2.27}$$

⑤ 最后可得到静态基流为

$$I_{BQ} \approx \frac{I_{CQ}}{\beta} \tag{2.28}$$

（3）求微变等效参数 r_{be}。按式（2.23）进行估算。

（4）由交流通路求动态参数。当旁路电容 C_e 足够大时，在交流通路中可视为短路，如图 2.29（b）所示，此时这种工作点稳定电路实际上也是一个共射放大电路，故可利用图解法或微变等效电路法来分析其动态工作情况。

① 显然，工作点稳定放大电路的电压放大倍数与单管共射放大电路相同，即

$$\dot{A}_u = -\frac{\beta R'_L}{r_{be}} \qquad (R'_L = R_c \,//\, R_L) \tag{2.29}$$

② 电路的输入电阻为

$$R_i = r_{be} \,//\, R_{b1} \,//\, R_{b2} \tag{2.30}$$

③ 电路的输出电阻为

$$R_o = R_c \tag{2.31}$$

例 2-9　在如图 2.28 所示的分压式工作点稳定电路中，已知 R_{b1} =7.5kΩ,，R_{b2} = 2.5kΩ，R'_c =2kΩ，R_e=1kΩ，R_L=2kΩ，U_{CC}=12 V，三极管的β=30。

（1）试估算放大电路的静态工作点以及电压放大倍数 $\dot{A}_u$ 、输入电阻 R_i 和输出电阻 R_o。

（2）如果信号源内阻 R_s=10kΩ，则此时的电压放大倍数 $\dot{A}_{us}$ =?

（3）如果换上β=60 的三极管，电路其他参数不变，则静态工作点有何变化?

解：（1）由式（2.24）～式（2.28）可得

$$U_{BQ} \approx \frac{R_{b2}}{R_{b1}+R_{b2}}U_{CC} = \left(\frac{2.5}{2.5+7.5}\times 12\right) = 3V$$

$$I_{EQ} = \frac{U_{EQ}}{R_e} = \frac{U_{BQ}-U_{BEQ}}{R_e} = \left(\frac{3-0.7}{1}\right) = 2.3mA$$

$$I_{CQ} \approx I_{EQ} = 2.3mA$$

$$U_{CEQ} \approx U_{CC} - I_{CQ}(R_c + R_e) = [12 - 2.3\times(2+1)] = 5.1V$$

$$I_{BQ} \approx \frac{I_{CQ}}{\beta} = \left(\frac{2.3}{30}\right) = 0.077mA = 77\mu A$$

为了求得 $\dot{A}_u$，需先估算 r_{be}，由式（2.23）可得

$$r_{be} = r_{bb'} + (1+\beta)\frac{26}{I_{EQ}} = \left(300 + \frac{31\times 26}{2.3}\right) = 650\Omega$$

而

$$R'_L = R_c // R_L = \left(\frac{2\times 2}{2+2}\right) = 1k\Omega$$

所以，

$$\dot{A}_u = -\frac{\beta R'_L}{r_{be}} = -\frac{30\times 1}{0.65} = -46.2$$

$$R_i = r_{be} // R_{b1} // R_{b2} = \left(\frac{1}{\frac{1}{0.65}+\frac{1}{7.5}+\frac{1}{2.5}}\right) = 0.483k\Omega = 483\Omega$$

$$R_o = R_c = 2k\Omega$$

（2）如考虑信号源内阻 R_s，则电压放大倍数为

$$\dot{A}_{us} = \frac{R_i}{R_i+R_s}\dot{A}_u = \frac{0.483}{10+0.483}\times(-46.2) = -2.13$$

可见，当 $R_s \gg R_i$ 时，电压放大倍数将下降很多。

（3）若换上β=60 的三极管，则根据以上估算过程可知，U_{BQ}、I_{EQ}、I_{CQ} 和 U_{CEQ} 的值均基本保持不变，即仍为：$U_{BQ} \approx 3V$，$I_{CQ} \approx I_{EQ} = 2.3mA$，$U_{CEQ} \approx 5.1V$。

但是 $I_{BQ} \approx \left(\frac{2.3}{60}\right) = 0.038mA = 38\mu A$，即 I_{BQ} 减小了。

计算结果表明，当β 值由 30 增加到 60 时，分压式工作点稳定电路中 Q 点的位置基本保持不变，这正是此种放大电路的优点。

2.5 基本放大电路的三种组态

在以上几节中，都是以共射接法的单管放大电路作为例子来讨论放大电路的基本原理和分析方法。然而，根据输入信号与输出信号公共端的不同，放大电路有三种基本的接法，或称三种基本的组态，这就是共射组态、共集组态和共基组态。对于共射组态，前面已有比较详尽的分析，所以本节将主要介绍共集和共基接法的放大电路，并对三种基本组态的特点和应用进行分析和比较。

2.5.1 共基放大电路

如图 2.30（a）所示是共基极放大电路的原理性电路图。由图可见，发射极电源 U_{BB} 的极性保证三极管的发射结正向偏置，集电极电源 U_{CC} 的极性保证集电结反向偏置，从而可使三极管工作在放大区。因输入信号与输出信号的公共端是基极，因此属于共基组态。

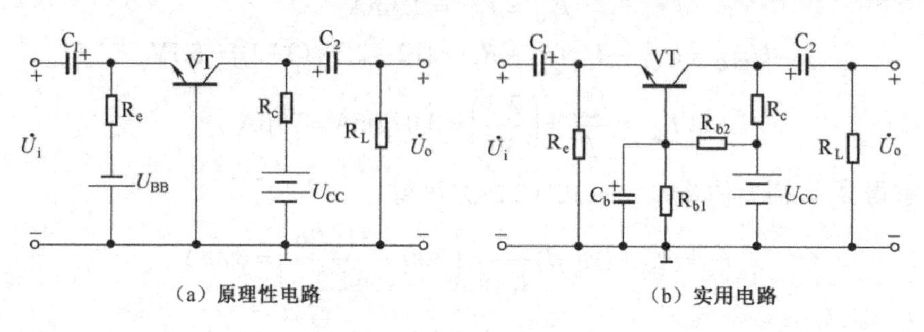

图 2.30　共基极放大电路

为了减少直流电源的种类，实际电路中一般不再另用一个发射极电源 U_{BB}，而是采用如图 2.30（b）的形式，将 U_{CC} 在电阻 R_{b1}、R_{b2} 上分压得到的结果接到基极。当旁路电容 C_b 足够大时，可认为 R_{b1} 两端电压基本稳定。可以看出，此电压能够代替 U_{BB}，保证发射结正向偏置。

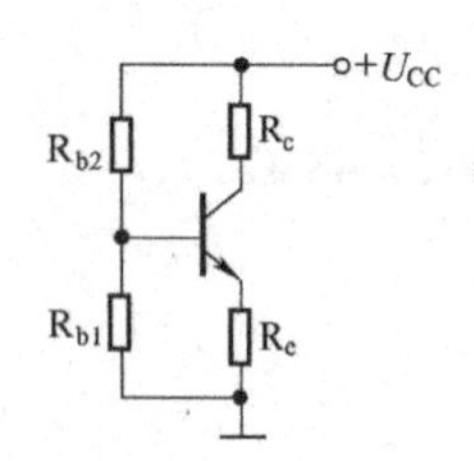

图 2.31　共基极放大电路的直流通路

以下分析共基极放大电路的静态工作点、电流放大倍数、电压放大倍数和输入、输出电阻。

1. 静态工作点

首先画出直流通路如图 2.31 所示。如果静态基极电流很小，相对于 R_{b1}、R_{b2} 分压回路中的电流可以忽略不计，则由图 2.31 可得

$$I_{EQ}=\frac{U_{BQ}-U_{BEQ}}{R_e}=\frac{1}{R_e}\left(\frac{R_{b1}}{R_{b1}+R_{b2}}U_{CC}-U_{BEQ}\right)\approx I_{CQ} \tag{2.32}$$

$$I_{BQ}=\frac{I_{EQ}}{1+\beta} \tag{2.33}$$

$$U_{CEQ}=U_{CC}-I_{CQ}R_c-I_{EQ}R_e\approx U_{CC}-I_{CQ}(R_c+R_e) \tag{2.34}$$

2. 电流放大倍数

共基极放大电路图（见图 2.30（b））的交流通路和微变等效电路如图 2.32 所示。由图可得

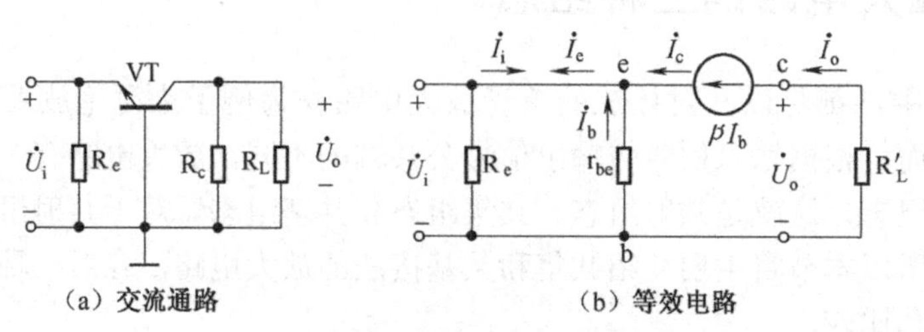

图 2.32　共基极放大电路的等效电路

$$\dot{I}_{\rm i}=-\dot{I}_{\rm e}\text{，}\quad \dot{I}_{\rm o}=\dot{I}_{\rm c}$$

所以

$$\dot{A}_{\rm i}=\frac{\dot{I}_{\rm o}}{\dot{I}_{\rm i}}=-\frac{\dot{I}_{\rm c}}{\dot{I}_{\rm e}}=-\alpha \tag{2.35}$$

α 是三极管的共基极电流放大系数，由于 $\alpha \leqslant 1$，所以共基极放大电路没有电流放大作用。

3．电压放大倍数

由图 2.32 可得

$$\dot{U}_{\rm i}=-\dot{I}_{\rm b}r_{\rm be}$$

$$\dot{U}_{\rm o}=-\beta\dot{I}_{\rm b}R'_{\rm L}$$

所以

$$\dot{A}_{\rm u}=\frac{\dot{U}_{\rm o}}{\dot{U}_{\rm i}}=\frac{\beta R'_{\rm L}}{r_{\rm be}} \tag{2.36}$$

由式（2.35）和式（2.36）可知，共基极放大电路虽然没有电流放大作用，但是具有电压放大作用。其电压放大倍数与共射电路的电压放大倍数在数值上相等，但是没有负号，表示共基极放大电路的输出电压与输入电压相位一致，即没有倒相作用。

4．输入电阻

如暂不考虑电阻 $R_{\rm e}$ 的作用，由图 2.32 可得输入电阻 $R_{\rm i}$ 为

$$R_{\rm i}=\frac{\dot{U}_{\rm i}}{\dot{I}_{\rm i}}=\frac{-\dot{I}_{\rm b}r_{\rm be}}{-(1+\beta)\dot{I}_{\rm b}}=\frac{r_{\rm be}}{1+\beta}$$

上式说明共基接法的输入电阻比共射接法小，是后者的 $\dfrac{1}{1+\beta}$。当考虑电阻 $R_{\rm e}$ 的作用时，输入电阻为

$$R_{\rm i}=\frac{r_{\rm be}}{1+\beta}//R_{\rm e} \tag{2.37}$$

可见共基组态的输入电阻很小。

5．输出电阻

如暂不考虑电阻 $R_{\rm c}$ 的作用，则共基放大电路的输出电阻为

$$R_{\rm o}=r_{\rm cb} \tag{2.38}$$

已知共射放大电路的输出电阻为 $r_{\rm ce}$，而三极管的 $r_{\rm cb}$ 比其 $r_{\rm ce}$ 大得多，可认为

$$r_{\rm cb}\approx(1+\beta)r_{\rm ce}$$

可见共基接法的输出电阻比共射接法时高得多，约为后者的（$1+\beta$）倍。

如果考虑集电极负载电阻，则共基极放大电路的输出电阻为

$$R_{\rm o}=R_{\rm c}//r_{\rm cb}\approx R_{\rm c} \tag{2.39}$$

例 2-10 在如图 2.29（b）所示的共基极放大电路中，已知 $R_{\rm c}$=5.1kΩ，$R_{\rm e}$=2kΩ，$R_{\rm b1}$=3kΩ，$R_{\rm b2}$ =10kΩ，负载电阻 $R_{\rm L}$=5.1kΩ，$U_{\rm CC}$=12V，三极管的 β =50。试估算静态工作点以及 $\dot{A}_{\rm i}$、$\dot{A}_{\rm u}$、$R_{\rm i}$ 和 $R_{\rm o}$。

解：由式（2.32）、式（2.33）、式（2.34）可知

$$I_{EQ}=\frac{1}{R_e}\left(\frac{R_{b1}}{R_{b1}+R_{b2}}U_{CC}-U_{BEQ}\right)=\left[\frac{1}{2}\left(\frac{3}{3+10}\times 12-0.7\right)\right]=1.03\text{mA}\approx I_{CQ}$$

$$I_{BQ}=\frac{I_{EQ}}{1+\beta}=\left(\frac{1.03}{51}\right)\approx 0.02\text{mA}=20\mu\text{A}$$

$$U_{CEQ}\approx U_{CC}-I_{CQ}(R_c+R_e)=\left[12-1.03\times(5.1+2)\right]=4.7(\text{V})$$

然后根据式（2.35）、式（2.36）、式（2.37）和式（2.38）估算电流放大倍数、电压放大倍数和输入/输出电阻。

$$\dot{A}_i=-\alpha=-\frac{\beta}{1+\beta}=-\frac{50}{51}=-0.98$$

为了计算 $\dot{A}_u$，首先求出 R'_L 和 r_{be}，其中，

$$R'_L=R_c\,//\,R_L=\left(\frac{5.1\times 5.1}{5.1+5.1}\right)=2.55\text{k}\Omega$$

$$r_{be}=r_{bb'}+(1+\beta)\frac{26}{I_{EQ}}=\left(300+\frac{51\times 26}{1.03}\right)=1587\Omega\approx 1.6\text{k}\Omega$$

则

$$\dot{A}_u=\frac{50\times 2.55}{1.6}=79.7$$

$$R_i=\frac{r_{be}}{1+\beta}\,//\,R_e=\left[\frac{\frac{1.6}{1+50}\times 2}{\frac{1.6}{1+50}+2}\right]=0.03\text{k}\Omega=30\Omega$$

$$R_o\approx R_c=5.1\text{k}\Omega$$

2.5.2 共集放大电路

如图 2.33（a）所示是一个共集组态的单管放大电路，如图 2.33（b）所示的等效电路可以看出，输入信号与输出信号的公共端是三极管的集电极，所以属于共集组态。又由于输出信号从发射极引出，因此这种电路也称为射极输出器。

下面对共集电极放大电路进行静态和动态分析。

1. 静态工作点

根据图 2.33（a）电路的基极回路可求得静态基极电流为

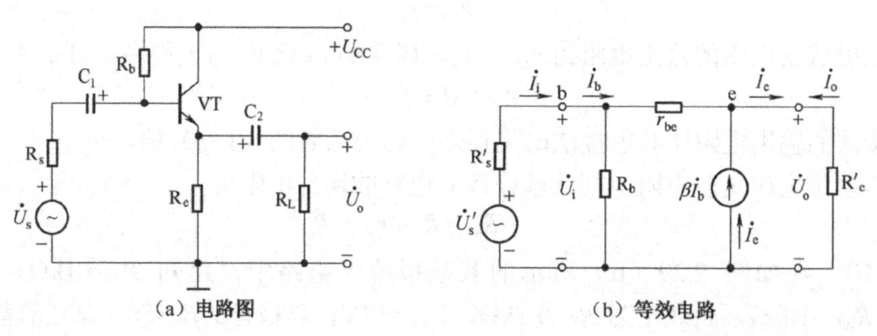

图 2.33　共集电极放大电路

$$I_{BQ}=\frac{U_{CC}-U_{BEQ}}{R_b+(1+\beta)R_e} \quad (2.40)$$

则

$$I_{CQ}\approx\beta I_{BQ} \quad (2.41)$$

$$U_{CEQ}=U_{CC}-I_{EQ}R_e\approx U_{CC}-I_{CQ}R_e \quad (2.42)$$

2．电流放大倍数

在图 2.33（b）中，通常 R_b 比 r_{be} 大得多，所以流过 R_b 的电流可忽略不计，因此由图 2.33（b）的等效电路可得

$$\dot{I}_i=\dot{I}_b$$

$$\dot{I}_o=-\dot{I}_e$$

所以，

$$\dot{A}_i=\frac{\dot{I}_o}{\dot{I}_i}=-\frac{\dot{I}_e}{\dot{I}_b}=-(1+\beta) \quad (2.43)$$

3．电压放大倍数

由图 2.33（b）可得

$$\dot{U}_o=\dot{I}_eR_e'=(1+\beta)\dot{I}_bR_e'$$

$$\dot{U}_i=\dot{I}_br_{be}+\dot{I}_eR_e'=\dot{I}_br_{be}+(1+\beta)\dot{I}_bR_e'$$

因此，

$$\dot{A}_u=\frac{\dot{U}_o}{\dot{U}_i}=\frac{(1+\beta)R_e'}{r_{be}+(1+\beta)R_e'}\text{，其中，}R_e'=R_e//R_L \quad (2.44)$$

由式（2.43）和式（2.44）可知，共集电极放大电路的电流放大倍数大于 1，但电压放大倍数恒小于 1，且输出电压与输入电压同相，所以又称为射极跟随器。

4．输入电阻

由图 2.33（b）可得

$$\dot{U}_i=\dot{I}_br_{be}+\dot{I}_eR_e'$$

因此，如暂不考虑 R_b 的作用，则输入电阻为

$$R_i'=\frac{\dot{U}_i}{\dot{I}_i}=r_{be}+(1+\beta)R_e'$$

由上式可见，射极输出器的输入电阻等于 r_{be} 和 $(1+\beta)R_e'$ 相串联，因此输入电阻大大提高了。由上式可见，发射极回路中的电阻 R_e' 折合到基极回路，需乘 $(1+\beta)$ 倍。

当考虑 R_b 时，输入电阻为

$$R_i=[r_{be}+(1+\beta)R_e']//R_b \quad (2.45)$$

5．输出电阻

在图 2.33（b）中，当输出端外加电压 $\dot{U}_o$，而 $\dot{U}_s=0$ 时，如暂不考虑 R_e 作用并令 $R_s'=R_s//R_b$，则求输出电阻的等效电路如图 2.34 所示，由图可得

$$\dot{U}_{o} = -\dot{I}_{b}(r_{be} + R'_{s})$$

而

$$\dot{I}_{o} = -\dot{I}_{e} = -(1+\beta)\dot{I}_{b}$$

所以

$$R'_{o} = \frac{\dot{U}_{o}}{\dot{I}_{o}} = \frac{r_{be} + R'_{s}}{1+\beta}$$

由上式可知，射极输出器的输出电阻等于基极回路的总电阻$(r_{be} + R'_{s})$除以$(1+\beta)$，因此输出电阻很低，故带负载能力比较强。由上式也可以看得出，基极回路的电阻折合到发射极需除以$(1+\beta)$。

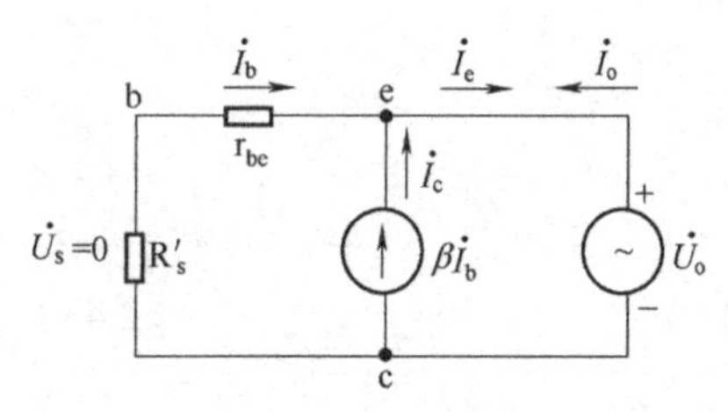

图 2.34　射极输出电阻的等效电路

如考虑到 R_e 时，则输出电阻为

$$R_{o} = \frac{r_{be} + R'_{s}}{1+\beta} // R_{e} \tag{2.46}$$

例 2-11　在如图 2.33（a）所示的共集电极放大电路中，设 U_{CC} =10V，R_e =5.6kΩ，R_b=240kΩ，三极管的β=40，信号源内阻 R_s =10kΩ，负载电阻 R_L 开路。试估算静态工作点，并计算其电流放大倍数、电压放大倍数和输入、输出电阻。

解：首先估算 Q 点。由式（2.40）、式（2.41）和式（2.42）可得

$$I_{BQ} = \frac{U_{CC} - U_{BEQ}}{R_{b} + (1+\beta)R_{e}} = \left(\frac{10-0.7}{240+41\times5.6}\right) \approx 0.02\text{mA}$$

$$I_{CQ} \approx \beta I_{BQ} = (40\times0.02) = 0.8\text{mA}$$

$$U_{CEQ} \approx U_{CC} - I_{CQ}R_{e} = (10-0.8\times5.6) = 5.52\text{V}$$

然后计算$\dot{A}_{i}$、$\dot{A}_{u}$、R_i和R_o。根据式（2.43）和式（2.44）可知

$$\dot{A}_{i} = -(1+\beta) = -41$$

$$\dot{A}_{u} = \frac{(1+\beta)R'_{e}}{r_{be} + (1+\beta)R'_{e}}$$

$$R'_{e} = R_{e} // R_{L} = 5.6\text{k}\Omega$$

$$r_{be} = r_{bb'} + (1+\beta)\frac{26}{I_{EQ}} = \left(300 + \frac{41\times26}{0.8}\right) = 1633\Omega \approx 1.6\text{k}\Omega$$

则

$$\dot{A}_{u} = \frac{41\times5.6}{1.6+41\times5.6} = 0.993$$

由式（2.45）和式（2.46）可求得

$$R_{i} = [r_{be} + (1+\beta)R'_{e}] // R_{b} = \left[\frac{(1.6+41\times5.6)\times240}{(1.6+41\times5.6)+240}\right] = 118\text{k}\Omega$$

$$R_{o} = \frac{r_{be} + R'_{s}}{1+\beta} // R_{e}$$

$$R'_{s} = R_{s} // R_{b} = \left(\frac{10\times240}{10+240}\right) = 9.6\text{k}\Omega$$

则

$$\frac{r_{be}+R'_s}{1+\beta}=\left(\frac{1.6+9.6}{41}\right)=0.273\text{k}\Omega$$

所以

$$R_o=\left(\frac{0.273\times5.6}{0.273+5.6}\right)=0.26\text{k}\Omega=260\Omega$$

2.5.3 三种基本放大电路的比较

根据前面的分析，现对共射、共集和共基三种基本组态的性能特点进行比较，并列于表 2.3 中。

表 2.3 放大电路三种基本组态的比较

类别	共射极放大电路	共集电极放大电路	共基极放大电路
电路图	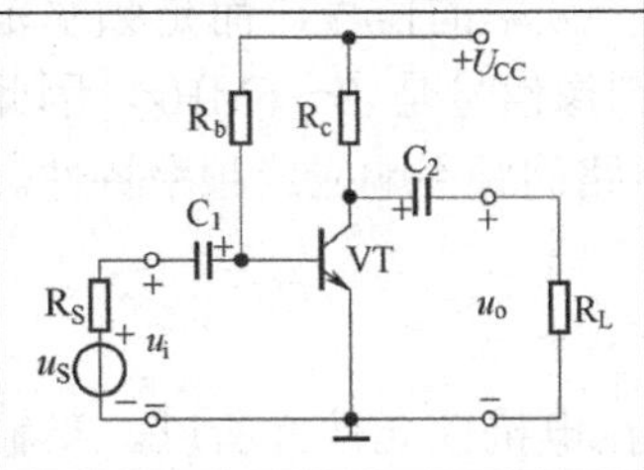 $+U_{CC}$ R_b R_c C_2 C_1 VT R_S u_i u_S u_o R_L	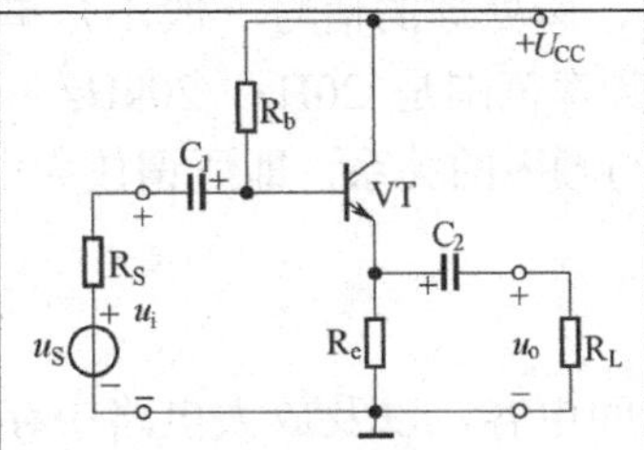 $+U_{CC}$ R_b C_1 VT C_2 R_S u_i u_S R_e u_o R_L	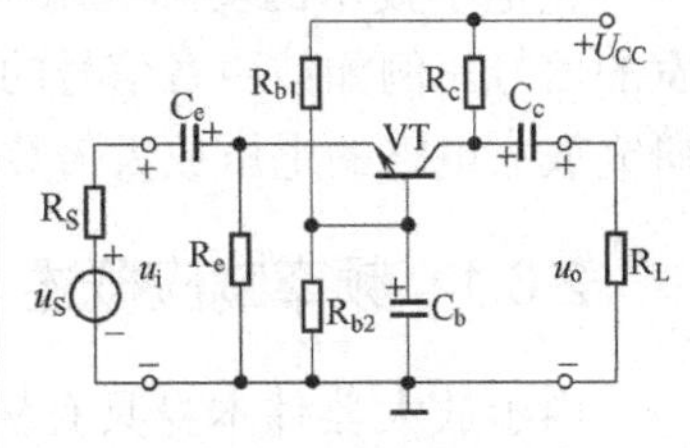 $+U_{CC}$ R_{b1} R_c C_e C_c VT R_S u_i u_S R_e R_{b2} C_b u_o R_L
静态工作点	$I_{BQ}\approx\frac{U_{CC}}{R_b}$ $I_{CQ}\approx\beta I_{BQ}$ $U_{CEQ}=U_{CC}-I_{CQ}R_c$	$I_{BQ}\approx\frac{U_{CC}}{R_b+(1+\beta)R_e}$ $I_{CQ}\approx\beta I_{BQ}$ $U_{CEQ}=U_{CC}-I_{CQ}R_e$	$U_{BQ}\approx\frac{U_{CC}}{R_{b1}+R_{b2}}R_{b2}$ $I_{CQ}\approx I_{EQ}\approx\frac{U_B}{R_e}I_{BQ}=\frac{I_{CQ}}{\beta}$ $U_{CEQ}\approx U_{CC}-I_{CQ}(R_c+R_e)$
微变等效电路	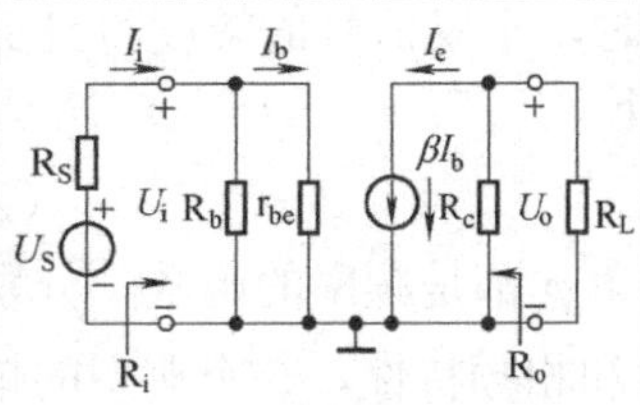 I_i I_b I_c R_S U_i R_b r_{be} βI_b R_c U_o R_L U_S R_i R_o	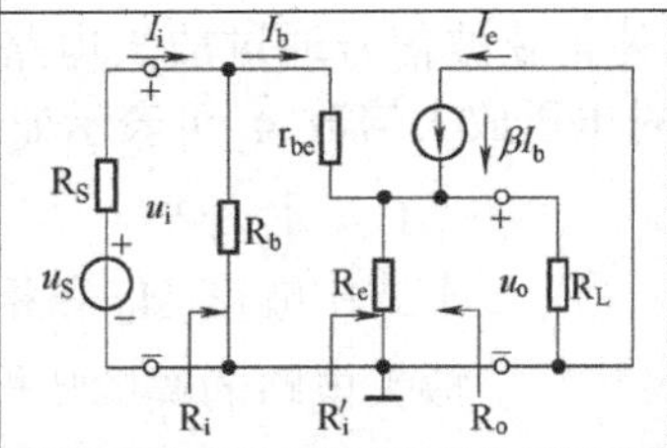 I_i I_b I_e r_{be} βI_b R_S u_i R_b R_e u_o R_L u_S R_i R'_i R_o	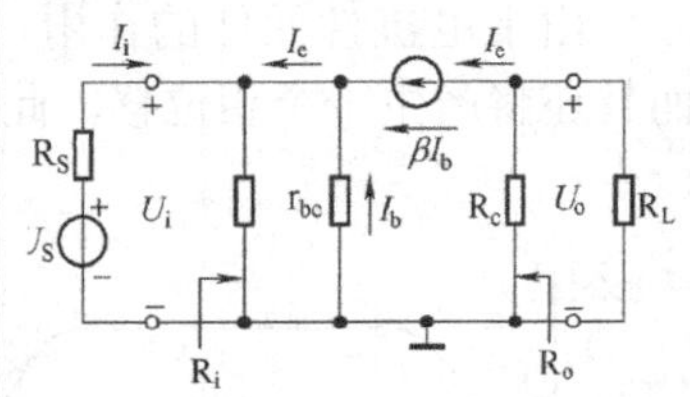 I_i I_e I_c βI_b R_S U_i r_{be} I_b R_c U_o R_L U_S R_i R_o
A_u	$\frac{-\beta R'_L}{r_{be}}$	$\frac{(1+\beta)R'_L}{r_{be}+(1+\beta)R'_L}$	$\frac{-\beta R'_L}{r_{be}}$
R_i	$R_b//r_{be}$（中）	$R_b//[r_{be}+(1+\beta)R'_L]$（大）	$R_e//\frac{r_{be}}{1+\beta}$（小）
R_o	R_c	$R_e//\frac{r_{be}+R'_S}{1+\beta}$，$R'_S=R_S//R_b$	R_c
用途	多级放大器的中间级	输入、输出或作为缓冲级	高频或宽频带放大电路

上述三种接法的主要特点和应用，可以大致归纳如下。

（1）共射电路同时具有较大的电压放大倍数和电流放大倍数，输入电阻和输出电阻值比较适中，所以，一般只要对输入电阻、输出电阻和频率响应没有特殊要求的地方，均可采用。因此共射电路被广泛地用于低频电压放大电路的输入级、中间级和输出级。

（2）共集电路的特点是电压跟随，这就是电压放大倍数小于 1 但接近于 1，而且输入电阻很高、输出电阻很低，由于具有这些特点，常被用于多级放大电路的输入级、输出级或作为隔离用的中间级。

首先，可以利用它作为测量放大器的输入级，以减小对被测电路的影响，提高测量的精度。

其次，如果放大电路输出端是一个变化的负载，那么为了在负载变化时保证放大电路的输出电压比较稳定，要求放大电路具有很低的输出电阻，此时可以采用射极输出器作为放大电路的输出级。

（3）共基电路的突出特点在于它具有很低的输入电阻，使晶体管结电容的影响不显著，因而频率响应得到很大改善，所以这种接法常常用于宽频带放大器中。另外，由于输出电阻高，共基电路还可以作为恒流源。

2.6 放大电路的频率响应

在电子技术的实际应用中，所处理的信号一般不是单一频率的信号，而是频率范围很宽的信号。例如：声音信号的频率范围是 20Hz～20kHz，图像信号是 0～6MHz，因此需要研究放大电路的电压放大倍数与频率的关系，即所谓放大电路的频率响应或频率特性。

2.6.1 频率响应概述

由于放大器件本身具有极间电容，以及放大电路中存在电抗性元件，所以，当输入不同频率的正弦波信号时，电路的放大倍数便成为频率的函数，这种函数关系称为放大电路的频率响应或频率特性。

1. 幅频特性和相频特性

由于电抗性元件的作用，使正弦波信号通过放大电路时，不仅信号的幅度得到放大，而且还将产生一个相位移，此时电压放大倍数 $\dot{A}_u$ 可表示如下：

$$\dot{A}_u = A_u \angle \varphi \tag{2.47}$$

上式中幅度 A_u 和相角 φ 都是频率的函数，分别称为放大电路的幅频特性和相频特性。一个典型的单管共射放大电路的幅频特性和相频特性分别如图 2.35（a）、（b）所示。

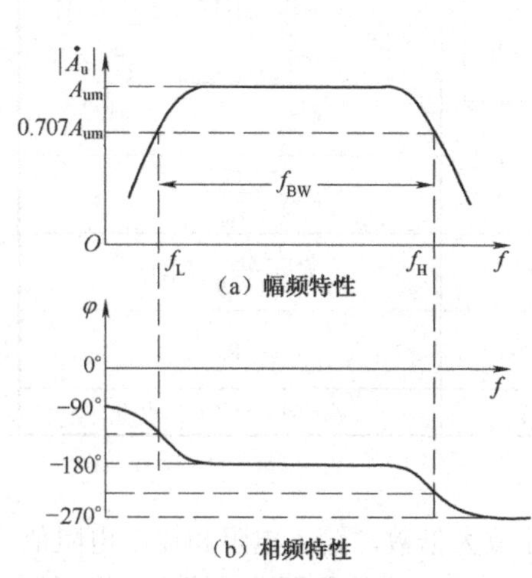

图 2.35　单管共射放大电路的频率特性

2. 下限频率、上限频率和通频带

由图 2.35 可见，在中频范围内，放大电路的电压放大倍数的幅值基本不变，相角 φ 大致等于 180° 而当频率降低或升高时，电压放大倍数的幅值都将减小，同时产生超前或滞后的附加相位移。

通常将中频段的电压放大倍数称为中频电压放大倍数 A_{um}，并定义当电压放大倍数下降到 $0.707A_{um}$ $\left(即\dfrac{1}{\sqrt{2}}A_{um}\right)$时所对应的低频频率和高频频率分别称为放大电路的下限频率 f_L 和上限频率 f_H，二者之间的频率范围称为通频带 f_{BW}，如图 2.35 所示，即

$$f_{BW}= f_H - f_L \tag{2.48}$$

通频带的宽度表征放大电路对不同频率输入信号的响应能力，是放大电路的重要技术指标之一。

3. 频率失真

由于放大电路的通频带有一定限制，因此对于不同频率的输入信号，可能放大倍数的幅值不同，相移也不同，当输入信号包含多次谐波时，经过放大以后，输出波形将产生频率失真，如图 2.36 所示。

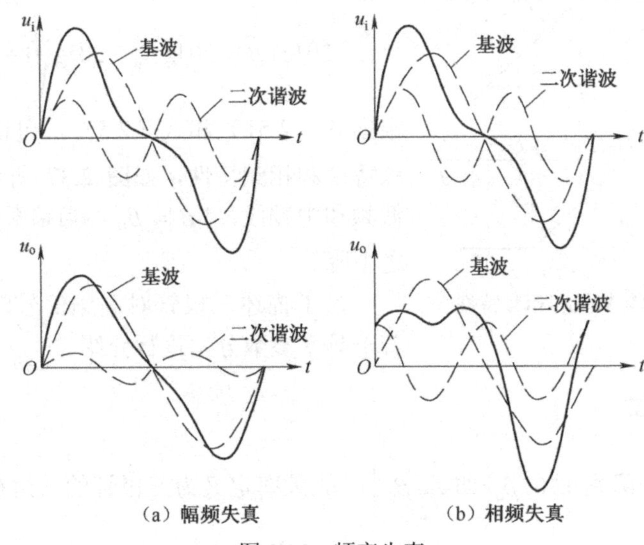

图 2.36 频率失真

图 2.36（a）、（b）中的两个输入电压 u_i 均包含基波和二次谐波。图（a）表示，由于对两个谐波成分的放大倍数的幅值不同而引起幅频失真；图（b）表示，由于两个谐波通过放大电路后产生的相位移不同而引起相频失真。

频率失真与前面讨论过的非线性失真相比，虽然从现象来看，同样表现为输出信号不能如实反映输入信号的波形，但是这两种失真产生的根本原因不同。前者是由于放大电路的通频带不够宽，因而对不同频率的信号响应不同而产生的；而后者是由放大器件的非线性特性而产生的。

2.6.2 三极管的频率响应

在中频时，一般认为三极管的共射电流放大系数 β 是一个常数。但当频率升高时，由于存在极间电容，因此三极管的电流放大作用将被削弱，所以电流放大系数是频率的函数，可以表示为

$$\dot{\beta}=\frac{\beta_0}{1+\mathrm{j}\dfrac{f}{f_\beta}} \tag{2.49}$$

式中，β_0——三极管低频时的共射电流放大系数；

f_β——三极管的 $|\dot{\beta}|$ 值下降至 $\dfrac{1}{\sqrt{2}}\beta_0$ 时的频率。

式（2.49）也可分别用 $\dot{\beta}$ 的模和相角表示，即

$$|\dot{\beta}| = \frac{\beta_0}{\sqrt{1+\left(\frac{f}{f_\beta}\right)^2}} \qquad (2.50)$$

$$\varphi_\beta = -\arctan\left(\frac{f}{f_\beta}\right) \qquad (2.51)$$

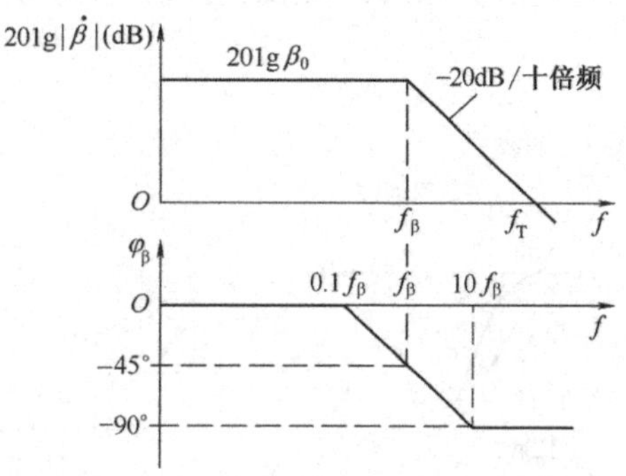

图 2.37　$\dot{\beta}$ 的对数幅频特性和相频特性

将式（2.50）取对数，可得

$$20\lg|\dot{\beta}| = 20\lg\beta_0 - 20\lg\sqrt{1+\left(\frac{f}{f_\beta}\right)^2} \qquad (2.52)$$

根据式（2.51）和式（2.52），可以画出 $\dot{\beta}$ 的对数幅频特性和相频特性，如图 2.37 所示。由图可见，在低频和中频段，$|\dot{\beta}| = \beta_0$，当频率升高时，$|\dot{\beta}|$ 值随之下降。

为了描述三极管对高频信号的放大能力，引出若干频率参数分别进行介绍。

1. 共射截止频率

一般将 $|\dot{\beta}|$ 值下降到 $0.707\beta_0\left(\text{即}\frac{1}{\sqrt{2}}\beta_0\right)$ 时的频率定义为三极管的共射截止频率，用符号 f_β 表示。由式（2.50）可得，当 $f = f_\beta$ 时，$|\dot{\beta}| = \frac{1}{\sqrt{2}}\beta_0 \approx 0.707\beta_0$。

$$20\lg|\dot{\beta}| = 20\lg\beta_0 - 20\lg\sqrt{2} = 20\lg\beta_0 - 3\text{dB}$$

可见，所谓截止频率，并不意味着此时三极管已经完全失去了放大作用，而只是表示此时 $|\dot{\beta}|$ 已下降到中频时的 70%左右，或 $\dot{\beta}$ 的对数幅频特性下降了 3dB。

2. 特征频率

一般以 $|\dot{\beta}|$ 值下降为 1 时的频率定义为三极管的特征频率，用符号 f_T 表示。当 $f = f_T$ 时 $|\dot{\beta}| = 1$，$20\lg|\dot{\beta}| = 0$，所以 $\dot{\beta}$ 的对数幅频特性与横坐标轴交点处的频率即是 f_T，如图 2.37 所示。

特征频率是三极管的一个重要参数。当 $f > f_T$ 时，$|\dot{\beta}|$ 值将小于 1，表示此时三极管已失去放大作用，所以不允许三极管工作在如此高的频率范围。

将 $f = f_T$ 和 $|\dot{\beta}| = 1$ 代入式（2.50），则得

$$1 = \frac{\beta_0}{\sqrt{1+\left(\frac{f_T}{f_\beta}\right)^2}}$$

由于通常 $\frac{f_T}{f_\beta} \gg 1$，所以可将上式分母根号中的 1 忽略，则该式可简化为

$$f_T \approx \beta_0 f_\beta \qquad (2.53)$$

式（2.53）表明，一个三极管的特征频率 f_T 与其共射截止频率 f_β 之间是有联系的，而且 f_T 比 f_β 高得多，大约是 f_β 的 β_0 倍。

3. 共基截止频率

显然，考虑三极管的极间电容后，其共基电流放大系数也将是频率的函数，此时可表示为

$$\dot{\alpha}=\frac{\alpha_0}{1+\mathrm{j}\dfrac{f}{f_\alpha}} \tag{2.54}$$

通常将 $|\dot{\alpha}|$ 值下降为低频时 α_0 值的 0.707 时的频率定义为共基截止频率，用符号 f_α 表示。

现在来研究一下，f_α 与 f_β、f_T 之间有什么关系。已经知道共基电流放大系数 $\dot{\alpha}$ 与共射电流放大系数 $\dot{\beta}$ 之间存在以下关系。

$$\dot{\alpha}=\frac{\dot{\beta}}{1+\dot{\beta}} \tag{2.55}$$

将式（2.49）代入式（2.55）可得

$$\dot{\alpha}=\frac{\dfrac{\beta_0}{1+\mathrm{j}f/f_\beta}}{1+\dfrac{\beta_0}{1+\mathrm{j}f/f_\beta}}=\frac{\dfrac{\beta_0}{1+\beta_0}}{1+\mathrm{j}\dfrac{f}{(1+\beta_0)f_\beta}} \tag{2.56}$$

由式（2.55）与式（2.54）可知

$$\alpha_0=\frac{\beta_0}{1+\beta_0} \tag{2.57}$$

$$f_\alpha=(1+\beta_0)f_\beta \tag{2.58}$$

可见，f_α 比 f_β 高得多，等于 f_β 的 $(1+\beta_0)$ 倍。由此可以理解，与共射组态相比，共基组态的频率响应比较好。

综上所述，可知三极管的三个频率参数不是独立的，而是互相关联的，三者的数值大小符合以下关系。

$$f_\beta < f_T < f_\alpha$$

三极管的频率参数也是选用三极管的重要依据之一。通常，在要求通频带比较宽的放大电路中，应该选用高频管，即频率参数值较高的三极管。如对通频带没有特殊要求，则可选用低频管。一般低频小功率三极管的 f_α 值约为几十千赫至几百千赫，高频小功率三极管的 f_T 约为几十兆赫至几百兆赫。可从器件手册上查到三极管的 f_T、f_α 或 f_β 值。

2.6.3 共射放大电路的频率响应

1. 频率响应的定性分析

在阻容耦合单管共射放大电路的输入端加上不同频率的正弦信号后，其频率响应的电路图如图 2.38 所示。当信号频率不同时，电压放大倍数的模和相角也将不同，主要原因是放大电路中存在电抗性元件，如隔直电容 C_1 等；另外三极管本身也存在寄生极间电容，如图

2.38 所示的 C_{bc} 和 C_{be}。这些电容在不同的频段，对放大倍数的影响不同。

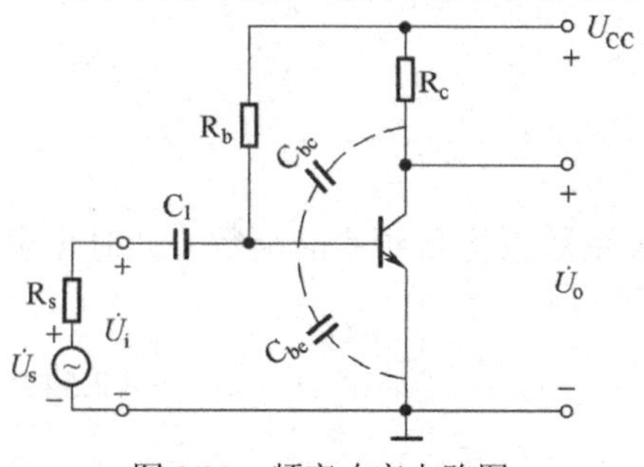

图 2.38　频率响应电路图

（1）在中频段：电路中各种电容的影响均可忽略，因此电压放大倍数基本上不随频率变化。由于单管共射放大电路的倒相作用，故输出电压与输入电压间的相位差等于 180°。

（2）在低频段：由于频率降低，使电容的容抗增大。此时并联在三极管的发射结和集电结上的极间电容的作用可以忽略，但是由于隔直电容 C_1 的容抗增大，输入电压在此电容上的压降升高，于是三极管 b、e 间得到的实际电压减小，因而使电压放大倍数减小。同时，电容 C_1 与放大电路的输入电阻构成一个 RC 高通电路，因此将产生 0°～+90° 间的超前附加相位移。

（3）在高频段：随着频率的升高，电容的容抗将减小，隔直电容 C_1 上的压降可以忽略，但三极管极间电容的作用将突现出来，它们并联在电路中，使有效基极电流减小，电压放大倍数降低。而且在电路中形成一个 RC 低通电路，产生 0°～−90° 相位移。

由以上分析可知，低频段电压放大倍数的下降主要是由隔直电容 C_1 引起的。C_1 愈大，容抗愈小，则低频时输入电压在隔直电容上的损失也愈少，因而放大电路的低频特性愈好，即其下限频率愈低。

高频段电压放大倍数下降的主要原因是三极管存在极间电容。极间电容愈小，相应的容抗愈大，并联在电路中时，对电路的影响愈不明显，即高频时极间电容所导致的电压放大倍数的下降量愈小，因而放大电路的高频特性愈好，即其上限频率愈高。

2. 放大电路的混合π型等效电路

前面曾用简化的 h 参数等效电路分析了中频时放大电路的情况。但是当频率升高时，三极管的极间电容不可忽略，此时若仍用原来的等效电路，则其中一些参数将成为与频率有关的复数，如 β。因此，在分析放大电路的频率响应时，应该采用考虑三极管极间电容的等效电路。

考虑电容效应后，三极管的结构如图 2.39（a）所示，其中 $C_{b'e}$ 为发射结的等效电容，$C_{b'c}$ 为集电结的等效电容。因三极管工作在放大区时集电结被反向偏置，电阻 $r_{b'c}$ 很大，可认为是开路，由此得到如图 2.39（b）所示的等效电路。由于电阻 r_{ce} 也比较大，等效电路中也将其忽略。此等效电路称为简化的混合π型等效电路。

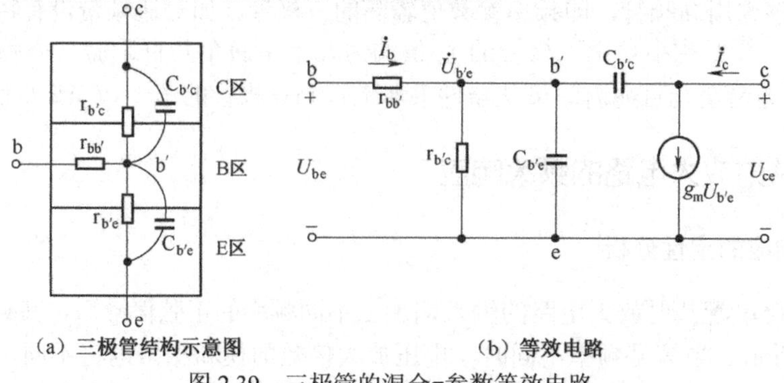

（a）三极管结构示意图　　（b）等效电路

图 2.39　三极管的混合π参数等效电路

等效电路中的恒流源 $g_m\dot{U}_{b'e}$ 也是一个受控源，体现了发射结电压 $\dot{U}_{b'e}$ 对集电极电流 $\dot{I}_c$ 的控制作用，g_m 的大小代表了这种控制作用的强弱。g_m 称为跨导，单位为 mS 或 S。

混合π参数等效电路中的参数与 h 参数等效电路的参数间有着一定的联系。低频时，电容 $C_{b'e}$ 和 $C_{b'c}$ 的作用可以忽略，则图 2.39（b）变成 2.40（a），将它与图 2.40（b）中简化的 h 参数等效电路对比，可得

$$r_{b'e} = (1+\beta)\frac{26}{I_{EQ}} \tag{2.59}$$

则

$$r_{bb'} = r_{be} - r_{b'e} \tag{2.60}$$

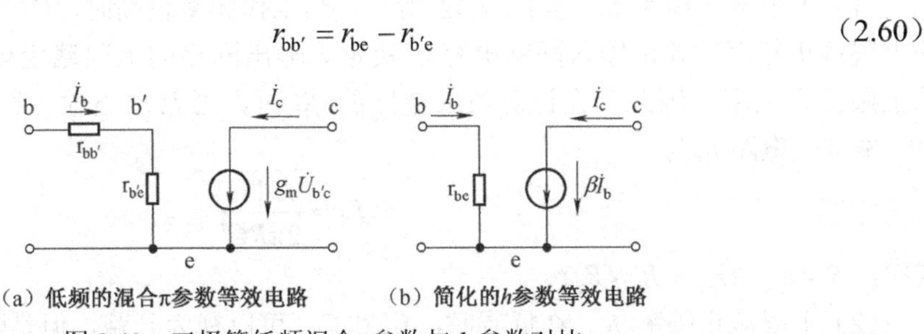

（a）低频的混合π参数等效电路　　（b）简化的h参数等效电路

图 2.40　三极管低频混合π参数与 h 参数对比

通过对比还可以得到

$$g_m\dot{U}_{b'e} = g_m\dot{I}_b r_{b'e} = \dot{\beta}I_b$$

则

$$g_m = \frac{\beta}{r_{b'e}} = \frac{\beta}{(1+\beta)\dfrac{26}{I_{EQ}}} \approx \frac{I_{EQ}}{26} \tag{2.61}$$

式（2.59）、式（2.60）和式（2.61）表明了混合π参数与 h 参数的关系。由式（2.59）和式（2.61）还可知，参数 $r_{b'e}$ 和 g_m 的大小与三极管静态工作点处的电流 I_{EQ} 有关，I_{EQ} 愈大，则 $r_{b'e}$ 愈小，而 g_m 愈大。

混合π参数等效电路的两个电容中，一般 $C_{b'e}$ 比 $C_{b'c}$ 大得多。其中 $C_{b'c}$ 的数值通常可从手册中查得，但 $C_{b'e}$ 的数值一般不易查出，不过可从手册中查出三极管的特征频率 f_T 的数值，然后通过以下公式估算 $C_{b'e}$：

$$C_{b'e} \approx \frac{g_m}{2\pi f_T}$$

在图 2.39（b）的等效电路中，电容 $C_{b'c}$ 跨接在三极管的 b′ 和 c 之间，将输入回路和输出回路直接联系起来，使分析计算的过程复杂化。可以利用米勒定理将问题简化，即把 $C_{b'c}$ 折合成两个电容，这两个电容分别接在 b′、e 两端和 c、e 两端，它们的容值分别为$(1+K)C_{b'c}$以及$\dfrac{K+1}{K}C_{b'c}$，其中 $K=\dot{U}_{ce}/\dot{U}_{b'e}$ 。最后得到的单向化的等效电路如图 2.41 所示，电路中的 $C'=C_{b'e}+(1+K)C_{b'c}$ 。

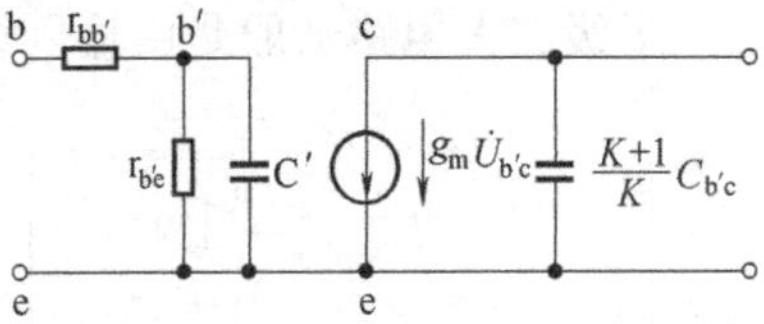

图 2.41　单向化的混合π 参数等效电路

3．上、下限截止频率

如图 2.38 所示的放大电路的混合π参数等效电路如图 2.42 所示，由此可近似算出放大

电路的上限截止频率 f_H 和下限截止频率 f_L。

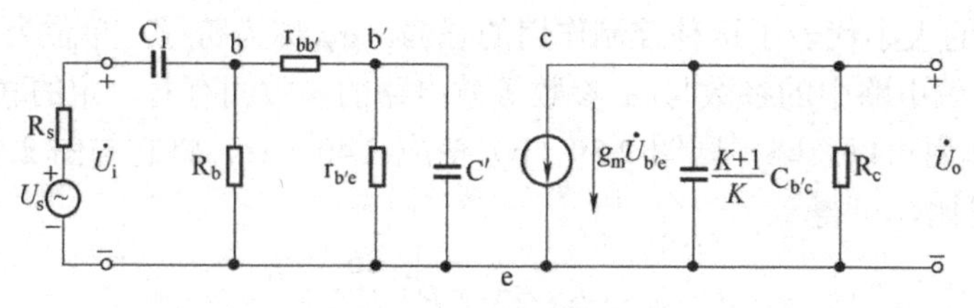

图 2.42　单向化的混合π参数等效电路

（1）上限截止频率 f_H。如图 2.42 所示，当工作频率较高时，C_1 可视为短路。放大电路的上限截止频率主要由输入回路电容 C′ 决定。输出回路的上限截止频率一般高于输入回路的上限截止频率，因此，在计算放大电路的 f_H 时，通常求出输入回路的上限截止频率即可。故放大电路 f_H 为

$$f_H = \frac{1}{2\pi RC'} \tag{2.62}$$

式中，$R = r_{b'e} // (r_{b'b} + R_s // R_b)$。

（2）下限截止频率 f_L。在低频时，C′ 和 $C_{b'c}$ 可以视为开路，但是隔直电容 C_1 的容抗所产生的压降就不能不考虑。因此，放大电路的下限截止频率通常由耦合电容 C_1 决定，放大电路 f_L 为

$$f_L = \frac{1}{2\pi\tau} \tag{2.63}$$

式中，$\tau = (R_s + R_b // r_{be})C_1$；

$r_{be} = r_{bb'} + r_{b'e}$。

2.7　多级放大电路

由一个三极管组成的放大电路，它的电压放大倍数一般为几十倍，输出功率也很小。如电子测量仪表中的交流毫伏表，检测系统中的温度测量仪表，它们的输入信号电压在 mV 级或以下，若仪表内部放大电路采用单级放大，输出功率不足以推动执行机构带动指针偏转。为了推动指针工作，常需把若干单级放大电路串接起来组成多级放大电路，对微弱信号连续放大，使输出具有一定电压幅值和足够大的功率，推动负载工作。在实用的电子设备中，也往往要求电压放大倍数较高，故需要组成多级放大电路。

2.7.1　多级放大电路的组成

多级放大电路一般是由输入级、中间级、输出级组成的，如图 2.43 所示。

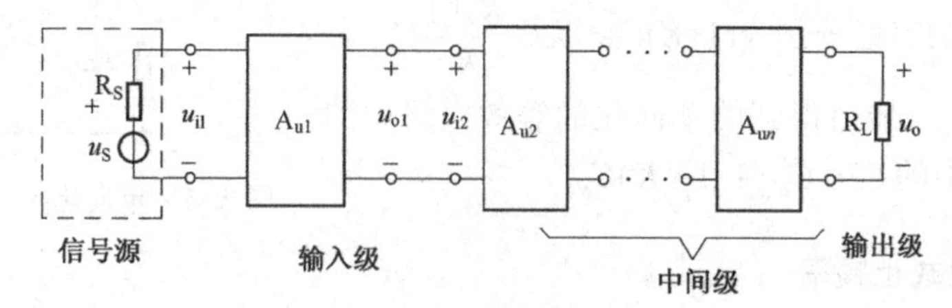

图 2.43　多级放大电路的组成结构图

输入级因与信号源相连，常采用射极输出器放大电路，因它们具有较高的输入电阻，所以能减小信号源内阻对输入信号电压产生的影响；中间级采用若干共射放大电路组成，以获得较高的电压放大倍数；输出级应输出足够大的功率，它由功率放大电路来实现。但是级与级之间是如何连接的呢？

2.7.2 多级放大电路的耦合方式

在构成多级放大电路时，首先要解决各级放大电路之间的连接问题，即如何把前一级放大电路的输出信号通过一定的方式，加到后一级放大电路的输入端去继续放大，这种级与级之间的连接，称为级间耦合。多级放大电路的耦合方式有阻容耦合、直接耦合和变压器耦合等方式，前两种方式较为常用，下面分别加以介绍。

1. 阻容耦合

如图 2.44 所示为两级阻容耦合放大电路。图中两级都有各自独立的分压式偏置电路，以便稳定各级的静态工作点。前级的输出与后级的输入之间通过电阻 R_{c1} 和电容 C_2 相连接，所以称为阻容耦合。前一级三极管 VT_1 的集电极交流电压，通过电容 C_2 的耦合加到后一级三极管 VT_2 的基极；而前一级的直流电压，由于 C_2 的隔直作用，不能加到后一级。因此，各级的直流通路互不相通，各级的静态工作点是相互独立的，只由本级的电路参数决定。C_2 具有通交流和隔直流的作用，所以称为耦合电容或隔直电容。同样，C_1 和 C_3 分别为输入端和输出端的耦合电容，只要耦合电容的容量足够大，就可使信号基本无衰减地传输。

阻容耦合不适合于传递变化缓慢的信号，更不能传递直流信号。在集成电路中，由于制作工艺的限制，也无法采用阻容耦合。

2. 直接耦合

为了传递变化缓慢的直流信号，可以把前级的输出端直接接到后级的输入端，这种连接方式称为直接耦合，如图 2.45 所示。

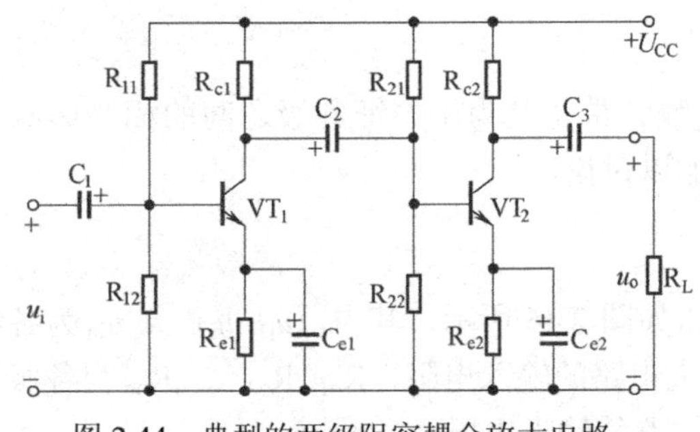

图 2.44 典型的两级阻容耦合放大电路

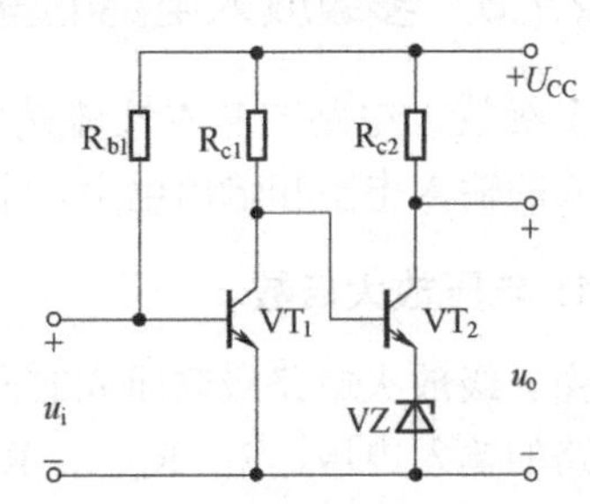

图 2.45 直接耦合两级放大电路

直接耦合式放大电路有很多优点，它既可以放大和传递交流信号，也可以放大和传递变化缓慢的信号甚至是直流信号，且便于集成。实际的集成运算放大器的内部就是一个高增益的直接耦合多级放大电路。

由于直接耦合放大电路前后级之间存在着直流通路，使各级静态工作点互相制约、互相影响。因此，在设计时必须采取一定的措施，以保证既能有效地传递信号，又要使各级有合适的工作点。

直接耦合放大电路存在的另一突出的问题是零点漂移问题。所谓零点漂移是指一个直接耦合放大电路的输入信号为0时，输出电压却不为0，即输出电压发生了漂移（波动）。

产生零点漂移的原因很多，如晶体管的参数（U_{BE}、β 等）随温度的变化、电源电压的波动等，其中，温度的影响是最重要的。在多级放大电路中，又以第一级的漂移影响最为严重，因此抑制零点漂移着重点在于第一级。采用差动式放大电路可有效抑制零漂，有关差动式放大电路将在第6章详细讨论。

差动式放大电路可有效地抑制零点漂移，因此直接耦合多级放大电路多以差动式放大电路作为输入级。

3. 变压器耦合

在某些电子设备中，常用变压器耦合方式来传送交变信号，如半导体收音机中的中频变压器等。采用变压器耦合的一个重要目的，是耦合变压器在传送信号的同时能起变换阻抗的作用。在电子电路中，负载阻抗与信号源的内阻抗相差比较大时，直接将负载与信号源相接，信号传输效果很差。利用变压器的阻抗变换可使负载阻抗与信号源的输出阻抗相匹配，这样可大大提高信号传输的效果。变压器耦合的主要缺点是由于变压器铁芯的磁饱和或非线性原因容易产生信号的失真，所以一般在信号精度要求不高的场合运用。

三种耦合方式的性能特点和存在的问题如表2.4所示。

表2.4　三种耦合方式的性能特点

耦合方式	特　点	存在的问题
阻容耦合	Q点独立	不能放大缓慢或直流信号；不适合集成
变压器耦合	Q点独立；可实现阻抗变换	笨重；不能放大缓慢或直流信号；不适合集成
直接耦合	可放大直流或交流信号；适合集成	Q点不独立，级与级间相互影响；存在零漂

尽管直接耦合方式存在零漂等问题，但由于能放大直流和交流信号，且零漂的问题可通过采用差分电路得到有效抑制并适合集成，因而得到广泛应用。

2.7.3　多级放大电路的基本性能

多级放大电路的基本性能是电压放大倍数、带宽及为了表征各级之间的相互影响程度而建立的输入电阻和输出电阻，下面就分别加以讨论。

1. 电压放大倍数

由 n 级放大电路级联而成的多级放大电路如图2.46所示，其中，$u_{i1}, u_{i2}, ..., u_{in}$ 为各级放大电路的输入电压，$R_{i1}, R_{i2}, ... ,R_{in}$ 为各级放大电路的输入电阻，$R_{o1}, R_{o2}, ... ,R_{on}$ 为各级放大电路的输出电阻，$u_{o1}, u_{o2}, ... , u_{on}$ 为各级放大电路的输出电压。

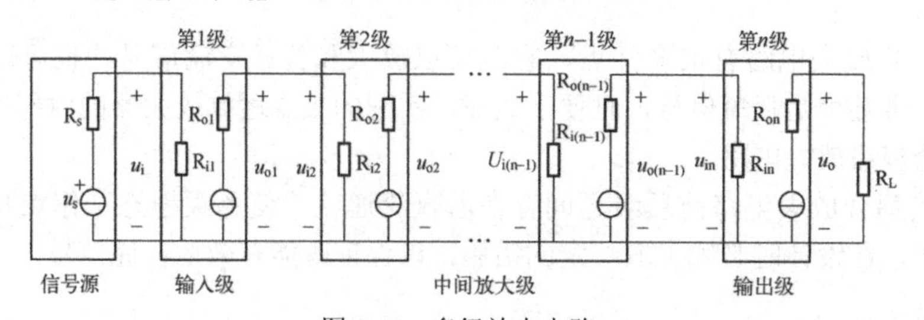

图2.46　多级放大电路

则电压放大倍数为

$$\dot{A}_{\mathrm{u}}=\frac{\dot{U}_{\mathrm{o}}}{\dot{U}_{\mathrm{i}}}=\frac{\dot{U}_{\mathrm{o1}}}{\dot{U}_{\mathrm{i}}}\cdot\frac{\dot{U}_{\mathrm{o2}}}{\dot{U}_{\mathrm{o1}}}\cdots\cdots\frac{\dot{U}_{\mathrm{on}}}{\dot{U}_{\mathrm{o(n-1)}}}=\frac{\dot{U}_{\mathrm{o1}}}{\dot{U}_{\mathrm{i}}}\cdot\frac{\dot{U}_{\mathrm{o2}}}{\dot{U}_{\mathrm{i2}}}\cdots\cdots\frac{\dot{U}_{\mathrm{on}}}{\dot{U}_{\mathrm{in}}}$$

$$=\dot{A}_{\mathrm{u1}}\cdot\dot{A}_{\mathrm{u2}}\cdots\cdots\dot{A}_{\mathrm{um}} \tag{2.64}$$

即多级放大电路的电压放大倍数等于各级放大电路电压放大倍数之积。值得注意的是，在计算各级放大电路的电压放大倍数时，应将后级放大电路的输入电阻作为其负载电阻考虑。

2. 输入电阻

根据输入电阻的定义，多级放大电路的输入电阻等于第一级的输入电阻，即

$$R_{\mathrm{i}}=\frac{\dot{U}_{\mathrm{i}}}{\dot{I}_{\mathrm{i}}}=\frac{\dot{U}_{\mathrm{i1}}}{\dot{I}_{\mathrm{i1}}}=R_{\mathrm{i1}} \tag{2.65}$$

当共集放大电路作为输入级时，R_i将与第二级的输入电阻（即输入级的负载）有关。

3. 输出电阻

根据输出电阻的定义，多级放大电路的输出电阻等于输出级的输出电阻，即

$$R_{\mathrm{o}}=\frac{\dot{U}}{\dot{I}}\bigg|_{\substack{\dot{U}_{\mathrm{S}=0}\\ R_{\mathrm{L}}=\infty}}=R_{\mathrm{on}} \tag{2.66}$$

当共集放大电路作为输出级时，R_o 将与倒数第二级的输出电阻（即输出级的信号源内阻）有关。

4. 带宽

放大电路的带宽f_{BW}与上限截止频率f_H和下限截止频率f_L的关系为

$$f_{\mathrm{BW}}=f_{\mathrm{H}}-f_{\mathrm{L}} \tag{2.67}$$

对于一个 n 级放大电路，设组成它的各级放大电路的下限截止频率为 $f_{L1},f_{L2},\ldots,f_{Ln}$，上限截止频率为 $f_{H1},f_{H2},\ldots,f_{Hn}$，通频带为 $f_{BW1},f_{BW2},\ldots,f_{BWn}$；设该多级放大电路的下限截止频率为$f_L$，上限截止频率为$f_H$，通频带为$f_{BW}$，那么

$$\begin{cases}f_{\mathrm{L}}>f_{\mathrm{Lk}}\\ f_{\mathrm{H}}<f_{\mathrm{Hk}}\\ f_{\mathrm{BW}}<f_{\mathrm{BWk}}\end{cases}\quad(k=1\sim n) \tag{2.68}$$

增加多级放大电路的级数可获得更高的增益，但下限截止频率将增大、上限截止频率将减小，即带宽变窄。

2.7.4 多级放大电路的频率响应

1. 多级放大电路的幅频特性与相频特性

如前所述，多级放大电路总的电压放大倍数为

$$\dot{A}_u = \dot{A}_{u1} \cdot \dot{A}_{u2} \cdot \cdots \cdot \dot{A}_{un} = \prod_{k=1}^{n} \dot{A}_{uk} \qquad n=0，1，2，\cdots$$

将上式取绝对值后再取对数，就可得到多级放大电路的对数幅频特性：

$$20\lg|\dot{A}_u| = 20\lg|\dot{A}_{u1}| + 20\lg|\dot{A}_{u2}| + \cdots + 20\lg|\dot{A}_{un}| = \sum_{k=1}^{n} 20\lg|\dot{A}_{uk}| \tag{2.69}$$

多级放大电路的总相移为

$$\varphi = \varphi_1 + \varphi_2 + \cdots + \varphi_n = \sum_{k=1}^{n} \varphi_k \tag{2.70}$$

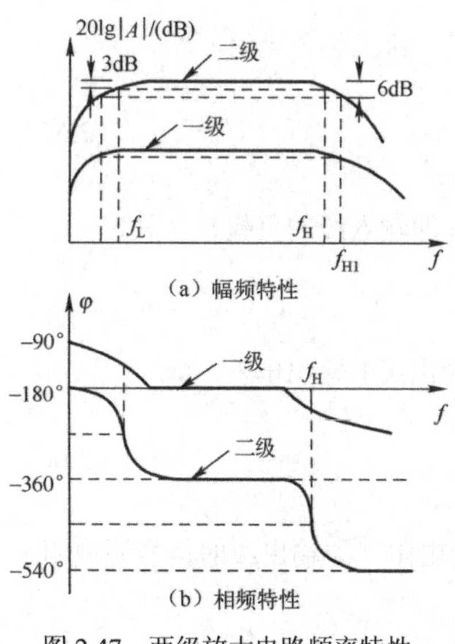

（a）幅频特性

（b）相频特性

图 2.47　两级放大电路频率特性

以上表达式中的 $\dot{A}_{uk}$ 和 φ_k 分别为第 k 级放大电路的放大倍数和相移。式（2.69）和式（2.70）表明，多级放大电路的对数放大倍数等于各级对数放大倍数之和，而相移等于各级相移之和。根据叠加原理，只要把各级特性曲线在同一横坐标上的纵坐标相加，就可以描绘出多级放大电路的幅频特性与相频特性。

如图 2.47 所示，已知单级放大电路幅频特性曲线和相频特性曲线，若把具有同样参数的两级放大器串联起来，只要把每级曲线的每一点的纵坐标增加一倍，就得到总的幅频特性和相频特性曲线。从曲线上可以看到，原来对应每级下限 3dB 的频率 f_{L1} 和 f_{H1}，现在比中频段要下降 6dB，由此可见：两级放大电路下降 3dB 的通频带比组成它的单级通频带窄了。这说明采用多级放大电路来提高总增益是以牺牲通频带的宽度来换取的。

2. 多级放大电路的上限频率和下限频率

接下来分析多级放大电路的上、下限频率与单级上、下限频率的关系。

（1）上限频率 f_H。可以证明，多级放大电路的上限频率和组成它的各级上限频率之间的关系，由下面近似公式确定：

$$\frac{1}{f_H} \approx 1.1\sqrt{\frac{1}{f_{H1}^2} + \frac{1}{f_{H2}^2} + \cdots + \frac{1}{f_{Hn}^2}} \tag{2.71}$$

式中，1.1 为修正系数。一般级数越多，误差越小。

根据式（2.71）可以算出，具有同样 f_H 的两级放大电路，其总的上限频率 f_H 是单级 f_{H1} 的 0.64 倍。

（2）下限频率 f_L。计算多级放大电路的下限频率的近似公式为

$$f_L \approx 1.1\sqrt{f_{L1}^2 + f_{L2}^2 + \cdots + f_{Ln}^2} \tag{2.72}$$

式中，1.1 也是修正系数。

利用式（2.72）可以算出，当放大电路由具有同样 f_{L1} 的两级放大电路串联组成时，总的下限频率 f_L 将上升为 f_{L1} 的 1.55 倍。

由以上分析可以得出下述结论：

（1）多级放大电路总的上限频率 f_H 比任何一级的上限频率 f_{Hk} 都要低，而下限频率 f_L 比任何一级的下限频率 f_{Lk} 都要高，也就是说，多级放大电路总的放大倍数增大了，但总的通频带 $f_{BW}=f_H-f_L$ 变窄了。

（2）在设计多级放大电路时，必须保证每一级的通频带都比总的通频带宽。例如，一个 4 级放大电路的总的通频带要求为 300Hz～3.4kHz（电话传输所需带宽），若每级通频带都相同，则每级放大电路的上限频率由式 2.71 得 7.48kHz，而下限频率由式 2.72 得 136Hz。

（3）如果各级通频带不同，且各级的上限（或下限）频率相距较远，则总的上限频率基本上取决于最低的一级，而总的下限频率取决于最高的一级。所以要增大总的上限频率 f_H，尤其要注意提高上限频率最低的那一级的 f_{H1}，因为它对总的 f_H 起了主导作用。

例 2-12 一个由三级同样的放大电路组成的多级放大电路，为保证总的上限频率为 0.5MHz，下限频率为 100Hz，每级单独的上限频率和下限频率应当是多少？

解：（1）计算每一级的上限频率 f_{H1}。

根据式（2-70），对于三级相同的放大电路，总的上限频率 f_H 和每一级的上限频率 f_{H1} 之间存在以下关系：

$$\frac{1}{f_H}=1.1\sqrt{3\times\frac{1}{f_{H1}^2}}$$

则
$$f_{H1}=1.1\sqrt{3}\cdot f_H=1.9\times0.5\approx1\text{MHz}$$

（2）计算每一级的下限频率 f_{L1}。根据式（2-71），对于三级相同的放大电路，f_L 和 f_{L1} 之间有以下关系：

$$f_L=1.1\sqrt{3\times f_{L1}^2}$$

则
$$f_{L1}=\frac{f_L}{1.1\sqrt{3}}=\frac{100}{1.9}\approx50\text{Hz}$$

可见，具有相同参数的三级放大电路的上限频率约为单级的 1/2 倍，它的下限频率约为单级的 2 倍。

当然，在实际的电路中，很少有各级参数完全相同的情况。当各级时间常数相差悬殊时，可取起主要作用的那一级作为估算的依据。例如，若其中某一级的上限频率 f_{Hk} 比其他各级小很多时，则可以近似认为总的 $f_H\approx f_{Hk}$；同理，若其中某一级的下限频率 f_{Lk} 比其他各级大很多时，可以近似认为总的 $f_L\approx f_{Lk}$。

2.8 实训 2

2.8.1 三极管的测试和极性判别

1．类型的判别

如图 2.48 所示，NPN 型管和 PNP 型管各含有两个 PN 结、三个区，NPN 为 N 区、P 区和 N 区，P 区为两个 PN 结的公共区，对应的接线端为 NPN 型管的基极；PNP 为 P 区、N 区和 P 区，N 区为两个 PN 结的公共区，对应的接线端为 PNP 型管的基极。所以只要判断出公共区或其对应的接线端是 P 还是 N，就可判断三极管的类型。

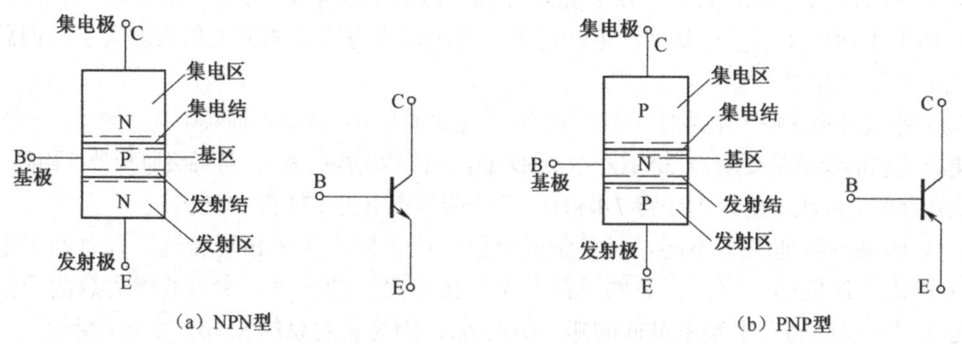

图 2.48 双极型三极管的结构示意图

2. 三极管极性的判别

可用数字或指针式万用表的三极管专用测试孔来检测并判断三极管的极性。在上面已经判断出三极管基极的基础上，可任意假定其余两端的一端为 C，则另一端为 E，测试放大倍数的大小。如果放大倍数较大，则上述假定正确，否则刚好应将上述假设对调。

3. 实训材料和仪器仪表及预习内容

准备一些不同类型、性能各异的晶体三极管、数字式万用表和晶体管特性测试仪。

（1）预习电子技术中关于晶体三极管的知识。

（2）预习指针式和数字式万用表的使用方法。

4. 实训步骤

（1）目测判断。不同材料、功率和性能的三极管，可以通过其外形封装，试着认识和判断三极管的种类及极性。

（2）三极管材料的判别方法。硅 PN 结的正向压降一般为 0.6～0.7V，锗 PN 结的正向压降为 0.2～0.3V，所以测量一下三极管任一 PN 结（发射结或集电结）的正向导通电压，便可判别被测三极管是硅管还是锗管。

如图 2.49 所示，将数字式万用表拨到“二极管”挡，测试三极管任一 PN 结（发射结或集电结）的正向压降，将测得的电压值列于表 2.5 中，根据压降大小来判断三极管的材料。

表 2.5　PN 结的正向压降

测试三极管编号	1#	2#	3#	4#	5#
万用表红表笔接 1，黑表笔接 2，测得电压					
万用表红表笔接 2，黑表笔接 1，测得电压					
结论（说明三极管的材料类型）					

值得指出的是：如果在测试时，三极管三个极间的电阻或压降均很大或均很小，则三极管已损坏或性能变坏。

（3）极性的判别。用数字式或指针式万用表的三极管专用测试孔来检测并判断三极管的极性，如图 2.49 所示。

根据以上步骤，我们已经判断出三极管的类型和基极 B 了。假设判断出三极管为 NPN 管，且“2”端为基极，再任意指定“1”端为 C、“3”端为 E，将三极管插入万用表上相应位置，如果放大倍数较大，则假定正确，即 1—C、2—B、3—E，否则 1—E、2—B、3—C。按图 2.50 及图 2.51 测试步骤可以分别用指针万用表或数字万用表判断出三极管类型。

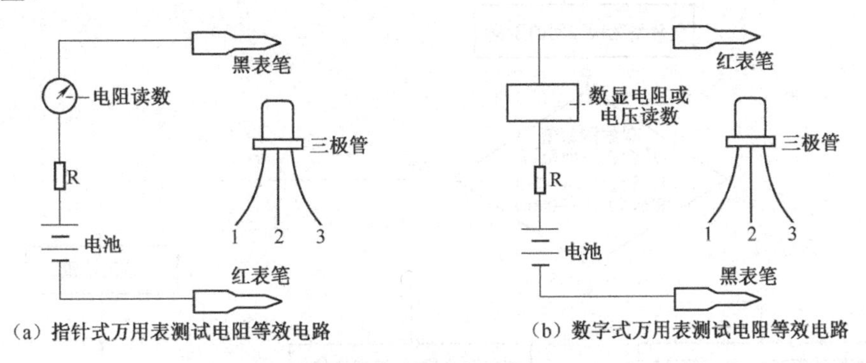

图 2.49　万用表测试三极管等效电路

5. 实训报告要求

(1) 画出等效测试电路。

(2) 标注所测三极管的参数值。

(3) 测试心得和分析。

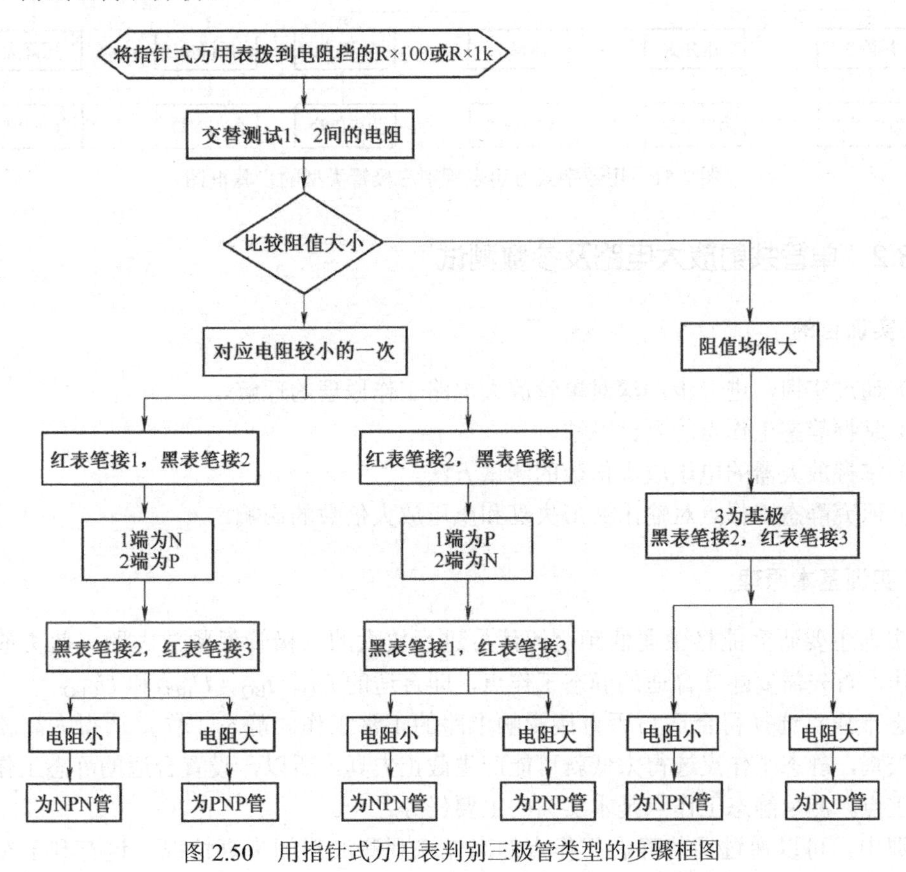

图 2.50　用指针式万用表判别三极管类型的步骤框图

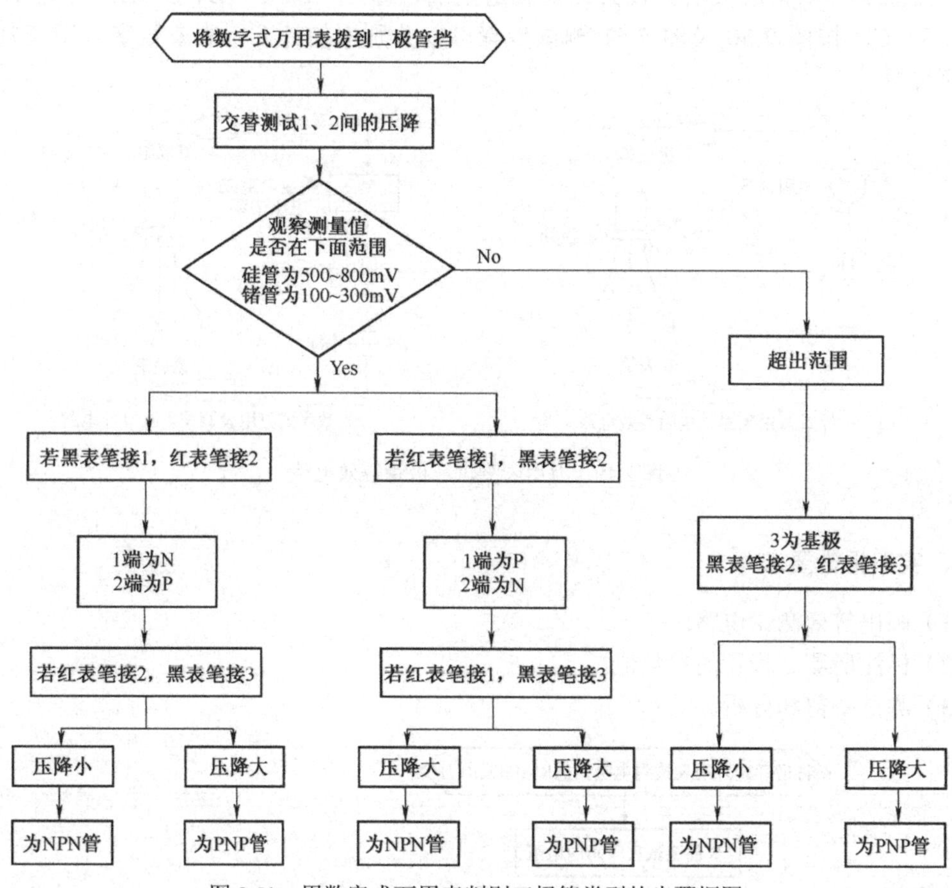

图 2.51　用数字式万用表判别三极管类型的步骤框图

2.8.2　单管共射放大电路及参数测试

1. 实训目的

（1）通过实训，进一步加深对单管放大电路工作原理的理解。

（2）掌握静态工作点的测试方法。

（3）掌握放大器的电压放大倍数的测试方法。

（4）研究静态工作点对输出波形失真和电压放大倍数的影响。

2. 实训基本原理

本实训主要研究能将微弱低频交流信号进行放大的三极管低频放大器，此类放大器要正常工作，首先需要建立合适的静态工作点，即合适的I_{CQ}、I_{BQ}、U_{BEQ}和U_{CEQ}。

静态工作点选择得合适与否直接影响电路的正常工作。静态工作点选得太高就可能产生饱和失真，静态工作点选得太低就可能产生截止失真。所以，设置合适的静态工作点是本实训的重点。测量静态工作点是本实训的主要任务之一。

实训中，可以通过调节静态工作点的高低来观测波形的失真情况，这有利于在实际应用中如何避免产生非线性失真。

电压放大器的主要任务是放大微弱的信号电压，影响电压放大倍数的因素很多，放大器本身的结构和参数是决定电压放大倍数的主要因素。例如，射极输出器的电压放大倍数约等于 1，即没有电压放大作用（但有电流放大和功率放大作用）；分压式偏置电路或单管共射放大电路，其电压放大倍数可以达到几十甚至几百。即使电路结构相同，所选元件参数不同，都会大大影响放大电路的放大倍数。

放大器的输出阻抗是其另一重要参数，能够反映放大器带负载能力的强弱；放大器的输出阻抗越小，其负载能力越强。

3. 仪器仪表和元器件

（1）仪器仪表。直流电压源（+12V）、信号发生器、示波器、晶体管毫伏表、数字式万用表或指针式万用表等。

（2）元器件。

电阻：1kΩ、10kΩ、0.2kΩ、1.8kΩ、5.1kΩ、4.7kΩ、1.5kΩ、200kΩ、300kΩ。

电容：10μF/10V（2 只）、47μF/10V。

三极管：NPN 型（β=50～60，80，100 各 1 只）。

电位器：280kΩ、470kΩ、200kΩ。

4. 实训内容

（1）实训电路的选择。

① 单管共射基本放大电路，如图 2.52 所示。

② 分压式射极偏置（稳定工作点）放大电路，如图 2.53 所示。

③ 射极输出器电路，如图 2.54 所示。

（2）上面各电路参数的计算（理论）。

① 静态参数的计算。

② 电压放大倍数 A_u、输入电阻 R_i 和输出电阻 R_o 的计算。

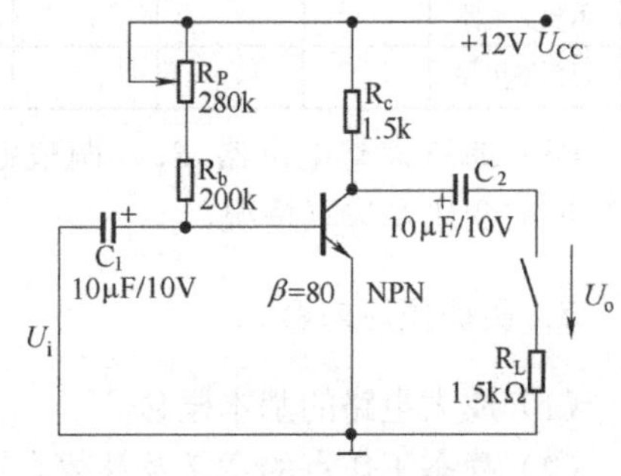

图 2.52　固定偏置共射基本放大电路

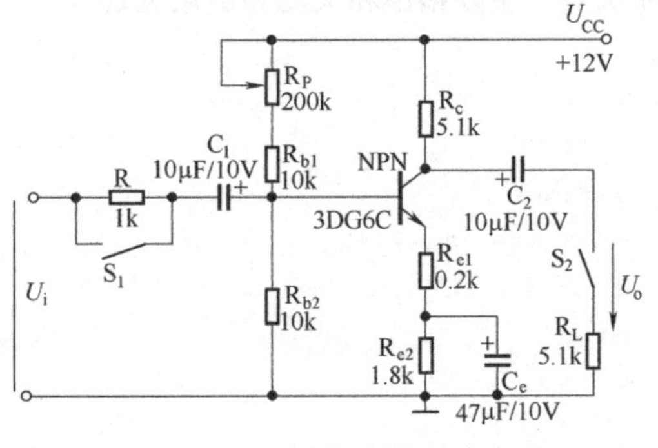

图 2.53　分压式射极偏置放大电路

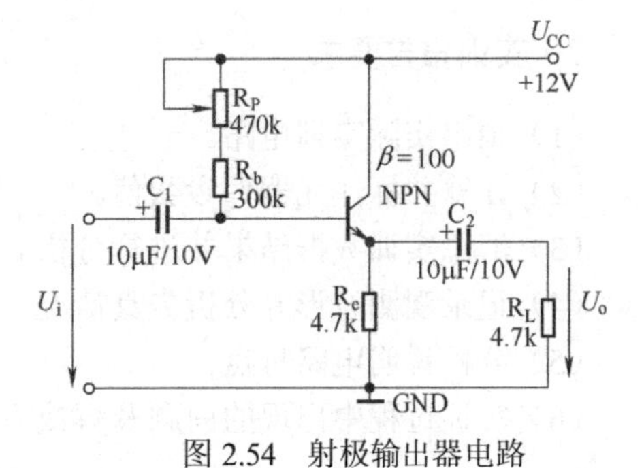

图 2.54　射极输出器电路

5. 波形观测和测试计算

（1）调整并测试静态参数。调节 R_P，使 U_{CE} = 6V 或为某一值，然后测试其他参数并将测试结果填入表 2.6 中。

表 2.6　静态参数测试记录表

测试条件	测试值（V）			计算值（V）			
	U_C	U_B	U_E	$U_{BE}=U_B-U_E$	$U_{CE}=U_C-U_E$	I_C（mA）	I_B（μA）
分压式偏置放大电路							
单管共射基本放大电路							
射极输出器							

（2）动态参数测试。在输入端接入输入信号，测出输出电压并将测试结果填入表 2.7 中，然后计算放大倍数。

表 2.7　动态参数测试记录表

测试条件	理论计算值				实际测量值					
	电压放大倍数 A_u		输入电阻 R_i	输出电阻 R_o	$R_L=\infty$			$R_L\neq\infty$		
	$R_L=\infty$	$R_L\neq\infty$			U_i（mV）	U_o（V）	A_u	U_i（V）	U_o（V）	A_u
分压式偏置放大电路										
单管共射基本放大电路										
射极输出器										

（3）通过调整电位器 R_P，调整电路静态工作点，并用示波器观测实验电路的输入、输出波形的变化及失真情况。

6．实训预习内容

（1）放大电路的基本概念。
（2）静态工作点的意义及计算。
（3）微变等效电路的画法及其分析方法。
（4）输入电阻和输出电阻的概念、意义及计算和测试方法。
（5）失真的概念、判断方法及如何避免产生失真（主要指饱和失真和截止失真）。

7．实训报告要求

（1）画出实际实训电路。
（2）计算并标注元器件参数值。
（3）汇总实训数据结果并进行分析。
（4）记录观测波形并分析失真情况。
（5）分析说明电路特点。
（6）实训过程中出现的问题及解决方法。

2.8.3　三极管构成的简易触摸开关制作

1．实训目的

（1）了解触摸开关的工作原理。
（2）掌握电子元器件的焊接方法及技巧。

（3）学习调试电路的基本方法。

2. 实训设备及器材

记忆自锁式继电器触摸式电子开关散件 1 套；电烙铁（配烙铁架）、镊子、斜口钳、尖嘴钳、螺丝刀（一字、十字）各 1 把；万用表 1 块；焊锡丝若干。

3. 实训原理

（1）触摸式开关的工作原理。触摸式延时开关利用的是与试电笔同样的原理，即在人体和电源间可以看做一个很大的电阻，这样，通过人体会形成一个很小的电流，触摸开关根据这一信号，我们可以控制其他电路的工作状态。

（2）电路工作原理。电路原理如图 2.55 所示。平时，晶体管 VT_1、VT_2 均处于截止状态，记忆自锁式继电器 K 线圈无电，即末受触发，其常开触点 K-1 打开，插座 X 对外不送电。当有人触摸电极片 M 时，人体泄漏的交流电信号经 R_1 安全隔离和 VD_1 整流输出正极性信号，便 VT_1、VT_2 迅速导通，电容 C_1 储存电荷即通过 VT_2 向继电器 K 线圈放电，继电器触点状态就改变一次，原来打开的触点 K-1 转为闭合，X 即对外送电。停止触摸后，VT_1、

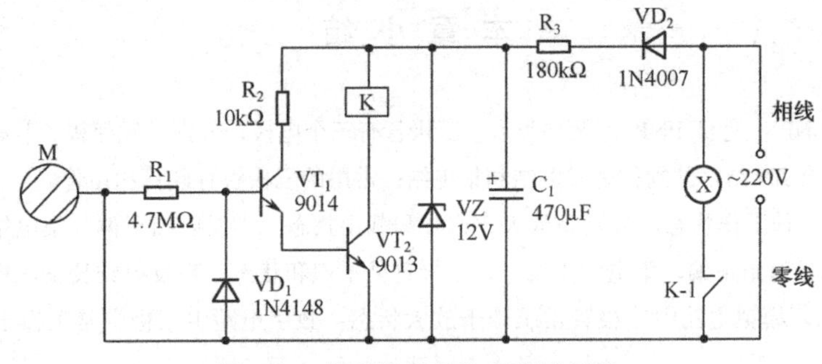

图 2.55 简易触摸开关电路原理图

VT_2 恢复截止，但继电器 K 却能依靠其内部特殊结构保持自锁状态，此状态可一直保持到下一次再触摸 M 为止。当再次触摸 M 时，VT_1 和 VT_2 再次导通，C_1 又通过 VT_2 向 K 放电一次，使 K 的状态翻转一次，K-1 打开，X 即停止对外供电。

4. 实训内容

（1）将印制板图与电路原理图进行对照，判明各元件在印制板上的位置。

（2）根据元件清单，检查元器件数量和质量是否符合要求。元件清单如表 2.8 所示。

表 2.8 元件清单

序号	名称	型号	位号	数量	序号	名称	型号	位号	数量
1	晶体管	9014	VT_1	1	7	电阻	RJ-1/4W	R_1	1
2	晶体管	9013	VT_2	1	8	电阻	RTX-l/8W	R_2	1
3	二极管	IN4148	VD_1	1	9	电阻	RJ-1/4W	R_3	1
4	二极管	IN4007	VD_2	1	10	电容	CD11-16V	C_1	1
5	稳压管	2CW60	VZ	1	11	继电器	ZS-01F	K	1
6	触摸片		M	1					

5．实训提示及要求

（1）元件选择：VT_1要求采用放大倍数较大的9014型硅NPN晶体管，$\beta \geqslant 200$；VT_2可用9013型等硅NPN晶体管，$\beta \geqslant 100$。VD_1用IN4148型硅开关二极管，VD_2为IN4007型硅整流二极管。VZ用12V、1/2W型稳压二极管，如UZ-12B、2CW60型等。R_1为安全隔离电阻，要求采用RJ-1/4W型优质金属膜电阻器，为了确保使用者的绝对安全最好能采用两只2.7MΩ金属膜电阻器串联组成；R_2可用RTX-l/8W型碳膜电阻器；R3最好采用RJ-1/4W型金属膜电阻器。C_1为CD11-16V型电解电容器。

（2）K采用ZS-01F型线圈电压为12V的记忆自锁式继电器。触摸电极片M要求对地必须绝缘良好，否则电路无法正常工作。电路安装好后，整个装置与220V交流电网连接时应按图所示注意相线与零线的位置。这个电路只要元器件良好，接线无误，通电后即能正常工作。

6．问题与思考

（1）对你而言，本实训的难点在何处？你是如何解决的？

（2）凡是用导体（如手拿钥匙、钢勺子接触触摸开关），灯都能亮吗？

本章小结

1．三极管有NPN型和PNP型两种类型。三极管有三个电极，分别是发射极、基极和集电极；三极管的内部结构有两个PN结，分别称为发射结和集电结；常用的三极管有硅管和锗管。

2．三极管有三种工作状态，分别是放大、饱和和截止状态。当发射结正偏、集电结反偏时，三极管处于放大状态；当发射结正偏，集电结正偏时，三极管处于饱和状态；当发射结反偏，集电结反偏时，三极管处于截止状态。模拟电路中三极管常工作于放大状态；数字电路中三极管常工作于饱和和截止状态（称为开关状态）。

3．三极管的伏安特性有输入特性和输出特性。从输入特性上可见，硅管的导通电压约为0.7V，锗管的导通电压约为0.3V；从输出特性上可以看出，在放大区，有$i_c=\beta i_b$，即较小的基极电流可以控制较大的集电极电流，所以通常称三极管是一种电流控制器件。

4．三极管的电参数分为直流参数、交流参数和极限参数。反映其放大能力的参数是α和β。温度对三极管参数的影响是：温度升高时，β、I_{CEO}增大，U_{BE}减小。

5．三极管放大电路有共射极、共集电极、共基极三种基本组态，共射极放大电路有电压和电流放大能力，输出与输入反相；共集电极放大电路又称为射极跟随器，有电流放大能力，但没有电压放大能力，输入电阻大，输出电阻小，输出与输入同相；共基极放大电路有电压放大能力，没有电流放大能力，输入电阻小，输出与输入同相。

6．放大电路的静态通过直流通路分析，分析方法有图解法和估算法，分析的目的是获得静态工作点Q的值。

7．放大电路的动态分析方法有图解法和微变等效电路分析法。图解法在输出特性曲线上作图分析可以获得电路的最大动态范围；微变等效电路分析法通过微变等效电路可以获得放大电路的主要性能指标：电压放大倍数、输入电阻、输出电阻、带宽等。

8．放大电路的失真分为线性失真和非线性失真。频率失真属于线性失真，分为幅度失真和相位失真，主要是由于外接电容和三极管的结电容等线性元件等造成的；截止失真和饱和失真属于非线性失真，是由于输入信号过大或者Q点选择不适合使晶体管工作在非线性区而造成的。

9．影响放大电路频率特性的主要因素是外接电容和晶体管结电容：耦合电容、旁路电容等外接电容造成了放大倍数低频段的下降；三极管结电容、分布电容等造成了放大倍数高频段的下降。放大电路的频率特性可以用波特图表示，分为幅频特性和相频特性。从波特图上可以得到放大电路的三个参数：上限频率 f_H、下限频率 f_H 和通频带 f_{BW}。

习　题　2

2.1　温度升高时，晶体管的参数β将________（增大、减小、不变），反向饱和电流 I_{CBO} 将________。

2.2　三极管工作在放大区时，发射结________，集电结________；工作在饱和区时，发射结________，集电结_____。

2.3　在分压偏置的共射放大电路中，如果增大 R_c 的阻值，集电极电流 I_{CQ} 将________，管压降 U_{CEQ} 将________。

2.4　截止失真是由于放大电路的静态工作点接近或达到了三极管的________而引起的非线性失真，饱和失真则是由于工作点接近或达到了三极管的________而引起的非线性失真，这两种失真统称为________失真。

2.5　共集电极放大电路又称为________输出器，它的电压放大倍数接近于________，输出信号与输入信号_____相。输入电阻________（大、小），输出电阻________（大、小）。

2.6　在共射、共集和共基 3 种组态的三极管放大电路中，输入电阻最小的是_____组态，输出电阻最小的是________组态，输入和输出反向的是________组态。

2.7　在 3 种基本组态放大电路中，当希望从信号源索取电流较小时，应选用________组态的放大电路，当希望既能放大电压，又能放大电流时，应选用________组态。

2.8　在多级放大电路中，后级的输入电阻是前级的________，而前级的输出电阻则也可视为后级的________；前级对后级而言又是________。

2.9　多级放大器中，设各级的增益为 A_{u1}，A_{u2}，…，A_{un}；输入电阻为 R_{i1}，R_{i2}，…，R_{in}；输出电阻为 R_{o1}，R_{o2}，…，R_{on}。则多级放大器的增益为 A_u=________；多级放大器的输入电阻为 R_i=________；多级放大器的输出电阻为 R_o=________。

2.10　在相同的条件下，阻容耦合放大电路的零点漂移比直接耦合放大电路________，这是由于________。

2.11　为了放大变化缓慢的微弱信号，应该选用________耦合放大电路；为了实现阻抗变换，放大电路应该选用________耦合方式。

2.12　半导体三极管是由两个 PN 结组成的，是否可以用两个二极管连接组成一个三极管？为什么？

2.13　要使三极管工作在放大状态，在发射结与集电结上应分别加什么样的工作电压？请以 PNP 型管为例画出电路图。

2.14　有两只半导体三极管，一只管子的$\beta = 200$，$I_{CEO} = 200\mu A$，另一只管子的$\beta = 60$，$I_{CEO} = 10\mu A$，其他参数大致相同，你认为用于放大电路时，选择哪只管子较合适？为什么？

2.15　分别测出的两个处于放大状态的三极管的各极电位如图 2.56 所示，试判断它们各是用什么材料制成的？属于 NPN 型还是 PNP 型管？各管脚名称是什么？

2.16　某三极管的输出特性曲线如图 2.57 所示，试分别求出其β，I_{CEO}，$U_{(BR)CEO}$的值。

2.17　测得电路中几个三极管各极对地电压如图 2.58 所示，试判断它们各处于放大、截止或饱和状态

中的哪一种？或是否损坏？（指出哪个结开路或短路）

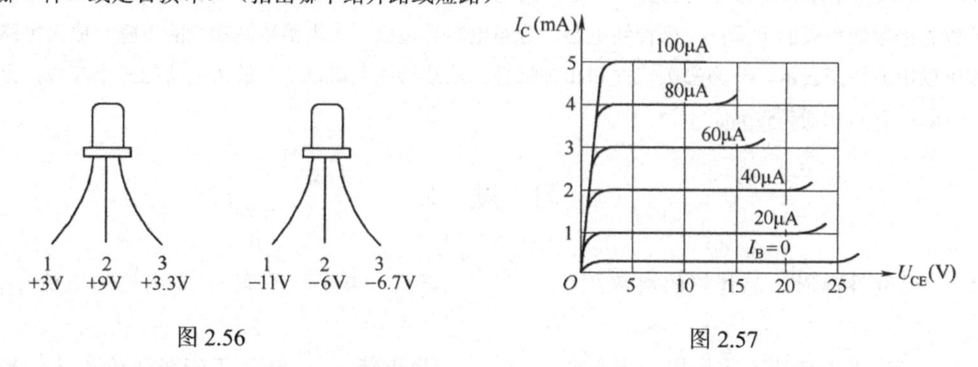

图 2.56　　　　图 2.57

2.18　已知两只晶体管的电流放大系数β分别为 50 和 100，现测得放大电路中这两只管子两个电极的电流如图 2.59 所示。请分别求另一电极的电流，标出其实际方向，并在圆圈中画出管子。

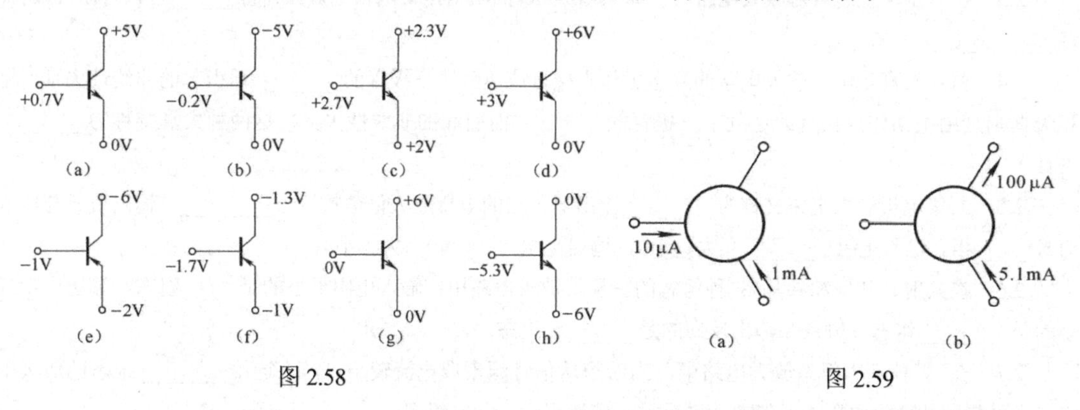

图 2.58　　　　图 2.59

2.19　试分析如图 2.60 所示各电路能否正常放大？并说明理由。

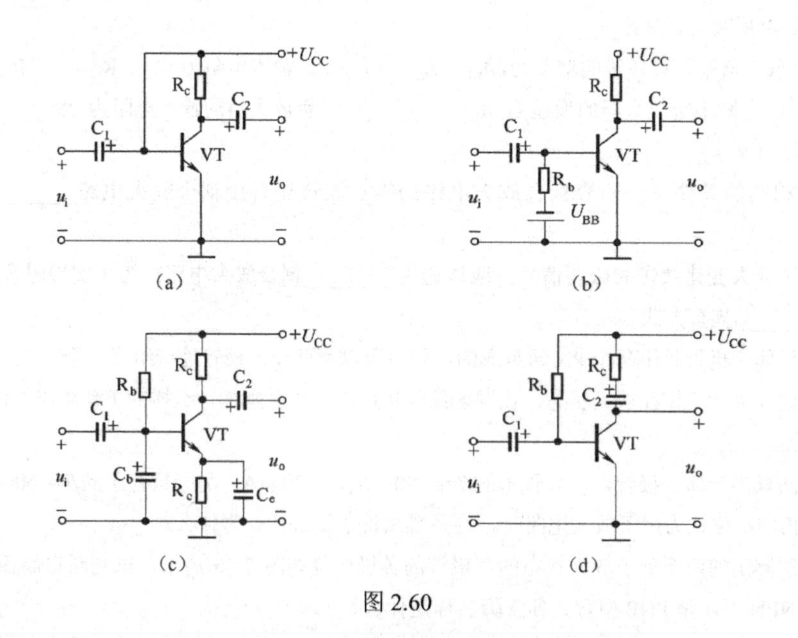

图 2.60

2.20　基本共射极放大电路如图 2.61 所示，使用 NPN 型硅管，其β=100。求：

（1）估算静态工作点I_{CQ}和U_{CEQ}；

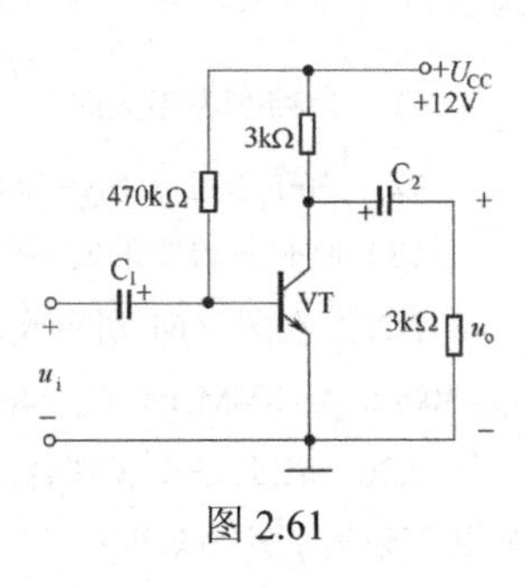

图 2.61

（2）求三极管的输入电阻 r_{be} 值；

（3）画出放大电路的微变等效电路；

（4）求电压放大倍数 $\dot{A}_u$，输入电阻 R_i 和输出电阻 R_o。

2.21　电路如图 2.62（a）所示，图（b）是晶体管的输出特性，静态时 U_{BEQ}=0.7V。请利用图解法分别求出 $R_L=\infty$ 和 R_L=3kΩ时的静态工作点和最大不失真输出电压 U_{om}（有效值）。

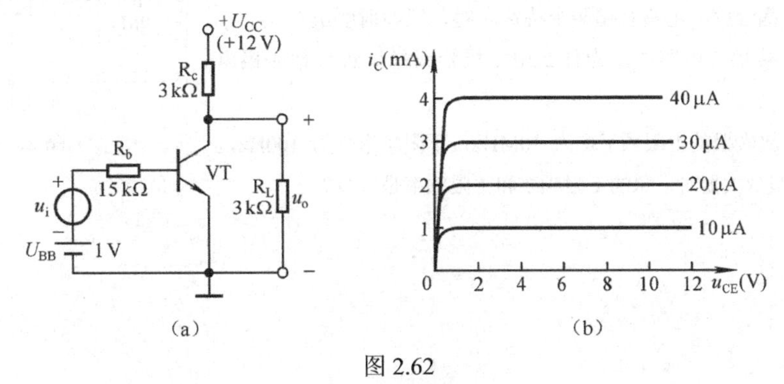

图 2.62

2.22　分压式偏置电路如图 2.63 所示，已知三极管的β =60，$r_{bb'}$ = 100Ω，U_{CES} = 0.3V，U_{BEQ} = 0.7V。试求：

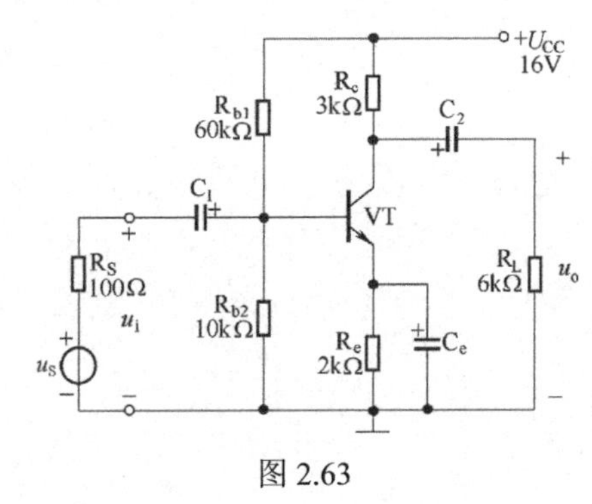

图 2.63

（1）估算静态工作点 Q；

（2）求放大电路的 A_u，R_i，R_o；

（3）若电路其他参数不变，问上偏流电阻 R_{b1} 为多大时，能使 U_{CEQ} = 4V?

2.23　基本单管放大电路有哪三种组态？各有什么特点？按要求填写表 2.9。

表 2.9

电路名称	连接方式（e、c、b）			性能比较（大、中、小）				
	公共极	输入极	输出极	$\lvert\dot{A}_u\rvert$	$\dot{A}_i$	R_i	R_o	其他
共射电路								
共集电路								
共基电路								

2.24　已知一个三极管在低频时的共射电流放大系数β_0=100，特征频率f_T=80MHz。求：

（1）当频率为多大时，三极管的$|\dot{\beta}|\approx 70$？

（2）当静态电流$I_{EQ}=2mA$时，三极管的跨导$g_m=$？

（3）此时三极管的发射结电容$C_{be}=$？

2.25　在图 2.64 所示放大电路中，已知三极管的β=50，r_{be}=1.6kΩ，r_{bb}=300Ω，f_T=100MHz，C_{bc}=4pF，试求下限频率f_L和上限频率f_H。

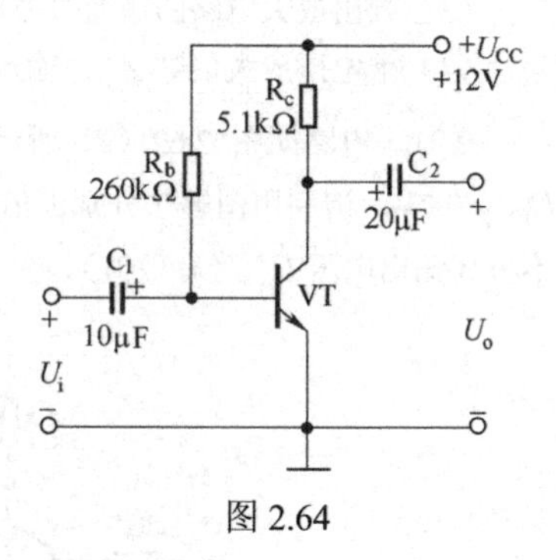

图 2.64

2.26　什么是直接耦合放大电路？它能否放大交流信号？若能，则其下限频率f_L为多少？

2.27　直接耦合放大电路有哪两个特殊问题？应如何解决？

2.28　在直接耦合电路中，为什么用二极管或稳压管代替射极电阻 R_e？

2.29　两个放大器的上限频率均为 10MHz，下限频率均为 100Hz，当用它们组成二级放大器时，总的上限频率和下限频率是多少？

第3章　场效应晶体管及其应用

序号	本章要点	特　点		重点和难点
1	单极型场效应管	结型 JFET	用栅压控制反偏 PN 结耗尽层的宽窄来控制沟道宽度；P 沟道—空穴导电，N 沟道—电子导电	只有一种载流子参与导电；高输入阻抗、压控型器件；开启电压与反型层；沟道夹断和夹断电压；特性曲线
		绝缘栅 MOSFET	用栅压控制感应电荷，来改变沟道电阻；PMOS—空穴导电，NMOS—电子导电；增强型和耗尽型	
2	场效应管放大电路	自偏压共源	源极电阻的压降提供栅源偏置电压 输入与输出公共端—源极	静态分析；只适合耗尽型场效应管
		分压式自偏压	电阻的分压和源极电阻的压降共同提供栅源偏压，输入与输出公共端—源极	静态分析；增强型和耗尽型均可
		源极输出器	电阻的分压和源极电阻的压降共同提供栅源偏压，输入与输出公共端—漏极	无电压放大作用，R_i大、R_o小

3.1　场效应晶体管

场效应晶体管，简称场效应管，是一种电压控制型半导体器件。场效应管不仅兼有半导体三极管体积小、低功耗、寿命长等特点，而且具有输入电阻高（10MΩ以上）、噪声低、热稳定性好及抗辐射能力强等优点，因此在近代微电子学中得到了广泛的应用。场效应管分为两大类：即结型场效应管和绝缘栅型场效应管，下面分别加以讨论。

3.1.1　结型场效应管的结构、原理和分类

1．结构

在一块 N 型半导体两侧做出两个高掺杂的 P 区，从而形成了两个 PN 结，两侧 P 区接在一起而引出的电极称为栅极（G），在 N 型半导体两端分别引出的两个电极称为源极（S）和漏极（D）。由于 N 型区结构对称，因此漏极和源极可以互换使用。两个 PN 结中间的 N 型区域称为导电沟道，这种 N 型导电沟道的结型场效应管称为 N 沟道结型场效应管，同理 P 型导电沟道的结型场效应管称为 P 沟道结型场效应管。结型场效应管的结构及符号如图 3.1 所示，图中电路符号的箭头方向是由 P 指向 N。结型场效应管有 N 沟道和 P 沟道两种类型，两者结构不同，但工作原理完全相同，下面以 N 沟道结型场效应管为例进行讨论。

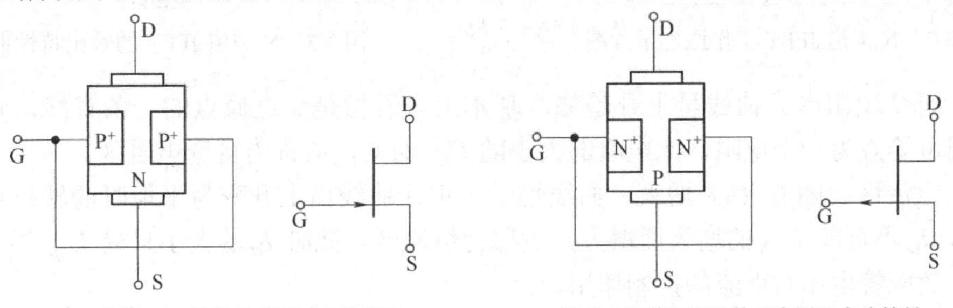

（a）N沟道JFET结构示意图及电路符号　　（b）P沟道JFET结构示意图及电路符号

图 3.1　JFET 结构示意图及电路符号

2. 工作原理

如图 3.2 所示的是 N 沟道结型场效应管工作原理示意图。在漏源电压 U_{DS} 的作用下，产生沟道电流 I_D，通过控制偏置电压 U_{GS}，可控制漏极电流 I_D 的大小。通常栅极与源极之间加反向偏置电压 U_{GS}，当 U_{GS} 改变时，引起沟道两侧 PN 结的耗尽层宽度改变，这将导致 N 型导电沟道的宽度发生变化，也就是沟道电阻发生了变化，从而使沟道电流 I_D 的大小也随着改变。由此可见，栅极电压 U_{GS} 起着控制漏极电流 I_D 大小的作用，可以看成是一种由电压控制的电流源，因而结型场效应管属于压控型器件，而且栅源电压 U_{GS} 是使 PN 结反偏，所以结型场效应管的输入阻抗很高，通常在 10MΩ以上。

由于 I_D 通过沟道时产生自源极到漏极的电压降，使沟道各点电位不同，靠近漏极处电位最高，PN 结上的反偏电压最高，耗尽层最宽；而沟道靠近源极的地方，PN 结上反偏电压最低，耗尽层最窄。所以漏源电压 U_{DS} 使导电沟道产生不等宽性，靠近漏极处沟道最窄，靠近源极处沟道最宽。若改变 U_{GS} 或 U_{DS}，使靠近漏极处两侧耗尽层相遇时，称为预夹断。预夹断后漏极电流 I_D 将基本不随 U_{DS} 的增大而增大，趋近于饱和而呈现恒流特性。场效应管用于放大时，就工作在恒流区（放大区）。如果在预夹断后，继续增加 U_{GS} 的负值到一定程度时，两边耗尽层完全合拢，导电沟道完全夹断，$I_D \approx 0$，称为场效应管处于夹断状态。此时对应的栅极电压 U_{GS} 称为夹断电压，用 U_P 表示。

综上所述，场效应管的栅源电压 U_{GS} 控制导电沟道的宽度，漏源电压 U_{DS} 使导电沟道呈现不等宽性。在一定的 U_{DS} 条件下，漏极电流 I_D 受 U_{GS} 的控制，改变 U_{GS} 即可改变 I_D 的大小。

3. 输出特性曲线

输出特性是指在 U_{GS} 一定时，I_D 与 U_{DS} 之间的关系。如图 3.3 所示为某 N 沟道结型场效应管的输出特性曲线，由图可以看出，特性曲线可分为以下三个区域。

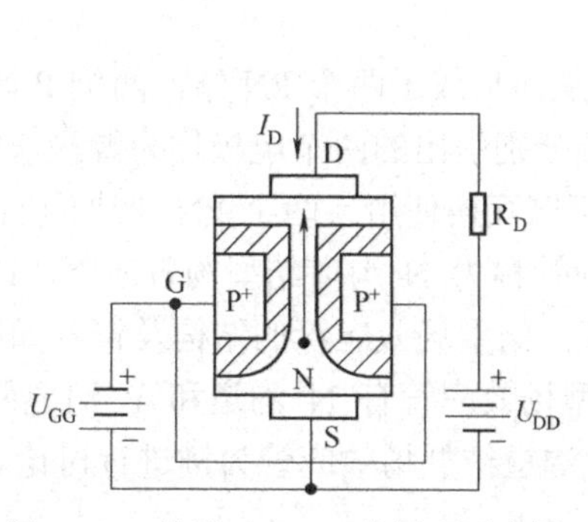

图 3.2 N 沟道 JFET 工作原理示意图

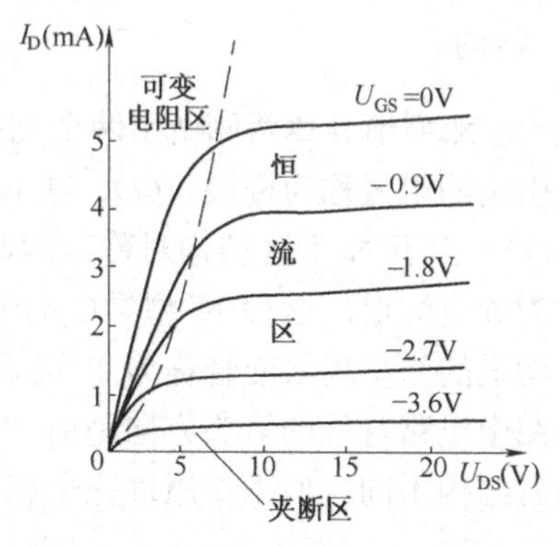

图 3.3 N 沟道 JFET 的输出特性曲线

（1）可变电阻区。曲线呈上升趋势，基本上可看做是通过原点的一条直线，管子的漏—源之间可等效为一个电阻，此电阻的大小随 U_{GS} 而变，故称为可变电阻区。

（2）恒流区。随着 U_{DS} 增大，曲线趋于平坦（曲线由上升变为平坦时的转折点即为预夹断点），I_D 不再随 U_{DS} 的增大而增大，故称为恒流区。此时 I_D 的大小只受 U_{GS} 控制，这正体现了场效应管电压对电流的控制作用。

（3）夹断区。当 U_{GS}＜夹断电压 U_P 时，场效应管的沟道被两个 PN 结夹断，所以称为夹断区，此时等效电阻极大，$I_D \approx 0$。

4. 转移特性曲线

为了进一步了解栅极电压对漏极电流的控制作用，我们给出一个 N 沟道结型场效应管的转移特性曲线，如图 3.4 所示。所谓转移特性，是指在一定的 U_{DS} 下，U_{GS} 对 I_D 的控制特性。由图观察可知，当 $U_{GS}=0$ 时，I_D 最大，称为饱和漏电流，用 I_{DSS} 表示。随着 $|U_{GS}|$ 的增大，I_D 变小，当 I_D 接近于 0 时所对应的 $|U_{GS}|$ 称为夹断电压，用 U_P 表示。实验证明，在场效应管工作于恒流区时，漏极电流 I_D 与栅极电压 U_{GS} 的关系近似如下：

$$I_D = I_{DSS}\left(1-\frac{U_{GS}}{U_P}\right)^2 \tag{3.1}$$

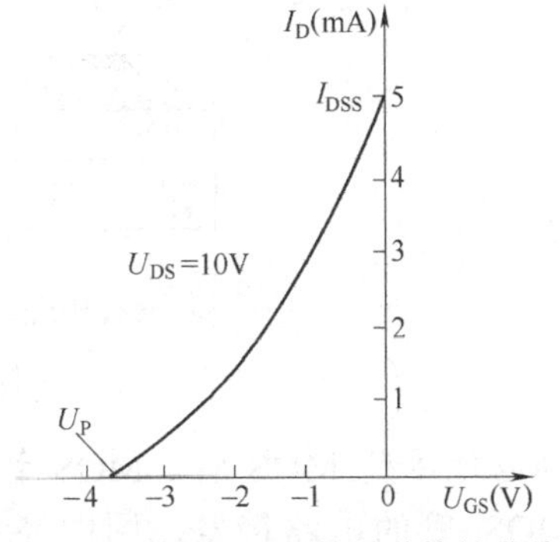

图 3.4　N 沟道 JFET 的转移特性曲线

式（3.1）可用于场效应管放大电路的静态分析。

由以上分析可知，结型场效应管可以通过栅源极电压的变化来控制漏极电流的变化，这就是场效应管放大作用的实质。

3.1.2　绝缘栅场效应管的结构、原理和分类

结型场效应管的输入电阻一般可达 $10^7\Omega$以上，此电阻是 PN 结的反偏电阻，很难进一步提高。绝缘栅场效应管和结型管的不同点在于它是利用感应电荷的多少来改变导电沟道的宽度。由于绝缘栅管的栅极与沟道是绝缘的，因此它的输入电阻高达 $10^9\Omega$以上。绝缘栅场效应管是一种金属—氧化物—半导体结构的场效应管（MOSFET），简称 MOS 管。

绝缘栅场效应管也有 N 沟道和 P 沟道两类，其中每类又有增强型和耗尽型之分。下面以 N 沟道 MOS 管为例来说明绝缘栅场效应管的工作原理。

1. 增强型 NMOS 管

（1）结构。图 3.5 为 N 沟道增强型 MOS 管的结构和符号。在一块 P 型硅片（衬底）上，扩散形成两个 N 区作为漏极和源极，两个 N 区中间的半导体表面上有一层二氧化硅薄层，氧化层上的金属电极称为栅极（G）。由于栅极与其他两个电极是绝缘的，故称为绝缘栅。图中符号的箭头方向表示衬底与沟道间是由 P 指向 N，据此可识别该管为 N 沟道。

（2）工作原理。在图 3.5 中，当 $U_{GS}=0$ 时，漏极、源极之间形成两个反向串联的 PN 结，没有导电沟道，基本上没有电流通过。若 $U_{GS}>0$ 时，栅极与衬底间以 SiO_2 为介质构成的电容器被充电，产生垂直于半导体表面的电场，此电场吸引 P 型衬底的电子并排斥空穴，当 U_{GS} 到达 U_T（称为开启电压）时，在栅极附近形成一个 N 型薄层，称为“反型层”或“感生沟道”。与结型场效应管类似，漏源电压 U_{DS} 将使感生沟道产生不等宽性。

显然，U_{GS} 越高，电场就越强，感生沟道越宽，沟道电阻也就越小，漏极电流 I_D 就越大。我们可以通过改变 U_{GS} 的大小来控制 I_D 的大小。

2. N 沟道耗尽型绝缘栅场效应管

如果在制造 MOS 管的过程中，在二氧化硅绝缘层中掺入大量的正离子，即使在 $U_{GS}=0$ 时，半导体表面也有垂直电场作用，并形成 N 型导电沟道。这种管子有原始导电沟道，故

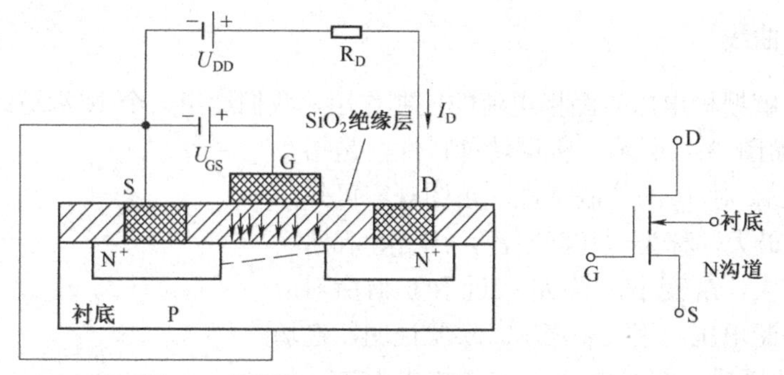

（a）增强型NMOS管结构和工作原理示意图　　（b）NMOS管的符号

图 3.5　增强型 NMOS 的结构及符号

称为耗尽型 MOS 管。MOS 管一旦制成，原始沟道的宽度也就固定了。图 3.6 为耗尽型 MOS 管的电路符号，图中箭头的方向表示由 P 指向 N。

绝缘栅场效应管特性曲线与结型管类似，此处不再赘述。应该指出的是，由于耗尽型绝缘栅场效应管有原始导电沟道，因此可以在正、负及零栅源电压下工作，灵活性较大。

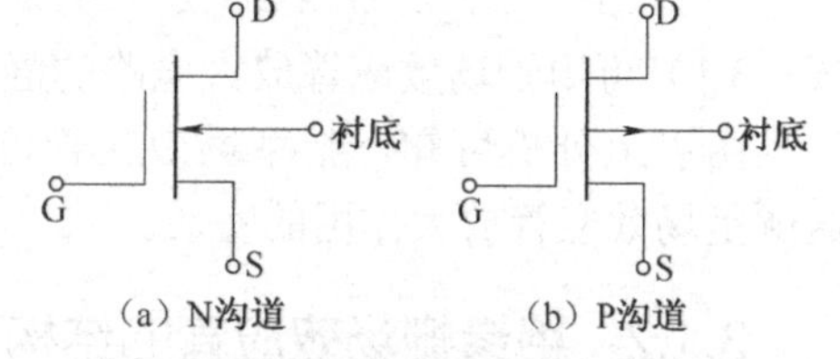

（a）N沟道　　（b）P沟道

图 3.6　耗尽型 MOSFET 电路符号

3.1.3　场效应管的主要参数

1．夹断电压 U_P

在 U_{DS} 为一定的条件下，使 I_D 等于一个微弱电流（如 50μA）时，栅源之间所加电压称为夹断电压 U_P。此参数适用于结型场效应管和耗尽型 MOS 管。

2．开启电压 U_T

在 U_{DS} 为某一定值的条件下，产生导电沟道所需的 U_{GS} 的最小值就是开启电压 U_T。它适用于增强型 MOS 管。

3．饱和漏电流 I_{DSS}

在 $U_{GS}=0$ 的条件下，当 $U_{DS}>|U_P|$ 时的漏极电流称为饱和漏电流 I_{DSS}。它适用于结型场效应管和耗尽型 MOS 管。

4．低频跨导 g_m

在 U_{DS} 一定时，流过漏极的电流 I_D 与栅源电压 U_{GS} 的变化量之比定义为跨导，用 g_m 表示。g_m 是表征场效应管放大能力的重要参数，其数值可通过在转移特性曲线上求取工作点处切线的斜率而得到，也可以在输出特性曲线上求得，单位为 mS 或 S。g_m 的大小与管子工作点的位置有关。

5．直流输入电阻 R_{GS}

栅源极之间的电压与栅极电流之比定义为直流输入电阻 R_{GS}。绝缘栅场效应管的 R_{GS} 比结型场效应管大，可达 $10^9\Omega$以上。

6．栅源击穿电压 $U_{(BR)GS}$

对于结型场效应管，反向饱和电流急剧增加时的 U_{GS} 即为栅源击穿电压 $U_{(BR)GS}$。对于绝缘栅场效应管，$U_{(BR)GS}$ 是使二氧化硅绝缘层击穿的电压，击穿会造成管子损坏。正常工作时外加在栅源之间的电压不得超过此值。

7．漏极最大允许耗散功率 P_{DM}

它是指 I_D 与 U_{DS} 的乘积不应超过的极限值。

8．漏源击穿电压 $U_{(BR)DS}$（针对 MOS 管）

它是指在 MOS 管处于关断状态时，I_D 开始急剧增加的漏源电压。正常工作时外加在漏源之间的电压不得超过此值。

9．漏源直流导通电阻 $R_{DS(ON)}$

漏源直流导通电阻是受栅源电压控制的。所以漏源直流导通电阻 $R_{DS(ON)}$通常是指最小的漏源电阻。

各种场效应管的符号和特性曲线如表 3.1 所示，常用的结型场效应管和绝缘栅场效应管如表 3.2 和表 3.3 所示。

表 3.1　各种场效应管的符号和特性曲线

种　类		符　号	转 移 特 性	漏 极 特 性
结型 N 沟道	耗尽型	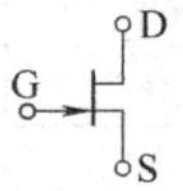 D G S	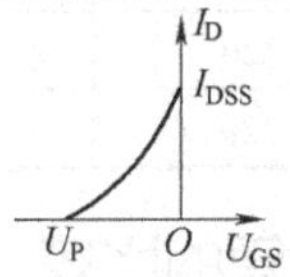 I_D I_{DSS} U_P O U_{GS}	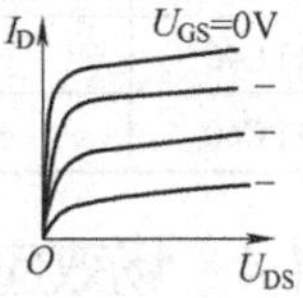 I_D U_{GS}=0V – – – O U_{DS}
结型 P 沟道	耗尽型	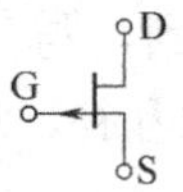 D G S	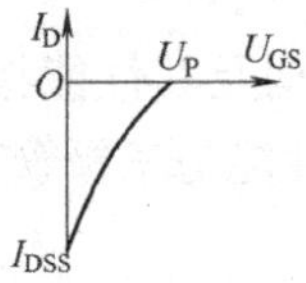 I_D O U_P U_{GS} I_{DSS}	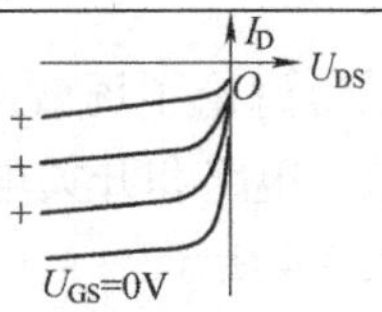 I_D U_{DS} O + + + U_{GS}=0V
绝缘栅型 N 沟道	增强型	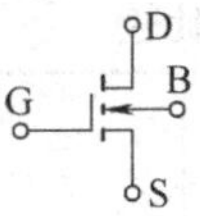 D B G S	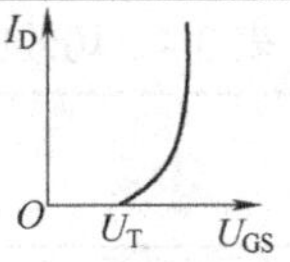 I_D O U_T U_{GS}	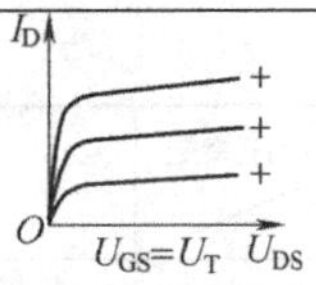 I_D + + + O $U_{GS}=U_T$ U_{DS}
	耗尽型	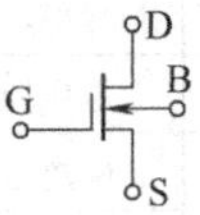 D B G S	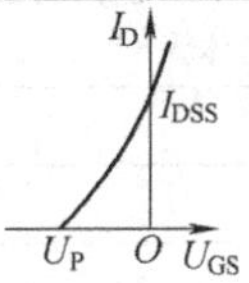 I_D I_{DSS} U_P O U_{GS}	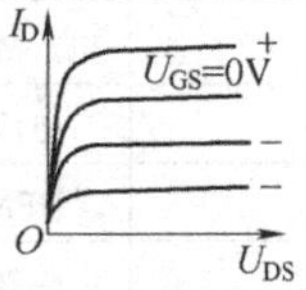 I_D + U_{GS}=0V – – O U_{DS}
绝缘栅型 P 沟道	增强型	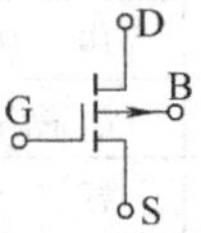 D B G S	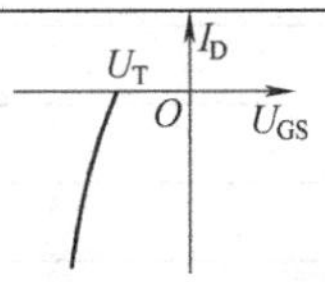 U_T I_D O U_{GS}	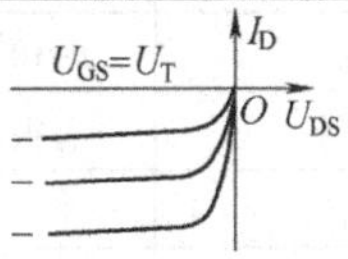 $U_{GS}=U_T$ I_D O U_{DS} – – –

续表

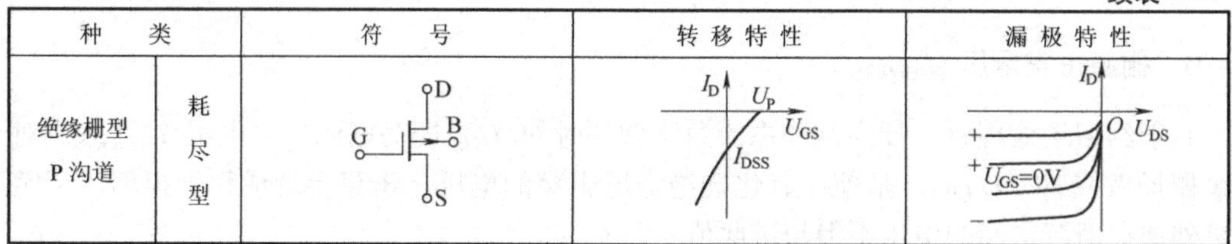

种类		符号	转移特性	漏极特性
绝缘栅型 P 沟道	耗尽型	D, B, G, S	I_D, U_P, U_{GS}, I_{DSS}	I_D, O, U_{DS}, +, +, U_{GS}=0V, −

表 3.2 结型场效应晶体管参数

型号	$U_{(BR)GS}$（V）	I_{Dsmax}（mA）	P_{DM}（mW）	I_{Dsmin}（mA）	分类
2N3066	50	4.0	300	0.8	N
2N3069	50	10.0	350	2.0	N
J300	25	350	150J	6.0	N
IF140	20		375	5.0	N
2N4340	50		300	3.6	P
IFN421	40		750	0.06	双 N
IT100	35		300	10	P
X2N5433	25	400	300	150	N

表 3.3 绝缘栅场效应管参数

型号	$U_{(BR)DS}$（V）	$U_{(BR)GS}$（V）	P_{Dmax}（W）	I_{Dmax}（A）	$R_{DS(ON)}$（Ω）	分类
IRF120	100	20	40	8.0	0.3	N−E
IRF520	100	20	47	9.5	0.2	N−E
IRF540	100	20	94	27	0.052	N−E
IRF640	200	20	125	18	0.18	N−E
IRFPC40	600	20	150	6.8	1.2	N−E
IRFPC60	600	20	280	16	0.4	N−E

3.1.4 场效应管与三极管的比较

以上讨论了场效应管的结构及其性能特点，可以看到，与三极管类似，场效应管也可用于放大电路和开关电路，其性能与三极管有很多方面的互补，场效应管与三极管的主要特点如表 3.4 所示。

表 3.4 场效应管与三极管的比较

器件类型 / 比较项目	三极管	场效应管
载流子	两种不同极性的载流子（电子与空穴）同时参与导电，故又称为双极型晶体管	只有一种极性的载流子（电子或空穴）参与导电，故又称为单极型晶体管
控制方式	电流控制	电压控制
类型	NPN 和 PNP 型两种	N 沟道和 P 沟道两种
放大倍数	β=20～100	g_m=（1～5）mA/V
输入电阻	β=10^2～-10^4Ω	10^7～10^{14}Ω
输出电阻	r_{ce}很高	r_{ds}很高
热稳定性	差	好
对应电极	基极—栅极，发射极—源极，集电极—漏极	

3.1.5　场效应管使用应注意的问题

（1）场效应管的栅、漏、源三个电极，一般可以与普通晶体管的基级、集电极、发射极相对应。在使用时，要根据电路要求选择合适的管型。注意漏源电压、栅源电压、最大电流、耗散功率不要超过极限运用参数。

（2）场效应管有 P 型沟道和 N 型沟道之分。使用时要注意外加电压的极性，不能接反。

（3）场效应管输入电阻很高，特别是绝缘栅场效应管更是这样。因此，在栅极产生的感应电荷很难通过极高的输入电阻泄放掉，会逐渐累积造成电压升高，很容易把二氧化硅层击穿损坏。在保存、焊接管子时都要使三个电极相互短路。另外，安装、测试用的烙铁、仪器、仪表等的外壳都要接地良好。

（4）MOS 场效应晶体管在使用时应注意分类，不能随意互换。结型栅场效应管应用的电路可以使用绝缘栅型场效应管，但绝缘栅增强型场效应管应用的电路不能用结型栅场效应管代替。

（5）在测量时应格外小心，并采取相应的防静电感应措施。取出的 MOS 器件应用金属盘来盛放待用器件，存放时也应注意将三个管脚短接，也可用细铜线把各个管脚连接在一起，或用锡纸包装，使 G 极与 S 极呈等电位，防止积累静电荷。

（6）MOS 器件在焊接前应把电路板的电源线与地线短接，焊接用的电烙铁必须良好接地，在焊接完成后再把电路板的电源线与地线分开。

（7）MOS 场效应晶体管的栅极在允许条件下，最好接入保护二极管。

3.2　场效应管放大电路

3.2.1　基本共源极放大电路

为了不失真地放大变化信号，场效应管放大电路与双极型三极管放大电路一样，要建立合适的静态工作点。场效应管是电压控制器件，没有偏置电流，关键是要有合适的栅源偏压 U_{GS}。在实际应用中，常用的偏置电路有两种形式，其中最基本的是自给偏压电路。

如图 3.7 所示为 N 沟道耗尽型绝缘栅场效应管组成的单管放大电路。静态时其栅源电压 U_{GS} 为栅极电位 U_G 与源极电位 U_S 之差，即

$$U_{GS} = U_G - U_S \tag{3.2}$$

由于栅极 G 经电阻 R_g 接地，而 R_g 中又无直流电流通过，所以 $U_G = 0$。由于静态漏极电流 I_D 通过源极电阻 R_S，使源极 S 对地的电压为

$$U_S = I_D R_S$$

故栅源偏压为

$$U_{GS} = U_G - U_S = 0 - U_S = -I_D R_S \tag{3.3}$$

利用静态漏极电流 I_D 在源极电阻 R_S 上产生电压降作为栅源偏置电压的方式，称为自给偏压。显然，只要选择合适的源极电阻 R_S，就可获得合适的偏置电压和静态工作点了。

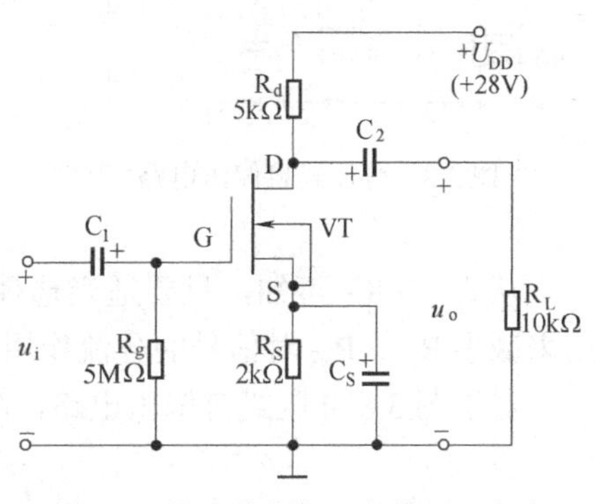

图 3.7　基本共源极（自偏压）电路

在求解静态工作点时，可通过下列关系式求得工作点上的电流和电压：

$$I_D = I_{DSS}\left(1-\frac{U_{GS}}{U_P}\right)^2 \tag{3.4}$$

$$I_D = -\frac{U_{GS}}{R_S} \tag{3.5}$$

联立求解式（3.4）和式（3.5），可求得 I_D 和 U_{GS}，并由此得到

$$U_{DS}=U_{DD}-I_D(R_d+R_S) \tag{3.6}$$

如图 3.7 所示的自偏压电路不适用于增强型场效应管，因为静态时该电路不能使管子开启，即 $I_D=0$，不能产生自偏压。

例 3-1 在图 3.7 中，已知耗尽型场效应管的漏极饱和电流 $I_{DSS}=4\text{mA}$，夹断电压 $U_P=-4\text{V}$，电容足够大，求静态参数 I_D、U_{GS} 和 U_{DS}。

解：根据式（3.4）和式（3.5）可得

$$U_{GS}=-2I_D$$

$$I_D = 4\times\left(1-\frac{U_{GS}}{-4}\right)^2$$

解方程组可得两组解，即 $I_D=4\text{mA}$、$U_{GS}=-8\text{V}$ 和 $I_D=1\text{mA}$、$U_{GS}=-2\text{V}$。第一组解中，$U_{GS}=-8\text{V}<U_P$，此解不成立。所以其结果应为 $I_D=1\text{mA}$，$U_{GS}=-2\text{V}$。又根据式（3.6）可得

$$U_{DS}=U_{DD}-I_D(R_d+R_S)=28-1\times(5+2)=21(\text{V})$$

3.2.2 分压式自偏压共源极放大电路

由于前面的自偏压电路不适用于增强型场效应管，因此其应用受到限制。分压式自偏压电路是在自给偏压放大电路的基础上加上分压电阻 R_{g1} 和 R_{g2} 构成的，如图 3.8 所示。这个电路的栅源电压除与 R_S 有关外，还随 R_{g1} 和 R_{g2} 的分压比而改变，因此适应性较强。它既适用于耗尽型场效应管，又适用于增强型场效应管。

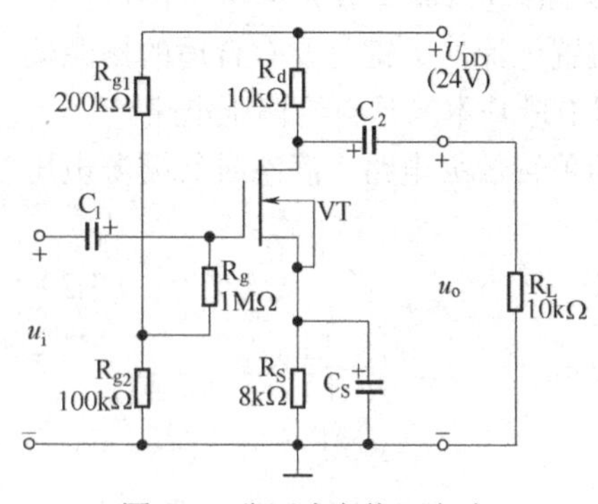

图 3.8 分压式自偏压电路

1. 静态分析

由于场效应管栅源间电阻极高，根本没有栅极电流流过电阻 R_g，所以栅极电位为电源 U_{DD} 在 R_{g1} 和 R_{g2} 上的分压，即

$$U_G = \frac{R_{g2}}{R_{g1}+R_{g2}}\times U_{DD} \tag{3.7}$$

而场效应管的栅源电压为

$$U_{GS} = U_G - U_S = \frac{R_{g2}}{R_{g1}+R_{g2}}U_{DD} - I_D R_S \tag{3.8}$$

从式（3.8）可知，只要适当选择 R_{g1}、R_{g2} 的阻值，就可获得正、负及零三种偏压。R_g 用来减小 R_{g1}、R_{g2} 对信号的分流作用，保持场效应管放大电路输入电阻高的优点。

对于图 3.8 分压式自偏压电路，静态工作点可用下面两式联立求解。

$$I_D = I_{DSS}\times\left(1-\frac{U_{GS}}{U_P}\right)^2 \tag{3.9}$$

$$U_{GS}=\frac{R_{g2}}{R_{g1}+R_{g2}}\times U_{DD}-I_D R_S$$

根据式（3.8）和式（3.9）求得 U_{GS} 和 I_D，再根据式（3.6）求 U_{DS} 的值。

例 3-2 在图 3.8 中，已知：$U_P=-2V$，$I_{DSS}=1mA$，试确定静态参数 I_D、U_{GS} 和 U_{DS}。

解：根据式（3.8）和式（3.9）有

$$I_D=1\times\left(1+\frac{U_{GS}}{2}\right)^2$$

$$U_{GS}=\frac{100}{200+100}\times 24-8\times I_D$$

将上式中 I_D 的表达式代入 U_{GS} 表达式，得

$$U_{GS}=8-8\times\left(1+\frac{U_{GS}}{2}\right)^2$$

由此可得两组解，即 $U_{GS}=0V$、$I_D=1mA$ 及 $U_{GS}=-4.5V$、$I_D=0.56mA$。第二组解 $U_{GS}=-4.5V<U_P$，此解不成立，所以其结果为 $U_{GS}=0V$、$I_D=1mA$。

根据式（3.6）可求得 $U_{DS}=U_{DD}-I_D(R_d+R_S)=24-1\times(10+8)=6V$

从计算结果来看，如图 3.8 所示电路中的耗尽型场效应管正好工作在零偏压状态下。

2．动态分析——微变等效电路分析法

（1）场效应管的微变等效电路。由于场效应管基本没有栅流，输入电阻 R_{GS} 极大，所以场效应管栅源之间可视为开路。又根据场效应管输出回路的恒流特性，场效应管的输出电阻 r_{DS} 可视为无穷大，因此，输出回路可等效为一个受 U_{GS} 控制的电流源，即 $I_D=g_m U_{GS}$。如图 3.9 所示是场效应管的微变等效电路，它与晶体三极管的微变等效电路相比更为简单。

（2）分压式自偏压放大电路的微变等效电路。场效应管共源放大电路和晶体三极管共发射极放大电路相对应。前面介绍的图 3.8 分压式自偏压电路就是一种共源极放大电路，它的微变等效电路如图 3.10 所示。

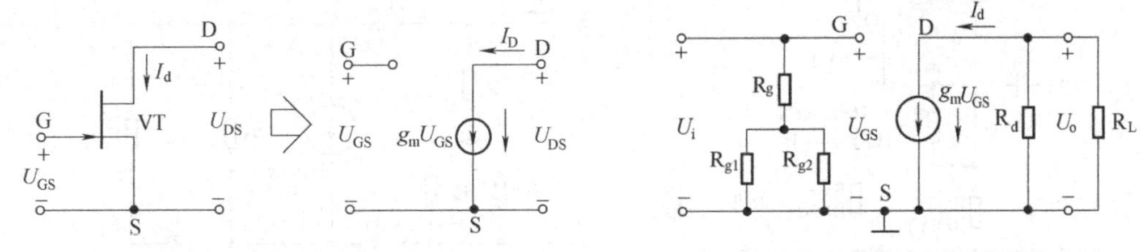

图 3.9　场效应管微变等效电路

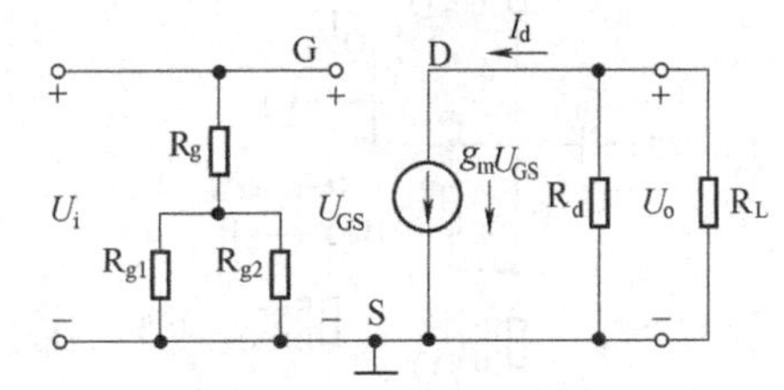

图 3.10　图 3.8 的微变等效电路

（3）求动态指标。从图中不难求出放大电路的 A_u、R_i 及 R_o 三个动态指标。

① 电压放大倍数 A_u。由图 3.10 可推导出电压放大倍数的表达式为

$$A_u=\frac{U_o}{U_i}=\frac{-I_D R_L'}{U_{GS}}=\frac{-g_m U_{GS} R_L'}{U_{GS}}=-g_m R_L' \tag{3.10}$$

式中，$R_L'=R_d//R_L$。

式（3.10）表明，场效应管共源极放大电路的电压放大倍数与跨导成正比，且输出电压与输入电压反相。

由于场效应管跨导不大，因此单级共源放大电路的电压放大倍数要比三极管的单级共

射放大电路的电压放大倍数小。在例 3-2 中，当 $R_d = R_L = 10k\Omega$，$g_m = 1.0mS$ 时，$A_u = -g_m R'_L = -1.0\times5 = -5$。

② 输入电阻 R_i。由图 3.10 可得

$$R_i = R_g + \frac{R_{g1}R_{g2}}{R_{g1}+R_{g2}} \tag{3.11}$$

将例 3-2 中数据代入式（3.11），则输入电阻为

$$R_i = 1000 + \frac{200\times100}{200+100} = 1.066M\Omega$$

可见场效应管放大电路的输入电阻很大，且主要由偏置电阻 R_g 决定。

③ 输出电阻 R_o。场效应管共源放大电路的输出电阻，与共射放大电路相似，求取方法也相同，其大小由漏极电阻 R_d 决定，即

$$R_o \approx R_d \tag{3.12}$$

将例 3-2 中数据代入得：$R_o \approx R_d = 10k\Omega$。

在图 3.8 中，与源极电阻 R_S 并联的电容 C_S，其作用与共射放大电路射极旁路电容 C_e 的作用相同。若将图 3.8 中的 C_S 断开，则电路变为具有交流电流负反馈的共源放大电路。仿照前面的方法，不难画出它的微变等效电路，并求得其放大倍数为

$$A_u = \frac{U_o}{U_i} = -\frac{g_m R'_L}{1+g_m R_S} \tag{3.13}$$

3.2.3 共漏极放大电路

与射极输出器一样，场效应管共漏极放大电路可看成具有高输入阻抗、低输出电阻的源极输出器，如图 3.11 所示。该电路的静态分析与分压式自偏压放大电路基本相同，这里不再赘述，下面仅简单分析该电路的动态性能指标。

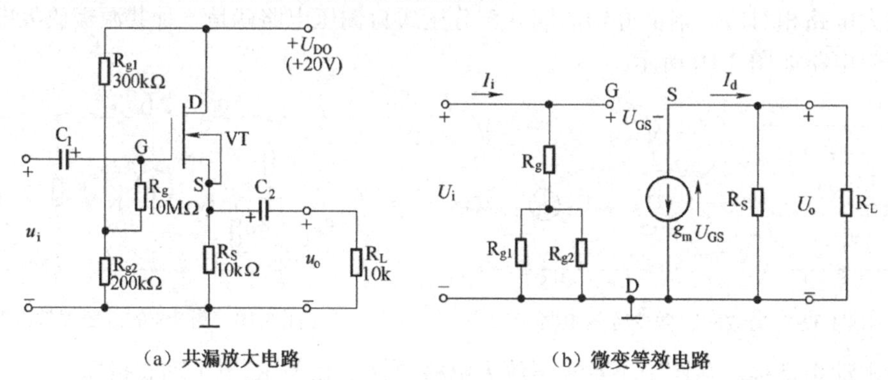

（a）共漏放大电路　　（b）微变等效电路

图 3.11　源极输出器

1. 电压放大倍数 A_u

由图 3.11（b）可知

$$A_u = \frac{U_o}{U_i} = \frac{I_D R'_L}{U_{GS}+U_o} = \frac{U_{GS} g_m R'_L}{U_{GS}+U_{GS} g_m R'_L}$$

即

$$A_u = \frac{g_m R'_L}{1 + g_m R'_L} \tag{3.14}$$

式中，$R'_L = R_S // R_L$

设静态工作点的 $g_m = 3\text{mS}$，将 $R_S = 10\text{k}\Omega, R_L = 10\text{k}\Omega$代入上式得

$$A_u = \frac{3 \times \frac{10 \times 10}{10+10}}{1 + 3 \times \frac{10 \times 10}{10+10}} \approx 0.94$$

可见，源极输出器与射极输出器一样，其电压放大倍数小于 1，输出电压与输入电压相同。

2．输入电阻 R_i

由图 3.11（b）可得

$$R_i = R_g + (R_{g1} // R_{g2}) \approx R_g = 10\text{M}\Omega$$

3．输出电阻 R_o

按照求输出电阻的分析方法，令图 3.11（b）中的 U_i=0（短路），断开 R_L，在输出端加一交流探察电压 U_P，如图 3.12 所示，由该等效电路即可求出输出电阻为

$$R_o = R_S // \frac{U_P}{I_D}$$

其中，

$$\frac{U_P}{I_D} = \frac{U_P}{-g_m U_{GS}} = \frac{U_P}{-g_m(-U_P)} = \frac{1}{g_m}$$

$$R_o = \frac{U_P}{I_P} = R_S // \frac{1}{g_m} = 10 // \frac{1}{3} \approx 0.32\text{k}\Omega \tag{3.15}$$

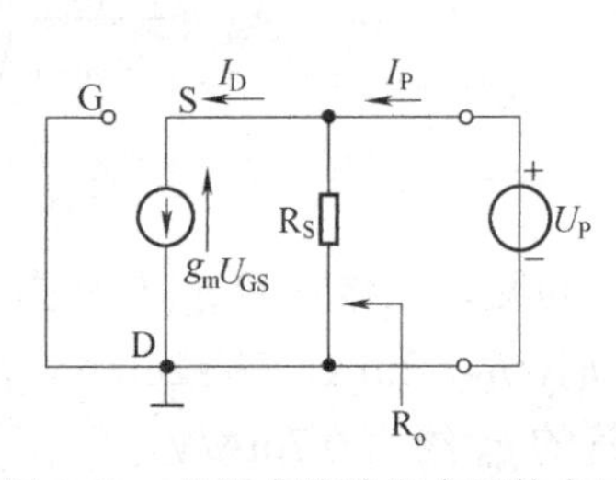

图 3.12　共漏电路输出电阻的求法

由此可知，源极输出器的输出电阻除了与源极电阻 R_S 有关外，还与跨导有关，跨导越大，输出电阻越小。

与双极型三极管一样，场效应管放大电路，除共源极、共漏极电路外，还有共栅极电路，它的电路形式和特点类似于双极型三极管共基极电路，这里不再讨论。

3.2.4　场效应管放大电路与三极管放大电路的比较

（1）场效应管三种基本组态放大电路的性能特点与三极管放大电路相似（见表 3.5）。

表 3.5　场效应管与三极管放大电路的比较

性能指标 \ 电路形式	共射（CE）、共源（CS）	共集（CC）、共漏（CD）	共基（CB）、共栅（CG）
电压增益	$\dot{A}_u = -\frac{\beta R'_L}{r_{be}}$(CE) $\dot{A}_u = -g_m R'_L$(CS)	$\dot{A}_u = \frac{(1+\beta)R'_L}{r_{be}+(1+\beta)R'_L}$(CC) $\dot{A}_u = \frac{g_m R'_L}{1+g_m R'_L}$(CD)	$\dot{A}_u = \frac{\beta R'_L}{r_{be}}$(CB) $\dot{A}_u = g_m R'_L$(CG)
输入电阻	$R_i=R_b//r_{be}$ (CE) $R_i=R_{g3}+R_{g1}//R_{g2}$(CS)	$R_i=R_b//[r_{be}+(1+\beta) R_L]$(CC) $R_i=R_{g3}+R_{g1}//R_{g2}$ (CD)	$R_i=R_e//\frac{r_{be}}{1+\beta}$ (CB) $R_i=R_S//\frac{1}{g_m}$ (CG)

输出电阻	$R_o=R_c$ (CE) $R_o=R_d$ (CS)	$R_o=R_e // \frac{r_{be}+R_S^{'}}{1+\beta}$ (CC) $R_o=R_S // \frac{1}{g_m}$ (CD)	$R_o=R_c$ (CB) $R_o=R_d$ (CG)

（2）共源极和共漏极放大电路的电流增益远大于相应的共发射极和共集电极放大电路。由于场效应管无栅极电流，所以共源极和共漏极放大电路的电流增益趋于无穷大；而三极管有基极电流，所以共发射极和共集电极放大电路的短路电流增益的大小分别为β和$(1+\beta)$。

（3）共源极和共栅极放大电路的电压增益远比相应的共发射极和共基极放大电路小。我们知道，三极管的集电极电流 i_c 与发射结电压 U_{BE} 成指数关系，而场效应管的漏极电流 i_D 与栅-源电压 U_{GS} 成平方律关系。跨导 g_m 表示转移特性的斜率，不难理解，三极管的 g_m 要远大于场效应管的 g_m。

对于三极管，由 $i_c = I_S\left(e^{\frac{U_{BE}}{U_T}}-1\right)$ 可得

$$g_m = \frac{di_c}{dU_{BE}}\Big|_Q = \frac{1}{r_e} = \frac{I_{CQ}}{U_T} \tag{3.16}$$

对于场效应管，有

$$g_m = \frac{2I_{DSS}}{U_{CS(off)}}\sqrt{\frac{I_{DQ}}{I_{DSS}}} \quad \text{（结型场效应晶体管和耗尽型 MOS 管）} \tag{3.17}$$

$$g_m = \sqrt{\frac{2\mu_n C_{ox} W}{L} I_{DQ}} \quad \text{（增强型 MOS 管）} \tag{3.18}$$

可见，三极管的 g_m 与静态电流成正比，而场效应管的 g_m 与静态电流的平方根成正比。若 $I_{CQ}=I_{DQ}=2\text{mA}$，$U_T=26\text{mA}$，$I_{DSS}=4\text{mA}$，$U_{GS(off)}=-4\text{V}$，则三极管的 $g_m=76.9\text{mA/V}$，而场效应管的 g_m 约为 0.7mA/V。

因此，三极管放大电路的增益一般比场效应管放大电路要大，其中，共发射极和共基极放大电路的电压增益远比相应的共源极和共栅极放大电路大：共集电极电路的增益接近 1，而共漏极放大电路的增益一般仅为 0.6～0.8 左右。

3.3 实训 3

3.3.1 场效应管的测试和极性判别

1. 用测电阻法判别场效应管的好坏

测电阻法是用万用表测量场效应管的源极与漏极、栅极与源极、栅极与漏极、栅极 G_1 与栅极 G_2 之间的电阻值同场效应管手册标明的电阻值是否相符去判别管的好坏。

具体方法：首先将万用表置于 R×10 挡或 R×100 挡，测量源极 S 与漏极 D 之间的电阻，通常在几十欧到几千欧范围（从手册中可知，各种不同型号的管，其电阻值是各不相同的），如果测得阻值大于正常值，可能是由于内部接触不良；如果测得阻值是无穷大，可能是内部断极。然后把万用表置于 R×10k 挡，再测量栅极 G_1 与 G_2 之间、栅极与源极、栅极与漏极之间的电阻值，当测得其各项电阻值均为无穷大，则说明管是正常的；若测得上述各阻值太小或为通路，则说明管是坏的。

要注意，若两个栅极在管内断极，可用元件代换法进行检测。

2．用测电阻法判别无标志的场效应管

首先用测量电阻的方法找出两个有电阻值的管脚，也就是源极 S 和漏极 D，余下两个脚为第一栅极 G_1 和第二栅极 G_2。把先用两表笔测的源极 S 与漏极 D 之间的电阻值记下来，对调表笔再测量一次，把其测得的电阻值记下来，两次测得阻值较大的一次，黑表笔所接的电极为漏极 D；红表笔所接的为源极 S。用这种方法判别出来的 S、D 极，还可以用估测其管的放大能力的方法进行验证，即放大能力大的黑表笔所接的是 D 极；红表笔所接的是 S 极，两种方法检测结果均应一样。当确定了漏极 D、源极 S 的位置后，按 D、S 的对应位置装入电路，一般 G_1、G_2 也会依次对准位置，这就确定了两个栅极 G_1、G_2 的位置，从而就确定了 D、S、G_1、G_2 管脚的顺序。

3．用测电阻法判别结型场效应管的电极

根据场效应管的 PN 结正、反向电阻值不一样的现象，可以判别出结型场效应管的三个电极。

具体方法：将万用表拨在 R×1k 挡上，任选两个电极，分别测出其正、反向电阻值。当某两个电极的正、反向电阻值相等，且为几千欧姆时，则该两个电极分别是漏极 D 和源极 S。因为对结型场效应管而言，漏极和源极可互换，剩下的电极肯定是栅极 G。

也可以将万用表的黑表笔（红表笔也行）任意接触一个电极，另一支表笔依次去接触其余的两个电极，测其电阻值。当出现两次测得的电阻值近似相等时，则黑表笔所接触的电极为栅极，其余两电极分别为漏极和源极。若两次测出的电阻值均很大，说明是 PN 结的反向，即都是反向电阻，可以判定是 N 沟道场效应管，且黑表笔接的是栅极；若两次测出的电阻值均很小，说明是正向 PN 结，即是正向电阻，判定为 P 沟道场效应管，黑表笔接的也是栅极。若不出现上述情况，可以调换黑、红表笔按上述方法进行测试，直到判别出栅极为止。

3.3.2　场效应管放大电路

1．实训目的

（1）了解结型场效应管的性能和特点。

（2）进一步熟悉放大器动态参数的测试方法。

2．实训原理

场效应管是一种电压控制型器件。按结构可分为结型和绝缘栅型两种类型。由于场效应管栅源之间处于绝缘或反向偏置，所以输入电阻很高（一般可达上百兆欧）又由于场效应管是一种多数载流子控制器件，因此热稳定性好，抗辐射能力强，噪声系数小。加之制造工艺较简单，便于大规模集成，因此得到越来越广泛的应用。

（1）结型场效应管的特性和参数。场效应管的特性主要有输出特性和转移特性。如图 3.13 所示为 N 沟道结型场效应管 3DJ6F 的输出特性和转移特性曲线。其直流参数主要有饱和漏极电流 I_{DSS}，夹断电压 U_P 等。交流参数主要有低频跨导。

$$g_m = \frac{\Delta I_D}{\Delta U_{GS}} \Big| U_{DS} = 常数$$

表 3.6 列出了 3DJ6F 的典型参数值及测试条件。

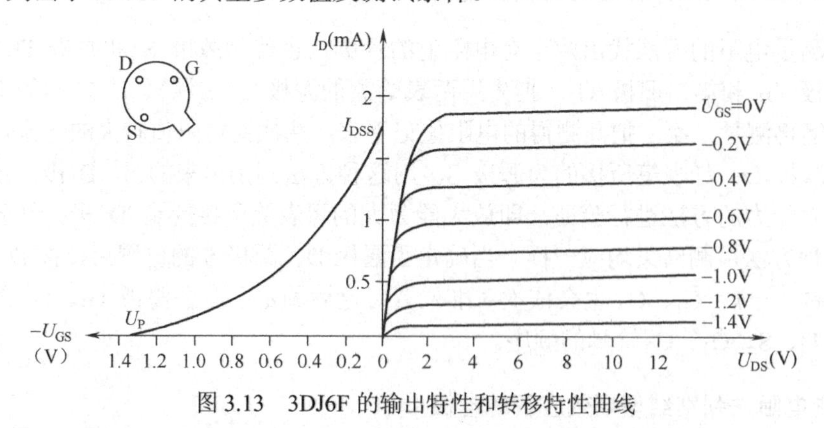

图 3.13　3DJ6F 的输出特性和转移特性曲线

表 3.6　3DJ6F 的典型参数值及测试条件

参数名称	饱和漏极电流 I_{DSS}（mA）	夹断电压 U_P（V）	跨导 g_m（μA/V）
测试条件	$U_{DS}=10V$ $U_{GS}=0V$	$U_{DS}=10V$ $I_{DS}=50μA$	$U_{DS}=10V$ $I_{DS}=3mA$ $f=1kHz$
参数值	1～3.5	$<\|-9\|$	>100

（2）场效应管放大器性能分析。如图 3.14 所示为结型场效应管组成的共源极放大电路。其静态工作点为

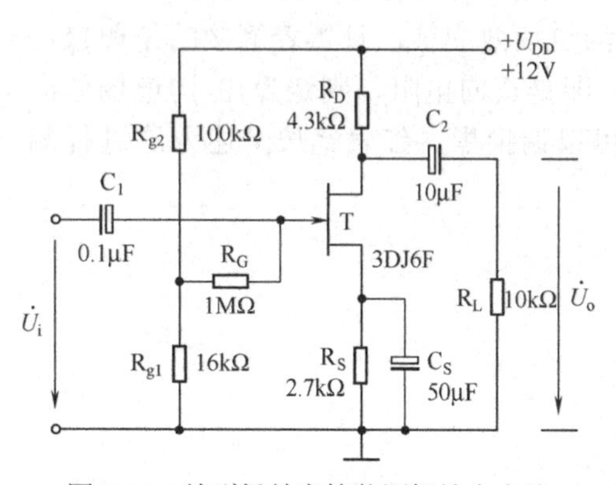

图 3.14　结型场效应管共源极放大电路

$$U_{GS}=U_G-U_S=\frac{R_{g1}}{R_{g1}+R_{g2}}U_{DD}-I_DR_S$$

$$I_D=I_{DSS}(1-\frac{U_{GS}}{U_P})^2$$

中频电压放大倍数 $A_u=-g_mR_L'=-g_mR_D//R_L$

输入电阻：　　　　$R_i=R_G+R_{g1}//R_{g2}$

输出电阻：　　　　$R_o≈R_D$

式中，跨导 g_m 可由特性曲线用作图法求得，或用下式计算：

$$g_m=-\frac{2I_{DSS}}{U_P}(1-\frac{U_{GS}}{U_P})$$

但要注意，计算时 U_{GS} 要用静态工作点处之数值。

（3）输入电阻的测量方法。场效应管放大器的静态工作点、电压放大倍数和输出电阻的测量方法，与实验二中晶体管放大器的测量方法相同。其输入电阻的测量，从原理上讲，也可采用实验二中所述方法，但由于场效应管的 R_i 比较大，如直接测输入电压 U_S 和 U_i，则限于测量仪器的输入电阻有限，必然会带来较大的误差。因此为了减小误差，常利用被测放大器的隔离作用，通过测量输出电压 U_o 来计算输入电阻。测量电路如图 3.15 所示。

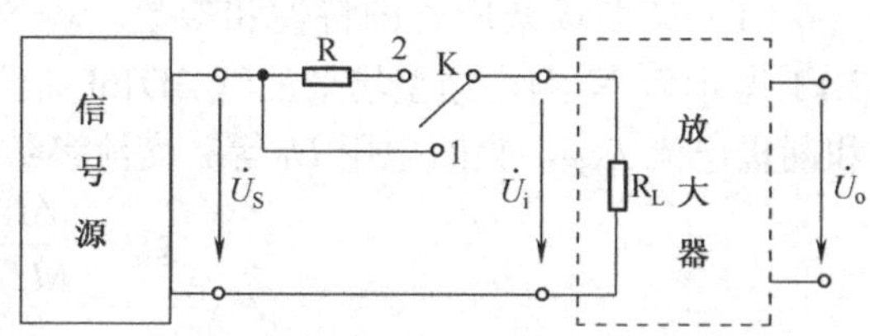

图 3.15　输入电阻测量电路

在放大器的输入端串入电阻 R，把开关 K 掷向位置 1（即使 $R=0$），测量放大器的输出电压 $U_{o1}=A_uU_S$；保持 U_S 不变，再把 K 掷向 2

（即接入 R），测量放大器的输出电压 U_{o2}。由于两次测量中 A_u 和 U_S 保持不变，故

$$U_{o2} = A_u U_i = \frac{R_i}{R + R_i} U_S A_u$$

由此可以求出

$$R_i = \frac{U_{o2}}{U_{o1} - U_{o2}} R$$

式中，R 和 R_i 不要相差太大，本实训可取 $R = 100 \sim 200\text{k}\Omega$。

3. 实训设备与器件

（1）+12V 直流电源。（2）函数信号发生器。
（3）双踪示波器。（4）交流毫伏表。
（5）直流电压表。（6）结型场效应管 3DJ6F×1，电阻器、电容器若干。

4. 实训内容

（1）静态工作点的测量和调整。按如图 3.14 所示连接电路，令 u_i=0，接通+12V 电源，用直流电压表测量 U_G、U_S 和 U_D。检查静态工作点是否在特性曲线放大区的中间部分。如合适则把结果记入表 3.5。

若不合适，则适当调整 R_{g2} 和 R_S，调好后，再测量 U_G、U_S 和 U_D 记入表 3.7。

表 3.7 静态工作点的测量和调整

测 量 值						计 算 值		
U_G（V）	U_S（V）	U_D（V）	U_{DS}（V）	U_{GS}（V）	I_D（mA）	U_{DS}（V）	U_{GS}（V）	I_D（mA）

（2）电压放大倍数 A_u、输入电阻 R_i 和输出电阻 R_o 的测量。

① A_u 和 R_o 的测量。在放大器的输入端加入 f=1kHz 的正弦信号 U_i（≈50～100mV），并用示波器监视输出电压 u_o 的波形。在输出电压 u_o 没有失真的条件下，用交流毫伏表分别测量 $R_L = \infty$ 和 $R_L = 10\text{k}\Omega$ 时的输出电压 U_o（注意：保持 U_i 幅值不变），记入表 3.8。

表 3.8 A_u 和 R_o 的测量

	测 量 值				计 算 值		u_i 和 u_o 波形
	U_i（V）	U_o（V）	A_u	R_o（kΩ）	A_u	R_o（kΩ）	u_o
$R_L = \infty$							
$R_L = 10\text{k}\Omega$							u_o

用示波器同时观察 u_i 和 u_o 的波形，描绘出来并分析它们的相位关系。

② R_i 的测量。按图 3.15 改接实验电路，选择合适大小的输入电压 U_S（约 50～100mV），将开关 K 掷向“1”，测出 R=0 时的输出电压 U_{o1}，然后将开关掷向“2”，（接入 R），保持 U_S 不变，再测出 U_{o2}，根据式 $R_i = \frac{U_{o2}}{U_{o1} - U_{o2}} R$，求出 R_i，记入表 3.9。

表 3.9　R_i的测量

测　量　值			计　算　值
U_{o1}（V）	U_{o2}（V）	R_i（kΩ）	R_i（kΩ）

5．实训总结

（1）整理实训数据，将测得的A_u、R_i、R_o和理论计算值进行比较。

（2）把场效应管放大器与晶体管放大器进行比较，总结场效应管放大器的特点。

（3）分析测试中的问题，总结实训收获。

6．预习要求

（1）复习有关场效应管部分内容，并分别用图解法与计算法估算管子的静态工作点（根据实训电路参数），求出工作点处的跨导g_m。

（2）场效应管放大器输入回路的电容C_1为什么取值可以小一些（可以取C_1= 0.1μF）?

（3）在测量场效应管静态工作电压U_{GS}时，能否用直流电压表直接并在 G、S 两端测量？为什么？

（4）为什么测量场效应管输入电阻时要用测量输出电压的方法?

本 章 小 结

1．场效应晶体管有结型和绝缘栅型两种类型，它们都有 N 沟道和 P 沟道两类。绝缘栅型场效应晶体管又分为增强型和耗尽型。结型场效应晶体管只有耗尽型。

2．场效应晶体管是电压控制型器件，而半导体晶体管是电流控制型器件，区别在于场效应晶体管是通过栅-源电压u_{GS}控制漏极电流i_D，体现这种控制作用的是跨导g_m。

3．场效应晶体管可以工作于三种状态：可变电阻区、恒流区和截止区。

4．场效应晶体管正常工作时栅极几乎没有电流通过，故输入电阻很大，适合作为多级放大电路的输入级。

5．场效应晶体管的直流偏置方式有自给偏压式和分压偏置式两种，前者只适用于耗尽型场效应管。

6．场效应晶体管有共源极放大电路、共漏极放大电路和共栅极放大电路三种组态。共源极放大电路具有电压放大能力，输出电阻较高；共漏极放大电路没有电压放大能力，输出电阻低。这两种电路都具有很高的输入电阻。共栅极电路较少使用。

7．由于场效应管结构对称，原则上漏极和源极可以互换，故场效应管可作为双向开关。

习　题　3

3.1　场效应晶体管是________控制型器件，双极型晶体管是________控制型器件。

3.2　场效应晶体管从结构上可分为两类：________、________；根据导电沟道的不同又可分为________、________两类；对于 MOSFET，根据栅-源电压为零时是否存在导电沟道，又可分为两类：________、________。

3.3　场效应晶体管依靠半导体中的________导电，所以称为单极型器件。

3.4　场效应晶体管用于放大电路时，工作在________区。

3.5　N 沟道结型场效应管中的载流子是________。

3.6　反映场效应晶体管放大能力的一个重要参数是________。

3.7　当场效应晶体管工作于恒流区时，其漏极电流 i_D 只受电压________的控制，而与电压________几乎无关。

3.8　场效应管的三个电极 G、D、S 类同三极管的________电极，而 N 沟道、P 沟道场效应管则分别类同于________两种类型的三极管。

3.9　判断下列说法是否正确。

（1）结型场效应管外加的栅-源电压应使栅-源间的耗尽层承受反向电压，才能保证其 R_{GS} 大的特点。

（2）若耗尽型 N 沟道 MOS 管的 $U_{GS}>0$，则其输入电阻会明显变小。

3.10　选择合适答案填入。

（1）$U_{GS}=0V$ 时，能够工作在恒流区的场效应管有________。

A．结型管　　B．增强型 MOS 管　　C．耗尽型 MOS 管

（2）当场效应管的漏极直流电流 I_D 从 2mA 变为 4mA 时，它的低频跨导 g_m 将________。

A．增大　　B．不变　　C．减小

3.11　场效应管有哪些类型？试分别画出它们的符号。

3.12　试比较三极管与 MOS 管的异同，说明场效应管的特点及使用注意事项。

3.13　分别判断如图 3.16 所示各电路中的场效应管是否有可能工作在恒流区。

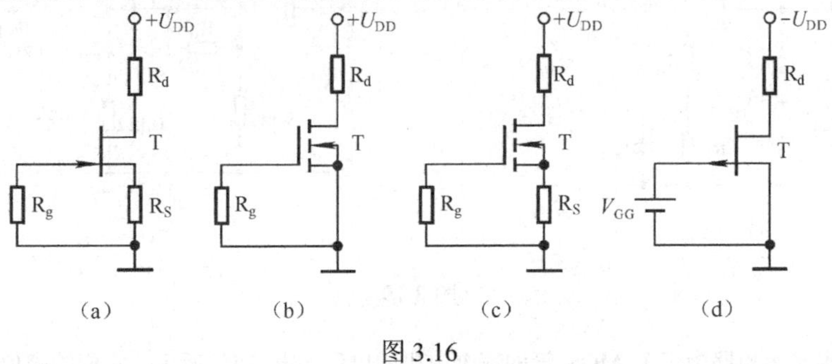

图 3.16

3.14　改正如图 3.17 所示各电路中的错误，使它们有可能放大正弦波电压。要求保留电路的共漏接法。

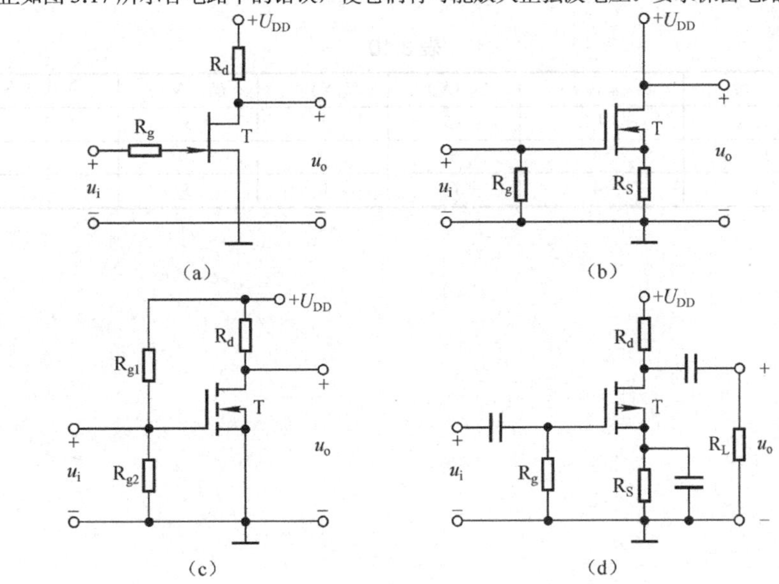

图 3.17

3.15　场效应晶体管电路如图 3.18 所示，管子参数 $I_{DSS}=4mA$，$U_{GS(off)}=-2V$。问：

（1）图中所示场效应晶体管的类型。

（2）U_{DD} 多大以后，I_D 的值不再随 U_{DD} 的增大而增大？此时 I_D 的恒流值是多少？

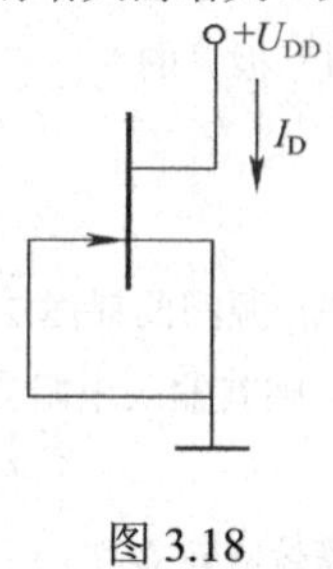

图 3.18

3.16　共源 MOS 电路的参数已标在图 3.19 上，试画出其微变等效电路图，并求出 A_u、R_i、R_o 的值（场效应管 $g_m=1mS$）。

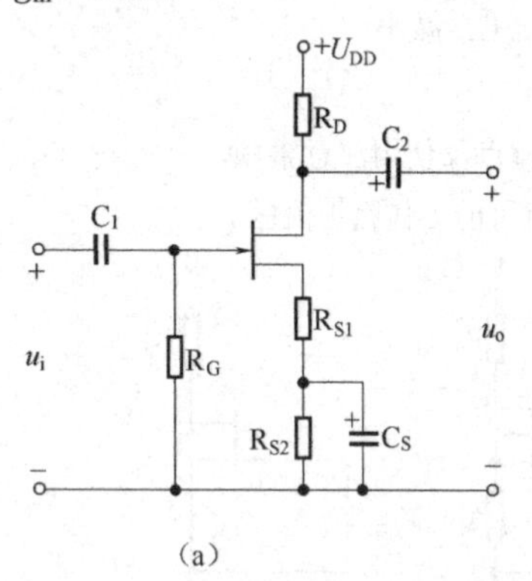

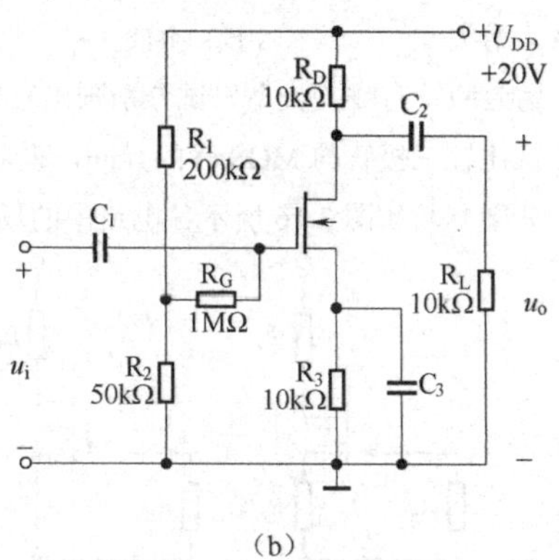

图 3.19

3.17　测得某放大电路中三个 MOS 管的三个电极的电位如表 3.10 所示，它们的阈值电压也在表中。试分析各管的工作状态（截止区、恒流区、可变电阻区），并填入表 3.10 内。

表 3.10

管　号	$U_{GS(th)}$（V）	U_S（V）	U_G（V）	U_D（V）	工作状态
T_1	4	−5	1	3	
T_2	−4	3	3	10	
T_3	−4	6	0	5	

第 4 章　放大电路中的反馈

序号	本 章 要 点	重点和难点内容		
1	反馈的概念	将输出的一部分或全部返回到输入回路；输入回路、输出回路、反馈网络		
2	反馈的分类及其判别	正反馈	净输入信号增加、放大倍数增大	瞬时极性法
		负反馈	净输入信号减小、放大倍数减小	
		电压反馈	反馈取自输出回路的输出端；稳定输出电压；输出电阻小	
		电流反馈	反馈取自输出回路的非输出端；稳定输出电流；输出电阻大	
		直流反馈	反馈回来的信号只有直流成分；稳定静态工作点	
		交流反馈	反馈回来的信号只有交流成分；改善放大电路的动态性能指标	
		并联反馈	反馈信号反馈到输入回路的输入端；输入电阻减小	
		串联反馈	反馈信号反馈到输入回路的非输入端；输入电阻增大	
3	负反馈的四种组态	电压串联	输入电阻大、输出电阻小、稳定输出电压	
		电压并联	输入电阻小、输出电阻小、稳定输出电压	
		电流串联	输入电阻大、输出电阻大、稳定输出电流	
		电流并联	输入电阻小、输出电阻大、稳定输出电流	
4	对放大电路性能的影响	提高放大倍数稳定性；减小非线性失真；展宽通频带；改变输入、输出电阻		
5	深度负反馈电路的计算	电压放大倍数、输入电阻、输出电阻		
6	负反馈的稳定性问题	附加相移；自激和自激振荡的条件；消除自激的措施		

4.1　反馈的概念

在前面章节中，学习了由三极管组成的基本放大电路的原理和分析方法，从中可知三极管参数随温度的变化将导致放大电路产生非线性失真，放大电路的放大倍数或输出电压的幅度也将随着负载电阻的不同而改变，这不同程度地影响了放大电路的性能。为了稳定放大电路的性能，往往在实际的电子电路中引入一些“反馈”环节来改善放大电路的性能。反馈不仅是提高放大电路性能的重要手段，也是电子技术和自动控制原理中的一个基本概念。

所谓反馈，就是将系统的输出量通过一定的途径又返回到输入端，对输入量产生影响这样一个物理过程。具体到放大电路来说，就是将其输出电压或电流的一部分或全部，通过一定的电路形式（反馈网络）返回到输入回路，对输入电压或电流产生影响的过程。

在第 2 章讨论放大电路工作点稳定时，曾经应用过反馈的概念。例如，在如图 4.1 所示电路中，I_E 在 R_e 上的压降把输出电流 I_E 的一部分，通过 R_e 反送回输入回路，使 $U_{BE}=U_B-U_E$。如果由于温度的升高使 $I_E\uparrow\rightarrow U_E\uparrow\rightarrow U_B$ 不变$\rightarrow U_{BE}\downarrow=U_B-U_E\downarrow$。可见由于 R_e 的作用，将使 I_E 基本上不受温度的影响，这就是引入反馈的作用。从图 4.1 中可以看出，R_e 是联系输入回路和输出回路的公共电阻，称为反馈元件，I_E 在 R_e 上产

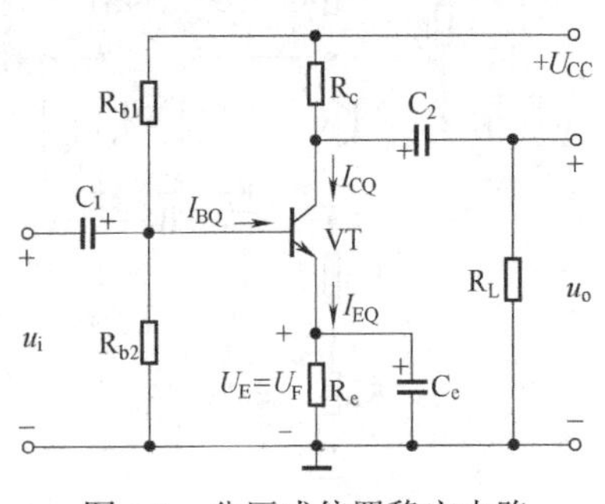

图 4.1　分压式偏置稳定电路

生的压降 U_E 称为反馈电压。

可见，在一个放大电路中是否存在反馈，关键是看输入回路和输出回路之间有无相互联系的元件——反馈元件或反馈网络，如图 4.1 中的 R_e。

4.2 反馈的分类及其判别

在分析放大电路有关反馈的问题时，首先要看放大电路中有无反馈存在，即输入回路和输出回路之间有无相互联系的反馈元件或反馈网络。本章在讨论放大电路引入反馈的有关问题时，将会涉及两级甚至两级以上的多级放大电路（实际上就是多个单管放大电路的串联组合），只需定性了解电路中电压和电流的变化情况即可。至于多级放大电路有关问题的分析，将在第 5 章中进行。下面对反馈的类型和判别方法进行讨论。

4.2.1 正、负反馈及其判别

如果放大电路中存在反馈，根据反馈的极性分类，可将反馈分为正反馈和负反馈。

1．正反馈和负反馈

放大电路引入反馈后，若反馈信号削弱了外加输入信号的作用，使放大倍数降低，称为负反馈。若反馈信号增强了外加输入信号的作用，使放大倍数比原来有所提高，则称为正反馈。

引入负反馈可以改善放大电路的性能指标，因此在放大电路中被广泛采用。正反馈有时被用于提高放大倍数。但是放大电路中正反馈太强时容易引起自激振荡，使电路不能稳定工作，因此正反馈多用于振荡和脉冲电路。本章重点讨论各种负反馈。

2．正、负反馈的判别

判别正、负反馈常用的方法是瞬时极性法，即假设在输入端加上一个瞬时极性为正的输入电压，然后沿闭环系统，逐步推出放大电路其他有关各点的瞬时极性，最后将反馈到输入端信号的瞬时极性和原假定的输入信号的极性相比较：若反馈量的引入使净输入量增加，则为正反馈；反之，为负反馈。在利用瞬时极性法时，通常用符号⊕、⊖来表示各有关点的瞬时极性的正或负，⊕表示该点的瞬时信号的变化趋势为增大，⊖表示该点的瞬时信号的变化趋势为减小。根据上面的表述，并结合具体的放大电路，可得出以下两条实用的判断法则：

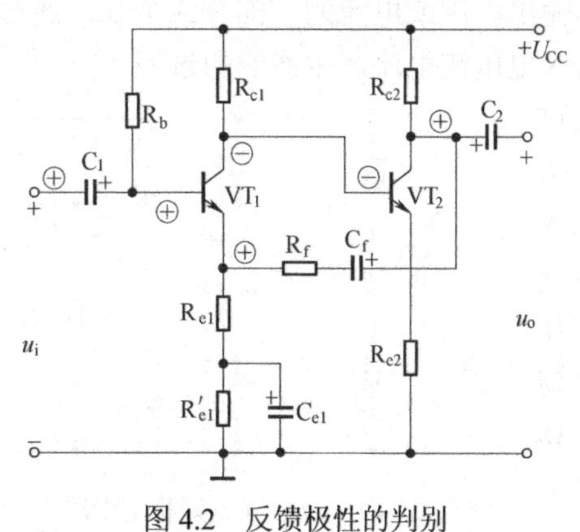

图 4.2　反馈极性的判别

（1）如果将输入和反馈两个信号，接到输入回路的同一电极上，则两者极性相反者为负反馈，极性相同者为正反馈；

（2）如果将输入和反馈两个信号，接到输入回路的两个不同的电极上，则两者极性相同者为负反馈，极性相反者为正反馈。

例如，如图 4.2 所示，假设输入电压的瞬时极性为⊕加在三极管 VT_1 的基极，由于 VT_1 集电极电压与基极电压反相，故其集电极电压的瞬时极性为⊖。同理，VT_2 的集电极电压的瞬时极性为正，通过级间反馈元件 R_f、C_f 引回到发射极的瞬时极性为⊕。可以看出，反馈信号减小了外加输入信号的作用，使净输入信号 $U_{BE}=U_B-U_E$ 减小，因此引入的是负反馈。

另外，根据上述判别法则可知，输入信号和反馈信号加到输入级不同的电极上，且两者极性相同，故为负反馈。

需要注意的是：

（1）分析各级电路输入和输出之间的相位关系时，只考虑反馈环内的情况，电路中各种耦合、旁路电容可视为短路。

（2）反馈信号的极性仅决定于输出信号的极性。

4.2.2　直流、交流反馈及其判别

根据反馈信号中包含的交直流成分来分类，可将反馈分为直流反馈和交流反馈。

在放大电路的输出量（输出电压或输出电流）中通常是交、直流信号并存，如果反馈回来的信号只有直流成分，称为直流反馈；如果反馈回来的信号只有交流成分，则称为交流反馈。

如图 4.1 所示分压式偏置稳定电路中，其反馈元件为 R_e 和 C_e，由于交流信号被 C_e 短路，所以反馈信号中只包含直流成分，因此 R_e 和 C_e 引入的是直流反馈，它的作用是稳定静态工作点，对放大电路的动态性能无影响。在如图 4.2 所示反馈极性的判别中，其反馈支路 R_f、C_f 引入的是交流反馈（因为直流信号不能通过电容 C_f，反馈到输入端的信号只有交流成分），交流反馈用于改善放大电路的动态性能指标。

4.2.3　电压、电流反馈及其判别

根据反馈信号从输出端的取样对象（取自放大电路输出端的哪一种电量）来分类，可以分为电压反馈和电流反馈。如果反馈信号取自输出电压，即反馈信号与输出电压成正比，称为电压反馈；如果反馈信号取自输出电流，即反馈信号与输出电流成正比，则称为电流反馈。因此其判定的关键是识别是电压取样还是电流取样，具体判别方法有如下两种。

（1）将输出端短路，若反馈信号不复存在，为电压反馈；若反馈信号仍然存在，则为电流反馈。

（2）除公共端外，若反馈取自输出端，为电压反馈；若反馈取自非输出端，则为电流反馈。

例如，在图 4.3 中，R_f、C_f 形成的反馈取自 VT_2 的发射极，而非 VT_2 的集电极——输出端，故为电流反馈。另外将输出端短路，反馈信号仍然存在，同样判断为电流反馈。

又如，在图 4.2 中 R_f、C_f 形成的反馈取自 VT_2 的集电极——输出端，故为电压反馈。另外将输出端短路（交流通路 C_2 相当于短路），反馈信号不复存在，同样判断为电压反馈。

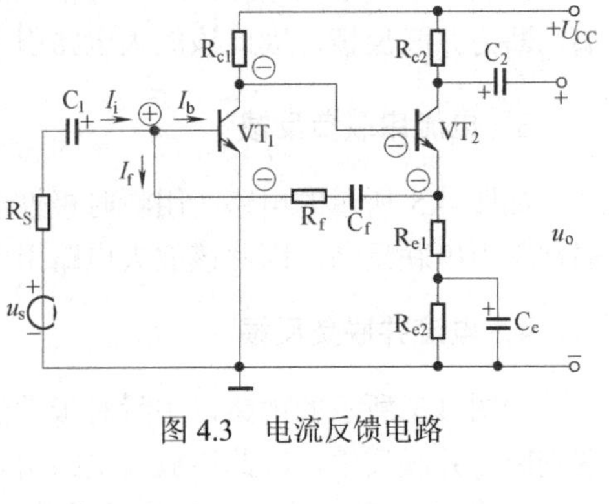

图 4.3　电流反馈电路

4.2.4　串联、并联反馈及其判别

根据反馈信号与输入信号在放大电路输入回路中求和的形式不同，可将反馈分为串联

反馈和并联反馈。若反馈信号与输入信号串联，以电压形式相叠加，即净输入信号 = 输入电压－反馈电压，则为串联反馈；若反馈信号与输入信号并联，以电流形式相叠加，即净输入信号 = 输入电流－反馈电流，则为并联反馈。具体判别方法有如下两种：

（1）将输入回路的反馈节点对地短路，若输入信号仍能送入到放大电路中去，则为串联反馈；若输入信号不能再送入到放大电路中去，则为并联反馈。

（2）除公共端外，若反馈信号回送到输入回路的输入端（对于三极管来说为基极支路），则为并联反馈；若反馈信号不是回送到输入回路的输入端（对于三极管来说为发射极支路）则为串联反馈。

例如，在图 4.3 中，将输入回路反馈节点对地短路后，三极管 VT_1 的基极接地，输入信号无法送入到放大电路中，故为并联反馈。另外，由图也可以看出，R_f、C_f 引入的反馈信号线与输入信号线并接在一起，将反馈信号回送到输入端，同样可判定为并联反馈，此时，净输入信号为 $I_b = I_i - I_f$。

又如，在图 4.2 中，将输入回路的反馈节点对地短路后，相当于 VT_1 发射极接地，由于输入信号加于 VT_1 的基极，故输入信号仍能送入放大电路中，因此为串联反馈。另外由图也可直接看出，R_f、C_f 引入的反馈信号接在 VT_1 的发射极，而没有回送到输入回路的输入端 VT_1 的基极，故为串联反馈。

4.2.5 负反馈的四种组态及其判别

根据反馈信号与外加输入信号在放大电路输入回路的连接方式来分类，可以分为串联反馈和并联反馈。根据反馈信号从输出端的取样方式来分类，可分为电压反馈和电流反馈。

综合考虑反馈信号在输出端的取样方式以及在输入回路的连接方式的不同组合，负反馈可以分为如下 4 种组态。

1. 电压串联负反馈

如图 4.2 所示的电路，用瞬时极性法判断为负反馈；从输出端判断为电压反馈；从输入端判断为串联反馈，因此该放大电路引入的是电压串联负反馈。

2. 电压并联负反馈

如图 4.4 所示的电路，用瞬时极性法判断为负反馈；从输出端判断为电压反馈；从输入端判断为并联反馈，因此该放大电路引入的是电压并联负反馈。

3. 电流串联负反馈

如图 4.5 所示的电路，用瞬时极性法判断为负反馈；从输出端判断为电流反馈；从输入端判断为串联反馈，因此该放大电路引入的是电流串联负反馈。

4. 电流并联负反馈

如图 4.3 所示的电路，用瞬时极性法判断为负反馈；从输出端判断为电流反馈；从输入端判断为并联反馈，因此该放大电路引入的是电流并联负反馈。

除了以上列举的几种反馈的分类方法外，还可以有其他的分类。例如，还可以分为局部反馈和级间反馈。前者表示反馈信号从某一个放大级的输出信号取样，只引回到本级放大电路的输入回路，如图 4.4 和图 4.5 所示；后者表示反馈信号从后面放大级的输出信号取样，引回到前面另一个放大级的输入回路中去，如图 4.2 和图 4.3 所示。局部负反馈只能改善本放大级内部的性能，而级间负反馈可以提高反馈环内整个放大电路的性能指标。

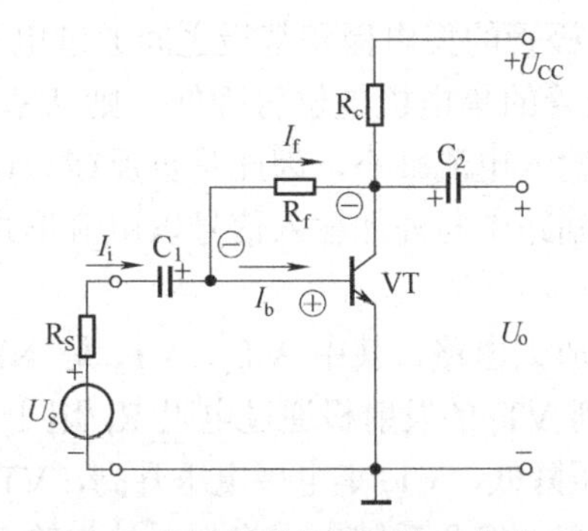

图 4.4　电压并联负反馈放大电路

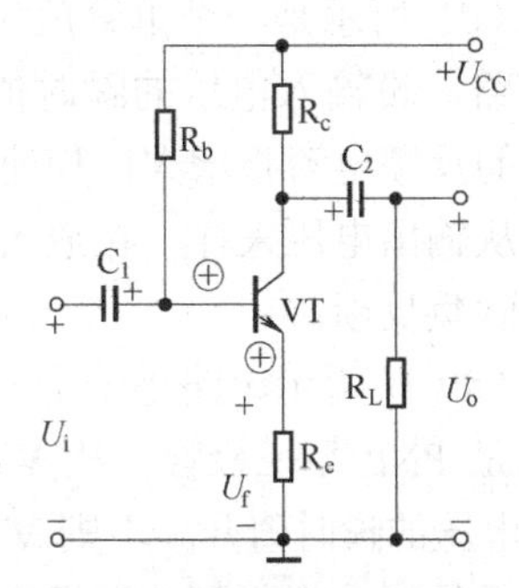

图 4.5　电流串联负反馈放大电路

例 4-1　试判断如图 4.6 所示各电路中反馈的极性和组态。假设电路中的电容均足够大。

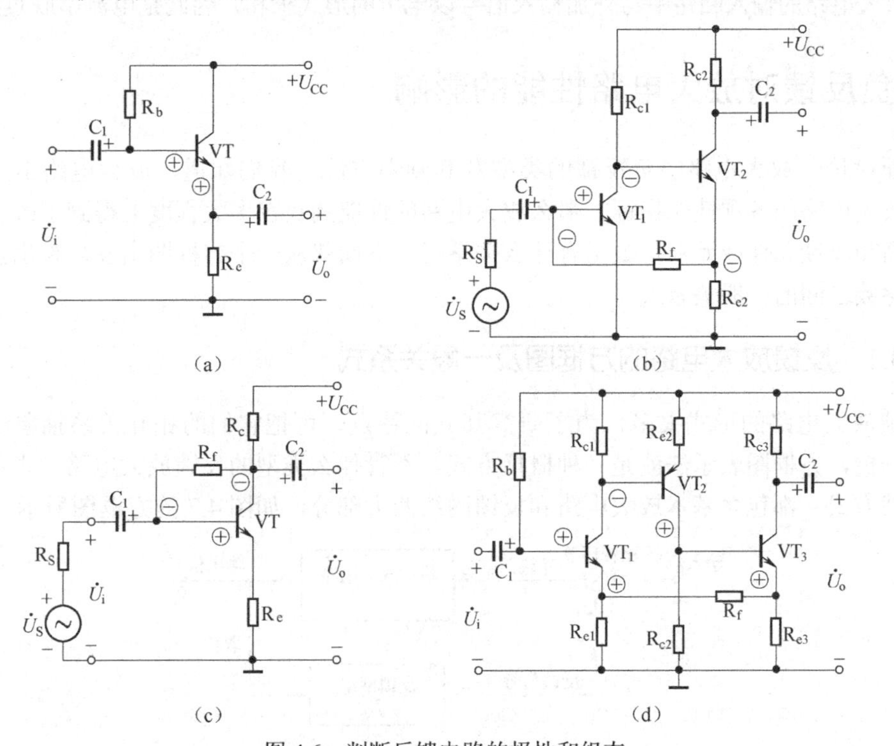

图 4.6　判断反馈电路的极性和组态

解：如图 4.6（a）所示是一个射极输出器。设输入电压的瞬时值升高，则输出电压也随之升高，而三极管的发射结电压等于输入电压与输出电压之差，实际上，输出电压就是反馈电压。此反馈电压将削弱输入电压的作用，因此是负反馈。

由图 4.6（a）还可见，反馈电压取自放大电路的输出电压，而在输入回路中，外加输入信号与反馈信号以电压的形式求和，所以反馈的组态是电压串联负反馈。

图 4.6（b）中所示电路是一个两级直接耦合放大电路，反馈信号由 VT_2 的发射极通过电阻 R_f 引回到 VT_1 的基极。设输入电压的瞬时值升高，则 VT_2 的发射极电位将降低，于是

从 VT_1 基极通过 R_f 流向 VT_2 发射极的反馈电流将增大，使流向 VT_1 基极的净输入电流减小。可见反馈信号削弱了输入信号的作用，因此是负反馈。由图（b）可见，反馈信号取自输出回路的非输出端，而在输入回路中外加输入信号与反馈信号以电流的形式求和，所以反馈的组态是电流并联负反馈。

图 4.6（c）所示是一个单管放大电路，在三极管的集电极和基极之间通过电阻 R_f 接入一个反馈支路。设输入电压的瞬时值升高，三极管的集电极电位将降低，则从基极通过 R_f 流向集电极的反馈电流将增大，使流向基极的净输入电流减小，因此是负反馈。该电路中的反馈信号是从输出电压采样，在放大电路的输入回路中与外加输入信号以电流形式求和，所以是电压并联负反馈。

图 4.6（d）中所示电路是一个三级直接耦合放大电路，其中 VT_1、VT_3 是 NPN 型三极管，而 VT_2 是 PNP 型三极管。从 VT_3 的发射极到 VT_1 的发射极通过电阻 R_f 引回一个反馈信号。设输入电压的瞬时值升高，则 VT_1 集电极电压降低，VT_2 集电极电压升高，VT_3 发射极电压也升高，于是 R_{e1} 上得到的反馈电压也随之升高。但此反馈电压将削弱外加输入电压的作用，使加在 VT_1 发射结的净输入电压减小，可见是负反馈。由于反馈信号取自输出回路的电流，在放大电路的输入回路中与外加输入信号以电压的形式求和，因此是电流串联负反馈。

4.3 负反馈对放大电路性能的影响

前面讨论了放大电路中负反馈的类型及其判别方法，我们知道，放大电路引入负反馈会改善放大电路的各项性能指标，那么放大电路的性能到底在多大程度上得到了改善呢？性能的提高和反馈元件或元件参数又有什么关系呢？下面就从一个方框图出发，推出反馈放大电路各参数之间的一般关系式。

4.3.1 反馈放大电路的方框图及一般关系式

反馈放大电路的形式很多，为了研究其共同特点，可把它们的相互关系抽象地概括起来加以分析，方框图表示法就是一种概括方式。不管什么类型的反馈放大电路，也不管采用什么反馈方式，都包含基本放大电路和反馈网络两大部分，如图 4.7 的方框图所示。

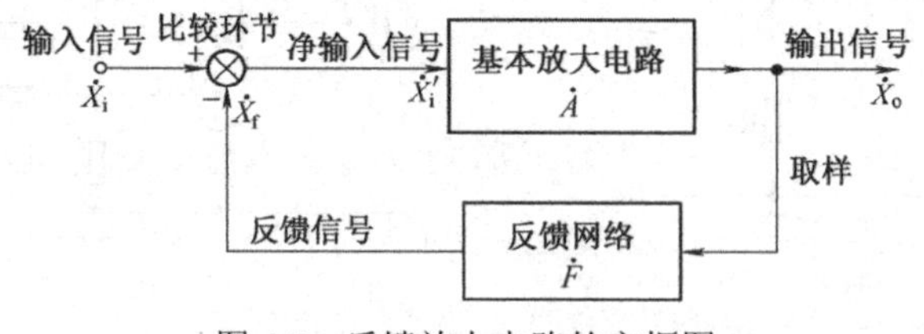

图 4.7 反馈放大电路的方框图

其中 $\dot{X}_i$、$\dot{X}_i'$、$\dot{X}_o$ 和 $\dot{X}_f$ 分别表示放大电路的输入信号、净输入信号、输出信号和反馈信号；$\dot{A}$ 表示基本放大电路的放大倍数，又称开环放大倍数。$\dot{F}$ 表示反馈网络的传输系数，称为反馈系数。放大电路和反馈网络中信号传递的方向如图中箭头所示。放大电路的输出端为取样环节，对输出量取样得到的信号经过反馈网络后成为反馈信号。符号⊗表示叠加（比较）环节。反馈信号与外加输入信号经过比较环节后得到净输入信号 $\dot{X}_i'$，然后送至基本放大电路。在方框图中，$\dot{X}_i$、$\dot{X}_i'$、$\dot{X}_o$ 和 $\dot{X}_f$ 可以是电压量，也可以是电流量。$\dot{A}$ 和 $\dot{F}$ 也是广义的放大倍数和反馈系数。在本章的讨论中，除涉及频率特性内容以外，均认为信号频率处在放大电路的通带内（中频段），这样所有信号均可用有效值表示，$\dot{A}$ 和 $\dot{F}$ 可用实数表示。

采用方框图表示法，可以将不同的反馈放大电路的结构统一起来，并由它导出反馈的一般关系式。由图可得开环放大倍数为

$$\dot{A}=\frac{\dot{X}_o}{\dot{X}_i'} \tag{4.1}$$

反馈系数为

$$\dot{F}=\frac{\dot{X}_f}{\dot{X}_o} \tag{4.2}$$

净输入信号为

$$\dot{X}_i'=\dot{X}_i-\dot{X}_f \tag{4.3}$$

将式（4.3）和式（4.2）代入式（4.1）可得

$$\dot{X}_o=\dot{A}\dot{X}_i'=\dot{A}(\dot{X}_i-\dot{X}_f)=\dot{A}(\dot{X}_i-\dot{F}\dot{X}_o)$$

整理后可得反馈放大电路输入、输出关系的一般表达式为

$$\dot{A}_f=\frac{\dot{X}_o}{\dot{X}_i}=\frac{\dot{A}}{1+\dot{A}\dot{F}} \tag{4.4}$$

在式（4.4）中，$\dot{A}_f$ 表示引入反馈后放大电路的放大倍数，称为闭环放大倍数，它表示了反馈放大电路的基本关系，是分析反馈问题的出发点；$1+\dot{A}\dot{F}$ 为反馈深度，是一个反映反馈强弱的物理量，也是反馈电路定量分析的基础。

关于反馈的一般关系式，下面进行几点讨论。

（1）当$\left|1+\dot{A}\dot{F}\right|>1$时，$|\dot{A}_f|<|\dot{A}|$为负反馈；

当$\left|1+\dot{A}\dot{F}\right|<1$时，$|\dot{A}_f|>|\dot{A}|$为正反馈；

当$\left|1+\dot{A}\dot{F}\right|=1$，$|\dot{A}_f|=|\dot{A}|$，反馈效果为 0，实际上就是没有反馈。

（2）当$|1+\dot{A}\dot{F}|=0$时，$\dot{A}\dot{F}=-1$，$|\dot{A}_f|=\infty$，即使放大电路没有外加输入信号，但却有一定的输出信号，这种情况称为自激振荡，这是正反馈的一种特殊情况。

（3）如果$|1+\dot{A}\dot{F}|>>1$，即$|\dot{A}\dot{F}|>>1$，称为深度负反馈，此时则有

$$\dot{A}_f=\frac{\dot{A}}{1+\dot{A}\dot{F}}\approx\frac{\dot{A}}{\dot{A}\dot{F}}=\frac{1}{\dot{F}} \tag{4.5}$$

式（4.5）表明，在放大电路中引入深度负反馈后，其闭环放大倍数基本上与原来放大电路的放大倍数无关，而主要决定于反馈网络的反馈系数。因而，即使由于温度等因素变化而导致放大网络的放大倍数 $\dot{A}$ 发生变化，只要 $\dot{F}$ 的值一定，就能保持闭环放大倍数 $\dot{A}_f$ 稳定，这是深度负反馈放大电路的一个突出优点。实际的反馈网络常常由电阻等元件组成，反馈系数通常决定于某些电阻值之比，基本上不受温度等因素的影响。在设计放大电路时，为了提高稳定性，往往选用开环电压增益很高的多级放大电路或集成运放，以便引入深度负反馈。

由前面所得到的反馈的一般表达式，我们可知在负反馈的情况下，如果反馈深度$|1+\dot{A}\dot{F}|>>1$，则称为深度负反馈。

则
$$\dot{A}_f=\frac{\dot{A}}{1+\dot{A}\dot{F}}\approx\frac{\dot{A}}{\dot{A}\dot{F}}=\frac{1}{\dot{F}}$$

上式表明，在深度负反馈条件下，闭环放大倍数 $\dot{A}_f$ 基本上等于反馈系数 $\dot{F}$ 的倒数。也就是说，深负反馈放大电路的放大倍数 $\dot{A}_f$ 几乎与放大网络的放大倍数 $\dot{A}$ 无关，而主要决定于反馈网络的反馈系数 $\dot{F}$ 。因而，即使由于温度等因素变化而导致放大网络的放大倍数 $\dot{A}$ 发生变化，只要 $\dot{F}$ 的值一定，就能保持闭环放大倍数 $\dot{A}_f$ 稳定，这是深度负反馈放大电路的一个突出优点。实际的反馈网络常常由电阻等元件组成，反馈系数通常决定于某些电阻值之比，基本上不受温度等因素的影响。在设计放大电路时，为了提高稳定性，往往选用开环电压增益 A_{od} 很高的集成运放，以便引入深度负反馈。

（4）如果信号频率处于放大电路的通带内（中频段），并且反馈网络具有纯电阻性质，这样所有信号均用有效值表示，式（4.4）中各量均为实数，则有

$$A_f = \frac{A}{1 + AF} \tag{4.6}$$

为了简化问题，在以后的讨论中，除频率特性外，均按此情况处理。

有了以上分析反馈放大电路的一般表达式以后，就可以讨论负反馈对放大电路性能的影响了。

4.3.2 负反馈对放大倍数稳定性的影响

放大电路引入负反馈以后得到的最直接、最显著的效果就是提高了放大倍数的稳定性。在输入信号一定的情况下，当电路参数变化、电源电压波动或负载发生变化时，由于引入了负反馈，放大电路输出信号的波动将大大减小，也就是说放大倍数的稳定性提高了。

下面将进一步分析，放大倍数稳定性提高的程度与反馈深度有关。

将式（4.6）求导数，可得

$$\frac{dA_f}{A_f} = \frac{1}{1 + AF}\frac{dA}{A} \tag{4.7}$$

对于负反馈，$(1+AF)>1$，所以 $\frac{dA_f}{A_f} < \frac{dA}{A}$ 。这表明闭环放大倍数的相对变化量只有其开环相对变化量的 $\frac{1}{1 + AF}$ ，即放大倍数的稳定性提高了（$1+AF$）倍。

如前所述，由于负反馈具有自动调节作用，对任何原因引起的放大倍数 A_f 的变动都有抑制能力，即提高了放大倍数的稳定性。

这里的 A_f 是广义的放大倍数，其含义随反馈类型而定。不可笼统地说负反馈都稳定电压放大倍数。

4.3.3 负反馈对输入和输出电阻的影响

在放大电路中引入不同方式的负反馈，将对输入电阻和输出电阻产生不同的影响。

1. 对输入电阻的影响

输入电阻是从输入端看进去的等效电阻，因此，输入电阻的变化仅决定于反馈网络与输入端的连接方式，而与输出端的取样方式无关。分析证明：凡是串联负反馈，都使输入电阻提高，即 $R_{if}>R_i$；凡是并联负反馈，都使输入电阻降低，即 $R_{if}<R_i$。

R_i 为无反馈时放大电路的输入电阻，称为开环输入电阻；R_{if} 为引入负反馈后放大电路

的输入电阻，称为闭环输入电阻。

对于串联负反馈，由于$U_i = U_i' + U_f$，反馈电压 U_f 使净输入电压U_i'减小，因此，在同样的外加输入电压下，输入电流将比无反馈时减小，故使输入电阻提高；对于并联负反馈，由于$I_i = I_i' + I_f$，所以在相同输入电压之下，输入电流将比无反馈时增大，故使输入电阻减小。

应该注意，串联负反馈将使反馈环内的输入电阻增大，反馈环外的电阻不受影响。若反馈环外电阻不够大，则放大电路总输入电阻不会增加很多。

2．对输出电阻的影响

放大电路的输出电阻，是从其输出端看进去的等效电阻。负反馈对输出电阻的影响，决定于反馈网络在输出端的取样对象，而与输入端连接方式无关。分析证明：凡是电压负反馈，都能稳定输出电压，使输出电阻降低，即 $R_{of}<R_o$。凡是电流负反馈，都能稳定输出电流，使输出电阻增大，即 $R_{of}>R_o$。

R_o 为无反馈时放大电路的输出电阻，称为开环输出电阻；R_{of} 为引入负反馈后的输出电阻，称为闭环输出电阻。

当电路引入电压负反馈时，输出电压得到稳定，使其趋近于恒压源，所以输出电阻减小；当电路引入电流负反馈时，输出电流得到稳定，使其趋近于恒流源，故输出电阻变大。

由于电压负反馈可以使放大电路的等效输出电阻减小，因此常用于负载要求有恒压输出的情况；而电流负反馈可以使放大电路的等效输出电阻增大，故其常用于负载要求有恒流输出的情况。

4.3.4 负反馈可减小非线性失真

由于三极管（或场效应管）的特性是非线性的，常使输出信号产生非线性失真。引入负反馈后，可减小这种失真。

如图 4.8 所示是负反馈改善非线性失真示意图。假设对于开环放大电路，当输入信号为正弦波时，如果输出波形的正半周大，负半周小，如图 4.8（a）所示，引入反馈后，如果反馈系数是线性的，反馈信号 X_f 的失真与输出信号 X_o 一样。又因为$X_i' = X_i - X_f$，所以净输入信号为正半周小，负半周大，正好与无反馈时输出信号 X_o 的失真相反，使失真得到补偿，从而改善了输出波形。

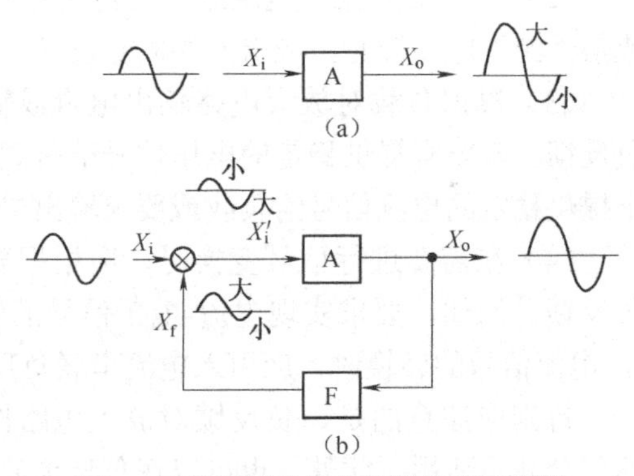

图 4.8　负反馈改善非线性失真示意图

同样道理，凡是由电路内部产生的干扰和噪声（可视为与非线性失真类似的谐波），引入负反馈后均可得到补偿。

负反馈只能改善由放大电路本身所引起的非线性失真。对于输入信号中已存在的由其他原因引起的非线性失真，负反馈不能改善。同理，负反馈对于在反馈环内的干扰和噪声有抑制能力，但对输入信号中的干扰和噪声却无能为力。

4.3.5 负反馈可展宽通频带

由于负反馈对任何原因引起的放大倍数的变化都有抑制能力，因此，对于因信号频率的升高或降低而产生的放大倍数的变化，可自动调节减小其变化，使放大倍数幅频特性平稳的区间加大，也就是通频带加宽（即上限频率提高，下限频率降低）。通频带展宽的幅度与广义反馈深度(1+*AF*)及电路结构有关。

在低频段和高频段，由于$|\dot{A}|$下降，$|\dot{X}_o|$必然下降，所以$|\dot{X}_f|$也将下降，于是在输入信号$|\dot{X}_i|$不变的情况下，净输入信号$|\dot{X}'_i|$势必增大，从而使$|\dot{X}_o|$有所上升，减小了输出信号$|\dot{X}_o|$下降的数值，也就展宽了频带。

在讨论频率特性时，必须考虑电抗，因而各量都应当用复数表示，即是频率的函数。

4.3.6 电路中引入负反馈的一般原则

由以上分析可以知道，负反馈之所以能够改善放大电路的多方面性能，归根结底是由于将电路的输出量引回到输入端与输入量进行比较，从而随时对净输入量及输出量进行调整。前面研究过的负反馈的特性，例如，放大倍数稳定性的提高、非线性失真的减少、抑制反馈环内的噪声和干扰、扩展频带以及对输入电阻和输出电阻的影响，均可用自动调整作用来解释。反馈越深，即$(1+\dot{A}\dot{F})$的值越大时，这种调整作用越强，对放大电路性能的改善越为有益。负反馈的类型不同，对放大电路所产生的影响也不同。

工程中往往要求根据实际需要在放大电路中引入适当的负反馈，以提高电路或电子系统的性能。引入负反馈的一般原则为：

（1）为了稳定静态工作点，应引入直流负反馈；为了改善放大电路的动态性能，应引入交流负反馈。

（2）为了增大输入电阻或信号源为电压源时，应引入串联负反馈；为了减小输入电阻或信号源为电流源时，应引入并联负反馈。

（3）根据负载对放大电路输出电量或输出电阻的要求决定是引入电压负反馈还是电流负反馈。若要求提供稳定的电压信号给负载或要求输出电阻小，则应引入电压负反馈；若要求提供稳定的电流信号给负载或要求输出电阻大，则应引入电流负反馈。

（4）在需要进行信号变换时，应根据要求并结合负反馈放大电路的功能来引入合适的负反馈。例如，要求实现电流-电压信号的转换时，应引入电压并联负反馈；若要求实现电压-电流信号的转换时，应引入电流串联负反馈。

特别应注意的是，负反馈对放大电路性能的影响只局限于反馈环内，反馈回路未包括的部分并不适用。此外，也可以在负反馈放大电路中引入适当的正反馈，以提高增益。

例 4-2 在图 4.9 所示的多级放大电路中，试说明为了实现以下几方面的要求，应该分别引入什么样的负反馈？并将反馈途径标出。

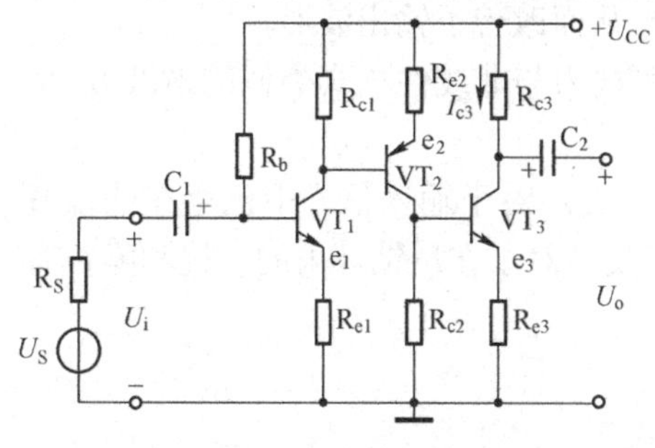

图 4.9 引入反馈的例子

（1）静态工作点十分稳定；

（2）加信号后，I_{c3}的数值基本不变；

（3）输出端接上负载 R_L 后，U_o 基本不随 R_L 的改变而改变；

（4）输入端向信号源索取的电流比较小。

解： 这是一个在基本放大电路中正确引入负反馈的例题，对于每一项要求，先判断是什么性质的问题，再根据引入负反馈的原则，引入满足要求的负反馈。

（1）稳定静态工作点，就是稳定直流量的问题，应引入直流负反馈，有如下两个途径。

① 将 R_b 接到 $+U_{CC}$ 的一端断开，直接接于 C_a 端，形成直流负反馈途径。此时 R_b 有双重作用：既是偏置电阻又是反馈电阻。

② 通过反馈电阻 R_F 将 e_1 与 e_3 两端连接起来，同样也能形成直流负反馈。是不是负反馈，需用瞬时极性法判别。

（2）这是一个动态下稳定输出电流的问题，应引入电流负反馈。在上述两个反馈途径中，途径②就是一个电流负反馈，能满足要求。

（3）这是一个稳定输出电压的问题，应引入电压负反馈。途径①是电压负反馈，能满足这一要求。

（4）这是一个提高输入电阻的问题，应引入串联负反馈。途径②是串联负反馈，满足这一要求。

4.4　深度负反馈电路的分析计算

放大电路引入负反馈以后，改善了放大电路的各种性能。本节要讨论的问题是，如何分析计算负反馈放大电路的电压放大倍数、输入电阻和输出电阻等各项技术指标。对于电路结构简单的负反馈放大电路，可以利用微变等效电路法进行分析计算。例如，分压式静态工作点稳定电路、射极输出器以及接有发射极电阻 R_e 的单管放大电路等，本书第 2 章已经运用微变等效电路法详细分析了，此处不再赘述。

然而，对于比较复杂的反馈放大电路，例如，分立元件多级负反馈放大电路等，如用微变等效电路法求解，可能比较麻烦，有时甚至需要解联立方程。但是，在实际的电子设备中，这些比较复杂的反馈放大电路，由于开环放大倍数比较大，一般容易满足 $|1+\dot{A}\dot{F}|>>1$ 的条件，故可以作为深负反馈放大电路来处理。本节主要介绍深度负反馈放大电路近似估算。

1．深度负反馈电路放大倍数的近似估算法

在下面的讨论中将会看到，在深度负反馈条件下，闭环电压放大倍数的估算将变得十分简单。由于在各种电子设备中，多级负反馈放大电路的应用十分广泛，其开环放大倍数一般很大，容易满足 $|1+\dot{A}\dot{F}|>>1$ 的深度负反馈条件，多数可以作为深度负反馈放大电路来处理，因此这种估算方法是很实用的。

根据前面的讨论可知在反馈放大电路中

$$A_f=\frac{X_o}{X_i} \tag{4.8}$$

$$F=\frac{X_f}{X_o} \tag{4.9}$$

在深度负反馈条件下

$$A_f\approx\frac{1}{F} \tag{4.10}$$

由以上几式可得

$$\frac{X_o}{X_i}\approx\frac{X_o}{X_f}$$

即

$$X_i\approx X_f \tag{4.11}$$

式（4.11）表明，在深度负反馈条件下，放大电路的反馈信号 X_f 与外加输入信号 X_i 近似相

等。在不同组态的负反馈放大电路中，X_i 和 X_f 可能是电压量，也可能是电流量。对于串联负反馈，反馈信号与输入信号以电压形式叠加，故 X_i 和 X_f 是电压量；对于并联负反馈，反馈信号与输入信号以电流形式相叠加，则 X_i 和 X_f 是电流量。其具体形式为

凡是串联负反馈 $$U_f \approx U_i \tag{4.12}$$

凡是并联负反馈 $$I_f \approx I_i \tag{4.13}$$

利用上述概念就可方便地估算出闭环电压放大倍数，下面举例说明。

例 4-3 估算如图 4.10 所示的深度负反馈放大电路的源电压放大倍数 A_{uSf}。

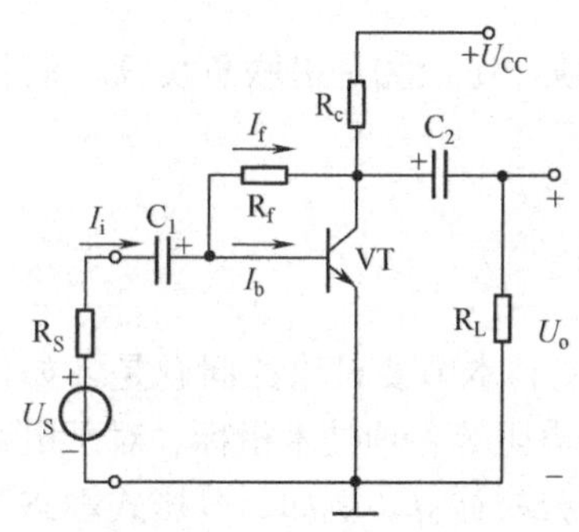

图 4.10 电压并联负反馈电路

解：在求解深负反馈的放大电路时，首先要判断负反馈属于哪一种组态。

如图 4.10 所示的是电压并联负反馈电路。深度负反馈时 $I_i \approx I_f$。

由电路可知 $I_i(R_S + R_{if}) = U_S$

又由于引入深度并联负反馈后输入电阻 R_{if} 很小，

所以 $I_i = \dfrac{U_S}{R_S + R_{if}} \approx \dfrac{U_S}{R_S}$，$I_i \approx I_f \approx -\dfrac{U_o}{R_f}$

将以上两式合并整理得源电压放大倍数

$$A_{uSf} = \frac{U_o}{U_S} \approx -\frac{R_f}{R_S}$$

从例（4-1）和例（4-3）中可以看出，放大电路引入深度电压负反馈后，电压放大倍数与负载电阻无关，说明电压负反馈可稳定输出电压——近似于恒压源。

在本例中，如果信号源无内阻，即 U_S 直接加在发射结上，显然反馈电阻的大小不会影响 I_b 的大小，即反馈是不起作用的。由此可见，电路引入并联负反馈时，只有存在电阻 R_S，反馈才起作用，而且 R_S 愈大，反馈的影响愈明显。

例 4-4 求解如图 4.11 所示深度负反馈放大电路的电压倍数 A_{uf}。

解：由于电路引入了电流串联负反馈，故有

$$U_f \approx U_i$$

由电路可知 $U_f = I_e R_e \approx I_c R_e = U_i$，其中，$U_o = -I_c R'_L$，$R'_L = R_c \,//\, R_L$，电压放大倍数 $A_{uf} = \dfrac{U_o}{U_i} \approx \dfrac{U_o}{U_f} = -\dfrac{I_c R'_L}{I_c R_e} = -\dfrac{R'_L}{R_e}$。

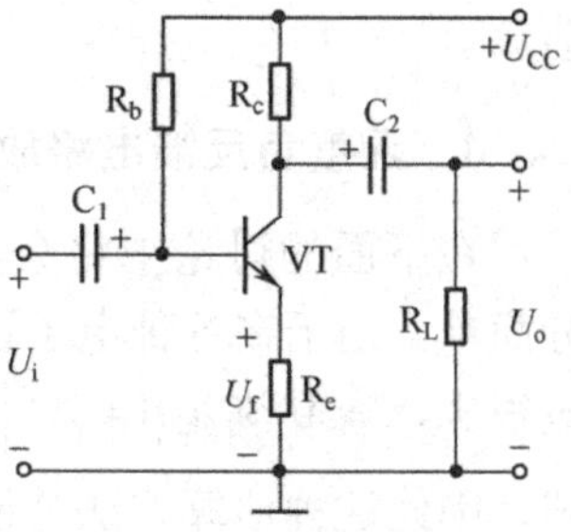

图 4.11 电流串联负反馈

可见，当电路引入深度负反馈时，电压放大倍数和负载电阻 R_L 有关。这是因为，电流负反馈使输出电流稳定，即 R_L 变化时，输出电流不变，而输出电压随 R_L 的变化而变化。只有当 R_L 保持不变时，才能使输出电压稳定。

2. 深度负反馈条件下输入、输出电阻的估算

在深度负反馈条件下，估算输入、输出电阻的方法是将反馈环内的电路按理想情况处理，即可以认为

对于串联负反馈：$R_{if} \approx \infty$

对于并联负反馈：$R_{if} \approx 0$

对于电压负反馈：$R_{of} \approx 0$

对于电流负反馈：$R_{of} \approx \infty$

需要注意的是，对于不包含在反馈环路内的电阻，那么在估算电路总的输入、输出电阻时，应将其考虑进去进行计算。

例 4-5 电路如图 4.12 所示，估算深度负反馈时电路的输入、输出电阻。

解：由图分析可知，R_f 引入了级间电流串联负反馈，故在输入回路闭环输入电阻为 $R_{if} \approx \infty$，但输入回路的 R_b 不在反馈环内，所以电路总的输入电阻为

$$R'_{if} = R_b // R_{if} \approx R_b = 560(k\Omega)$$

在输出回路，闭环输出电阻 $R_{of} \approx \infty$，但由于 R_{c3} 不在反馈环内，故电路总的输出电阻为

$$R'_{of} = R_{c3} // R_{of} \approx R_{c3} = 3(k\Omega)$$

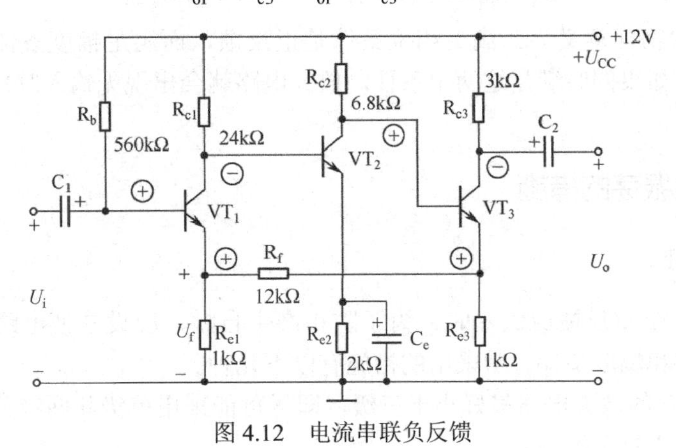

图 4.12　电流串联负反馈

4.5　负反馈放大电路的稳定性问题

所谓稳定性问题，这里指的是负反馈放大电路对输入信号不能稳定、正常地放大，常常是因为电路产生了自激振荡，此时即使放大电路没有输入信号，也会有一定的输出。由于电子仪器、设备中的放大电路常为多级负反馈放大电路，在维修、调试中，如果处理不当，极易产生自激振荡。所以，分析、判断和消除自激，是负反馈放大电路工程应用中常见的技术问题。下面先讨论自激的物理过程，然后分析产生自激振荡的条件，最后讨论消除自激的一般方法。

4.5.1　负反馈放大电路的自激振荡问题

1．自激的产生

前面已经讨论过，放大电路中引入反馈后，如果反馈信号增强净输入信号，则为正反馈，反之为负反馈。也就是说，反馈的极性（是正还是负）决定于反馈信号和输入信号的相位。由于放大电路和反馈网络中存在有电抗元件，反馈信号与输入信号间的相位关系会随频率而变化，因此，反馈的极性也会随频率而变。通常所说的负反馈放大电路，是指在中频段为负反馈，而在通频带之外，也就是高频段和低频段，就有可能变为正反馈。如果在某一频率，反馈信号和净输入信号相位相同，而且幅度也相等。那么，即使此时去掉输入信号，放大电路依靠自己的反馈信号，也可维持有输出。这时放大电路自己激励自己，即产生了自激

振荡，简称“自激”，于是放大电路变成了振荡电路，不能进行正常的放大。

2. 自激的条件

由前面的讨论可知，负反馈放大电路的一般表达式为

$$\dot{A}_{\mathrm{f}}=\frac{\dot{A}}{1+\dot{A}\dot{F}}$$

当$1+\dot{A}\dot{F}=0$时，$\dot{A}_{\mathrm{f}}\to\infty$，这时即可产生自激振荡，所以自激振荡的条件为$\dot{A}\dot{F}=-1$，分解可得自激振荡的幅度平衡条件和相位平衡条件。

幅度平衡条件： $|\dot{A}\dot{F}|=1$

相位平衡条件： $\varphi_{\mathrm{A}}+\varphi_{\mathrm{F}}=\pm(2n+1)\pi \qquad (n=0, 1, 2, \cdots)$

上述两条件的物理意义为：满足相位条件是正反馈，而满足幅度条件意味着反馈信号等于净输入信号。如果同时满足这两个条件，放大电路就会出现无输入时却有输出的自激振荡状态。

4.5.2 防止振荡的措施

1. 自激的防止

在设计制作一个负反馈放大器时，为了防止产生自激，应设法使电路不易同时满足自激振荡的相位条件和幅度条件。常采用的措施有以下几种。

（1）环路内包含的放大电路最好小于三级，即尽可能采用单级和两级负反馈，这样在理论上可以保证不产生自激振荡。

（2）在不得不采用三级以上的负反馈时，应尽可能使各级电路参数分散。分析证明，放大电路在级数相同的情况下，各级电路参数越接近，电路就越不稳定。

（3）减小反馈系数或反馈深度，使之不满足自激的幅度条件。这种方法的缺点是不利于放大电路其他方面性能的改善，而且对于必须有深度负反馈的放大电路等系统来说是不允许的。这时就需要采用相位补偿（校正）的办法。

2. 自激的消除

负反馈放大电路一旦出现自激振荡，通常采用的措施是在电路中加入补偿电容或 RC 补偿电路（也叫消振电路）来改变电路的频率特性，消除自激振荡，这就是相位补偿（校正），如图 4.13（a）、（b）、（c）中虚线所示。

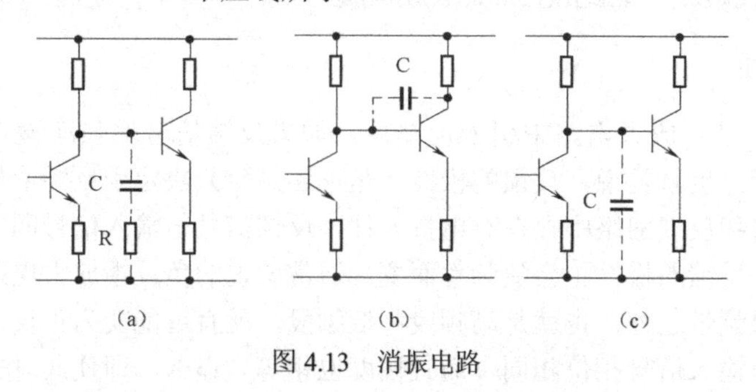

图 4.13 消振电路

4.6 实训 4

4.6.1 负反馈放大电路的应用

1．实训目的

（1）研究负反馈对放大器性能的影响。

（2）掌握负反馈放大器性能的一般测试方法。

（3）进一步熟悉常用仪器的使用方法。

2．实训仪器与器件

（1）仪器仪表：万用表、双踪示波器、交流毫伏表。

（2）元器件：三极管、电阻、电位器、电解电容各若干。

3．实训原理

负反馈在电子电路中有着非常广泛的应用。其原理是通过降低放大器的放大倍数，从而获得放大器多方面动态参数的改善，如稳定放大倍数，改善输入、输出电阻，减小非线性失真和展宽通频带等。因此几乎所有的实用放大器都带有负反馈。

负反馈放大器有四种组态，即电压串联负反馈，电压并联负反馈，电流串联负反馈，电流并联负反馈。本实训以电压串联负反馈为例，分析负反馈对放大器各项性能指标的影响。

4．实训内容与步骤

（1）静态工作点的测试。按如图 4.14 所示连接电路。接通 12V 电源，调节 R_2，使 $U_{CEQ_1}=6V$，调节 R_8，使 $U_{CEQ_2}=6V$。

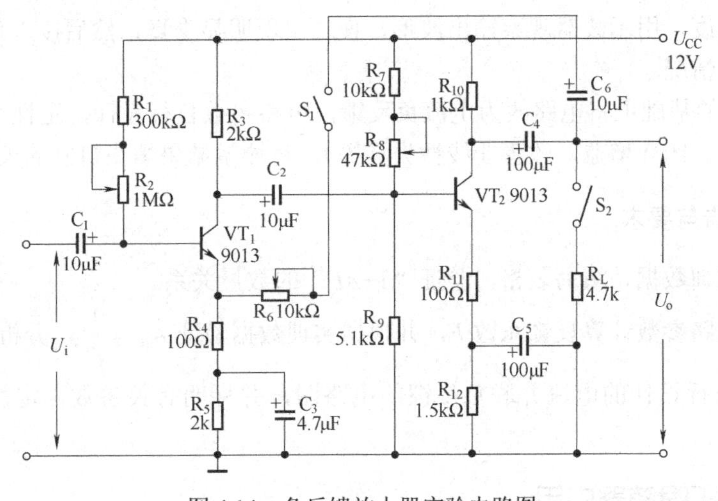

图 4.14 负反馈放大器实验电路图

（2）负反馈对放大器性能的影响的测试。

① 测量开环与闭环放大倍数。

a. 放大器的输入端输入 f=1kHz、U_i =10mV 左右的正弦信号，断开 S_2（不接负载电阻 R_L），用示波器观察输出波形 U_o，使之不失真，若波形失真可微调 R_8。用交流毫伏表测量输入、输出电压，计算其放大倍数，然后合上 S_2（接入负载电阻 R_L），测量在相同信号输入的情况下的电压放大倍数 A_u。

b. 合上 S_1，接入反馈电阻 R_6，输入信号幅度、频率保持不变，重复 a.步骤，根据测量结果分别计算其不接负载电阻和接负载电阻时的电压放大倍数 A_u。

c. 将测量和计算结果填入表 4.1 中。

表 4.1　测量开环与闭环放大倍数

测 试 条 件	开　环		闭　环	
	不接负载	接负载	不接负载	接负载
输入电压（U_i）	10mV	10mV	10mV	10mV
输出电压（U_o）				
电压放大倍数（A_u）				

② 测量负反馈对放大倍数稳定性的影响。在上面试验的基础上，保持输入信号频率、幅值不变，将电源电压从 12V 降至 10V，分别用交流毫伏表测量开环和闭环情况下的输出电压值，按下列计算公式分别计算两种状态下放大器放大倍数的相对变化值，并把测量和计算结果填入表 4.2 中。

表 4.2　测量负反馈对放大倍数稳定性的影响

测试条件	E_C=12V		E_C=10V		$\Delta A_u/A_u$
	U_o	A_u	U_o	A_u	
开环					
闭环					

（3）观察负反馈对放大器非线性失真的影响。不接负反馈电阻，在①的基础上，适当加大输入信号幅度，用示波器观察输出波形，使之出现明显失真，然后接入负反馈电阻观察并记录波形改善情况。

在图 4.14 的基础上将电路改为电流负反馈，电路参数自行设计，定性观察负反馈的效果（如电路开环、闭环增益，改善非线性失真等）。将测量结果填在自制的表格中。

5. 实训报告与要求

（1）整理实训数据，填写表格，验证“1+AF”的数量关系。

（2）根据电路参数计算反馈系数 F，并根据实训数据验证 $\dot{A}_{uf}=\dfrac{1}{F}$，分析误差原因。

（3）画出自行设计的电流并联负反馈的电路图，并标明有关参数，定性观察并记录反馈结果。

4.6.2 电压跟随器应用

1. 实训目的

（1）掌握射极跟随器的特性及测试方法。

（2）进一步学习放大器各项参数测试方法。

2．实训原理

射极跟随器的原理图如图 4.15 所示。它是一个电压串联负反馈放大电路，它具有输入电阻高，输出电阻低，电压放大倍数接近于 1，输出电压能够在较大范围内跟随输入电压作线性变化以及输入、输出信号同相等特点。

射极跟随器的输出取自发射极，故称其为射极输出器。

（1）输入电阻 R_i。在图 4.15 电路中有

$$R_i = r_{be}+(1+\beta)R_E$$

若考虑偏置电阻 R_B 和负载 R_L 的影响，则

$$R_i=R_B // [r_{be}+(1+\beta)(R_E // R_L)]$$

由上式可知射极跟随器的输入电阻 R_i 比共射极单管放大器的输入电阻 $R_i=R_B // r_{be}$ 要高得多，但由于偏置电阻 R_B 的分流作用，输入电阻难以进一步提高。

输入电阻的测试方法同单管放大器，实训线路如图 4.16 所示。

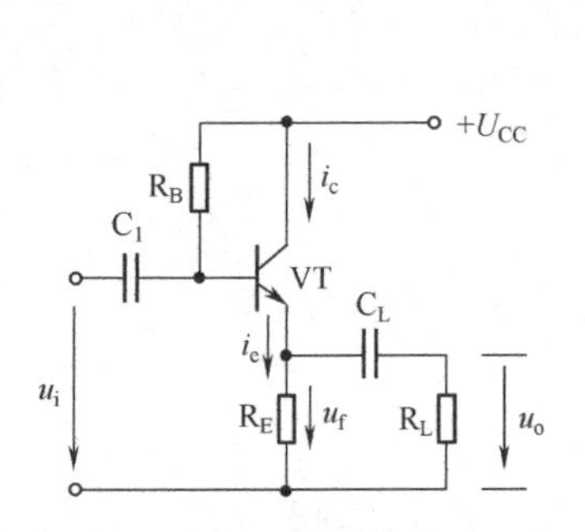

图 4.15　射极跟随器的原理图

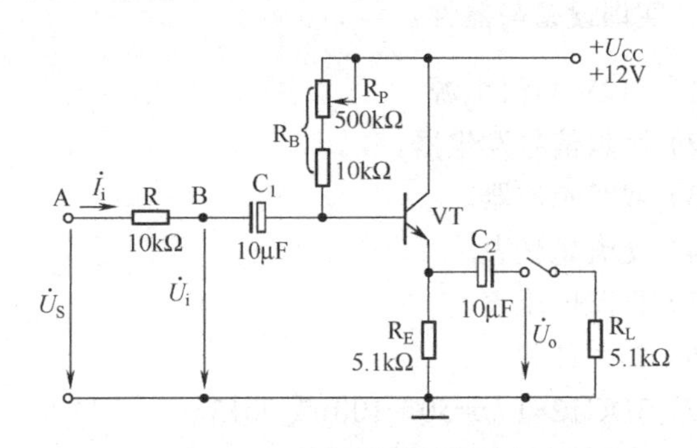

图 4.16　射极跟随器实训电路

$$R_i = \frac{U_i}{I_i} = \frac{U_i}{U_S - U_i}R$$

即只要测得 A、B 两点的对地电位即可计算出 R_i。

（2）输出电阻 R_o。在图 4.15 电路中

$$R_o = \frac{r_{be}}{\beta} // R_E \approx \frac{r_{be}}{\beta}$$

若考虑信号源内阻 R_S，则

$$R_o = \frac{r_{be}+(R_S // R_B)}{\beta} // R_E \approx \frac{r_{be}+(R_S // R_B)}{\beta}$$

由上式可知射极跟随器的输出电阻 R_o 比共射极单管放大器的输出电阻 $R_o \approx R_c$ 低得多。三极管的β愈高，输出电阻愈小。

输出电阻 R_o 的测试方法亦同单管放大器，即先测出空载输出电压 U_o，再测接入负载 R_L 后的输出电压 U_L，根据

$$U_L = \frac{R_L}{R_o + R_L}U_o$$

即可求出 R_o 为

$$R_o = \left(\frac{U_o}{U_L} - 1\right) R_L$$

（3）电压放大倍数 A_u。在图 4.15 电路中

$$A_u = \frac{(1+\beta)(R_E \parallel R_L)}{r_{be} + (1+\beta)(R_E \parallel R_L)} \leqslant 1$$

上式说明射极跟随器的电压放大倍数 A_u 小于近于 1，且为正值。这是深度电压负反馈的结果。但它的射极电流仍比基极电流大（$1+\beta$）倍，所以它具有一定的电流和功率放大作用。

（4）电压跟随范围。电压跟随范围是指射极跟随器输出电压 u_o 跟随输入电压 u_i 作线性变化的区域。当 u_i 超过一定范围时，u_o 便不能跟随 u_i 作线性变化，即 u_o 波形产生了失真。为了使输出电压 u_o 正、负半周对称，并充分利用电压跟随范围，静态工作点应选在交流负载线中点，测量时可直接用示波器读取 u_o 的峰-峰值，即电压跟随范围；或用交流毫伏表读取 u_o 的有效值，则电压跟随范围为

$$u_{oP\text{-}P}=2\sqrt{2}\,u_o$$

3. 实训设备与器件

（1）+12V 直流电源。

（2）函数信号发生器。

（3）双踪示波器。

（4）交流毫伏表。

（5）直流电压表。

（6）频率计。

（7）3DG12×1 (β=50～100)或 9013。

（8）电阻器、电容器若干。

4. 实训内容

按如图 4.16 所示连接电路。

（1）静态工作点的调整。接通+12V 直流电源，在 B 点加入 f=1kHz 正弦信号 u_i，输出端用示波器监视输出波形，反复调整 R_P 及信号源的输出幅度，使在示波器的屏幕上得到一个最大不失真输出波形，然后置 u_i=0，用直流电压表测量晶体管各电极对地电位，将测得数据记入表 4.3。

表 4.3　静态工作点的调整

U_E(V)	U_B(V)	U_C(V)	I_E（mA）

在下面整个测试过程中应保持 R_P 值不变（即保持静工作点 I_E 不变）。

（2）测量电压放大倍数 A_u。接入负载 R_L=1kΩ，在 B 点加 f=1kHz 正弦信号 u_i，调节输入信号幅度，用示波器观察输出波形 u_o，在输出最大不失真情况下，用交流毫伏表测 U_i、U_L 值，记入表 4.4。

表 4.4　测量电压放大倍数 A_u

U_i（V）	U_L（V）	A_u

（3）测量输出电阻 R_o。接上负载 R_L=1kΩ，在 B 点加 f=1kHz 正弦信号 u_i，用示波器监视输出波形，测空载输出电压 U_o，有负载时输出电压 U_L，记入表 4.5。

表 4.5　测量输出电阻 R_o

U_o（V）	U_L（V）	R_o（kΩ）

（4）测量输入电阻 R_i。在 A 点加 f=1kHz 的正弦信号 u_s，用示波器监视输出波形，用交流毫伏表分别测出 A、B 点对地的电位 U_S、U_i，记入表 4.6。

表 4.6　测量输入电阻 R_i

U_S（V）	U_i（V）	R_i（kΩ）

（5）测试跟随特性。接入负载 R_L=1kΩ，在 B 点加入 f=1kHz 正弦信号 u_i，逐渐增大信号 u_i 幅度，用示波器监视输出波形直至输出波形达最大不失真，测量对应的 U_L 值，记入表 4.7 所示。

表 4.7　测试跟随特性

U_i(V)	
U_L(V)	

（6）测试频率响应特性。保持输入信号 u_i 幅度不变，改变信号源频率，用示波器监视输出波形，用交流毫伏表测量不同频率下的输出电压 U_L 值，记入表 4.8。

表 4.8　测试频率响应特性

f(kHz)	
U_L(V)	

5. 预习要求

（1）复习电压跟随器的工作原理。

（2）根据图 4.15 的元件参数值估算静态工作点，并画出交、直流负载线。

6. 实训报告

（1）整理实训数据，并画出曲线 $U_L=f(u_i)$ 及 $U_L=f(f)$ 曲线。

（2）分析射极跟随器的性能和特点。

本章小结

1. 反馈是指一种改善放大电路性能的技术，就是将放大电路的输出信号（输出电压或电流）的一部分或全部，经过一定的网络返送回放大电路的输入回路，从而影响放大电路的性能。反馈放大电路可分为基本放大电路和反馈网络两部分。

2．常用的负反馈放大电路有四种类型：电压串联负反馈、电流串联负反馈、电压并联负反馈和电流并联负反馈。可以通过反馈节点对地短路法、负载短路法或开路法、瞬时极性法和信号通路法等方法判断电路反馈类型。

3．负反馈放大电路四种不同类型可以统一用框图加以表示，其闭环放大倍数的表达式为 $\dot{A}_f=\frac{\dot{A}}{1+\dot{A}\dot{F}}$。在深负反馈条件下，可用 $\dot{A}_f=\frac{\dot{A}}{1+\dot{A}\dot{F}}\approx\frac{1}{\dot{F}}$ 估算电路的闭环放大倍数，尤其是电压放大倍数。

4．负反馈可以全面改善放大电路的性能，包括提高放大倍数的稳定性、减小非线性失真和噪声、扩展通频带、改变输入和输出电阻等。

5．负反馈电路的反馈深度如果过大，将有可能产生自激振荡，可以采用减小反馈环内放大电路的级数、减小反馈深度、在放大电路的适当位置加补偿电路等办法来消除自激振荡。

习 题 4

4.1 反馈放大电路是一个由基本放大电路和_____构成的闭合环路。

4.2 为了稳定静态工作点，应引入_____负反馈；为了改善放大电路的动态性能，应引入_____负反馈。

4.3 在放大电路中，为稳定输出电压，提高输入电阻，应引入_____负反馈；为稳定输出电流，降低输入电阻，应引入_____负反馈。

4.4 为减小信号源的负载，对于电压源，通常应引入_____负反馈；对于电流源，通常应引入_____负反馈。

4.5 当反馈深度满足_____时，称为深度负反馈，此时闭环放大倍数 A_f 为_____。

4.6 若负反馈放大电路开环电压放大倍数为 120dB，为使其闭环电压的放大倍数为 40dB，则反馈系数应为_____，反馈深度为_____。

4.7 已知放大电路输入信号电压为 1mV，输出电压为 1V，加入负反馈后，为达到同样输出时需要的输入信号为 10mV，该电路的反馈深度为_____，反馈系数为_____。

4.8 负反馈放大电路产生自激振荡的相位条件是_____，幅度条件是_____。

4.9 欲减小电路从信号源索取的电流，增大带负载能力，应在放大电路中引入_____负反馈；欲从信号源获得更大的电流，并稳定输出电流，应在放大电路中引入_____负反馈。

4.10 在放大电路中，希望展宽频带，可以引入_____负反馈；为了抑制温漂，可以引入_____负反馈。

4.11 什么是反馈？常见的反馈有哪几类?

4.12 试指出下列情况哪一种存在反馈?

（1）输入与输出之间有信号通路；

（2）电路中存在反向传输的信号通路。

4.13 对于放大电路，所谓开环是指_______。

A．无信号源　　B．无反馈通路　　C．无电源　　D．无负载

而所谓闭环是指_______。

A．考虑信号源内阻　　B．存在反馈通路　　C．接入电源　　D．接入负载

4.14 在输入量不变的情况下，若引入反馈后_______，则说明引入的反馈是负反馈。

A．输入电阻增大　　　B．输出量增大　　　C．净输入量增大　　D．净输入量减小

4.15　直流负反馈是指________。

A．直接耦合放大电路中所引入的负反馈

B．只有放大直流信号时才有的负反馈

C．在直流通路中的负反馈

4.16　交流负反馈是指________。

A．阻容耦合放大电路中所引入的负反馈

B．只有放大交流信号时才有的负反馈

C．在交流通路中的负反馈

4.17　为了实现下列目的，应引入

A．直流负反馈　　B．交流负反馈

（1）为了稳定放大倍数，应引入________；

（2）为了抑制温漂，应引入________；

（3）为了展宽频带，应引入________。

4.18　在图 4.17 所示的各电路中，试判断：

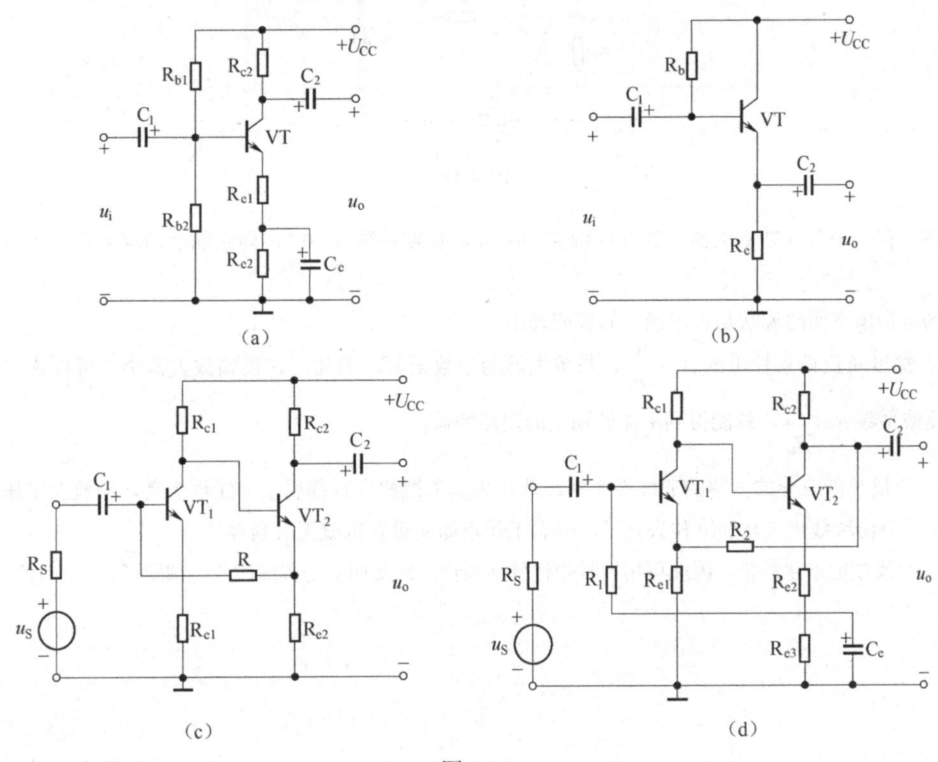

图 4.17

（1）反馈网络由哪些元件组成？

（2）哪些构成本级反馈？哪些构成级间反馈？

4.19　在图 4.17 所示的各电路中，若为交流反馈，请分析反馈的极性和组态。

4.20　在图 4.17 所示的各电路中，计算各电路在深度负反馈条件下的电压放大倍数。

4.21　引入负反馈后，对放大电路的性能会产生什么影响？

4.22　简述不同类型的负反馈对放大器的 R_i、R_o 产生何种影响？

4.23　如果要求：（1）稳定静态工作点；（2）稳定输出电压；（3）稳定输出电流；（4）提高输入电阻；（5）降低输出电阻。各自应引入什么类型的反馈？

4.24　怎样用电子电压表或示波器通过实验，验证负反馈使放大电路的通频带变宽？请设计实验方法和步骤。

4.25　为什么负反馈会减少输出波形的非线性失真？

4.26　什么叫自激？有哪些原因会引起自激？如何避免？

4.27　试分析图 4.18 所示的电路，指出反馈元件、反馈极性和组态，并说明这些反馈对放大电路性能各有何不同的影响。

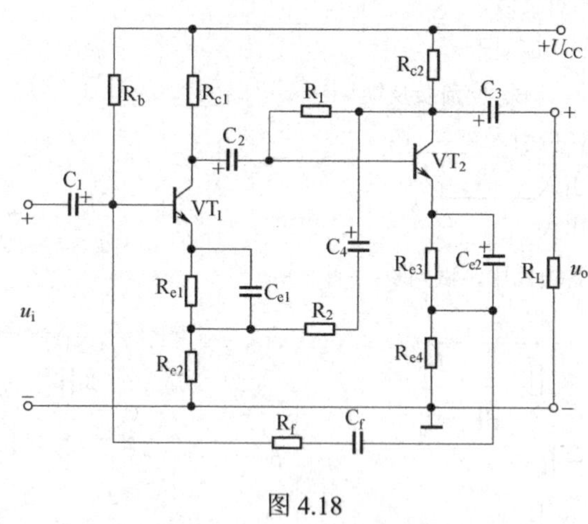

图 4.18

4.28　有一个负反馈放大器，其开环增益 A=100，反馈系数 F=0.1，问它的反馈深度和闭环增益各是多少？

4.29　指出下面的说法是否正确，并说明理由。

（1）深度负反馈条件下的 $\dot{A}_f = \dfrac{1}{F}$，与放大器的参数无关，因此，在反馈放大器中，可任选三极管，只要使反馈系数 $F = \dfrac{1}{\dot{A}_f}$，就能得到所需的稳定的闭环增益。

（2）负反馈能改善放大器的非线性失真，截止失真和饱和失真都属于非线性失真，当放大器加上负反馈后，就不会出现截止失真和饱和失真了，静态工作点如何设置也就无关紧要了。

（3）负反馈能展宽频带，因此可用低频管代替高频管，只要加上足够深的负反馈即可。

第5章　低频功率放大电路

序号	本章要点	重点和难点内容	
1	功率放大器	不失真地放大信号功率；输出电压高、电流大；对放大器的要求和指标	
2	功放电路的工况分类（根据 Q 点）	甲类	Q 点在中部，波形失真小；输出波形＞180°；静态电流大、功耗大
		乙类	Q 点在截止区；静态电流为 0、效率高；失真大
		甲乙类	Q 点位于甲乙类之间；静态电流较小、效率高；失真较小、常用
3	实用互补对称功率放大电路	OCL 乙类	两个乙类放大器组成、无输出电容、正负对称双电源供电；直接耦合。两管中点静态电位为 0；交越失真；功耗和效率
		OCL 甲乙类	两个甲乙类放大器组成、无输出电容、正负对称双电源供电；直接耦合。两管中点静态电位为 0；波形失真小；功耗和效率
		OTL 甲乙类	单电源供电，需输出电容，输出幅度低，频率特性差；输出电容的作用；采用自举电路提高输出幅度；功耗和效率
4	集成功率放大器	集成功放的电路组成；集成 OTL、OCL、BTL 功放的主要性能指标和典型应用	
5	功放电路的保护	功率管的管耗、散热，功放保护电路原理	

5.1　功率放大电路的特点和分类

5.1.1　对功率放大电路的要求

在实用电路中，往往要求放大电路的末级（即输出级）输出一定的功率以驱动负载。能够向负载提供足够信号功率的放大电路称为功率放大电路，简称功放。从能量控制的观点来看，功率放大电路和电压放大电路没有本质的区别。但是，功率放大电路和电压放大电路所要完成的任务是不同的。电压放大电路的主要任务是把微弱的信号电压进行放大，讨论的主要技术指标是电压放大倍数、输入电阻和输出电阻等，输出的功率不一定大。而功率放大器则不同，它的主要任务是不失真（或失真较小）地放大信号功率，通常在大信号状态下工作，讨论的主要技术指标是最大不失真输出功率、电源效率、功放管的极限参数及电路防止失真的措施。针对功率放大器的特点，对功率放大器有以下几点要求。

1．输出功率尽可能大

为了获得足够大的输出功率，要求功放管的电压和电流都允许有足够大的输出幅度，因此功放管往往在接近极限运用的状态下工作，这时必须考虑功放管的极限参数 $U_{(BR)CEO}$、I_{CM} 和 P_{CM}。

2．高电源转换效率

任何放大器的作用实质上都是通过放大管的控制作用，把电源供给的直流功率转换为向负载输出的交流功率，这就有一个提高能量转换效率的问题。放大电路的效率是指负载获得的功率 P_o 与电源提供的功率 P_V 之比，用 η 表示，即

$$\eta = \frac{P_o}{P_V} \tag{5.1}$$

对小信号的电压放大器来讲，由于输出功率较小，电源提供的直流功率也小，因此效率问题不突出。但对于功放级来讲，由于输出功率较大，效率问题就显得突出了。

3．非线性失真小

由于功率放大电路在大信号下工作，所以不可避免地产生非线性失真，而且同一功放管输出功率越大，非线性失真往往越严重，这就使输出功率和非线性失真成为一对矛盾。但是在不同场合，对非线性失真要求不同。例如，在测量系统和电声设备中，这个问题显得很重要，而在工业控制系统等场合中，则以输出功率为主要目的，对非线失真的要求就降为次要问题了。

4．功放管的散热要好

在功率放大电路中，为使输出功率尽可能大，要求晶体管工作在极限应用状态，即晶体管集电极电流最大时接近 I_{CM}，管压降最大时接近 $U_{(BR)CEO}$，耗散功率最大时接近 P_{CM}。因此，在选择功放管时，要特别注意极限参数的选择，以保证管子的安全工作。

应当指出，因功放管通常为大功率管，查阅手册时要特别注意其散热条件，使用时需安装合适的散热体，有时还要采取各种保护措施。如图 5.1 所示为常见的功放管外形图。

在分析方法上，由于功放管处于大信号下工作，故通常采用图解法。

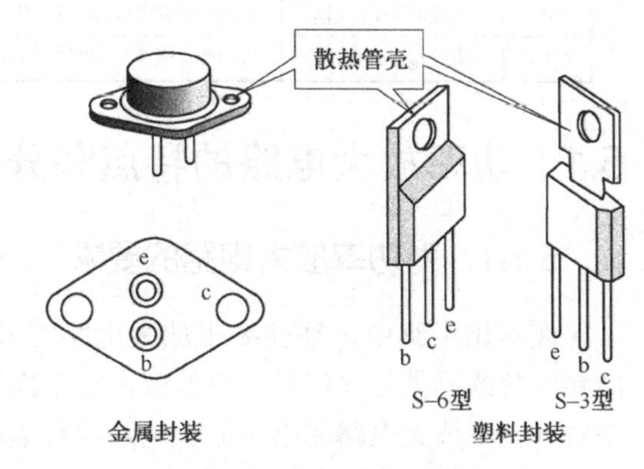

图 5.1　功放管外形图

5.1.2　功率放大器的分类

根据三极管静态工作点 Q 在交流负载线上的位置不同，可分为甲类、乙类和甲乙类三种功率放大器。

1．甲类功率放大器

三极管的静态工作点 Q 设置在交流负载线的中点附近，如图 5.2（a）所示。在输入信号的整个周期内都有 i_C 流过功放管，波形失真小。但由于静态电流大，放大器的效率较低，最高只能达到50%。

2．乙类功率放大器

三极管的静态工作点设置在交流负载线的截止点，如图 5.2（c）所示。在输入信号的整个周期内，功放管仅在输入信号的正半周导通，i_C 波形只有半波输出。由于几乎无静态电流，功率损耗减到最少，使效率大大提高。乙类功率放大器采用两个三极管组合起来交替工作，则可以放大输出完整的全波信号。

3. 甲乙类功率放大器

三极管的静态工作点介于甲类和乙类之间，一般略高于乙类，如图 5.2（b）所示。功放管有不大的静态电流，在输入信号的整个周期内，在大于半个周期内有 i_C 流过功放管。它的波形失真情况和效率介于甲类和乙类之间，是实用的功率放大器经常采用的方式。

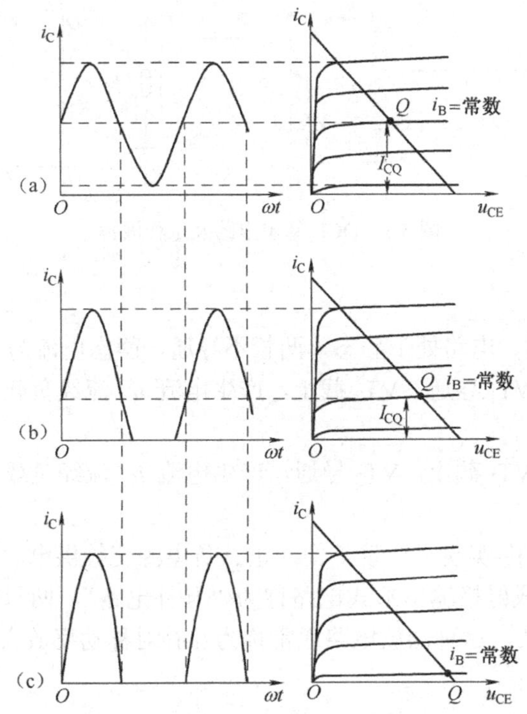

（a）甲类放大，在一个周期内 $i_C>0$；（b）甲乙类放大，在一个周期内有半个周期以上，$i_C>0$；

（c）乙类放大，在一个周期内只有半个周期 $i_C>0$

图 5.2　Q 点下移对放大电路工作状态的影响

必须指出，甲类功放由于静态电流大，效率低，因此很少采用；变压器耦合功放由于变压器体积大，不适于集成，频率性能差，在现在的功放中也不大采用，因此本章不涉及这两类功放。

5.2　互补对称功率放大电路

目前使用最广泛的是无输出电容的功率放大电路（OCL 电路）和无输出变压器的功率放大电路（OTL 电路）。

5.2.1　乙类双电源互补对称功率放大电路（OCL 电路）

1. 电路的组成

OCL 基本电路及工作波形如图 5.3 所示。图中 VT_1 为 NPN 型三极管，VT_2 为 PNP 型三极管，两管的参数要求应基本一致，两管的发射极连在一起，作为输出端直接接负载电阻 R_L，两管都为共集电极接法。正负对称双电源供电，两管中的点静态电位必须为 0。

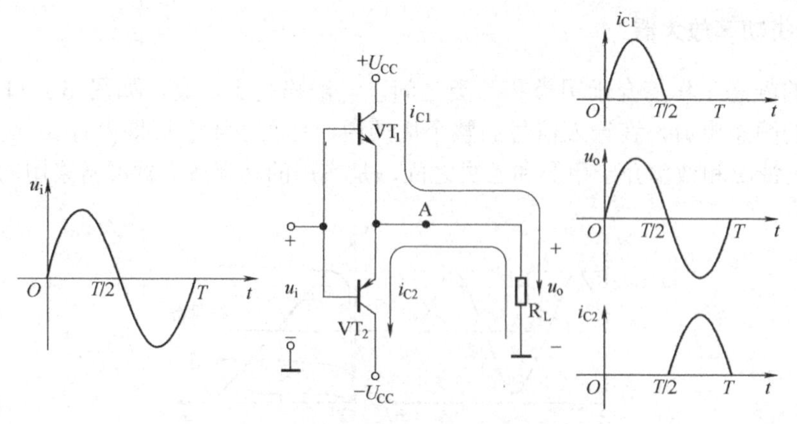

图 5.3　OCL 基本电路及工作波形

2．工作原理

当输入信号 $u_i=0$ 时，电路处于静态，两管不导通，静态电流为 0，电源不消耗功率。

当 u_i 为正半周时，VT_1 导通，VT_2 截止，产生电流 i_{C1} 流经负载 R_L 形成输出电压 u_o 的正半周。

当 u_i 为负半周时，VT_1 截止，VT_2 导通，产生电流 i_{C2} 流经负载 R_L 形成输出电压 u_o 的负半周。

由此可见，VT_1、VT_2 实现了交替工作，正、负电源交替供电。这种不同类型的两只晶体管交替工作，且均组成射极输出形式电路称为“互补电路”，两只管子的这种交替工作方式称为“互补”工作方式，这种功放电路通常称为互补对称功率放大电路。

3．输出功率和效率

功率放大电路最重要的技术指标是电路的最大输出功率 P_{OM} 及效率η。为了求解 P_{OM}，需首先求出负载上能够得到的输出电压的幅值，为此我们用作图法来分析计算。

为了便于分析，将 VT_1 和 VT_2 的输出特性曲线组合在一起，如图 5.4 所示。图中 I 区为 VT_1 的输出特性，Ⅱ区为 VT_2 的输出特性。因两只管子的静态电流很小，所以可以认为静态工作点在横轴上，如图中所标注的 Q 点，因而最大输出电压幅值为 $U_{CC}-U_{CES}$。

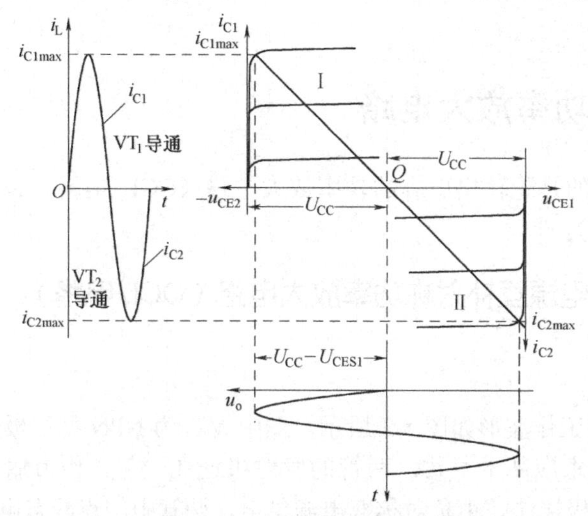

图 5.4　OCL 电路的图解分析

根据以上分析，不难求出工作在乙类的互补对称电路的输出功率、管耗、直流电源供给的功率和效率。

（1）最大输出功率 P_{OM}。由前面分析可知上述 OCL 电路输出电压最大幅值为 $U_{CC}-U_{CES}$，因此最大不失真输出电压的有效值为

$$U_{OM}=\frac{U_{CC}-U_{CES}}{\sqrt{2}}$$

最大输出功率为

$$P_{OM}=\frac{U_{OM}^2}{R_L}=\frac{(U_{CC}-U_{CES})^2}{2R_L} \tag{5.2}$$

（2）直流电源供给最大平均功率 P_{VM}。在忽略基本回路电流的情况下，电源 U_{CC} 提供的最大电流幅值为 $\frac{U_{CC}-U_{CES}}{R_L}$，设输入信号角频率为 ω，则 t 时刻电源提供的电流为

$$i_C=\frac{U_{CC}-U_{CES}}{R_L}\sin\omega t$$

电源在负载获得最大交流功率时，所提供的最大的平均功率等于其最大平均电流与电源电压之积，其表达式为

$$P_{VM}=\frac{1}{\pi}\int_0^{\pi}\frac{U_{CC}-U_{CES}}{R_L}\sin\omega t\cdot U_{CC}\mathrm{d}\omega t$$

整理后得

$$P_{VM}=\frac{2}{\pi}\cdot\frac{U_{CC}(U_{CC}-U_{CES})}{R_L} \tag{5.3}$$

（3）效率 η。在输出电压达到最大幅度时的效率为

$$\eta=\frac{P_{OM}}{P_{VM}}=\frac{\pi}{4}\cdot\frac{U_{CC}-U_{CES}}{U_{CC}} \tag{5.4}$$

（4）集电极最大功耗 P_{TM}。在功率放大电路中，电源提供的功率，除了转换成输出功率外，其余部分主要消耗在晶体管上，可以认为晶体管所损耗的功率 $P_T=P_V-P_O$。当输入电压为 0 时，由于集电极电流很小，使管子的损耗很小；输入电压最大，即输出功率最大时，由于管压降很小，管子的损耗也很小；可见，管耗最大既不会发生在输入电压最小时，也不会发生在输入电压最大时。可以证明，当输出电压峰值 $U_{OM}\approx0.6U_{CC}$ 时，管耗最大，每只管子的管耗 $P_T=P_{Tmax}$。当 $U_{CES}=0$ 时，

$$P_{T\max}=\frac{2}{\pi^2}P_{OM}\approx0.2P_{OM} \tag{5.5}$$

在理想情况下，即 $U_{CES}=0$ 的情况下，

$$P_{OM}=\frac{U_{CC}^2}{2R_L} \tag{5.6}$$

$$P_{VM}=\frac{2}{\pi}\cdot\frac{U_{CC}^2}{R_L} \tag{5.7}$$

$$\eta=\frac{\pi}{4}\approx78.5\% \tag{5.8}$$

4．功率管的选择

若要使功放电路输出最大功率，又使功率管安全工作，功率管的参数必须满足下列条件。

（1）$P_{CM} > 0.2P_{OM}$；

（2）$|U_{(BR)CEO}| > 2U_{CC}$；

（3）$I_{CM} > U_{CC}/R_L$。

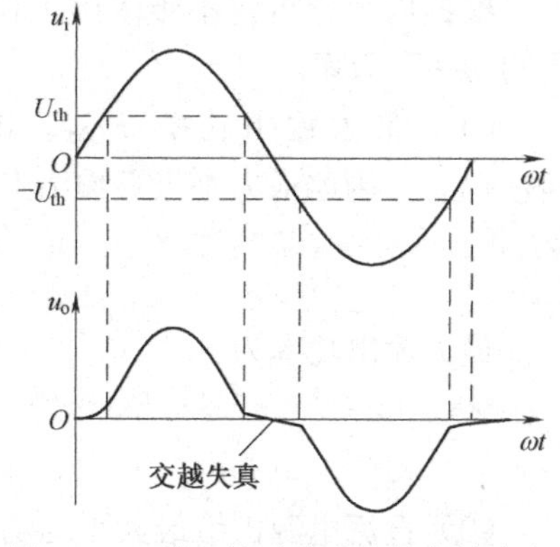

图 5.5　乙类互补对称功放的交越失真

5.2.2　甲乙类互补对称功率放大器

1. 乙类互补对称功放的交越失真

前面讨论的如图 5.3 所示的乙类互补对称功率放大电路，实际上并不能使输出波形很好地反映输入的变化。由于没有直流偏置，管子必须在$|u_{BE}|$大于其门槛电压时才能导通。当 u_i 低于这个数值时，VT_1 和 VT_2 都截止，i_{C1} 和 i_{C2} 基本上为 0，负载 R_L 上无电流流过，出现一段死区，如图 5.5 所示，这种现象称为交越失真。

2. 甲乙类互补对称功率放大器

为了克服交越失真，可给两互补管的发射结设置一个很小的正向偏置电压，使它们在静态时处于微导通状态。这样既消除了交越失真，又使功放管工作在接近乙类的甲乙类状态，效率仍然很高。如图 5.6 所示就是按照这种要求构成的甲乙类功放电路。

图 5.6（a）中，静态时 VD_1、VD_2 两端压降加到 VT_1、VT_2 的基极之间，使两管处于微导通状态。当信号输入时，由于 VD_1、VD_2 对交流信号近似短路（其正向交流电阻很小），因此加到两管基极的正、负半周信号的幅度相等。

图 5.6（b）中，VT_4、R_1 和 R_2 组成具有恒压特性的偏置电路，称为 U_{BE} 倍增电路，若 R_1 的电流 $i_R \gg i_{B4}$，则 VT_1、VT_2 基极间电压

$$U_{B1B2} = U_{CE4} \approx \frac{U_{BE4}}{R_2}(R_1 + R_2) = U_{BE4}\left(1 + \frac{R_1}{R_2}\right)$$

因此，上述偏置电路具有恒压特性，它对交流近似短路，保证加到 VT_1、VT_2 基极的正、负半周信号的幅度相等。同时，适当选择 R_1、R_2 的值，就可得到 U_{BE4} 的任意倍数的直流电压，以适应不同电路的要求，这也是得名“U_{BE} 倍增电路”的原因。

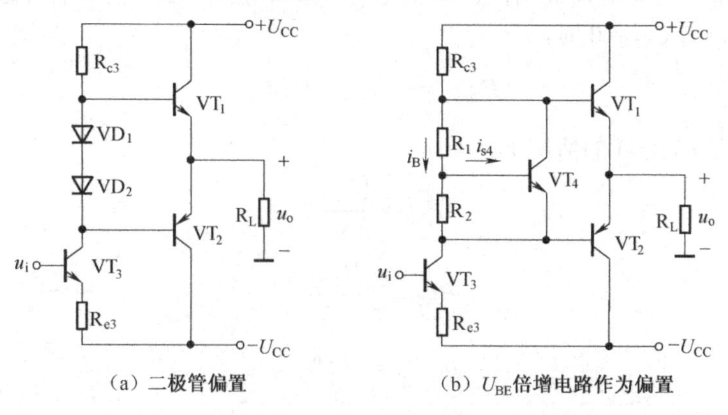

图 5.6　甲乙类互补对称功放电路

5.2.3 单电源互补对称功率放大器（OTL 电路）

1. 基本电路

双电源互补对称功率放大电路采用双电源供电，但某些场合往往给使用者带来不便。为此，可采用如图 5.7 所示的单电源供电的甲乙类互补对称功放，又称为 OTL 电路。

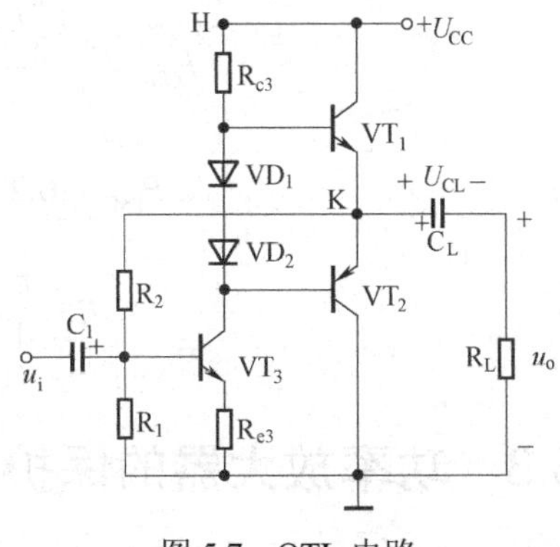

图 5.7 OTL 电路

图 5.7 中 VT_3 为前置放大级，VT_1、VT_2 组成互补对称输出级，VD_1、VD_2 保证电路工作于甲乙类状态。在输入信号 $u_i=0$ 时，一般只要 R_1、R_2 取值适当，就可使 I_{C3}、U_{B1} 和 U_{B2} 达到所需大小，给 VT_1 和 VT_2 提供一个合适的偏置，从而使 K 点直流电位为 $U_{CC}/2$，则 C_L 两端静态电压也为 $U_{CC}/2$。由于 C_L 容量很大，满足 $R_LC_L>>T$（信号周期），故有信号时，电容 C_L 两端电压基本不变，它相当于一个电压为 $U_{CC}/2$ 的直流电源。此外，C_L 还有隔直通交的耦合作用。

在 u_i 为负半周时，VT_1 导通，而 VT_2 截止，有电流流过负载 R_L，同时向 C_L 充电；在 u_i 为正半周时 VT_1 截止，VT_2 导通，此时 C_L 起着负电源的作用，通过负载 R_L 放电。由此可以认为电容 C_L 和一个电源 U_{CC} 可以代替原来的 $+U_{CC}$ 和 $-U_{CC}$ 两个电源的作用，但其电源电压值应等效为 $\pm U_{CC}/2$。显然若把 OCL 电路性指标中的 U_{CC} 换成 $U_{CC}/2$，就得到 OTL 电路的性能指标。

图 5.7 中 R_2 引入的负反馈，不但稳定了 K 点的直流电位，而且还改善了整个电路的性能指标。

2. 自举电路

如图 5.7 所示电路虽然解决了互补对称电路工作点偏置和稳定问题，但是，实际上还存在其他方面的问题。在额定输出功率的情况下，电路存在最大输出电压幅值偏小的问题，当 u_i 为正半周最大值时，VT_1 截止，VT_2 接近饱和导电，K 点电位由静态时的 $U_{CC}/2$ 下降为 U_{CES}，于是负载上得到最大负向输出电压幅值为 $U_{CC}/2-U_{CES}\approx U_{CC}/2$。当 u_i 为负半周的最大值时，理想情况下应是 VT_2 截止，VT_1 接近饱和，K 点电位由 $U_{CC}/2$ 升高至接近 U_{CC}，负载上得到最大正向输出电压幅值约为 $U_{CC}/2$，但由于 i_{B1} 流过 R_{c3} 产生的电压降使 u_{B1} 下降，i_{B1} 的增加受到限制，从而使 VT_1 达不到饱和，于是负载上的最大正向输出电压幅值受到限制，将明显小于 $U_{CC}/2$。

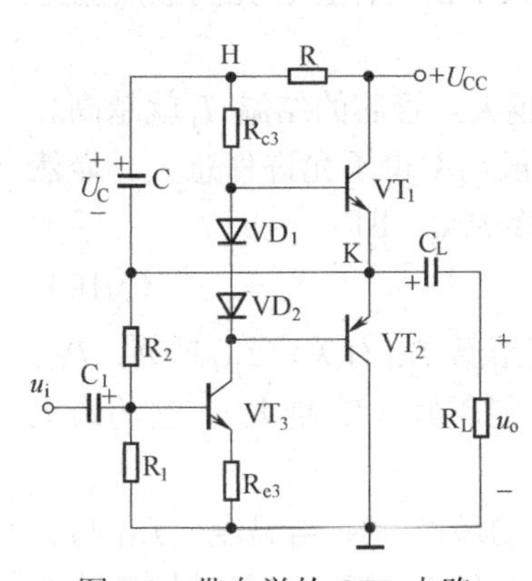

图 5.8 带自举的 OTL 电路

解决上述问题的措施是把图 5.7 中 H 点的电位升高，使 u_i 为负半周最大值时 $u_H>U_{CC}$，从而使 i_B 足够大，保证 VT_1 饱和。为此，常采用如图 5.8 所示带自举的 OTL 电路。图中，R、C 组成自举电路，C 的容量很大，静态时两端电压 $U_C=U_{CC}/2-I_{C3}R$，且在信号输入时 U_C 基本不变。当 u_i 为负半周时，VT_1 导通，$u_H=U_C+u_K$，随着 u_K 的升高，u_H 也自动升高，这就是“自举”。显然，当 u_i 为负半周最大值时，u_H 将大

于 U_{CC}，故有足够大的 i_B，使 VT_1 饱和，于是功放的最大输出电压幅值接近 $U_{CC}/2$。

例 5-1 在如图 5.8 所示电路中，若 $U_{CC}=24V$，$U_{CES}=1V$，$R_L=16\Omega$，试计算 P_{OM}、P_{TM1} 与 η。

解：

$$P_{OM}=\frac{1}{2}\frac{(\frac{1}{2}U_{CC}-U_{CES})^2}{R_L}=\frac{1}{2}\cdot\frac{(24/2-1)^2}{16}=3.8(W)$$

$$P_{TM1}=0.2\times\frac{1}{2}\times\frac{(U_{CC}/2)^2}{R_L}=0.1\times\frac{12^2}{16}=0.9(W)$$

$$\eta=\frac{\pi}{4}\times\frac{U_{CC}/2-U_{CES}}{U_{CC}/2}=\frac{\pi}{4}\times\frac{11}{12}\approx 72\%$$

5.3 功率放大器的保护电路

在功率放大器中，为了保护功率管免于热击穿，一般需要附加保护电路。什么叫热击穿呢？当功放管的管耗超过其散热能力时会引起结温升高，结温升高又使集电极电流增大，促使晶体管集电极功耗增大，进一步使结温升高，从而形成恶性循环，最终导致功放管烧坏。这种现象称为功放管的热击穿。可见，为确保功率放大器正常工作，必须尽量降低管耗，同时尽量改善晶体管的散热条件（如外加散热片、配小风扇等）。

5.3.1 功率管的管耗与散热

当三极管加有电压和电流时，由于电流的热效应，三极管要消耗一定的功率而发热。管芯发热之后，就会通过周围环境散热。散热的途径有热辐射、热对流、热传导，而对功率三极管来说，主要是靠热传导。根据热传导的基本原理，当管芯上每秒因消耗功率而发生的热量与散发出去的热量相等时，管芯的温度就达到温定值，此时有

$$P_C=K(T_j-T_a) \tag{5.9}$$

式中，P_C——消耗在晶体管上的功率；

T_j——管芯的结温；

T_a——环境温度；

K——热导，表示温度每升高一度所耗散的功率，K 的大小由晶体管管壳的散热能力决定，K 的单位是 mW/℃。

在三极管的散热条件和环境温度一定时，消耗的功率 P_C 越大，管芯的结温 T_j 就越高。由于管芯结温不能超过三极管的最高结温 T_{jM}，故三极管的耗散功率也不允许任意大。显然与最高结温 T_{jM} 对应的耗散功率就是三极管的最大允许耗散功率 P_{CM}，即

$$P_{CM}=K(T_{jM}-T_a) \tag{5.10}$$

由上式可知，三极管的最大耗散功率 P_{CM} 和三极管的最高结温 T_{jM} 有关，T_{jM} 越高，P_{CM} 也越大。同时，P_{CM} 也和三极管本身的散热能力有关，散热性能越好（K 越大），它的最大允许耗散功率 P_{CM} 也就越大。

三极管的最高结温 T_{jM} 是指三极管能正常、长期可靠工作的最高 PN 结温度。T_{jM} 与三极管的可靠性和性能有关；最高结温 T_{jM} 还与制造三极管的材料有关，通常硅管的比锗管的

大，如一般的硅器件最高结温为 150℃～200℃，而锗器件则为 85℃～125℃。

衡量三极管集电结耗散功率 P_{CM} 大小的另一个参数是热阻，用符号 R_T 表示。

大家都知道，电流流过物体时会遇到阻力，阻力的大小用电阻来表示。电阻越小，则电流通过时所遇到的阻力也越小。同样，当三极管工作时，集电结产生的热量要散发到周围空间中去，也会遇到一种阻力，这种阻力称为“热阻”。散发热量的阻力越小，也就是热阻越小，则热量越容易散发到周围空间，在相同的环境温度下，热阻小的三极管能承受较大的集电结耗散功率，也就是说晶体管的 P_{CM} 值较大；反之，P_{CM} 值较小。三极管的热阻 R_T 是表征三极管工作时所产生的热量向外散发的能力，它表示三极管散热能力的大小。实际上，R_T 就是式（5.9）中的热导 K 的倒数，即

$$R_T = \frac{1}{K} \tag{5.11}$$

用热阻 R_T 来表示式（5.9）和式（5.10），则有

$$P_C = \frac{T_j - T_a}{R_T} \tag{5.12}$$

$$P_{CM} = \frac{T_{jM} - T_a}{R_T} \tag{5.13}$$

式（5.13）又可写成

$$R_T = \frac{T_{jM} - T_a}{P_{CM}} \tag{5.14}$$

所以也可以说，R_T 是单位耗散功率所引起的结温升高值，它的单位是℃/W 或℃/mW。

由式（5.14）可见，热阻的表达式 $R_T = \dfrac{\Delta T}{P_C}$ 和欧姆定律 $R = \dfrac{\Delta U}{I}$ 有相似的形式，因而可用与分析电路相似的方法来进行热学计算。

以上分析可见，提高 P_{CM} 要从减小 R_T 和提高 T_{jM} 着手，一般硅平面三极管的 T_{jM} 规定在 150℃～200℃的范围内，所以减小热阻 R_T 是提高 P_{CM} 的一项关键措施，对于大功率晶体管，一般需要加散热板以改善散热条件，减少热阻，从而提高 P_{CM}。

5.3.2 保护电路

在实际应用中，若管耗 P_C 过大将导致功率管损坏，限制管耗即可有效地保护功率管。限制管耗的常用方法是限制流过功率管集电极的电流（即输出电流 I_L）。

图 5.9 所示为 OCL 甲乙类互补对称功放电路，图中，采用二极管 VD_3、VD_4 作为输出限流保护电路，正常情况下，VD_3、VD_4 不起作用。如果正向电流过大，则 R_{E2} 上的电压降增大，使 VD_3 正向偏置，由截止变为导通，从而分去 VT_2 的一部分基极电流，使输出电流减小；如果负向电流过大，则 VD_4 导通，其保护原理与 VD_3 相同。电路最大允许输出正向电流约为，$I_{Lmax} \approx U_{VD3}/R_{E2}$，如果设 $U_{VD3} \approx 0.6V$，$R_{E2}=0.5\Omega$，则 $I_{max} \approx 1.2A$。由于二极管具有负的温度系数，因此当环境温度升高时，二极管的正向电压降低，从而使输出电流的最大值也相应减小，这也有利于控制功率管的结温不至于升高。

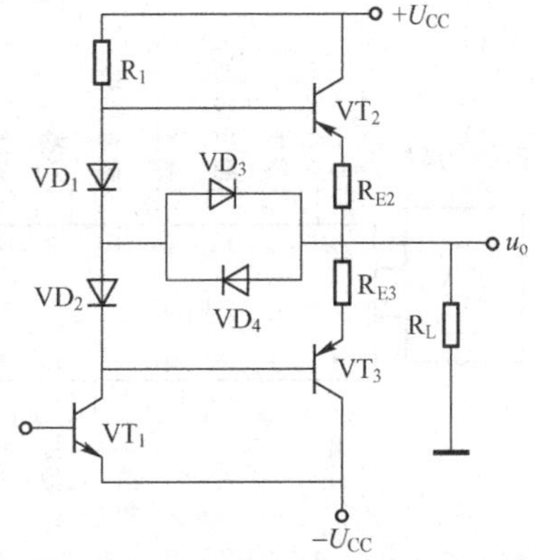

图 5.9 功放管输出限流保护电路

5.4 集成功率放大器

随着线性集成电路的发展，集成功率放大器的应用日益广泛。OTL、OCL 等电路均有各种不同输出功率和不同电压增益的多种型号的集成电路。下面以低频功放为例，讲述集成功放的电路的组成、工作原理、主要性能指标和典型应用。

5.4.1 集成功率放大电路分析

1．LM386 集成功率放大电路

LM386 是一个三级放大电路。第一级为差分放大电路，第二级为共射放大电路，第三级电路可以消除交越失真。

LM386 的内部电路原理如图 5.10 所示。引脚 2 为反相输入端，3 为同相输入端；引脚 5 为输出端；引脚 6 和 4 分别为电源和地；引脚 1 和 8 为电压增益设定端，当引脚 1 和 8 之间外接不同的电阻时，A_u 的调节范围为 20～200。应当指出，在引脚 1 和 8 外接电阻时，因只改变交流通路，所以必须在外接电阻回路中串接一个大容量电容，通常取 10μF。

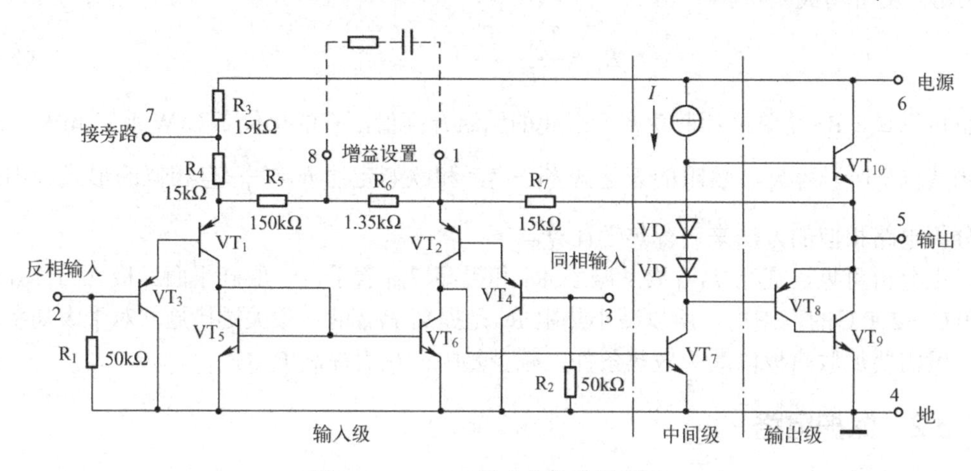

图 5.10　LM386 的内部电路原理图

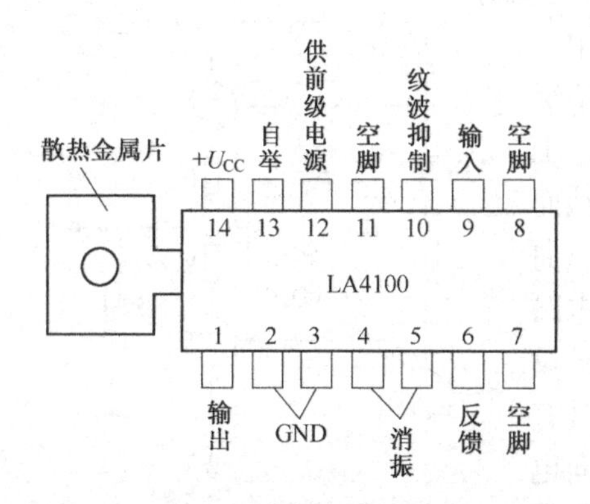

图 5.11　LA4100 功放集成电路引脚功能

2．LA4100 系列功放集成电路

LA4100 是日本三洋公司生产的 OTL 功放集成电路，我国生产的同一类型的产品在使用中可以互换。该集成功率放大器广泛用于收录机等电子设备中，属于该系列的有 LA4100、LA4101、LA4112 等。

LA4100 系列功放集成电路的引脚功能如图 5.11 所示，它是带散热体的 14 脚双排直插式塑料封装结构。

5.4.2 集成功率放大电路的主要性能指标

集成功率放大电路的性能指标是应用集成功放的依据。集成功率放大电路的主要性能指标有最大输出功率、电源电压范围、电源静态电流、电压增益、频带宽度、输入阻抗，输入偏置电流、总谐波失真等。几种典型产品的性能指标如表 5.1 所示。

表 5.1 几种集成功放的主要参数

型　号	LM386-4	LM2877	TDA1514A	LA4100
电路类型	OTL	OTL（双通道）	OCL	OTL
电源电压范围（V）	5.0～18	6.0～24	±10～±30	3.0～9.0
静态电源电流（mA）	4	25	56	15
输入阻抗（kΩ）	50		1000	20
输出功率（W）	1（U_{CC}=16V,R_L=32Ω）	4.5	48（U_{CC}=±23V, R_L=4Ω）	1.0
电压增益（dB）	26～46	70 （开环）	89（开环），30（闭环）	70（开环）
频带宽（kHz）	300 （1,8 开路）		0.02～25	
增益带宽积（kHz）		65		
总谐波失真（%）（或 dB）	0.2 %	0.07 %	−90dB	0.5 %

如表 5.1 所示电压增益均在信号频率为 1kHz 条件下测试所得。对于同一负载，当电源电压不同时，最大输出功率的数值将不同。当然，对同一电源电压，当负载不同时，最大输出功率的数值也不同。应当指出，如表 5.1 所示均为典型数据，使用时应进一步查阅手册，以便获得更确切的数据。

5.4.3 集成功率放大电路的应用

1. 用 LM386 组成 OTL 应用电路

如图 5.12 所示是用 LM386 组成的 OTL 功放电路的应用电路。7 脚接去耦电容 C，5 脚输出端所接 10Ω和 0.1μF 串联网络都是为防止电路自激而设置的。1、8 脚所接阻容电路可调整电路的电压增益，通常电容的取值为 10μF，R 约为 20kΩ。R 的值愈小，增益愈大。该电路常用于收录机及玩具电路中。

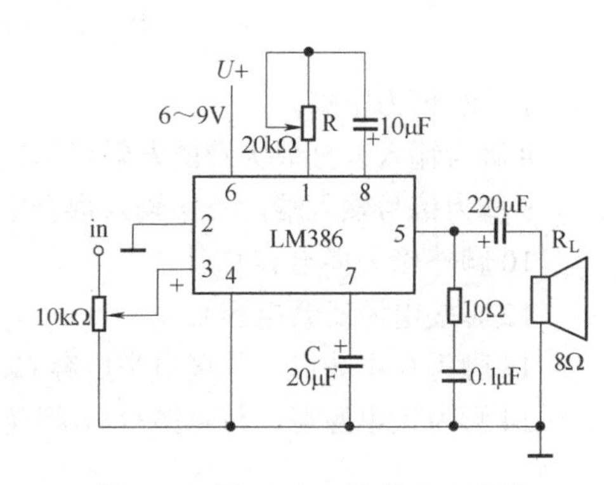

图 5.12 用 LM386 组成 CTL 电路

2. LA4100 集成功放的典型应用

如图 5.13（a）是用 LA4100 功放集成电路组成的互补对称式功率放大电路的原理电路，图 5.13（b）是印制电路板装配图。LA4100 各引脚作用如下。

1 脚为功率放大器的输出端，放大后的信号从 1 脚输出，通过耦合电容 C_5 送到扬声器负载。

2、3 脚接电源负极，也就是公共地端。

4、5 脚两端之间接一小电容 C_3，用以防止放大器产生高频自激振荡。

6 脚外接 C_2、R_1，与内部电路元件构成交流负反馈网络，R_1 阻值调小可降低反馈的深度，提高放大倍数。

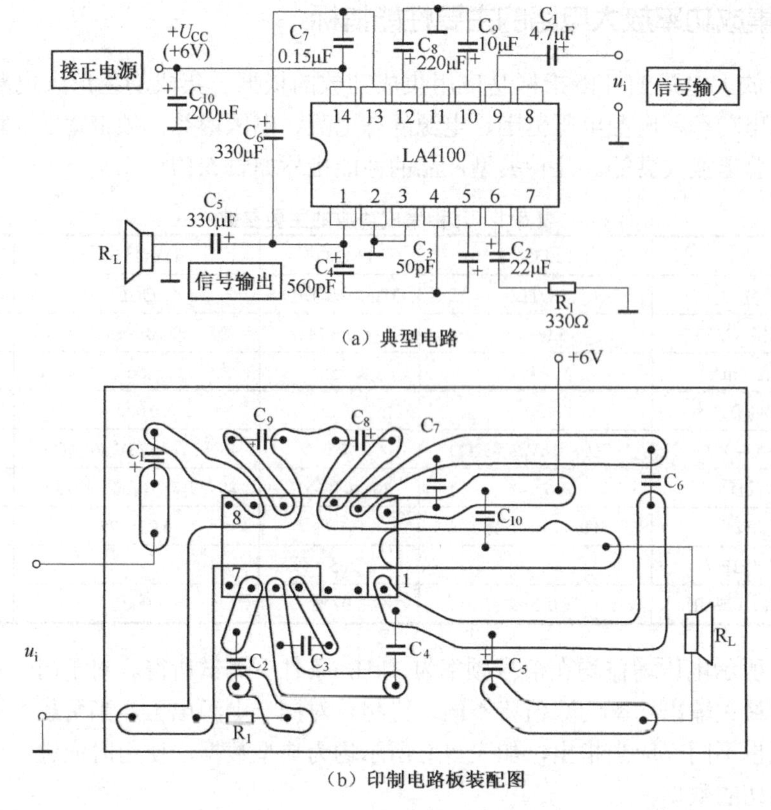

（a）典型电路

（b）印制电路板装配图

图 5.13　LA4100 集成电路典型电路

7、11 脚为空脚。

8 脚为输入差分放大管的发射极引出脚，使用时一般悬空不接。

9 脚为信号输入端，外接输入耦合电容 C_1 与输入信号相连。

10 脚外接去耦电容 C_9。

12 脚接电源滤波电容 C_8。

13 脚为自举端口，外接自举电容 C_6，可以使输出管的动态范围增大。

14 脚为正电源端，与电源 $+U_{CC}$ 相连。

3．集成 OCL 电路 TDA1521 的应用

如图 5.14 所示为 TDA1521 的基本用法。TDA1521 为 2 通道 OCL 电路，可作为立体声扩音机左、右两声道的功放。其内部引入了深度电压串联负反馈，闭环电压增益为 30dB，并具有待机、静噪功能以及短路和过热保护功能。

查阅手册可知，当 $\pm U_{CC}=\pm 16V$、$R_L=8\Omega$，若要求总谐波失真为 0.5%，则 $P_{OM}\approx 12W$。

4．集成 BTL 电路的应用

OTL 和 OCL 功放的电源利用率不高，它们的电源电压分别是 U_{CC} 和 $2U_{CC}$（两组电源之和），而在负载上获得的最大电压幅值却只有 $U_{CC}/2$ 和 U_{CC}，这就使得在电源电压不能很高的场合，电路的输出功率受到限制。为弥补这一缺憾，可采用 BTL 功率放大器，又称为桥式功率放大器。

TDA1556 为 2 通道 BTL 电路，可作为立体声扩音机左右声道的功放，如图 5.15 所示为其基本接法，两个通道的组成完全相同。TDA1556 内部具有待机、静噪功能，并有短路、电压反向、过电压、过热和扬声器保护等。

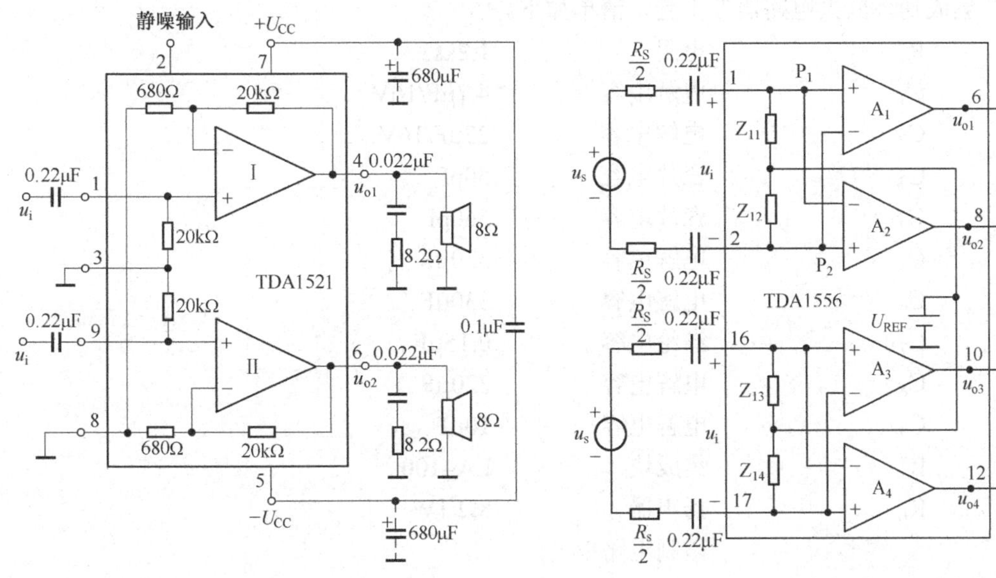

图 5.14　TDA1521 的基本用法　　　　图 5.15　TDA1556 的基本接法

为了使最大不失真输出电压的峰值接近电源电压 U_{CC}，静态时，应设置放大电路的同相输入端和反相输入端电位均为 $U_{CC}/2$，输出端电位也为 $U_{CC}/2$，因此内部提供的基准电压 U_{REF} 为 $U_{CC}/2$。当输入电压 u_i 由 0 逐渐增大时，u_{o1} 从 $U_{CC}/2$ 逐渐增大，u_{o2} 从 $U_{CC}/2$ 逐渐减小；当 u_i 增大到峰值时，u_{o1} 达到最大值，u_{o2} 达到最小值，负载上电压接近$+U_{CC}$。同理，当 u_i 由 0 逐渐减小时，u_{o1} 和 u_{o2} 的变化与上述过程相反；当 u_i 减小到负峰值时，u_{o1} 达到最小值，u_{o2} 达到最大值，负载上电压接近$-U_{CC}$。因此，最大不失真输出电压的峰值可接近电源电压 U_{CC}。

5.5　实训 5

5.5.1　集成功率放大器安装与测试

1. 实训目的

（1）学会组装集成功率放大器典型应用电路。
（2）熟悉用万用表测量集成电路引脚电压和用示波器观测波形。
（3）掌握集成功放的参数测试。

2. 实训材料及仪器

（1）低频信号发生器　　　　1 台
（2）示波器　　　　1 台
（3）直流稳压电源　　　　1 台

（4）万用表　　　　　　　　　　　　1台

（5）毫伏表　　　　　　　　　　　　1台

（6）电烙铁、镊子、剪线钳等常用工具　　1套

（7）集成功率放大电路器件1套，清单如下。

R_1	电阻	1.2kΩ
C_1	电解电容	4.7μF/16V
C_2	电解电容	22μF/16V
C_3	瓷片电容	50pF
C_4	瓷片电容	560pF
C_5	电解电容	330μF
C_6	电解电容	330μF
C_7	涤纶电容	0.15μF
C_8	电解电容	220μF
C_9	电解电容	10μF
IC	集成块	LA4100
R_L	扬声器	8Ω/1W
	印制电路板	

3．实训预习内容

（1）预习有关集成功放的知识。

（2）预习有关元器件的基础知识。

（3）预习有关仪器、仪表的使用方法。

4．实训内容与步骤

（1）检测并处理元件。

（2）按图5.12将电路焊接安装好。

（3）检查接线无误后接通电源，在无信号输入时用示波器观察输出端有无振荡波形。若有，可适当加大消振电容C_3的容量。

（4）用万用表直流电压挡测量集成电路各引脚的直流电压，并记入表5.2中。

表5.2　集成功放4100各引脚直流电位

集成电路引脚	1	2	3	4	5	6	7	8	9	10	11	12	13	14
直流电压（V）														

（5）测量最大不失真功率P_{OM}。

① 将示波器接OTL电路输出端，低频信号发生器接信号输入端，将频率调为1kHz，并逐渐调大输入信号u_i的幅度，直至输出信号为最大的不失真波形。

② 用毫伏表接在输出端，测出该状态下的信号电压U_o。

③ 应用$P_{OM}=\dfrac{U_o^2}{R_L}$计算出最大不失真功率。

（6）测算功放电路效率η。

① 在功放电路输出最大不失真信号的状态下，用万用表测量电源电流 I_{CC}，并记录。

② 计算电源供给功率 $P_V = I_{CC}U_{CC}$。

③ 用 $\eta = \frac{P_{OM}}{P_V}$ 计算电路效率。

（7）观察自举电路的作用，步骤如下。

① 调节输入信号源，使电路输出信号为最大的不失真波形。

② 将自举电容 C_6 断开，观察输出波形，绘出波形图，并与正常的波形比较。

（8）测幅频特性——点频法。接入自举电容 C_6，在输入端加 1kHz 正弦信号，调节输入信号 u_i 的幅度，使输出获得最大不失真幅度输出，然后在输入幅值维持不变的条件下，按表 5.3 要求改变输入信号频率，逐点测试输出信号电压值并记录。

表 5.3 幅频特性测试（u_i= V）

f（Hz）	5	10	50	70	100	500	1k	10k	50k	100k	500k	700k	1M
U_o（V）													
U_o/U_i													

5．实训报告

（1）画出实训测试连线图。

（2）整理实训数据，并根据幅频特性的测试数据画出幅频特性曲线。

5.5.2 有源音箱功率放大电路的制作

1．实训目的

（1）进一步理解 OTL 功率放大器的工作原理。

（2）学会 OTL 电路的调试及主要性能指标的测试方法。

2．实训原理

如图 5.16 所示为 OTL 低频功率放大器。其中由晶体三极管 VT_1 组成推动级（也称前置放大级），VT_2、VT_3 是一对参数对称的 NPN 和 PNP 型晶体三极管，它们组成互补推挽 OTL 功放电路。由于每一个管子都接成射极输出器形式，因此具有输出电阻低，负载能力强等优点，适合于作功率输出级。VT_1 工作于甲类状态，它的集电极电流 I_{C1} 由电位器 R_{P1} 进行调节。I_{C1} 的一部分流经电位器 R_{P2} 及二极管 VD，给 VT_2、VT_3 提供偏压。调节 R_{P2}，可以使 VT_2、VT_3 得到合适的静态电流而工作于甲、乙类状态，以克服交越失真。静态时要求输出端中点 A 的电位 $U=U_{CC}/2$，可以通过调节 R_{P1} 来实现，又由于 R_{P1} 的一端接在 A 点，因此在电路中引入交、直流电压并联负反馈，一方面能够稳定放大器的静态工作点，同时也改善了非线性失真。

当输入正弦交流信号 u_i 时，经 VT_1 放大、倒相后同时作用于 VT_2、VT_3 的基极，u_i 的负半周使 VT_2 导通（VT_3 截止），有电流通过负载 R_L，同时向电容 C_o 充电，在 u_i 的正半周，VT_3 导通（VT_2 截止），则已充好电的电容器 C_o 起着电源的作用，通过负载 R_L 放电，这样在 R_L 上就得到完整的正弦波。

C_2 和 R 构成自举电路，用于提高输出电压正半周的幅度，以得到大的动态范围。

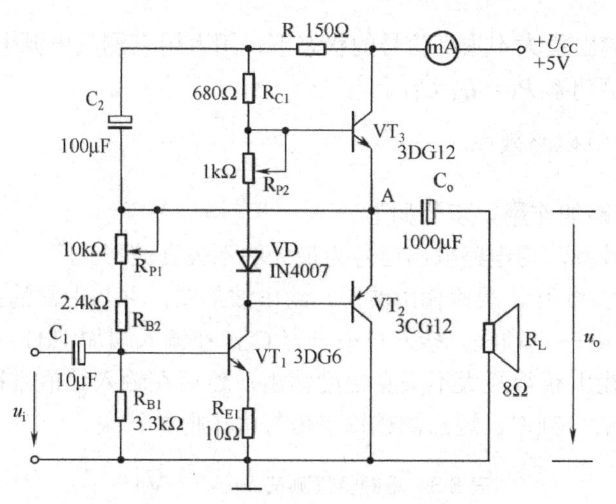

图 5.16 OTL 功率放大器实训电路

OTL 电路的主要性能指标如下。

（1）最大不失真输出功率 P_{OM}。理想情况下，$P_{OM}=\frac{1}{8}\frac{U_{CC}^2}{R_L}$，在实训中可通过测量 R_L 两端的电压有效值，来求得实际的 $P_{OM}=\frac{U_o^2}{R_L}$。

（2）效率 η。$\eta=\frac{P_{OM}}{P_E}100\%$　P_E 为直流电源供给的平均功率。理想情况下，η_{max}=78.5%。在实验中，可测量电源供给的平均电流 I_{DC}，从而求得 $P_E=U_{CC}\cdot I_{DC}$，负载上的交流功率已用上述方法求出，因而也就可以计算实际效率了。

（3）频率响应。放大器的幅频特性是指放大器的电压放大倍数 A_u 与输入信号频率 f 之间的关系曲线。A_{um} 为中频电压放大倍数，通常规定电压放大倍数随频率变化下降到中频放大倍数的 $1/\sqrt{2}$ 倍，即 $0.707A_{um}$ 所对应的频率分别称为下限频率 f_L 和上限频率 f_H，则通频带 $f_{BW}=f_H-f_L$

放大器的幅率特性就是测量不同频率信号时的电压放大倍数 A_u。为此，可采用前述测 A_u 的方法，每改变一个信号频率，测量其相应的电压放大倍数，测量时应注意取点要恰当，在低频段与高频段应多测几点，在中频段可以少测几点。此外，在改变频率时，要保持输入信号的幅度不变，且输出波形不得失真。

（4）输入灵敏度。输入灵敏度是指输出最大不失真功率时，输入信号 u_i 之值。

3．实训设备与器件

（1）+5V 直流电源。
（2）函数信号发生器。
（3）双踪示波器。
（4）交流毫伏表。
（5）直流电压表。
（6）直流毫安表。
（7）频率计。
（8）晶体三极管 3DG6 (9011)、3DG12 (9013)、3CG12 (9012)，晶体二极管 IN4007。

（9）8Ω扬声器、电阻器、电容器若干。

4．实训内容

在整个测试过程中，电路不应有自激现象。

（1）静态工作点的测试。按如图 5.15 所示连接实验电路，将输入信号旋钮旋至 0（u_i=0）电源进线中串入直流毫安表，电位器 R_{P2} 置最小值，R_{P1} 置中间位置。接通+5V 电源，观察毫安表指示，同时用手触摸输出级管子，若电流过大，或管子温升显著，应立即断开电源检查原因（如 R_{P2} 开路，电路自激，或输出管性能不好等）。如无异常现象，可开始调试。

① 调节输出端中点电位 U_A。调节电位器 R_{P1}，用直流电压表测量 A 点电位，使 $U_A=\frac{1}{2}U_{CC}$。

② 调整输出极静态电流及测试各级静态工作点。调节 R_{P2}，使 VT_2、VT_3 的 $I_{C2}=I_{C3}$=5～10mA。从减小交越失真角度而言，应适当加大输出级静态电流，但该电流过大，会使效率降低，所以一般以 5～10mA 为宜。由于毫安表是串在电源进线中， 因此测得的是整个放大器的电流，但一般 VT_1 的集电极电流 I_{C1} 较小，从而可以把测得的总电流近似当作末级的静态电流。如要准确得到末级静态电流，则可从总电流中减去 I_{C1} 之值。

调整输出级静态电流的另一方法是动态调试法。先使 R_{P2}=0，在输入端接入 f=1kHz 的正弦信号 u_i。逐渐加大输入信号的幅值，此时，输出波形应出现较严重的交越失真（注意：没有饱和和截止失真），然后缓慢增大 R_{P2}，当交越失真刚好消失时，停止调节 R_{P2}，恢复 u_i=0，此时直流毫安表读数即为输出级静态电流。一般数值也应在 5～10mA，如过大，则要检查电路。

输出级电流调好以后，测量各级静态工作点，记入表 5.4。

表 5.4　各级静态工作点记录表（$I_{C2}=I_{C3}$=　　mA，U_A=2.5V）

	VT_1	VT_2	VT_3
U_B(V)			
U_C(V)			
U_E(V)			

注意：

① 在调整 R_{P2} 时，一是要注意旋转方向，不要调得过大，更不能开路，以免损坏输出管。

② 输出管静态电流调好，如无特殊情况，不得随意旋动 R_{P2} 的位置。

（2）最大输出功率 P_{OM} 和效率 η 的测试。

① 测量 P_{OM}。输入端接 f=1kHz 的正弦信号 u_i，输出端用示波器观察输出电压 u_o 波形。逐渐增大 u_i，使输出电压达到最大不失真输出，用交流毫伏表测出负载 R_L 上的电压 U_{OM}，则

$$P_{OM}=\frac{U_{OM}^2}{R_L}$$

② 测量η。当输出电压为最大不失真输出时，读出直流毫安表中的电流值，此电流即为直流电源供给的平均电流 I_{DC}（有一定误差），由此可近似求得 $P_E=U_{CC}I_{DC}$，再根据上面测

得的 P_{OM}，即可求出 $\eta = \dfrac{P_{OM}}{P_E}$。

（3）输入灵敏度测试。根据输入灵敏度的定义，只要测出输出功率 P_o=P_{OM} 时的输入电压值 U_i 即可。

（4）频率响应的测试。根据实训原理测试。记入表 5.5。

表 5.5　频率响应测试记录表（U_i=　　mV）

				f_L		f_0		f_H			
f(Hz)						1000					
U_o(V)											
A_u											

在测试时，为保证电路的安全，应在较低电压下进行，通常取输入信号为输入灵敏度的 50%。在整个测试过程中，应保持 U_i 为恒定值，且输出波形不得失真。

（5）研究自举电路的作用。

① 测量有自举电路，且 P_O=P_{Omax} 时的电压增益 $A_u = \dfrac{U_{oM}}{U_i}$

② 将 C_2 开路，R 短路（无自举），再测量 P_O=P_{Omax} 的 A_u。

用示波器观察①、②两种情况下的输出电压波形，并将以上两项测量结果进行比较，分析研究自举电路的作用。

（6）噪声电压的测试。测量时将输入端短路（u_i=0），观察输出噪声波形，并用交流毫伏表测量输出电压，即为噪声电压 U_N，本电路若 U_N＜15mV，即满足要求。

（7）试听。输入信号改为录音机输出，输出端接试听音箱及示波器。开机试听，并观察语音和音乐信号的输出波形。

5．实训总结

（1）整理实训数据，计算静态工作点、最大不失真输出功率 P_{OM}、效率 η 等，并与理论值进行比较。画频率响应曲线。

（2）分析自举电路的作用。

（3）讨论实训中发生的问题及解决办法。

6．预习要求

（1）复习有关 OTL 工作原理部分内容。

（2）为什么引入自举电路能够扩大输出电压的动态范围？

（3）交越失真产生的原因是什么？怎样克服交越失真？

（4）电路中电位器 R_{P2} 如果开路或短路，对电路工作有何影响？

（5）为了不损坏输出管，调试中应注意什么问题？

（6）如电路有自激现象，应如何消除？

本 章 小 结

1．功率放大电路在大信号下工作，通常采用图解法进行分析。研究的重点是如何在允许的失真情况下，尽可能提高输出功率和效率。

2．与甲类功率放大电路相比，乙类互补对称功率放大电路的主要优点是效率高，在理想情况下，其最大效率约为 78.5%。为保证晶体管安全工作，双电源互补对称电路工作在乙类时，器件的极限参数必须满足：$P_{CM} > 0.2P_{Omax}$，$|U_{CEO}|>2U_{CC}$，$I_{CM}=U_{CC}/R_L$。

3．由于三极管输入特性存在死区电压，工作在乙类的互补对称电路将出现交越失真，克服的方法是采用甲乙类互补对称电路，通常可利用二极管或 U_{BE} 增大电路进行偏置。

4．在单电源互补对称电路中，计算输出功率、效率、管耗和电源供给的功率，可借用双电源互补对称电路的计算公式，但要用 $U_{CC}/2$ 代替原公式中的 U_{CC}。

5．为了保证功放器件的安全运行，必须考虑功率管的散热和保护等问题。

6．随着线性集成电路的发展，集成功放也得到了日益广泛的应用。

习　题　5

5.1　功率放大电路工作在乙类工作状态下时，由于三极管死区电压的存在，其输出将产生________失真，可使其工作在________工作状态来消除这种失真。

5.2　工作在乙类工作状态的功率放大电路，其能达到的最高效率 η 为________。

5.3　功率放大器的功能是什么？它与电压放大器相比有哪些主要异同点？它有哪些基本要求？

5.4　功率放大器的实质是什么？

5.5　功率放大器中，甲类、乙类、甲乙类三种工作状态下静态工作点选取在三极管伏安特性的什么位置？在输入信号一周内，三种工作状态下，三极管导通角度有何差别？

5.6　功放电路中功放管常常处在极限工作状态，试问选择功放管时特别要考虑哪些参数？

5.7　什么是 OCL 电路？它有哪些优点？

5.8　什么是交越失真？产生的原因是什么？如何消除？

5.9　什么是 OTL 功放电路？它有什么优点？常见的 OTL 功放电路有哪几类？比较它们的特点。

5.10　在使用集成功放时应注意哪些事项？

5.11　判断下列说法是否正确（对的打 √，错的打×）。

（1）功率放大器是大信号放大器，要求在不失真的条件下，能够得到足够大的输出功率。（　　）

（2）功率放大器就是把小的输入功率放大为大的输出功率供给负载。（　　）

（3）甲类功率放大电路中，在没有输入信号时，电源的功耗最少。（　　）

（4）功率放大器输出功率越大，功率管的损耗也越大。（　　）

（5）功放电路与电压、电流放大电路都有功率放大的作用。（　　）

5.12　已知电路如图 5.17 所示，VT_1 和 VT_2 的饱和压降 $|U_{CES}| = 1V$，$U_{CC}=15V$，$R_L= 8\Omega$，选择正确答案填入以下各题横线上。

（1）电路中 VD_1 和 VD_2 的作用是消除________。

A．饱和失真　　B．截止失真　　C．交越失真

（2）静态时，晶体管发射极电位 U_{EQ}________。

A．>0　　B．=0　　C．<0

（3）最大输出功率 P_{OM}________。

A．≈28W　　B．=12.25W　　C．=9W

（4）当输入正弦波时，若 R_1 虚焊，即开路，则输出电压________。

A．是正弦波　　　　　　　　B．仅有正半波　　　C．仅有负半波

（5）若 VD_1 虚焊，则 VT_1________。

A．可能因功耗过大损坏　　　　B．始终饱和　　　　C．始终截止

5.13　在图 3.18 所示电路中，已知：U_{CC} =16V，R_L= 4Ω，VT_1 和 VT_2 的饱和管压降$|U_{CES}|$ = 2V，输入电压足够大。试问：

（1）最大输出功率 P_{OM} 和效率 η 各为多少？

（2）晶体管的最大功耗 P_{TM} 为多少？

（3）为了使输出功耗达到 P_{OM}，输入电压的有效值约是多少？

5.14　OTL 电路如图 3.18 所示，其中 R_L=8Ω，U_{CC}=12V，C_1、C_L 容量很大。求：

（1）静态时电容 C_L 的两端电压应是多少？调整哪个元件满足这一要求？

（2）动态时若 u_o 出现交越失真，应调整哪个电阻？该电阻是增大还是减小？

（3）若 R_1 = R_2 = 1.1kΩ，VT_1 和 VT_2 的β= 40，$|U_{BE}|$ = 0.7V，P_{CM} = 40mW，假设 R_2 因虚焊而开路，问三极管是否安全？

（4）若两管的 U_{CES} 皆可忽略，求 P_{OM}。

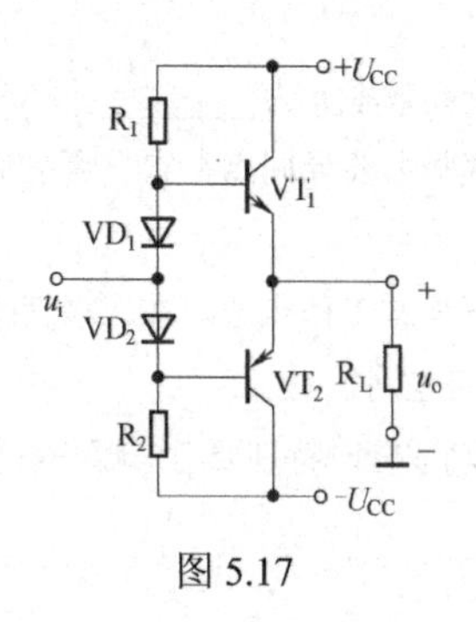

图 5.17

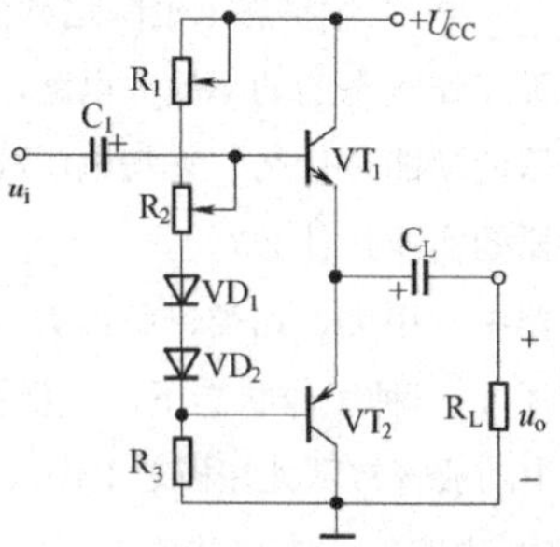

图 5.18

5.15　一个集成功放 LM384 组成的功率放大电路如图 5.19 所示。已知电路通带内的电压增益为 40dB，在 R_L = 8Ω时不失真最大输出电压（峰-峰值）可达 18V。求当 u_i 为正弦信号时；

（1）最大不失真输出功率 P_{OM}；

（2）输出功率最大时的输入电压有效值。

5.16　TDA 2030 集成功放的一种应用电路如图 5.20 所示，假定其输出级功放管的饱和压降可忽略不计，u_i 为正弦波。求：

（1）指出该电路是属于 OTL 还是 OCL 电路；

（2）理想情况下最大输出功率 P_{OM}；

（3）电路输出级的效率 η。

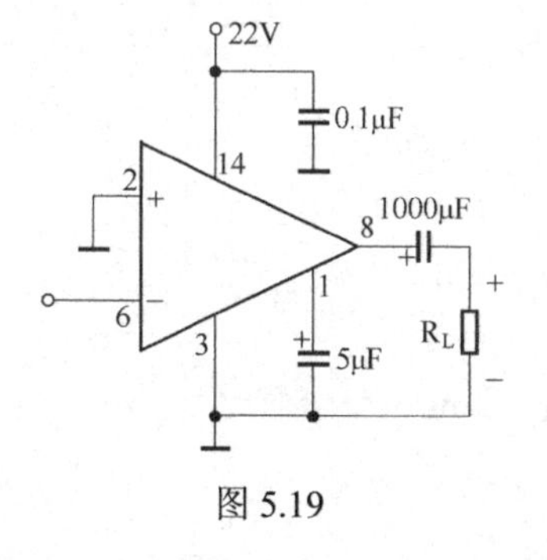

图 5.19

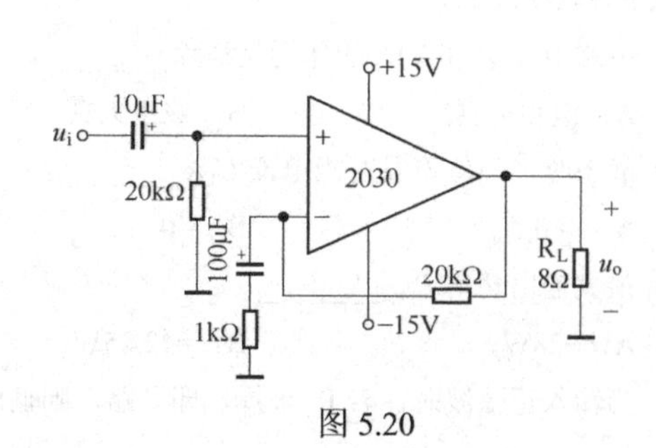

图 5.20

第 6 章　集成运算放大器

<table>
<tr><th>序号</th><th>本章要点</th><th colspan="2">重点和难点内容</th></tr>
<tr><td>1</td><td>差动放大电路</td><td colspan="2">电路组成和零漂抑制的原理；高共模抑制比；四类连接的特点和异同</td></tr>
<tr><td>2</td><td>集成运算放大器</td><td colspan="2">运放的组成和原理；理想运放的特点；同相端、反相端；差模放大倍数；共模抑制比；高输入阻抗</td></tr>
<tr><td rowspan="2">3</td><td rowspan="2">集成运放的应用</td><td>线性应用</td><td>虚短、虚断和虚地；比例、加减、微积分电路；有源滤波器；信号变换电路</td></tr>
<tr><td>非线性应用</td><td>过零比较器、双限比较器、滞回比较器</td></tr>
</table>

6.1　集成运算放大器

6.1.1　集成电路及其分类

前面介绍的所有放大电路，包括单级和多级的放大电路均是由分立元件组成的。为了提高放大倍数，需要将两个或两个以上的放大电路连接形成多级放大电路；而为了既能放大直流信号，又可放大交流信号，多级放大电路通常采用直接耦合方式。为抑制直接耦合放大电路的零漂，第一级必须采用差动放大电路。差动电路对零漂的抑制效果，关键在于两个放大电路的三极管的各个参数（包括动态的和静态的）和相应电阻一致，二者的特性越接近，对零漂的抑制效果越好，要从若干分立元件中选出参数及其变化情况均完全相同的两组元件，显然是很困难的，而采用集成电路的制作技术，在同一基片上制造三极管和电阻，就可保证对应元件的参数最大程度地保持一致，从而解决了分立元件存在的不对称问题；而且重量轻、体积小，稳定性和可靠性大大提高。基于此，将多级放大电路的差动输入级、中间放大级、输出功率级和偏置电路等集成在同一基片上就可得到高性能的集成多级放大电路——集成运算放大器。

经过氧化、光刻、扩散、外延、蒸铝等工艺过程，把多级放大电路中的晶体管、电阻及电容等电路元器件和它们之间的连线，全部集成在同一块半导体基片上，最后再进行封装，就做成一个集成运算放大器（以下简称集成运放或运放）。根据封装工艺的不同，集成运放的外形通常有三种：双列直插式、圆壳式和扁平式，如图 6.1 所示。

6.1.2　集成运算放大器的基本组成

从原理上说，集成运算放大器实质上是一个具有高放大倍数的多级直接耦合放大电路。它的内部通常包含 4 个基本组成部分，即输入级、中间级、输出级和偏置电路，如图 6.2 所示，以下将各部分的功能进行简单介绍。

（1）输入级。集成运放的输入级对于它的许多指标，如输入电阻、共模输入电压、差模输入电压和共模抑制比等，起着决定性的作用，因此是提高集成运放质量的关键。

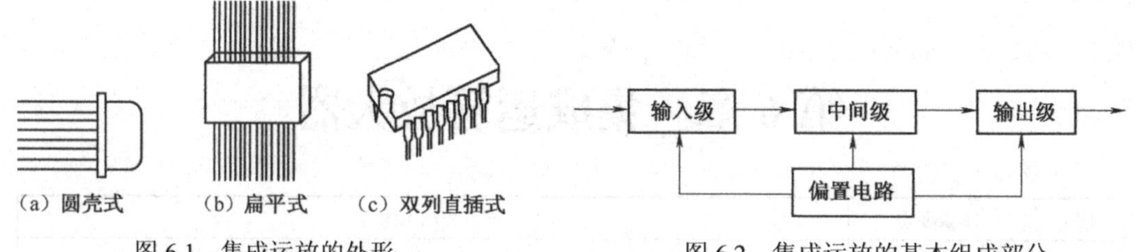

图 6.1　集成运放的外形　　　　图 6.2　集成运放的基本组成部分

为了发挥集成电路内部元件参数匹配较好、易于补偿的优点，输入级大都采用差分放大电路的形式。

（2）中间放大级。中间级的主要任务是提供足够大的电压放大倍数。从这个目标出发，不仅要求中间级本身具有较高的电压增益，同时为了减少对前级的影响，还应具有较高的输入电阻。尤其当输入级采用有源负载时，输入电阻问题更为重要，否则将使输入级的电压增益大为降低，失去了有源负载的优点。另外，中间级还应向输出级提供较大的推动电流，并能根据需要实现单端输入至差分输出，或差分输入至单端输出的转换。

为了提高电压放大倍数，集成运放的中间级经常利用三极管作为有源负载。另外，中间级的放大管有时采用复合管的结构形式。

（3）输出级。集成运放输出级的主要作用是提供足够的输出功率以满足负载的需要，同时还应具有较低的输出电阻以便增强带负载能力，也应有较高的输入电阻，以免影响前级的电压放大倍数。一般不要求输出级提供很高的电压放大倍数。由于输出级工作在大信号状态，应设法尽可能地减小输出波形的失真。此外，输出级应有过载保护措施，以防输出端意外短路或负载电流过大而烧毁功率管。

集成运放的输出级基本上都采用各种形式的互补对称功率放大电路。

（4）偏置电路。偏置电路的主要作用是向各级放大电路提供合适的偏置电流，确定各级的静态工作点。

6.1.3　集成运算放大器的主要技术指标

1．开环差模电压增益 A_{od}

A_{od} 是指运放在无外加反馈情况下的直流差模增益，一般用对数表示，单位为分贝。它的定义是

$$A_{od}=20\lg\left|\frac{\Delta U_o}{\Delta U_- - \Delta U_+}\right| \tag{6.1}$$

A_{od} 是决定运放精度的重要因素，理想情况下希望 A_{od} 为无穷大。实际集成运放一般 A_{od} 为 100dB 左右，高质量的集成运放 A_{od} 可达 140dB 以上。

2．输入失调电压 U_{IO}

它的定义是，为了使输出电压为 0，在输入端所需要加的补偿电压。其数值表征了输入级差分对管 U_{BE}（或场效应管 U_{GS}）失配的程度，在一定程度上也反映温漂的大小。一般运放的 U_{IO} 值为 1～10mV，高质量的运放在 1mV 以下。

3．输入失调电压温漂α_{UIO}

它的定义是

$$\alpha_{UIO}=\frac{dU_{IO}}{dT} \tag{6.2}$$

α_{UIO}表示失调电压在规定工作范围内的温度系数，是衡量运放温漂的重要指标。一般运放为每度 10～20μV，高质量的低于每度 0.5μV。这个指标往往比失调电压更为重要，因为可以通过调整电阻的阻值人为地使失调电压等于 0，但却无法将失调电压的温漂调至 0，甚至不一定能使其降低。

4．输入偏置电流 I_{IB}

I_{IB}的定义是当输出电压等于 0 时，两个输入端偏置电流的平均值，即

$$I_{IB}=\frac{1}{2}(I_{B1}+I_{B2}) \tag{6.3}$$

它是衡量差分对管输入电流绝对值大小的指标，它的值主要决定于集成运放输入级的静态集电极电流及输入级放大管的β 值。双极型三极管输入级的集成运放，其输入偏置电流约为几十纳安至 1μA，场效应管输入级的集成运放，输入偏置电流在 1nA 以下。

5．共模抑制比 K_{CMR}

共模抑制比的定义是开环差模电压增益与开环共模电压增益之比，一般也用对数表示，即

$$K_{CMR}=20\lg\left|\frac{A_{od}}{A_{oc}}\right| \tag{6.4}$$

这个指标用以衡量集成运放抑制温漂的能力。多数集成运放的共模抑制比在 80dB 以上，高质量的可达 160dB。

6.1.4 集成运算放大器的分类

集成运放的符号如图 6.3 所示，有用方框形的，如图 6.3（a）所示；也有用三角形的，如图 6.3（b）所示，本书以三角形为例。图中两个输入端，“–”端叫反相输入端，“+”端叫同相输入端。输出端的电压与反相输入端反相，而与同相输入端同相。图中的运放工作在线性状态时，输出电压与输入电压的关系为

$$u_o=A_{uo}(u_{i2}-u_{i1})$$

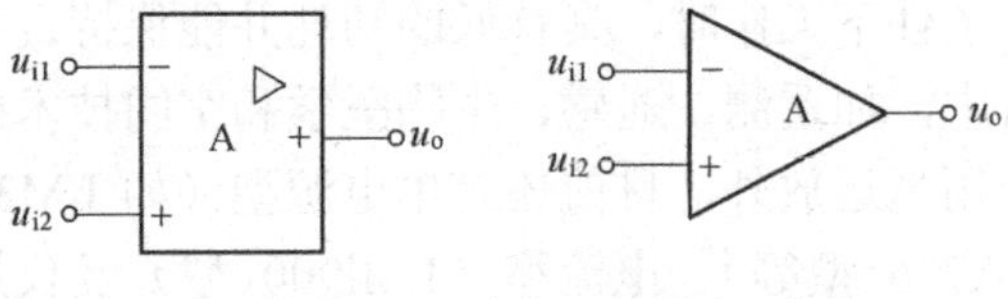

u_{i1} – ▷ A + u_o u_{i2} +

（a）方框形

u_{i1} – A u_o u_{i2} +

（b）三角形

图 6.3 集成运放的符号

目前运放的分类方法主要有两种，一是按制造工艺分类，二是按特性分类。

1．按制造工艺来分，主要有四类

（1）双极型。最初的集成运算放大器由双极型晶体管构成，因而大部分的运放可称为双极型运放。但随着技术的进步，采用结型场效应管和 MOS 型场效应管构造的运放也逐渐增多。现在把运放电路的差分输入级采用双极型晶体管的运放称为双极型运放。

（2）结型场效应管输入运放。这种运放基本上还是由双极型晶体管构成，只是在输入级采用了结型场效应管。与双极型运放相比，其输入电阻变高，输入偏流变小，但由于结型场效应管的温度漂移大，这种运放在温度上升 10℃时，其输入偏流将大约增加 1 倍。

（3）MOS 型场效应管输入运放。这种运放也只是在输入级采用了 MOS 型场效应管。其输入阻抗几乎可以说为无穷大，其输入信号的泄漏电流可微小到 0.1pA 的数量级。

（4）CMOS 型运放。运放中的晶体管，全部用 CMOS 型场效应管构成。这种运放的输入阻抗高，静态电流小，工作速度快。

2．按特性分类

运放在近几年得到非常迅速的发展。从运放的性能来看，除了具有高电压增益这种共同特性之外，还具有某些更优良的性能或具有特殊功能的运放。因而，按其特性，可分为通用型运放和专用型（或称高性能型）运放两大类。

（1）通用型运放。目前还未能对通用型运放给以明确的定义。但人们习惯于把那些价廉而应用范围广的运放称为通用型。也可以认为，在使用过程中，没有特殊参数要求的运放可看成是通用型运放。实际上，随着半导体技术的发展，现在的通用型和过去的通用型相比较，性能也全面提高。典型的通用型运放有早期出现的μA709、μA741 型以及 LM324、LM301A、LM358 和 TL081 型等。

（2）专用型（高性能型）运放。专用型运放是指与通用型相比，部分性能相对优良的运放。现将一些常用的专用型运放简要介绍如下。

① 高输入阻抗型。这种运放的差模输入电阻 $R_{id} >$（1×10^{9}～1×10^{12}）Ω，输入偏置电流 I_{IB} 约为几皮安至几十皮安，故也称为低输入偏流型运放。目前产品有 LF356、LF355、LF347、CA3130、AD515、和 LF0052 型等。

② 高精度、低漂移型。一般用于毫伏量级或更低的微弱信号的精密测量、精密模拟计算、高精度的稳压电源和各种自动控制仪表中。目前产品有 AD508 型、OP-27 型、ICL7650 型等。但后者输出电阻较大，故其负载电阻不宜太小。

③ 高压型。这种运放可得到高的输出电压和大的输出功率。

④ 低功耗型。这种运放要求在电源电压为±15V 时，最大功耗不大于 6mW，或者在低电源电压（如 1.5～4V）条件下工作时，具有低的功耗并能保持良好的电气性能。一般用于对能源有严格控制的设备中，如遥测、遥感、生物医学和空间技术研究等设备。

除上述几种常见的专用型运放外，目前还有单电源型（如 LM324A，RC3403A 型等）、程控型（如 LM4250，μA776 型等）、电流型（LMl900 型）及仪用放大器（如 LH0036，AD522 型等）。

6.2 差动放大电路

差动放大电路也称为差分放大电路，简称为差放，从上节介绍的集成运算放大器的基本组成可知差动放大电路作为集成运算放大器的输入级，对集成运放的性能优劣起着决定性作用，是集成运算放大器的重要组成单元，本节主要介绍几种常用的差动放大电路及输入/输出连接方式。

6.2.1 概述

在一些超低频及直流放大电路中，放大电路的级间耦合必须采用直接耦合方式；在集成电路中，制作大容量的电容是比较困难的，因此各级电路间的耦合都采用直接耦合方式。但由于零漂或温漂，特别是第一级电路的静态工作点有微小变化，则经过后级电路的放大，将使输出端的电压远远漂离零点。因此，如何抑制零漂就成为提高直接耦合放大电路性能所必须要解决的首要问题。下面的讨论将会告诉我们，抑制零漂最为有效的方法就是使用差动放大电路，该电路也是集成运算放大器的输入级电路。本节将专门讨论差动放大电路的结构及其抑制零漂的原理。

6.2.2 基本的差动放大电路

差动放大电路又称为差分放大电路，它有多种形式的电路结构，如图 6.4 所示为最基本的一种电路形式，下面主要讨论其特点、工作原理和放大性能。

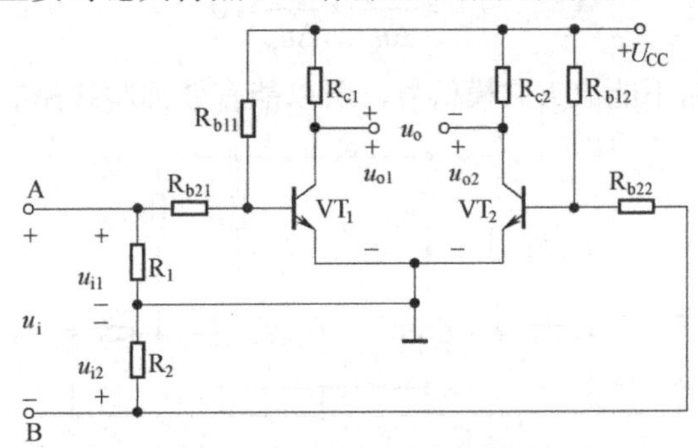

图 6.4 基本差动放大电路及差模输入方式

1. 电路特点

电路由两个完全对称的单管放大电路组成。图中 $R_{b11}=R_{b12}$、$R_{b21}=R_{b22}$、$R_{c1}=R_{c2}$、$R_1=R_2$，且 VT_1、VT_2 的特性相同。u_i 是输入信号电压，它经 R_1、R_2 分压为 u_{i1} 和 u_{i2}，分别加到两管的基极（称为双端输入）；u_o 是输出电压，它为两管输出电压之差，即 $u_o=u_{o1}-u_{o2}$（称为双端输出）。

2. 抑制零漂的原理

因为 VT_1、VT_2 完全对称，所以在没有加输入信号即 $u_i=0$ 时，$I_{CQ1}=I_{CQ2}$，$u_{o1}=u_{o2}$，则输出电压 $u_o=0$。当电源电压波动或温度变化时，两管同时发生漂移，由于电路的对称性，总有 $u_{o1}=u_{o2}$，故 $u_o=u_{o1}-u_{o2}$ 仍为 0。这就说明，零点漂移因相互补偿而抵消了。显然，这种差动放大电路两边的对称性越好，其抑制零漂的效果就越好。

3. 放大倍数

（1）差模放大倍数 A_{ud}。在图 6.4 中，因为 $R_1=R_2$，故 $u_{i1}=\frac{1}{2}u_i$、$u_{i2}=-\frac{1}{2}u_i$，分别输入

VT_1 和 VT_2 的基极，这种输入信号方式称为差模输入。u_{i1} 和 u_{i2} 是两个大小相等、极性相反的信号电压，即 $u_{i1}=-u_{i2}$，所以称 u_{i1} 和 u_{i2} 为差模信号。

放大电路以差模信号输入时，有 $\Delta u_{id}=\Delta u_{i1}-\Delta u_{i2}=2\Delta u_{i1}$，此时，放大电路输出有 $\Delta u_{o1}=-\Delta u_{o2}$，则 $\Delta u_{od}=\Delta u_{o1}-\Delta u_{o2}=2\Delta u_{o1}$。设两个单管放大电路的放大倍数为 A_{u1}、A_{u2}，显然 $A_{u1}=A_{u2}$。则整个差动放大电路的放大倍数为

$$A_{ud}=\frac{\Delta u_{od}}{\Delta u_{id}}=\frac{2\Delta u_{o1}}{2\Delta u_{i1}}=A_{u1}=A_{u2}$$

由上式可见，差动放大电路采用双端输入、双端输出时，它的差模放大倍数与单管放大电路的放大倍数相同。所以，只要求出其中一个单管放大电路的放大倍数即可求得差动放大电路的 A_{ud}。也可以说，差动电路多用了一个放大管，只不过换来对零漂的抑制作用。

（2）共模放大倍数 A_{uc} 。如图 6.5 所示，此时两管输入信号 $u_{i1}=u_{i2}=u_{ic}$，它们是大小相等、极性相同的信号，称为共模信号，这种输入方式称为共模输入。因为两边电路完全对称，所以 $\Delta u_{o1}=\Delta u_{o2}$，则

$$\Delta u_{oc}=\Delta u_{o1}-\Delta u_{o2}=0$$

一个完全对称的差动放大电路，它的共模放大倍数为

$$A_{uc}=\frac{\Delta u_o}{\Delta u_i}=\frac{0}{\Delta u_i}=0$$

可见，差动放大电路不能放大共模信号，所以能有效抑制共模信号。

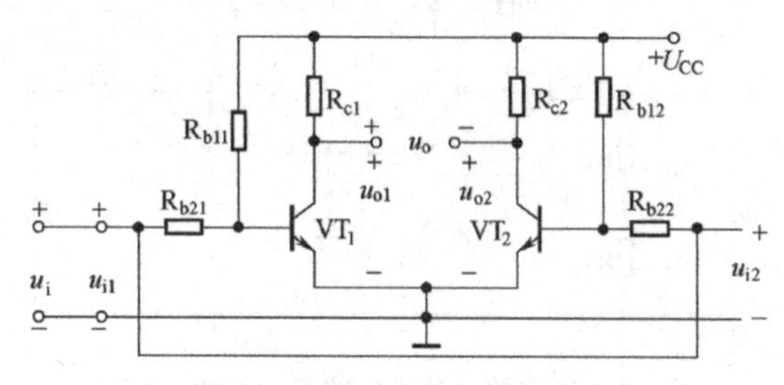

图 6.5　差动放大器的共模输入方式

4．共模抑制比 K_{CMR}

所谓共模抑制比，就是差动放大电路的差模放大倍数与共模放大倍数之比的绝对值，即

$$K_{CMR}=\left|\frac{A_{ud}}{A_{uc}}\right| \tag{6.5}$$

用分贝来表示，有

$$K_{CMR}=20\lg\left|\frac{A_{ud}}{A_{uc}}\right| \quad (dB) \tag{6.6}$$

共模抑制比是衡量差动放大电路性能优劣的重要指标之一。共模抑制比越大，说明放大电路对共模信号的抑制能力越强，放大电路质量越好。

综上分析，差动放大电路是利用两只完全相同的三极管进行温度补偿抑制零漂的。当因温度等变化引起共模信号输入时，放大电路对它无放大能力而使输出电压保持为 0。只有输入信号为有“差别”的非共模信号时，放大电路才放大，输出端才有电压输出。“差动”的名称由此而来。

6.2.3 射极耦合差动放大电路

从前面的论述我们已经知道，差动放大电路可以有效抑制零漂，但由于电路元件参数的差异，两个放大电路不可能完全对称；而且电路的输入/输出除了双端输入、双端输出外，还有其他的输入/输出方式，因此基本差动放大电路对零漂的抑制作用还是很有限的，为此必须对基本的差动放大电路进行改进。射极耦合差动放大电路就是其中的一种改进形式，下面对其进行讨论。

1．电路构成

如图 6.6 所示是射极耦合（也称长尾式）差动放大电路。它由两只特性完全相同的三极管 VT_1、VT_2 组成对称电路，即 $R_{c1}=R_{c2}=R_c$，$R_{b1}=R_{b2}=R_b$，两管的射极电路里接入公用电阻 R_e，B_1、B_2 为两个输入端，C_1、C_2 为两个输出端，电路采用正、负两组电源供电。

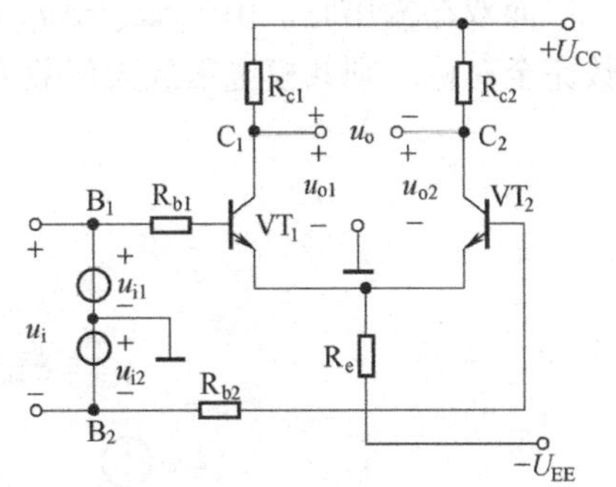

图 6.6 射极耦合差动放大电路

2．静态分析

令 $u_{i1}=u_{i2}=0$，即把两输入端 B_1、B_2 接“地”。由于电路结构对称，故 $I_{BQ1}=I_{BQ2}=I_{BQ}$，$I_{CQ1}=I_{CQ2}=I_{CQ}$，$U_{BEQ1}=U_{BEQ2}=U_{BEQ}$，$U_{CQ1}=U_{CQ2}=U_{CQ}$，$\beta_1=\beta_2=\beta$，由三极管的基极回路可得电压方程为

$$I_{BQ}R_b+U_{BEQ}+2I_{EQ}R_e=U_{EE}$$

则静态基极电流为

$$I_{BQ}=\frac{U_{EE}-U_{BEQ}}{R_b+2(1+\beta)R_e} \tag{6.7}$$

静态集电极电流和电位为

$$I_{CQ}\approx\beta I_{BQ} \tag{6.8}$$

$$U_{CQ}=U_{CC}-I_{CQ}R_c \tag{6.9}$$

静态基极电位为

$$U_{BQ}=-I_{BQ}R_b\ （对地） \tag{6.10}$$

3．动态分析

（1）共模放大倍数。为了定量分析差动放大电路抑制共模信号的能力，可以在两个输入端 B_1、B_2 对“地”同时加大小相等、极性相同的共模信号电压Δu_{iC}（下标“C”表示共模），两管集电极电流同时增大Δi_C，则集电极电阻 R_c 上的电压降也会同时增大$\Delta i_C R_c$，于是两管集电极 C_1、C_2 的电位会同时减少$\Delta i_C R_c$，即

$$\Delta u_{oC1}=\Delta u_{oC2}=-\Delta i_C R_c=-\beta\Delta i_B R_c \tag{6.11}$$

如图 6.7 所示为两管输入共模信号电压时的等效电路，因为两管电流同时增大$\Delta i_C(\Delta i_C\approx\Delta i_E)$，所以公用电阻 R_e 中的电流增量为 $2\Delta i_E$，由此可得电压方程为

$$\Delta u_{iC}=\Delta i_B R_b+\Delta u_{BE}+2\Delta i_E R_e=\Delta i_B R_b+\Delta i_B r_{be}+2\Delta i_B R_e(1+\beta)$$

所以单端输出时共模电压放大倍数为

$$A_{uc1}=\frac{\Delta u_{oC1}}{\Delta u_{iC}}=\frac{-\beta\Delta i_B R_c}{\Delta i_B R_b+\Delta i_B r_{be}+2\Delta i_B R_e(1+\beta)}=-\frac{\beta R_c}{R_b+r_{be}+2R_e(1+\beta)}$$

通常有 $2R_e(1+\beta)\gg(R_b+r_{be})$，并考虑 $\beta\approx(1+\beta)$，则上式可简化为

$$A_{uc1}=\frac{\Delta u_{oC1}}{\Delta u_{iC}}\approx-\frac{R_c}{2R_e} \tag{6.12}$$

可见，R_e 越大，A_{uC1} 越小，抑制共模信号的能力越强。

而双端输出时，由于 $\Delta u_{oC}=\Delta u_{oC1}-\Delta u_{oC2}=0$。所以差动放大电路在双端输出时，若电路参数完全对称，则共模电压放大倍数为 0。

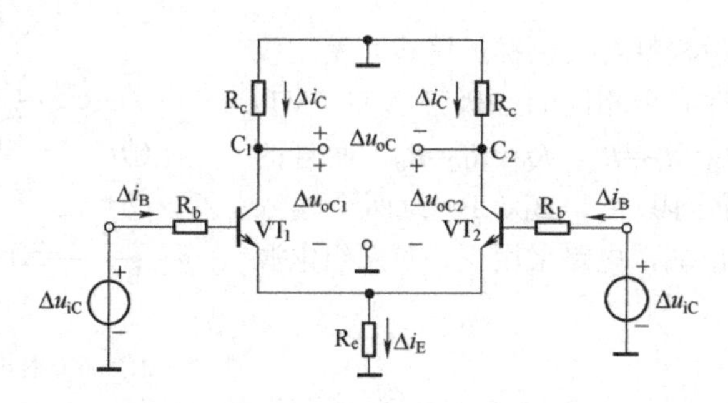

图 6.7　共模输入时的等效电路

（2）差模放大倍数和输入、输出电阻。

① 双端输入、双端输出电路。输入差模信号时，一管集电极电流增加 Δi_{C1} ($\approx\Delta i_{E1}$)，另一管集电极电流减少 Δi_{C2} ($\approx\Delta i_{E2}$)，在电路完全对称的条件下，一管电流的增加量必等于另一管的减少量，所以 R_e 两端的电压仍然不变，故两管的公共发射极电位恒定，即 R_e 对差模信号不起电流负反馈作用。由此可得双端输入、双端输出的差模等效电路如图 6.8 所示。

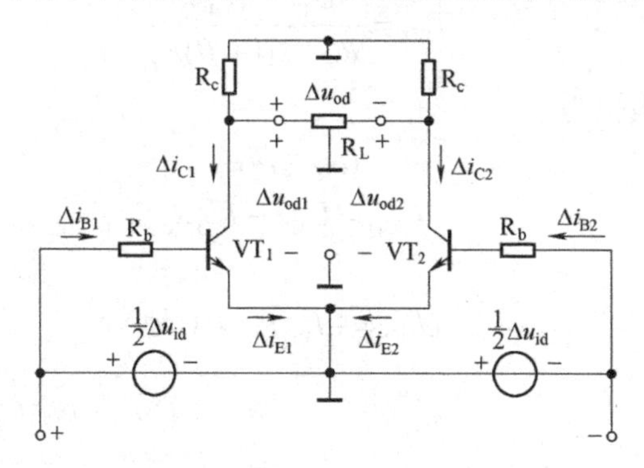

图 6.8　差模输入时的等效电路

先不考虑接入负载 R_L 的情况，由等效电路可得

$$\Delta i_{B1}=\frac{\Delta u_{i1}}{R_b+r_{be}},\quad \Delta i_{C1}=\beta\Delta i_{B1}$$

则

$$\Delta u_{C1}=-\Delta i_{C1}R_c=-\frac{\beta R_c}{R_b+r_{be}}\Delta u_{i1}$$

同理

$$\Delta u_{C2}=-\Delta i_{C2}2R_C=-\frac{\beta R_C}{R_b+r_{be}}\Delta u_{i2}$$

输出电压为

$$\Delta u_o=\Delta u_{C1}-\Delta u_{C2}=-\frac{\beta R_c}{R_b+r_{be}}(\Delta u_{i1}-\Delta u_{i2})$$

则差模电压放大倍数为

$$A_{ud}=\frac{\Delta u_o}{\Delta u_{id}}=\frac{\Delta u_o}{\Delta u_{i1}-\Delta u_{i2}}=-\frac{\beta R_c}{R_b+r_{be}} \tag{6.13}$$

当在两个三极管集电极之间接入负载电阻 R_L 时，由于输入差模信号使一管集电极电位降低，另一管的集电极电位升高，可以认为 R_L 中点处的电位保持不变，也就是说，在 $R_L/2$ 处相当于交流接地。当考虑 R_L 时，上式应改为

$$A_{ud}=-\frac{\beta\left(R_c\,//\,\dfrac{R_L}{2}\right)}{R_b+r_{be}} \tag{6.14}$$

可见，双端输入、双端输出的差动放大电路的电压放大倍数与单管放大电路相同。即用成倍元器件为代价，换来对共模信号的抑制效果。

从两管输入端向里看，差模输入电阻为

$$R_{id}=2(R_b+r_{be}) \tag{6.15}$$

两管集电极之间的输出电阻为

$$R_o=2R_c \tag{6.16}$$

② 双端输入、单端输出电路。若把负载电阻 R_L 连接在任意一个三极管的集电极 C_1（或 C_2）与“地”之间，便成为双端输入、单端输出的差动放大电路，其等效电路如图 6.9 所示。

将图 6.9 与图 6.8 相比较，输入回路完全相同，所不同的是单端输出电路的输出电压 Δu_{o1} 只有双端输出电路的 1/2，所以单端输出的差模放大倍数为

$$A_{ud1}=\frac{\Delta u_{od1}}{\Delta u_{id}}=-\frac{\beta R_L'}{2(R_b+r_{be})}\quad (R_L'=R_L\,//\,R_c) \tag{6.17}$$

若不接负载电阻 R_L，则上式可改写为

$$A_{ud}=-\frac{\beta R_c}{2(R_b+r_{be})} \tag{6.18}$$

由于两管集电极电位总是向相反方向变化，所以改成 VT_2 集电极输出时，输出电压将与输入电压同相，即电压放大倍数的表达式中没有负号。

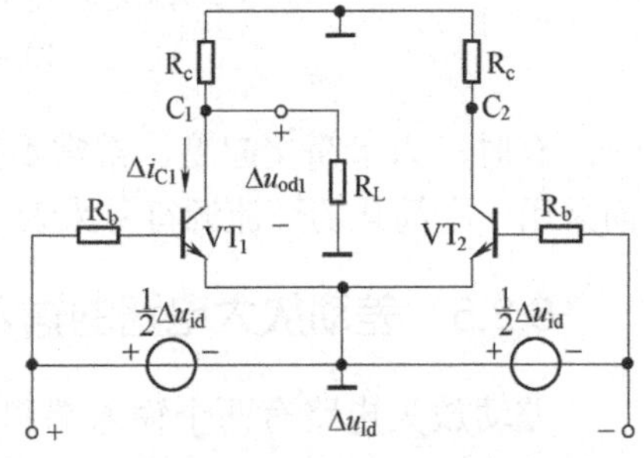

图 6.9　双端输入、单端输出方式

差模输入电阻和输出电阻为

$$R_{id}=2\,(R_b+r_{be}) \tag{6.19}$$

$$R_o=R_c \tag{6.20}$$

（3）共模抑制比 K_{CMR}。在理想状态下，差动放大电路两侧的参数完全对称，两管输出端的共模信号相等，则双端输出电路的共模电压放大倍数为 0，共模抑制比 $K_{CMR}=\infty$。

对于单端输出的差动电路，根据式（6.12）和式（6.18）可得共模抑制比为

$$K_{\mathrm{CMR}}=\left|\frac{A_{\mathrm{ud1}}}{A_{\mathrm{uc1}}}\right|\approx\frac{\beta R_{\mathrm{e}}}{R_{\mathrm{b}}+r_{\mathrm{be}}} \tag{6.21}$$

式（6.21）表明，公用射极电阻 R_e 越大，抑制共模信号的能力越强。

6.2.4 恒流源式差动放大电路

在射极耦合差动放大电路中，电阻 R_e 越大，则共模负反馈作用越强，抑制共模信号的效果越好。但是，R_e 越大，为了得到同样的工作电流所需的负电源 U_{EE} 的值也越高。为了获得较大的 K_{CMR}，同时又不使 U_{EE} 值过高，可采用三极管恒流源代替 R_e，这就构成了恒流源式差动放大电路，如图 6.10（a）所示。电路中的 VT_3、R_1、R_2 和 R_3 组成恒流源电路代替原来的公用电阻 R_e，电阻 R_1、R_2 串联接成分压电路，使 VT_3 的基极和负电源之间保持一个固定的电压 U_{B3}，于是 VT_3 的发射极电流 I_{E3} 就保持恒定，其值为

$$I_{\mathrm{E3}}\approx\frac{U_{\mathrm{B3}}-U_{\mathrm{BE3}}}{R_{\mathrm{e}}} \tag{6.22}$$

如果 $+U_{CC}$、$-U_{EE}$ 采用精密的稳压电源供电，同时 R_1、R_2 和 R_e 选用性能很稳定的电阻，由上式可知，VT_3 的发射极电流基本不变化。所以由 VT_3、R_1、R_2 和 R_e 组成的电路是一个恒流源 I_0，且 I_0 与输入信号无关。由于恒流源的动态电阻($r_{ce}=\Delta u_{CE}/\Delta i_C$)很大，通常为几百千欧，故可大大提高差动放大电路的共模抑制比 K_{CMR}。

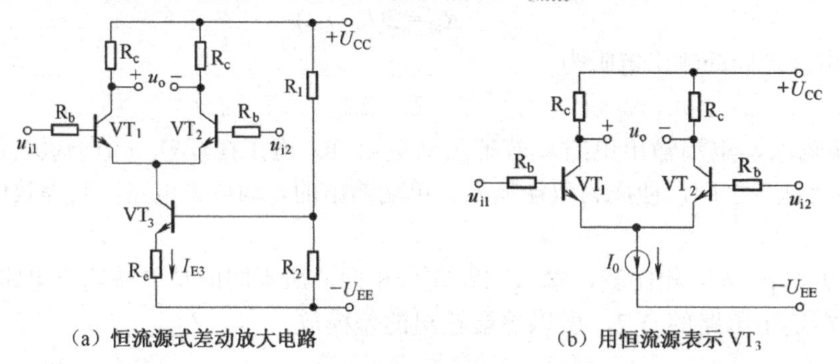

图 6.10 恒流源式差动放大电路

有时，为了简化起见，常常不把恒流源式差动电路中恒流管 VT_3 的具体电路画出来，而采用一个简化的恒流源符号来表示，如图 6.10（b）所示。

6.2.5 差动放大电路的输入/输出连接方式

差动放大电路有两个输入端和两个输出端，按照信号的输入、输出方式，可以组成下列 4 种接法。

1．双端输入、双端输出

如图 6.11（a）所示，由前面分析可知，它的差模放大倍数 $A_{ud}=A_{u1}=A_{u2}$。

2．双端输入、单端输出

如图 6.11（b）所示，由于输出只和 VT_1 的集电极连接，而 VT_2 的集电极电压未用上，所以输出电压只有双端输出时的一半，故有 $A_{ud}=\frac{1}{2}A_{u1}$。这种接法适合于将双端输入转换成

单端输出，以便与后面的放大级均处于共“地”状态。

3．单端输入、双端输出

如图 6.11（c），其特点是将单端输入的信号转换为双端输出的信号，作为下一级差动输入。例如，示波器将单端信号放大后，双端输出送到示波器的偏转板。

从图中看出虽然信号只从一个晶体管的基极输入，似乎两个晶体管不工作在差模输入状态。但通过分析可以得出，射极电阻 R_e 起到了将单端输入转换为双端输入的作用，这样，电路的工作状态与双端输入、双端输出近似一致，即 $A_{ud}=A_{u1}$。

4．单端输入、单端输出

如图 6.11（d），这种接法比单管基本放大电路具有较强的抑制零漂作用，而且通过输出端的不同接法（接 VT_2 或接 VT_1），可以得到与输入信号同相或反相的输出信号。它的放大倍数和双端输入、单端输出时一样，为 $A_{ud}=\dfrac{1}{2}A_{u1}$。

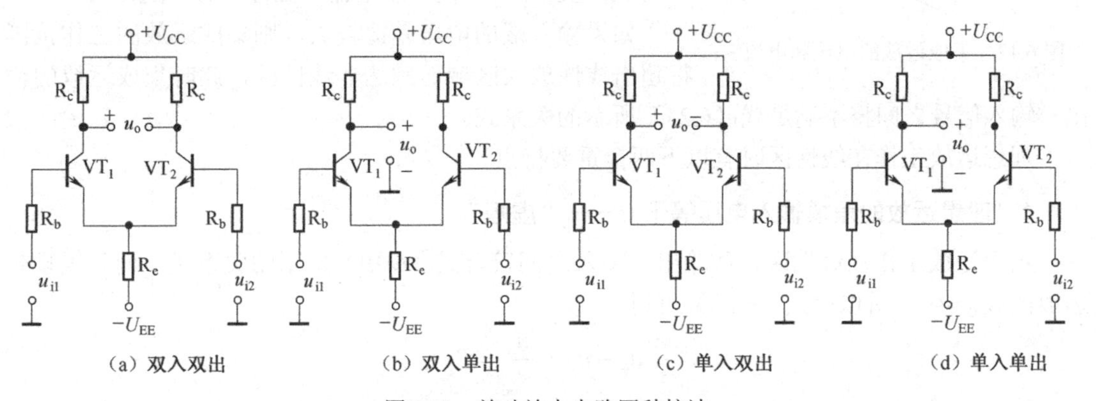

图 6.11　差动放大电路四种接法

综上所述，双端输出的差模电压放大倍数等于单管放大电路的电压放大倍数；单端输出的差模电压放大倍数为单管放大电路电压放大倍数的一半。

6.3　理想运算放大器

在分析集成运放的各种应用电路时，常常将其中的集成运放看成是一个理想运算放大器，这样可以简化分析，所谓理想运放就是将集成运放的各项技术指标理想化。

6.3.1　理想运算放大器的技术指标

理想集成运放的各项指标如下。

（1）开环差模电压增益 $A_{od}=\infty$。

（2）差模输入电阻 $R_{id}=\infty$。

（3）输出电阻 $R_o=0$。

（4）共模抑制比 $K_{CMR}=\infty$。

（5）输入失调电压 U_{IO}、失调电流 I_{IO} 以及它们的温漂 α_{UIO}、α_{IIO} 均为 0。

（6）输入偏置电流 $I_{IB}=0$。

（7）-3dB 带宽 $f_H=\infty$。

实际的集成运算放大器当然不可能达到上述理想化的技术指标。但是，由于集成运放工艺水平的不断改进，集成运放产品的各项性能指标愈来愈好。因此一般情况下，在分析估算集成运放的应用电路时，将实际运放视为理想运放所造成的误差，在工程上是允许的。

在分析运放应用电路的工作原理时，运用理想运放的概念，有利于抓住事物的本质简化分析过程。在随后的分析中，如无特别的说明，均将集成运放作为理想运放来考虑。

6.3.2 理想运算放大器工作在线性区的特点

在各种应用电路中，集成运放的工作范围可能有两种情况：工作在线性区或工作在非线性区。当工作在线性区时，集成运放的输出电压与其两个输入端的电压差呈线性关系，即

$$u_o=A_{od}(u_+-u_-) \tag{6.23}$$

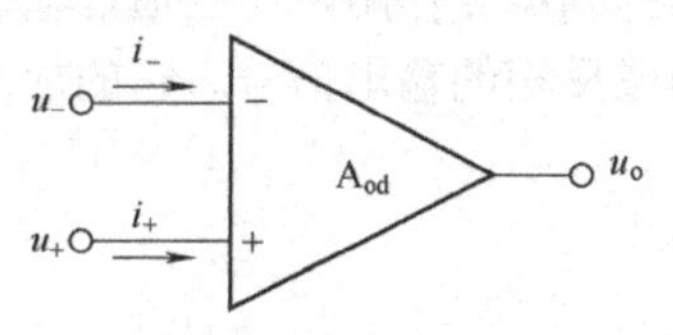

图 6.12　集成运放的电压和电流

式中，u_o 是集成运放的输出端电压；u_+和 u_-分别是其同相输入端和反相输入端电压；

A_{od} 是其开环差模电压增益，如图 6.12 所示。

如果输入端的电压差比较大，则集成运放的工作范围将超出线性放大区域而到达非线性区，此时集成运放的输出、输入信号之间将不满足式（6.23）所示的关系式。

理想运放工作在线性区时有以下两个重要特点。

1. 理想运放的差模输入电压等于 0——“虚短”

由于运放工作在线性区，故输出、输入之间符合式（6.19）所示的关系式。而且因理想运放的 $A_{od}=\infty$，所以由式（6.23）可得

$$u_+-u_-=\frac{u_o}{A_{od}}=0$$

即

$$u_+=u_- \tag{6.24}$$

式（6.24）表示运放同相输入端与反相输入端两点的电压相等，如同将该两点短路一样。但是此两点实际上并未真正被短路，只是表面上似乎短路，因而是虚假的短路，所以将这种现象称为“虚短”。

实际的集成运放 $A_{od}\neq\infty$，因此 u_+ 与 u_- 不可能完全相等，但是当 A_{od} 足够大时，集成运放的差模输入电压(u_+-u_-)的值很小，与电路中其他电压相比，可以忽略不计。例如，在线性区内，当 u_o=10V 时，若 $A_{od}=10^5$，则 u_+-u_-=0.1mV；若 $A_{od}=10^7$，则 u_+-u_-=1μV。可见在一定的 u_o 值之下，集成运放的 A_{od} 愈大，则 u_+ 与 u_- 差值愈小，将两点视为“虚短”所带来的误差也愈小。

2. 理想运放的输入电流等于 0——“虚断”

由于理想运放的差模输入电阻 $R_{id}=\infty$，因此在其两个输入端均没有电流，即在图 6.12 中有

$$i_+=i_-=0 \tag{6.25}$$

此时，运放的同相输入端和反相输入端的电流都等于 0，如同该两点被断开一样，这种现象称为“虚断”。

“虚短”和“虚断”是理想运放工作在线性区时的两个重要结论，这两个重要结论常常作为今后分析许多运放应用电路的出发点，因此必须牢牢掌握。

6.3.3 理想运算放大器工作在非线性区的特点

如果运放的工作信号超出了线性放大的范围，则输出电压不再随输入电压线性增长，而将达到饱和，进入非线性区，此时集成运放的传输特性如图 6.13 所示。

理想运放工作在非线性区时，也有两个重要的特点。

1. 理想运放的输出电压 u_O 的值只有两种可能

理想运放的输出电压 u_o 的值只有两种可能，或等于运放的正向最大输出电压$+U_{oPP}$，或等于其负向最大输出电压$-U_{oPP}$，如图 6.13 中的实线所示。

当 $u_+>u_-$ 时：$u_o=+U_{oPP}$ （6.26）

当 $u_+<u_-$ 时：$u_o=-U_{oPP}$ （6.27）

在非线性区内，运放的差模输入电压(u_+-u_-)可能很大，即 $u_+\neq u_-$，也就是说，此时，“虚短”现象不复存在。

2. 理想运放的输入电流等于 0

在非线性区，虽然运放两个输入端的电压不等，即 $u_+\neq u_-$，但因为理想运放的 $r_{id}=\infty$，故仍认为此时的输入电流等于 0，即

$$i_+=i_-=0 \quad (6.28)$$

实际的集成运放 $A_{od}\neq\infty$，因此当 u_+ 与 u_- 差值比较小，能够满足关系 $A_{od}(u_+-u_-)<U_{oPP}$ 时，运放应该仍然工作在线性范围内。实际运放的传输特性如图 6.13 中虚线所示，但因集成运放的 A_{od} 值通常很高，所以线性放大的范围很小。例如，集成运放 F007 的 $U_{opp}=\pm14\text{V}$，$A_{od}\approx2\times10^5$，则在线性区内，差模输入电压的范围只有

$$u_+-u_-=\frac{U_{oPP}}{A_{od}}=\frac{\pm14\text{V}}{2\times10^5}=\pm70\mu\text{V}$$

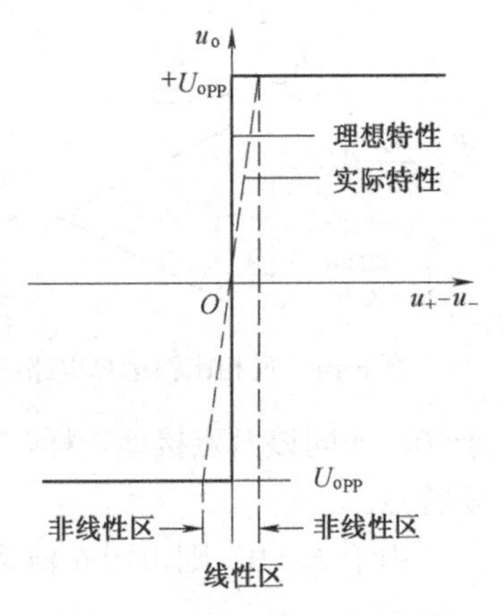

图 6.13 集成运放的传输特性

如上所述，理想运放工作在线性区或非线性区时，各有不同的特点。因此，在分析各种应用电路的工作原理时，首先必须判断其中的集成运放究竟工作在哪个区域。

集成运放的开环差模电压增益 A_{od} 通常很大，如不采取适当措施，即使在输入端加上一个很小的电压，仍有可能使集成运放超出线性工作范围。为了保证集成运放工作在线性区，一般情况下，必须在电路中引入深度负反馈，以减小直接施加在集成运放两个输入端的净输入电压。

6.4 集成运放的线性应用之一——基本的信号运算电路

由于运放的开环放大倍数很大，所以其线性工作范围很窄。为了让运放能在比较大的输入电压范围内工作在线性区，就必须引入深度负反馈降低运放的放大倍数。当运放工作在

线性区时，可组成各类信号运算电路，如比例、加减、微分、积分和滤波电路等，下面分别加以介绍。

6.4.1 比例运算电路

比例运算电路的输出电压与输入电压之间存在比例关系，即电路可实现比例运算。比例电路是最基本的运算电路，是其他各种运算电路的基础，本节将要介绍的求和电路、积分和微分电路等，都是在比例电路的基础上，加以扩展或演变以后得到的。

根据输入信号接法的不同，比例电路有 3 种基本形式：反相输入、同相输入以及差分输入比例电路。

1．反相比例运算电路

在图 6.14 中，输入电压 u_i 经电阻 R_1 加到集成运放的反相输入端，其同相输入端经电阻 R_2 接地。输出电压 u_o 经 R_F 接回到反相输入端。集成运放的反相输入端和同相输入端，实际上是运放内部输入级两个差分对管的基极。为使差动放大电路的参数保持对称，应使两个差分对管基极对地的电阻尽量一致，以免静态基流流过这两个电阻时，在运放输入端产生附加的偏差电压。因此，通常选择 R_2 的阻值为

$$R_2 = R_1 // R_F \tag{6.29}$$

经过分析可知，反相比例运算电路中反馈的组态是电压并联负反馈。由于集成运放的开环差模增益很高，所以容易满足深负反馈的条件，故可以认为集成运放工作在线性区。因此，可以利用理想运放工作在线性区时“虚短”和“虚断”的特点来分析反相比例运算电路的电压放大倍数。

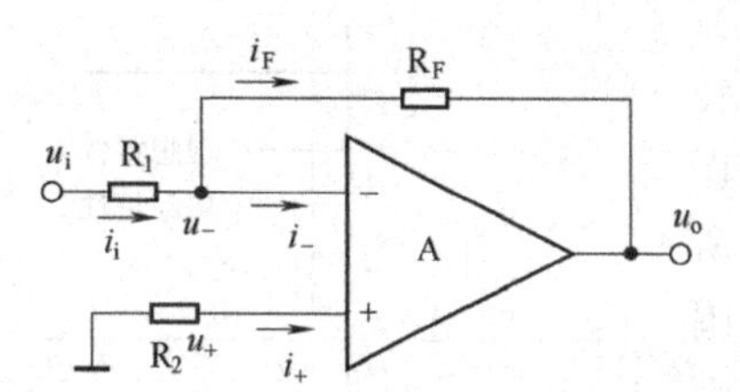

图 6.14 反相比例运算电路

在图 6.14 中，由于“虚断”，故 $i_+=0$，即 R_2 上没有压降，则 $u_+=0$。又因“虚短”，可得

$$u_+ = u_- = 0 \tag{6.30}$$

式（6.30）说明在反相比例运算电路中，集成运放的反相输入端与同相输入端两点的电位不仅相等，而且均等于 0，如同该两点接地一样，这种现象称为“虚地”。“虚地”是反相比例运算电路的一个重要特点。

由于 $i_-=0$，则由图 6.14 可见

$$i_i = i_F$$

即

$$\frac{u_i - u_-}{R_1} = \frac{u_- - u_o}{R_F}$$

上式中 $u_- = 0$，由此可求得反相比例运算电路的电压放大倍数为

$$A_{uf} = \frac{u_o}{u_i} = -\frac{R_F}{R_1} \tag{6.31}$$

因为反相输入端“虚地”，显而易见，电路的输入电阻为

$$R_{if} = R_1 \tag{6.32}$$

综合以上分析，对反相比例运算电路可以归纳得出以下几点结论。

（1）反相比例运算电路实际上是一个深度的电压并联负反馈电路。在理想情况下，反

相输入端的电位等于0，称为“虚地”。因此加在集成运放输入端的共模输入电压很小。

（2）电压放大倍数 $A_{uf}=-\frac{R_F}{R_1}$，即输出电压与输入电压的幅值成正比，但相位相反。也就是说，电路实现了反相比例运算。比值 $|A_{uf}|$ 决定于电阻 R_F 和 R_1 之比，而与集成运放内部各项参数无关。只要 R_F 和 R_1 的阻值比较准确且稳定，就可以得到准确的比例运算关系。比值 $|A_{uf}|$ 可以大于1，也可以小于1。当 $R_F=R_1$ 时，$A_{uf}=-1$，称为单位增益倒相器。

（3）由于引入了深度电压并联负反馈，因此电路的输入电阻不高，输出电阻很低。

2. 同相比例运算电路

在图6.15中，输入电压 u_i 接至同相输入端，但是为保证引入的是负反馈，输出电压 u_o 通过电阻 R_F 仍接到反相输入端，同时，反相输入端通过电阻 R_1 接地。为了使集成运放反相输入端和同相输入端对地的电阻一致，R_2 的阻值仍应为 $R_2=R_1//R_F$。

同相比例运算电路中反馈的组态为电压串联负反馈，同样可以利用理想运放工作在线性区时的两个特点来分析其电压放大倍数。

在图6.15中，根据“虚短”和“虚断”的特点可知，$i_-=i_+=0$，故有

$$u_-=\frac{R_1}{R_1+R_F}u_o$$

而且

$$u_+=u_-=u_i$$

由以上两式可得

$$\frac{R_1}{R_1+R_F}u_o=u_i$$

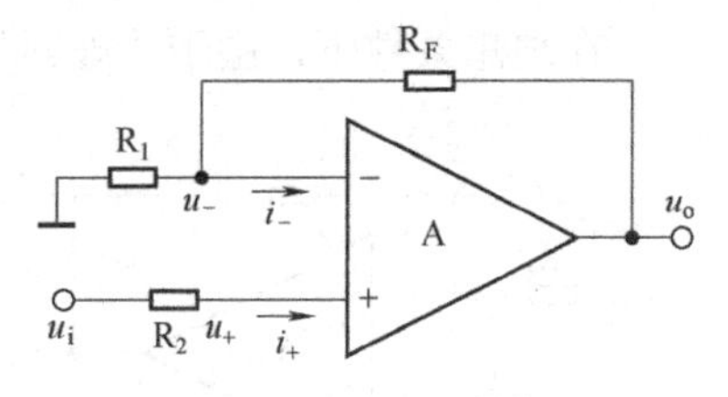

图6.15　同相比例运算电路

则同相比例运算电路的电压放大倍数为

$$A_{uf}=\frac{u_o}{u_i}=1+\frac{R_F}{R_1} \tag{6.33}$$

由于引入了电压串联负反馈，因此能够提高输入电阻，而且提高的程度与反馈深度有关。在理想运放条件下，即认为 $A_{od}\to\infty$，$R_{id}\to\infty$，则同相比例运算电路的输入电阻 $R_{if}\to\infty$。当考虑 $A_{od}\neq\infty$，$R_{id}\neq\infty$ 的一般情况时，经过分析可知，同相比例运算电路的输入电阻为

$$R_{if}=(1+A_{od}F)R_{id} \tag{6.34}$$

式中，A_{od} 和 R_{id} 分别是集成运放的开环差模电压增益和差模输入电阻，F 是反馈系数，在本电路中

$$F=\frac{u_F}{u_o}=\frac{R_1}{R_1+R_F}$$

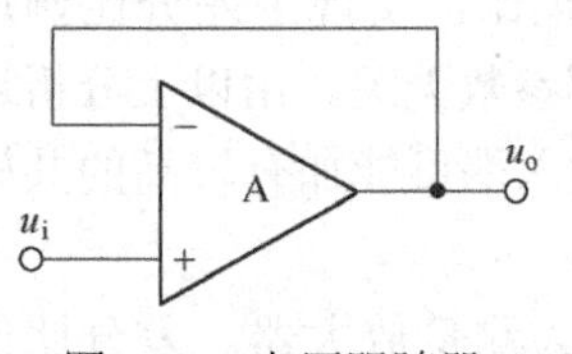

图6.16　电压跟随器

由式（6.34）可知，同相比例运算电路的电压放大倍数总是大于或等于1。当 $R_F=0$ 或 $R_1=\infty$ 时，$A_{uf}=1$，此时电路如图6.16所示。

由图可得，$u_+=u_i$，$u_-=u_o$，由于“虚短”，即 $u_+=u_-$，故 $u_o=u_i$，则电压放大倍数为

$$A_{uf}=\frac{u_o}{u_i}=1 \tag{6.35}$$

这种电路的输出电压与输入电压不仅幅值相等，而且相位也相同，二者之间是一种“跟随”关系，所以又称为电压跟随器。

综上所述，对同相比例运算电路可以得到以下几点结论。

（1）同相比例运算放大电路是一个深度的电压串联负反馈电路。因为 $u_+= u_-= u_i$，所以不存在“虚地”现象，在选用集成运放时，要考虑到其输入端可能具有较高的共模输入电压。

（2）电压放大倍数 $A_{uf}=1+\dfrac{R_F}{R_1}$，即输出电压与输入电压的幅值成正比，且相位相同。也就是说，电路实现了同相比例运算。A_{uf} 也只取决于电阻 R_F 和 R_1 之比，而与集成运放的内部参数无关，所以比例运算的精度和稳定性主要取决于电阻 R_F 和 R_1 的精度和稳定度。一般情况下，A_{uf} 值恒大于 1。当 $R_F=0$ 或 $R_1=\infty$时，$A_{uf}=1$，这种电路称为电压跟随器。

（3）引入了深度电压串联负反馈，因此电路的输入电阻很高，输出电阻很低。

3．差分比例运算电路

在图 6.17 中，输入电压 u_i 和 u_i'分别加在集成运放的反相输入端和同相输入端，u_o 从输出端通过反馈电阻 R_F 接回到反相输入端。为了保证运放两个输入端对地的电阻平衡，同时为了避免降低共模抑制比，通常要求

$$R_1=R'_1,\quad R_F=R'_F$$

在理想条件下，由于“虚断”，$i_+=i_-=0$，利用叠加定理可求得反相输入端的电位为

$$u_-=\frac{R_F}{R_1+R_F}u_i+\frac{R_F}{R_1+R_F}u_o$$

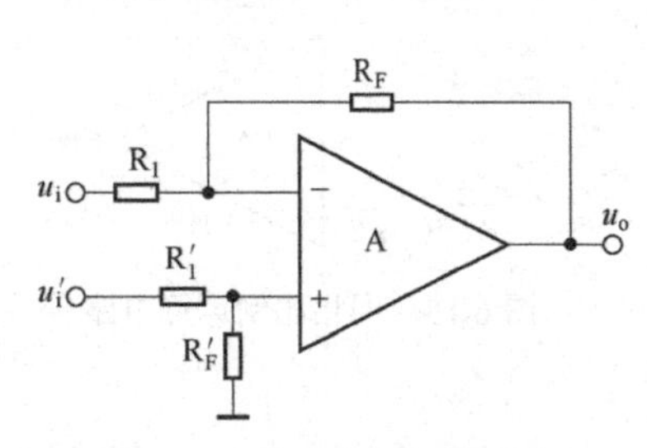

图 6.17　差分比例运算电路

而同相输入端的电位为

$$u_+=\frac{R'_F}{R'_1+R'_F}u'_i$$

因为“虚短”，即 $u_+=u_-$，所以，

$$\frac{R_F}{R_1+R_F}u_i+\frac{R_F}{R_1+R_F}u_o=\frac{R'_F}{R'_1+R'_F}u'_i$$

当满足条件 $R_1=R'_1$，$R_F=R'_F$ 时，整理上式，可求得差分比例运算电路的电压放大倍数为

$$A_{uf}=\frac{u_o}{u_i-u'_i}=-\frac{R_F}{R_1} \tag{6.36}$$

在电路元件参数对称的条件下，差分比例运算电路的差模输入电阻为

$$R_{if}=2R_1 \tag{6.37}$$

由式（6.36）可知，电路的输出电压与两个输入电压之差成正比，实现了差分比例运算。其比值 $|A_{uf}|$ 同样决定于电阻 R_F 和 R_1 之比，而与集成运放内部参数无关。由以上分析还可以知道，差分比例运算电路中，集成运放的反相输入端和同相输入端可能加有较高的共模输入电压，电路中不存在“虚地”现象。

差分比例运算电路除了可以进行减法运算以外，还经常被作为测量放大器。差分比例运算电路的缺点是对元件的对称性要求比较高，如果元件失配，不仅在计算中带来附加误差，而且将产生共模电压输出。电路的另一个缺点是输入电阻不够高。

上述各种比例运算电路的输入、输出关系表达式都是在理想运放条件下得到的，但实际集成运放的各项指标不可能完全理想，因此在上述运算公式中将产生误差。关于运算误差的分析可参阅有关文献。但由于集成电路制造工艺的发展，实际运放的各项技术指标已接近理想运放，所以实际运放应用上面运算公式产生的误差影响，可不予考虑。

6.4.2 加法和减法运算

1．加法运算电路

如图 6.18 所示是加法运算电路。在运放的反相输入端加多个输入信号 u_{i1}、u_{i2} 和 u_{i3}，图中 $R'=R_1//R_2//R_3//R_F$。运用“虚地”和“虚断”的概念可得

$$i_1=\frac{u_{i1}}{R_1},\qquad i_2=\frac{u_{i2}}{R_2},\qquad i_3=\frac{u_{i3}}{R_3}$$

$$i_F=i_1+i_2+i_3,\qquad u_o=-i_F R_F$$

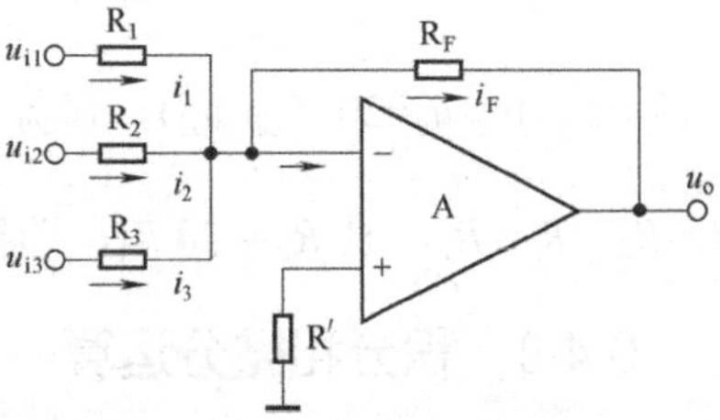

由上述各式可得

$$u_o=-R_F\left(\frac{u_{i1}}{R_1}+\frac{u_{i2}}{R_2}+\frac{u_{i3}}{R_3}\right)\tag{6.38}$$

图 6.18 加法运算电路

若取 $R_1=R_2=R_3=R$，上式可简化为

$$u_o=-\frac{R_F}{R}(u_{i1}+u_{i2}+u_{i3})\tag{6.39}$$

可见，电路的输出电压正比于各输入电压之和，所以称此电路为加法运算电路。如果取 $R_F=R$，则

$$u_o=-(u_{i1}+u_{i2}+u_{i3})\tag{6.40}$$

2．减法运算电路

如图 6.19 所示是减法运算电路，u_{i1} 通过 R_1 加到运放的反相输入端，u_{i2} 通过 R_2、R_3 分压后加到同相输入端，而 u_o 通过 R_F 反馈到反相输入端。为了使集成运放两输入端平衡，应使

$$R_1//R_F=R_2//R_3$$

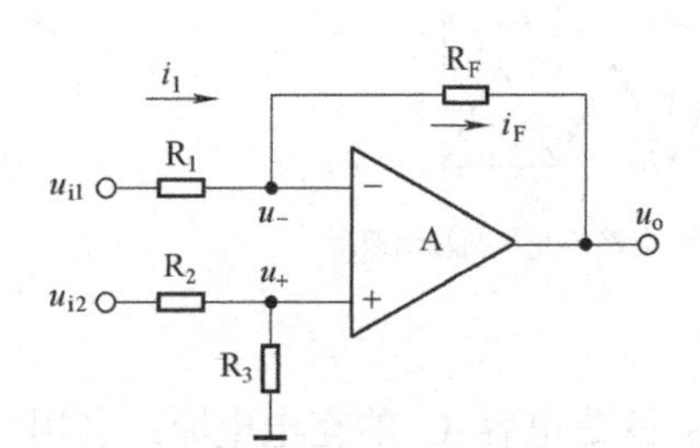

图 6.19 减法运算电路

根据理想运放的“虚短”和“虚断”的概念，$u_-=u_+$，且

$$u_+=\frac{R_3}{R_2+R_3}u_{i2},\quad i_1=\frac{u_{i1}-u_-}{R_1},\quad i_F=\frac{u_--u_o}{R_F}$$

由于 $i_1=i_F$，故

$$\frac{u_{i1}-u_-}{R_1}=\frac{u_--u_o}{R_F}$$

于是由上面这些式子可得

$$u_o=-\frac{R_F}{R_1}u_{i1}+\frac{R_1+R_F}{R_1}\cdot\frac{R_3}{R_2+R_3}u_{i2}=-\frac{R_F}{R_1}u_{i1}+\frac{R_F}{R_2}u_{i2}\tag{6.41}$$

上式也可由叠加定律得到。如果选择 $R_1=R_2$，$R_F=R_3$，则上式化为

$$u_o=\frac{R_F}{R_1}(u_{i2}-u_{i1})\tag{6.42}$$

可见，输出电压正比于两个输入电压之差。如果取 $R_F=R_1$，则有

$$u_o=u_{i2}-u_{i1}$$

这时，电路就称为减法器，减法运算电路又称差动输入运算电路。

例 6-1 计算各电路的阻值并连接集成运放电路图，使它满足 u_i 和 u_o 之间的下列运算关系。

（1）$u_o=-10(u_{i1}+u_{i2}+u_{i3})$；

（2）$u_o = 20\,(u_{i2} - u_{i1})$。

解：（1）由 $u_o = -10\,(u_{i1} + u_{i2} + u_{i3})$，可知 $\frac{R_F}{R_1} = -10$，所以只要按图 6.18 加法运算电路连接，使 $R_F = 10R_1$，且取 $R_1 = R_2 = R_3 = 10\text{k}\Omega$，则取 $R_F = 100\ \text{k}\Omega$，使 $R' = R_1 /\!/ R_2 /\!/ R_3 /\!/ R_F = 3.22\text{k}\Omega$，即满足

$$u_o = -10(u_{i1} + u_{i2} + u_{i3})$$

（2）由 $u_o=20\ (i_{i2}-u_{i1})$，可知 $\frac{R_F}{R_1} = 20$。所以只要按图 6.11 减法运算电路连接，其中 $R_1=R_2$，$R_3= R_F$，且 $R_F = 20\,R_1$，即符合要求。如果取 $R_1 = R_2 = 1\text{k}\Omega$，则取 $R_3= R_F = 20\text{k}\Omega$。

6.4.3 积分和微分运算

1. 积分运算电路

数学上 $y = k\int x(t)\mathrm{d}t$（$k$ 为常数）称为积分运算。在电路中可通过 $u_o = k\int u_1\mathrm{d}t$ 来模拟这种运算，这种电路称为积分运算电路，简称积分电路。由于电容的两端电压和流过的电流成积分关系，因此，若输入电压与流过电容的电流成正比且输出电压与电容的两端电压成正比，就可构成积分电路。基本积分电路如图 6.20（a）所示。

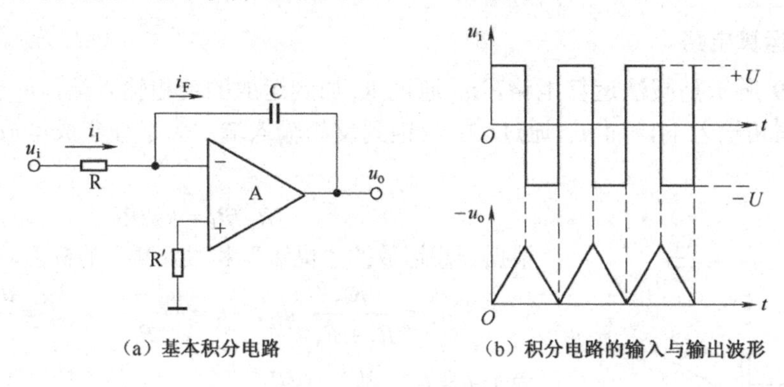

（a）基本积分电路　　（b）积分电路的输入与输出波形

图 6.20　积分运算电路

利用“虚地”和“虚断”的概念，有 $i_F = i_1 = \frac{u_i}{R}$，而 i_F 就是电容 C 的充电电流；利用“虚地”的概念，电路的输出电压就等于电容两端的电压，由此可得

$$u_o = -\frac{1}{C}\int\frac{u_i}{R}\mathrm{d}t = -\frac{1}{RC}\int u_i\mathrm{d}t \tag{6.43}$$

式（6.43）表明，u_o 与 u_i 呈积分关系。积分电路可实现波形变换，例如可将方波电压变换为三角波电压，如图 6.20（b）所示。

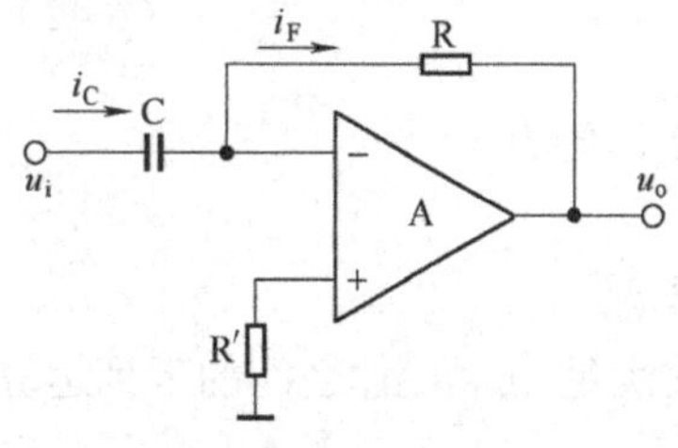

图 6.21　微分运算电路

2. 微分电路

微分是积分的逆运算，将积分电路的电阻、电容互换就可实现，如图 6.21 所示。由于输入支路是电容，输入电流与输入电压成微分关系，即

$$i_C = C\frac{\mathrm{d}u_i}{\mathrm{d}t}$$

由于反馈支路是电阻，则

$$u_o = -i_F R = -i_C R = -RC\frac{du_i}{dt} \tag{6.44}$$

上式表明，u_o 与 u_i 呈微分关系。

6.4.4 指数和对数运算

1．对数运算

对数运算是实现输出电压与输入电压成对数关系的非线性运算，而此时的集成运放是工作在线性放大状态的，那么我们必须在电路中引入非线性器件——伏安特性为对数关系的器件。利用半导体 PN 结的 U–I 特性，可以实现对数运算。

如图 6.22 所示是三极管对数放大电路。

当 NPN 管的 $u_{CB}>0$（接近于 0），$u_{BE}>0$ 时，关系式为

$$i_C = i_E = I_{ES}(e^{u_{BE}/U_T} - 1) \approx I_{ES}e^{u_{BE}/U_T}$$

则有，$u_{BE} = U_T \ln\dfrac{i_C}{I_{ES}}$

根据如图 6.22 所示的反相放大电路有 $i = i_C = u_s / R$，这就可得到对数关系为

$$u_o = -u_{BE} = -U_T \ln\frac{i_C}{I_{ES}} = -U_T \ln\frac{u_s}{R} + U_T \ln I_{ES} \tag{6.45}$$

所以，输出电压和输入电压成对数关系，输出电压的幅值不能超过 0.7V。

2．反对数运算

反对数运算是实现输出电压与输入电压呈指数关系的非线性运算，由于输入电压是输出电压的对数，因此称反对数运算。将如图 6.22 所示电路中的 R 与 BJT 的位置互换，就可得到如图 6.23 所示的反对数运算电路。

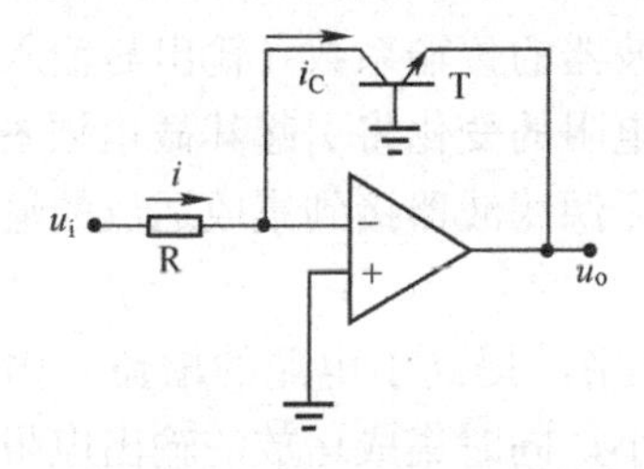

图 6.22 三极管对数放大电路

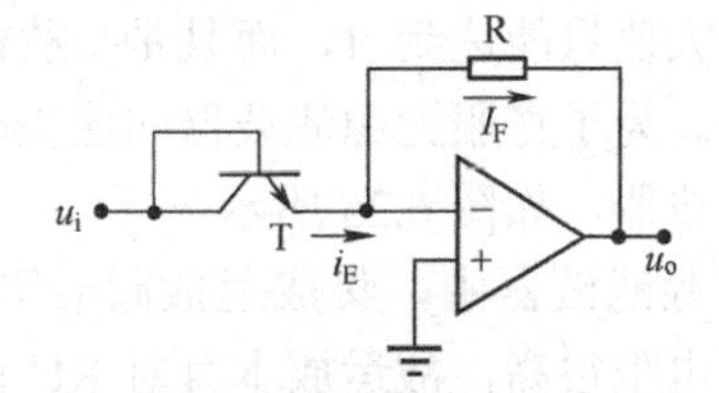

图 6.23 反对数运算电路

根据如图 6.23 所示的电路有，$i_F \approx i_E = I_{ES}e^{u_s/U_T}$，则可以获得反对数关系如下：

$$u_o = -i_F \times R = -I_{ES} Re^{u_s/U_T} \tag{6.46}$$

所以输出电压和输入电压呈反对数（指数）关系。

三极管对数和反对数运算电路明显的缺点是温度稳定性差，因为 U_T、I_{ES} 均是与温度有关的参数。为了使对数和反对数运算电路具有实用性，可采用具有温度补偿的对数及反对数运算电路。

6.5 集成运放的线性应用之二——有源滤波器电路

6.5.1 滤波电路的种类和用途

滤波电路（滤波器）是一种能让某一部分频率的信号顺利通过，而另一部分频率的信号受到较大幅度衰减的电路。允许通过的频率范围叫做滤波器的通带，通带之外则为阻带。在理想情况下，通带内的幅频特性应是某个常数，而在阻带幅度为 0。它们以某个频率为分界，这个频率叫做滤波器的通带截止频率。按照通带在频率轴上的位置，滤波器可分为低通、高通、带通、带阻滤波器，如图 6.24 所示。理想的滤波器应有矩形的幅频特性，但在实际中，这种理想特性是不能实现的。从图 6.24 可以看出：低通滤波器——允许低频信号通过，将高频信号衰减；高通滤波器——允许高频信号通过，将低频信号衰减；带通滤波器——允许某一频带范围内的信号通过，将此频带以外的信号衰减；带阻滤波器——阻止某一频带范围内的信号通过，而允许此频带之外的信号通过。

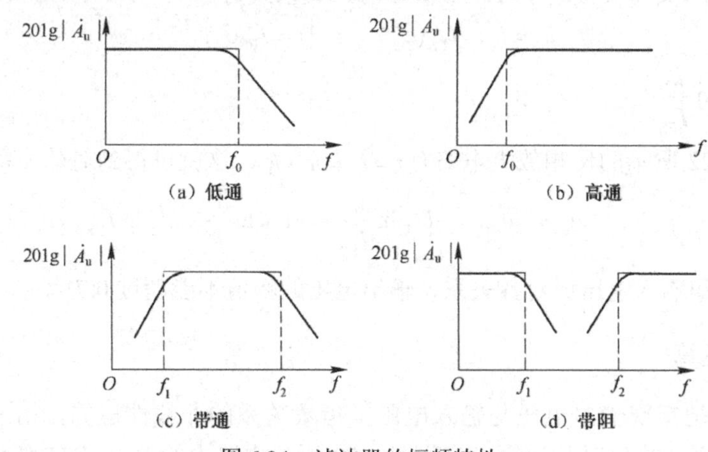

图 6.24　滤波器的幅频特性

利用电阻、电容和电感等无源元件构成的滤波电路，称为无源滤波器。用有源器件和无源元件配合构成的滤波器称为有源滤波器。无源滤波器的传输系数（输出与输入的比值）低，其最大值只能达到 1，而且带负载能力差，负载电阻的变化将引起其截止频率和传输系数的变化。为了克服无源滤波器的这些缺点，可以将无源滤波器接到集成运放的输入端，组成有源滤波器，如图 6.25 所示。

在有源滤波器中，集成运放起着隔离和放大的作用，提高了电路的增益。由于集成运放的输入电阻很高，故运放本身对 RC 网络的影响很小，同时集成运放的输出电阻很低，因而大大提高了电路的带负载能力。

对于如图 6.25（a）所示的一阶有源低通滤波器，分析可得电压放大倍数（传输函数）为

$$\dot{A}=\frac{\dot{U}_o}{\dot{U}_i}=\frac{1+\dfrac{R_F}{R_1}}{1+j\dfrac{f}{f_0}}=\frac{A_u}{1+j\dfrac{f}{f_0}} \tag{6.47}$$

式中，$A_u=1+\dfrac{R_F}{R_1}$ 为电路的通带电压放大倍数；

$f_0=\dfrac{1}{2\pi RC}$ 为截止频率。

对于图 6.25（b）所示的一阶有源高通滤波器，用类似的方法可求出有关参数。

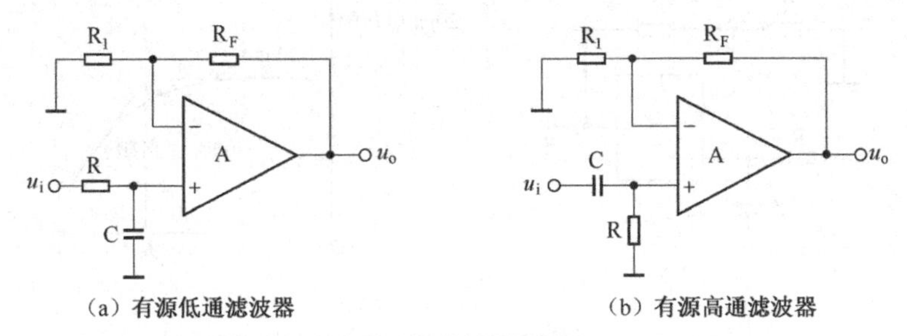

图 6.25　有源滤波器

为了使滤波器的幅频特性更加接近于理想特性，可以在一阶滤波电路的基础上，再增加一级 RC 电路，构成二阶滤波电路。将高通滤波器和低通滤波器进行不同的组合，可以构成带通滤波器和带阻滤波器。

6.5.2　有源低通滤波电路

由电阻、电容组成的 RC 低通滤波电路，如图 6.26（a）所示，通常称为无源低通滤波电路。该低通滤波电路的电压放大倍数为

$$\dot{A}_{\mathrm{u}}=\frac{\dot{U}_{\mathrm{o}}}{\dot{U}_{\mathrm{i}}}=\frac{1}{1+\mathrm{j}\dfrac{f}{f_0}}$$

上式中，$f_0=\dfrac{1}{2\pi RC}$ 为低通滤波电路的通带截止频率，对应的对数幅频特性如图 6.26（b）所示。

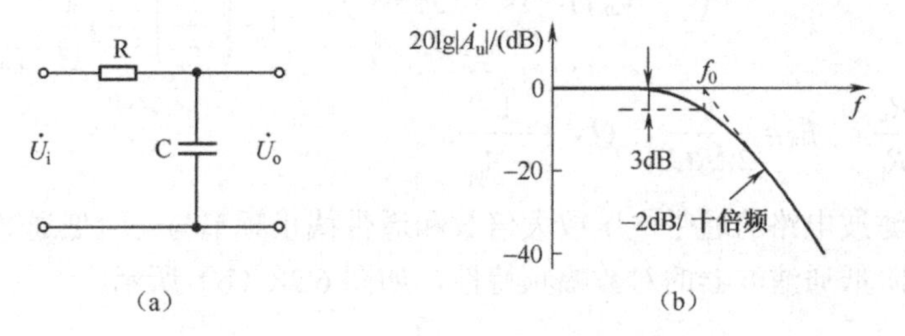

图 6.26　无源低通滤波电路及幅频特性

由图 6.26（b）可见，当频率大于 f_0 以后，随着频率的升高，电压放大倍数将降低，因此电路具有“低通”的特性。这种无源 RC 低通滤波电路的主要缺点是电压放大倍数低，由电压放大倍数的表达式可知，通带电压放大倍数的最大值只能到 1。同时带负载能力差，若在输出端并联一个负载电阻，除了使电压放大倍数降低以外，还将影响通带截止频率 f_0 的值。

为解决以上问题，可将集成运放与 RC 低通电路组合在一起，构成有源滤波器，以提高通带电压放大倍数和带负载能力。如图 6.27 所示为一阶低通有源滤波器的电路图。

对于图 6.27（a）所示的一阶有源低通滤波电路，分析可得电压放大倍数（传输函数）为

$$\dot{A}=\frac{\dot{U}_{\mathrm{o}}}{\dot{U}_{\mathrm{i}}}=\frac{1+\dfrac{R_{\mathrm{F}}}{R_1}}{1+\mathrm{j}\dfrac{f}{f_0}}=\frac{A_{\mathrm{u}}}{1+\mathrm{j}\dfrac{f}{f_0}} \tag{6.48}$$

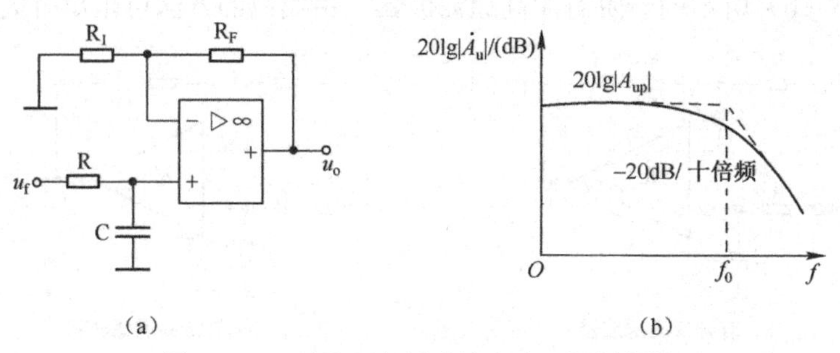

图 6.27　一阶有源低通滤波电路及幅频特性

上式中，$A_u = 1 + \dfrac{R_F}{R_1}$ 为电路的通频带电压放大倍数；

$f_0 = \dfrac{1}{2\pi RC}$ 为通带截止频率。

与前面的无源低通滤波电路比较可得，一阶有源低通滤波电路的通带截止频率不变，仍与 RC 的乘积成反比，但引入集成运放以后，通带电压放大倍数和带负载能力得到了提高。

图 6.27（b）为一阶低通滤波器的对数幅频特性。由图 6.27（b）可以看出，一阶低通滤波器的滤波特性与理想的低通滤波特性相比，差距很大。在理想情况下，希望 $f>f_0$ 时，电压放大倍数立即降低到 0，但一阶低通滤波器的对数幅频特性只是以−20 dB/十倍频的缓慢速度下降。为了使滤波器的幅频特性更加接近于理想特性，可以在一阶滤波电路的基础上，再增加一级 RC 电路，构成二阶滤波电路，如图 6.28（a）所示，由图可得

$$\dot{A}_u = \frac{\dot{U}_o}{\dot{U}_i} = \frac{A_{up}}{1 + \left(3 - A_{up}\right) j\omega RC + \left(j\omega RC\right)^2} = \frac{A_{up}}{1 - \left(\dfrac{f}{f_0}\right)^2 + j\dfrac{1}{Q}\cdot\dfrac{f}{f_0}}$$

上式中 $A_{up} = 1 + \dfrac{R_F}{R_1}$，$f_0 = \dfrac{1}{2\pi RC}$，$Q = \dfrac{1}{3 - A_{up}}$。

可见，二阶低通滤波电路的通带电压放大倍数和通带截止频率与一阶低通滤波电路相同。根据上式可画出二阶低通滤波器的对数幅频特性，如图 6.28（b）所示。

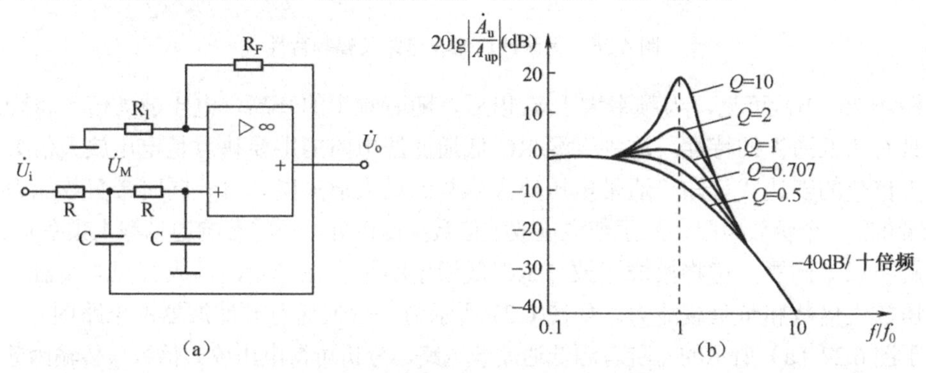

图 6.28　二阶有源低通滤波电路及幅频特性

由图 6.28（b）可见，输入电压经过两级 RC 低通电路以后，再接到集成运放的同相输入端，因此，在高频段，对数幅频特性将以−40dB/十倍频的速度下降，与一阶低通滤波器相

比，下降的速度提高了一倍，使滤波特性更接近于理想情况。

由图还可见：不同 Q 值时，二阶低通滤波电路的对数幅频特性不一样。Q 值愈大，则 $f=f_0$ 时的电压放大倍数值也愈大。Q 的含义类似于谐振回路的品质因数，故有时称为等效品质因数，而 $1/Q$ 称为阻尼系数。而且，若 $Q=1$，则 $f=f_0$ 时的幅频特性既可保持通频带的增益，而又可使高频段的幅频特性很快衰减，同时还避免了在 $f=f_0$ 处产生一个较大的凸峰，因此，滤波效果较好。

6.5.3 有源高通滤波电路

如将低通滤波器中起滤波作用的电阻和电容的位置互换，即可组成相应的高通滤波器，如图 6.29（a）所示，其对数幅频特性见图 6.29（b）。此高通电路的通频带截止频率为

$$f_0 = \frac{1}{2\pi RC}$$

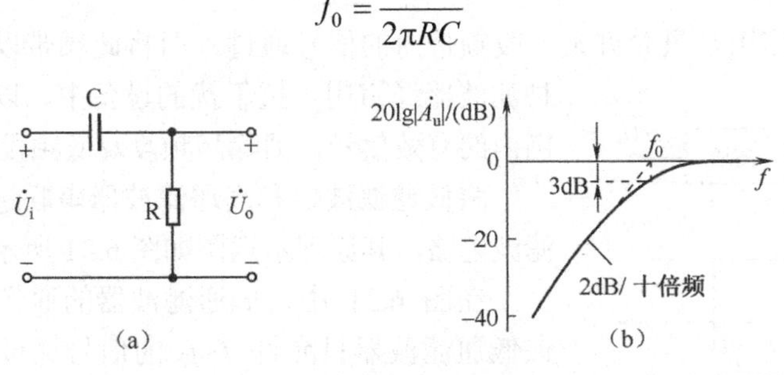

图 6.29　无源高通滤波电路及幅频特性

为了克服无源滤波器电压放大倍数低以及带负载能力差的缺点，同样可以利用集成运放与 RC 电路结合，组成有源高通滤波器。

如图 6.30（a）所示为二阶有源高通滤波器的电路图。通过对比可以看出，这个电路是在如图 6.28（a）所示的二阶有源低通滤波器的基础上，将滤波电阻和电容的位置互换以后得到的。

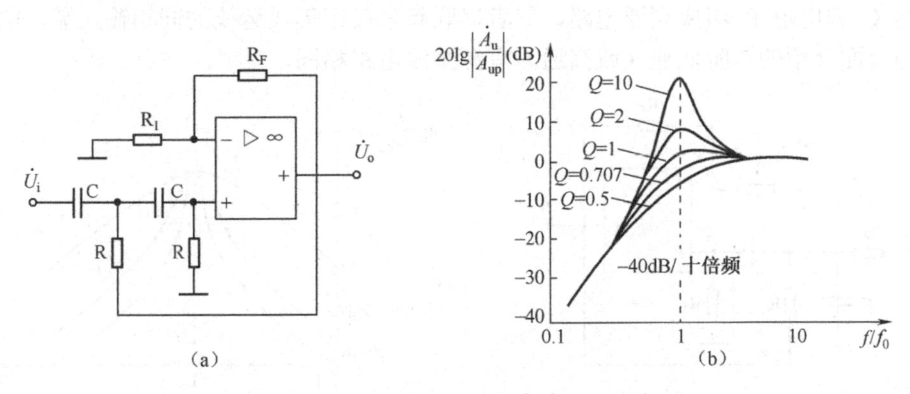

图 6.30　二阶有源高通滤波电路及幅频特性

对于如图 6.30（a）所示的二阶有源高通滤波器，用与上面类似的方法可求出电压放大倍数为

$$\dot{A}_u = \frac{\dot{U}_o}{\dot{U}_i} = \frac{(j\omega RC)^2 A_{uP}}{1+(3-A_{up})j\omega RC+(j\omega RC)^2} = \frac{A_{up}}{1-\left(\frac{f_0}{f}\right)^2 - j\frac{1}{Q}\frac{f_0}{f}}$$

上式中的 A_{up}、f_0 和 Q 分别表示二阶高通滤波电路的通频带电压放大倍数、通带截止频率和等效品质因数。它们的表达式也与二阶低通滤波器相同，即 $A_{up}=1+\dfrac{R_F}{R_1}$，$f_0=\dfrac{1}{2\pi RC}$，$Q=\dfrac{1}{3-A_{up}}$。

通过对比图 6.28（b）和图 6.30（b）还可看出，高通滤波电路与低通滤波电路的对数幅频特性互为“镜像”关系。

6.5.4 有源带通滤波电路

将高通滤波器和低通滤波器进行不同的组合，可以构成带通滤波器和带阻滤波器，这里仅介绍带通滤波器。

带通滤波器的作用是只允许某一段频带内的信号通过，而将此频带以外的信号阻断。这种滤波器经常用于抗干扰的设备中，以便接收某一频带范围内的有效信号，消除高频段及低频段的干扰和噪声。

将低通滤波器和高通滤波器串联起来，即可获得带通滤波电路，其原理示意图如图 6.31 所示。

在图 6.31 中，低通滤波器的通带截止频率为 f_2，即该低通滤波器只允许 $f<f_2$ 的信号通过；而高通滤波器的通带截止频率为 f_1，即该低通滤波器只允许 $f>f_1$ 的信号通过。现将二者串联起来，且 $f_2>f_1$，则其通频带即是上述二者频带的覆盖部分，即等于 f_2-f_1，成为一个带通滤波器。

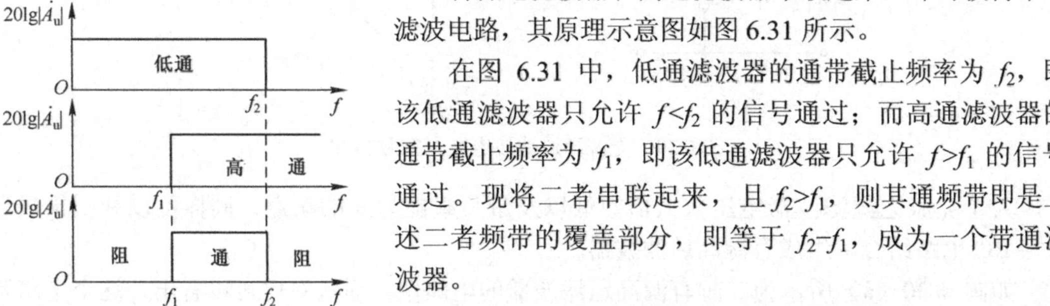

图 6.31 带通滤波电路原理示意图

根据以上原理组成的带通滤波器的典型电路如图 6.32（a）所示。输入端的电阻 R 和电容 C 组成低通电路，另一个电容 C 和电阻 R 组成高通电路，二者串联起来接在集成运放的同相输入端，电路的其余部分与前面介绍的二阶低通（或高通）有源滤波电路相同。

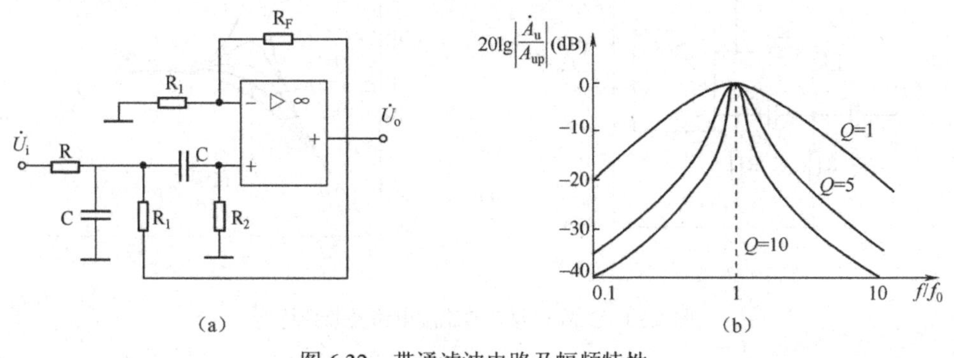

图 6.32 带通滤波电路及幅频特性

对于如图 6.32（a）所示的有源带通滤波器，可求出电压放大倍数为

$$\dot A_u=\frac{A_{uo}}{(3+A_{uo})+j\left(\dfrac{f}{f_0}-\dfrac{f_0}{f}\right)}=\frac{A_{up}}{1+jQ\left(\dfrac{f}{f_0}-\dfrac{f_0}{f}\right)}$$

上式中 $A_{uo}=1+\dfrac{R_F}{R_1}$，$f_0=\dfrac{1}{2\pi RC}$，$Q=\dfrac{1}{3-A_{up}}$，$A_{up}=\dfrac{A_{uo}}{3-A_{uo}}=QA_{uo}$。

由上式可见，当 $f=f_0$ 时，电压放大倍数达到最大值，此时 $A_u=A_{up}$；而当频率 f 减小或增大时，放大倍数都将降低。当 $f=0$ 或 f 趋于无穷大时，A_u 均趋近于 0，可见此电路具有"带通"的特性。通常将 f_0 称为带通滤波器的中心频率，A_{up} 称为通带电压放大倍数。不同 Q 值时的对数幅频特性，如图 6.32（b）所示，由图可见：Q 值愈大，则通频带愈窄，即选择性愈好。

6.6 集成运放的线性应用之三——信号变换电路

在电子电路中，常需要实现电压、电流间的相互变换，利用集成运算放大器具有高增益、高输入电阻、低漂移等特点，可以实现电压与电流的相互变换。

6.6.1 电压/电流变换器

电压/电流变换器能将输入电压变换为输出电流。图 6.33 所示是一反相输入的电压/电流变换器，其中 R_L 为负载电阻，R 为电流取样电阻，一般 $R \ll R_L$，该电路属于电流并联负反馈，其输入电阻低，输出电阻高。

图 6.33 所示电路中，由于

$$u_+ = u_- = 0$$

则

$$i_L = i_R - i_F$$

$$i_F = i_i = \frac{u_i}{R_1}$$

$$i_F = -\frac{R}{R+R_F} i_L = \frac{R}{R+R_F}(i_F - i_R)$$

故

$$i_R = -\frac{R_F}{R} i_F = -\frac{R_F}{RR_1} u_i$$

$$i_L = -\frac{R_F}{RR_1} u_i - \frac{1}{R_1} u_i = -\left(1+\frac{R_F}{R}\right)\frac{1}{R_1} u_i = -Ku_i \tag{6.49}$$

式中，$K=\left(1+\dfrac{R_F}{R}\right)\dfrac{1}{R_1}$ 为变换系数。

由上式可见，输出电流与负载电阻 R_L 无关，由于输入电阻较低，信号源内阻的变化会影响转换精度，若要求较高的转换精度，可采用同相输入式变换电路，它是一受输入电压 u_i 控制的恒流源。

图 6.34 所示是一同相输入的电压/电流变换器，不难分析出

$$i_L R = u_- = u_i$$

所以

$$i_L = \frac{u_i}{R} = Ku_i \tag{6.50}$$

式中，变换系数 $K = 1/R$。

该电路属于电流串联负反馈，其输入电阻很高。

以上两种电压/电流变换器的特点如下：

（1）变换系数 K 均具有电导的量纲，故上述两种放大器又称为互导放大器。

（2）负载电流 i_L 与负载电阻 R_L 无关，在电路参数一定时，i_L 与输入端电压 u_i 成正比，故上述两种放大器可视为电压控制的电流源电路。

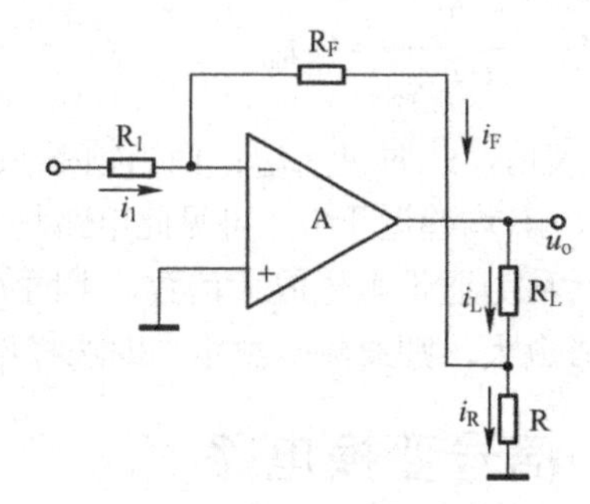

图 6.33　电压/电流变换器

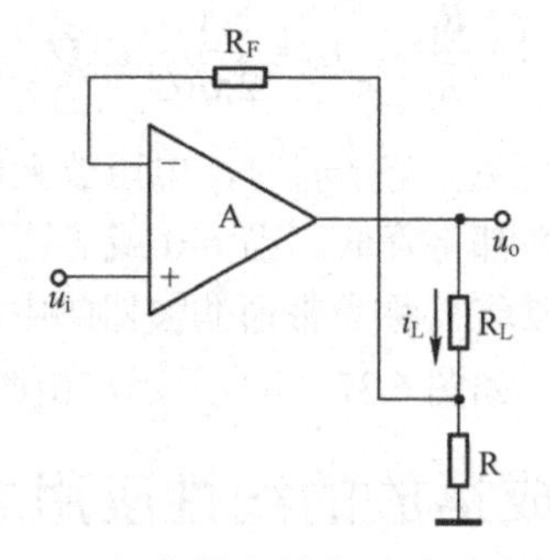

图 6.34　同相输入的电压/电流变换器

（3）负载电阻无接地端，处于“浮地”状态。

6.6.2　电流/电压变换器

电流/电压变换器能将输入电流变换为输出电压。输入电流一般由光电管或硅光电池提供，也可由其他电源提供。为了将高内阻的电流源变换成低阻抗的电压源，通常利用反相输入的运算放大器构成，如图 6.35 所示。图中，由于

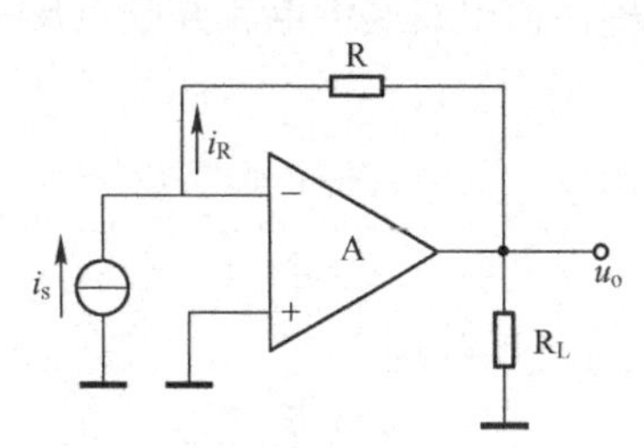

图 6.35　电流/电压变换器

所以

$$i_s = i_R$$

$$u_+ = u_- = 0 \quad u_o = -i_s R = -Ki_s \tag{6.51}$$

式中，K=R 为变换系数。

可见，输出电压 u_o 与负载电阻 R_L 无关，在电路参数一定时，u_o 与输入端电流 i_s 成正比，故可视为电流控制的电压源电路。

6.7　集成运放的非线性应用

本节讨论集成运放的非线性应用电路。工作在非线性区的运放电路，一般处于开环或正反馈方式。它与工作在线性区运放电路的主要区别是“虚短”、“虚地”的概念不再适用，而运放的输入电阻很高，“虚断”仍然可适用。输出电压也不随输入电压连续变化，当 $u_+>u_-$ 时，输出高电平 U_{oH}；当 $u_+<u_-$ 时，运放输出低电平 U_{oL}。运放工作在非线性区，可构成各类比较器和非正弦波波形发生器。本节主要讨论由集成运放组成的各类比较器，由运放组成的波形发生器将在第 7 章予以介绍。

6.7.1　简单电压比较器

电压比较器也是一种常用的模拟信号处理电路，它将一个模拟量输入电压与一个参考电压进行比较，并将比较的结果输出。比较器的输出只有两种可能的状态：高电平或低电平。在自动控制及自动测量系统中，常常将比较器应用于越限报警、模/数转换以及各种非正弦波的产生和变换等。

比较器的输入信号是连续变化的模拟量，而输出信号是数字量 1 或 0，因此，可以认为比较器是模拟电路和数字电路的“接口”。由于比较器的输出只有高电平或低电平两种状态，所以其中的集成运放常常工作在非线性区域。从电路结构来看，运放经常处于开环状态，有时为了使输入、输出特性在状态转换时更加快速，以提高比较精度，也在电路中引入正反馈。

1. 简单电压比较器

处于开环工作状态的集成运放是一个最简单的电压比较器，如图 6.36（a）所示。比较器有两个输入端，一个是外加信号输入端，另一输入端是一固定电压，该固定电压称为参考电压。由于理想运放的开环差模增益 $A_{od}=\infty$，因此在图 6.28（a）中，当 $u_i<U_{REF}$ 时，$u_o=+U_{oPP}$；当 $u_i>U_{REF}$ 时，$u_o=-U_{oPP}$。其中 U_{oPP} 是集成运放的最大输出电压，可画出此简单电压比较器的传输特性，如图 6.36（b）所示。图中的电压比较器采用反相输入方式，如果需要，也可采用同相输入方式。

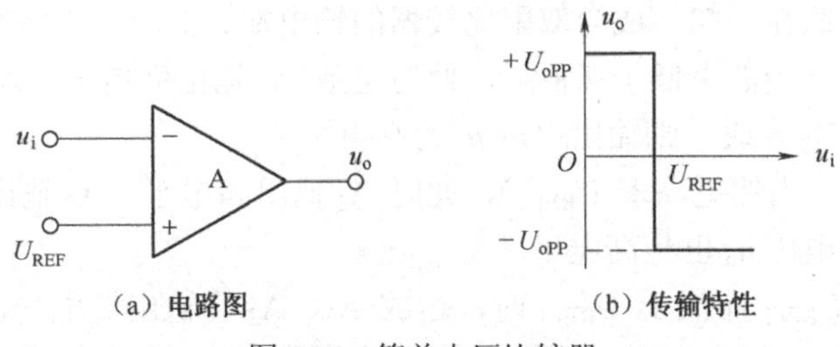

图 6.36　简单电压比较器

参考电平又叫门限电平，输出电压是$+U_{oPP}$还是$-U_{oPP}$，取决于输入电压与门限电平进行比较的结果。

2. 过零比较器

如图 6.37 所示的比较器中，参考电平 $U_{REF}=0$，我们称该比较器为过零比较器，如图 6.37（a）所示，其传输特性如图 6.37（b）所示。

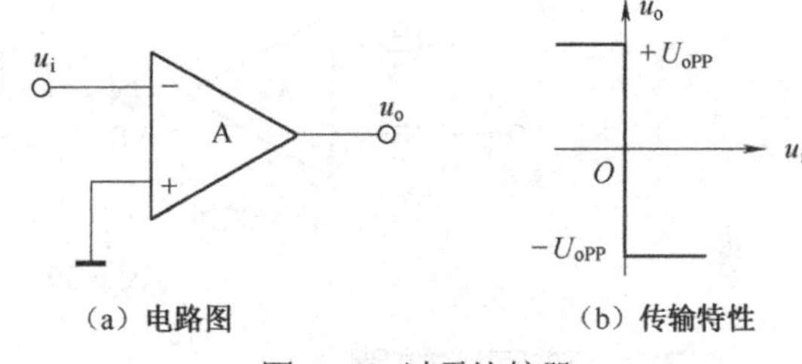

图 6.37　过零比较器

只用一个开环状态的集成运放组成的电压比较器电路简单，但其输出电压幅度较高，$u_o=\pm U_{oPP}$。有时希望比较器的输出幅度限制在一定的范围内，例如，要求与 TTL 数字电路的逻辑电平兼容，此时需要加上一些限幅的措施。

利用两个背靠背的稳压管实现限幅的过零比较器如图 6.38（a）所示，也可以在集成运放的输出端接一个限流电阻 R 和两个稳压管来实现限幅，如图 6.38（b）所示。假设任何一个稳压管被反向击穿时，两个稳压管两端总的稳定电压值均为 U_Z，而且 $U_{oPP}>U_Z$，比较器的传输特性如图 6.38（c）所示。此时，输出电压 $u_o=\pm U_Z$。

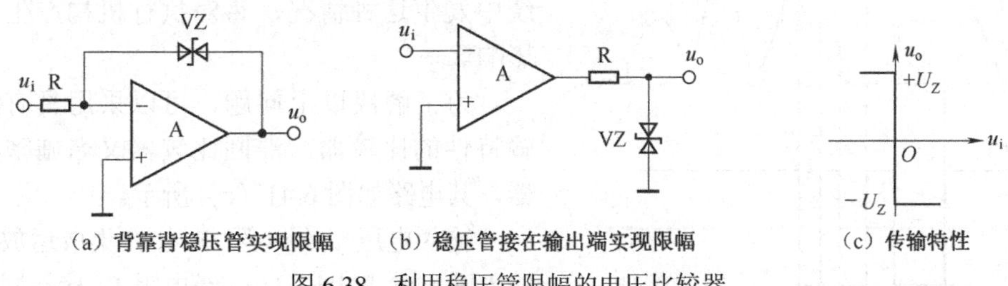

图 6.38　利用稳压管限幅的电压比较器

过零比较器可以将输入的正弦波变换为矩形波，读者可自行画出其波形图。

6.7.2 双限比较器

前面介绍的简单比较器（也称为单限比较器）可以检测输入信号的电平是否达到某一个给定的门限电平。但是在实际工作中，有时需要检测输入模拟信号的电平是否处在给定的两个门限电平之间，这就要求比较器有两个门限电平，这种比较器称为双限比较器。

双限比较器的一种电路如图 6.39（a）所示。电路由两个集成运放组成，输入电压 u_i 各通过一个电阻 R 分别接到 A_1 的同相输入端和 A_2 的反相输入端，参考电压 U_{REF1} 和 U_{REF2} 分别加在 A_1 的反相输入端和 A_2 的同相输入端，其中 $U_{REF1}>U_{REF2}$，两个集成运放的输出端各通过一个二极管后并联在一起，成为双限比较器的输出端。

若 u_i 低于 U_{REF2}（当然更低于 U_{REF1}），此时运放 A_1 输出低电平，A_2 输出高电平，于是二极管 VD_1 截止，VD_2 导通，则输出电压 u_o 为高电平。

若 u_i 高于 U_{REF1}（当然更高于 U_{REF2}），此时 A_1 输出高电平，A_2 输出低电平，则 VD_1 导通，VD_2 截止，输出电压 u_o 也是高电平。

只有当 u_i 高于 U_{REF2} 而低于 U_{REF1} 时，运放 A_1、A_2 均输出低电平，二极管 VD_1、VD_2 均截止，则输出电压 u_o 为低电平。比较器的传输特性如图 6.39（b）所示，由图可见，这种比较器有两个门限电平：上门限电平 U_{TH} 和下门限电平 U_{TL}。在本电路中，$U_{TH}=U_{REF1}$，$U_{TL}=U_{REF2}$。

由于双限比较器的传输特性形状像一个窗孔，所以又称为窗孔比较器。

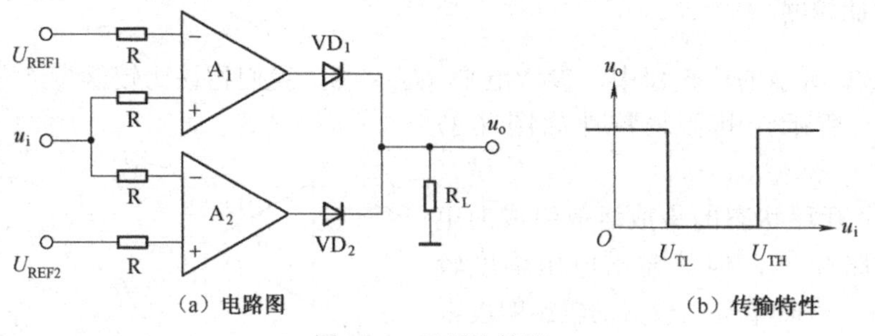

（a）电路图　　（b）传输特性

图 6.39　双限比较器

6.7.3 滞回比较器

单限比较器具有电路简单、灵敏度高等优点，但存在的主要问题是抗干扰能力差。如果输入电压受到干扰或噪声的影响，在门限电平上下波动，则输出电压将在高、低两个电平之间反复地跳变，如图 6.40 所示。如在控制系统中发生这种情况，将对执行机构产生不利的影响。

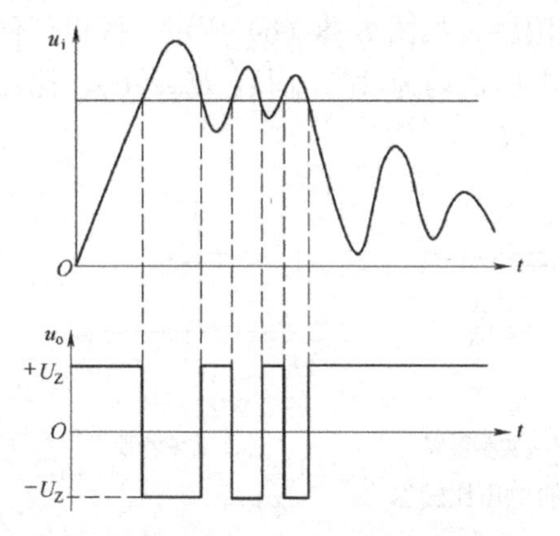

图 6.40　存在干扰时单线比较器的 u_i、u_o 波形

为了解决以上问题，可以采用具有滞回传输特性的比较器。滞回比较器又名施密特触发器，其电路如图 6.41（a）所示。

输入电压 u_i 经电阻 R_1 加在集成运放的反相输入端，参考电压 U_{REF} 经电阻 R_2 接在同相输入端，此外 u_o 从输出端通过电阻 R_F 引回同相输入端。电阻 R 和背靠背稳压管 VD_Z 的作用是限幅，将输出电压的幅度限制在$\pm U_Z$。

在本电路中，当集成运放反相输入端与同相输入端的电位相等，即 $u_- = u_+$时，输出端的状态将发生跳变。其中 u_+则由参考电压 U_{REF} 及输出电压 u_o 二者共同决定，而 u_o 有两种可能的状态：$+U_Z$ 或$-U_Z$。由此可见，使输出电压由$+U_Z$ 跳变为$-U_Z$，以及由$-U_Z$ 跳变为$+U_Z$ 所需的输入电压值是不同的。也就是说，这种比较器有两个不同的门限电平，故传输特性呈滞回形状，如图 6.41（b）所示。

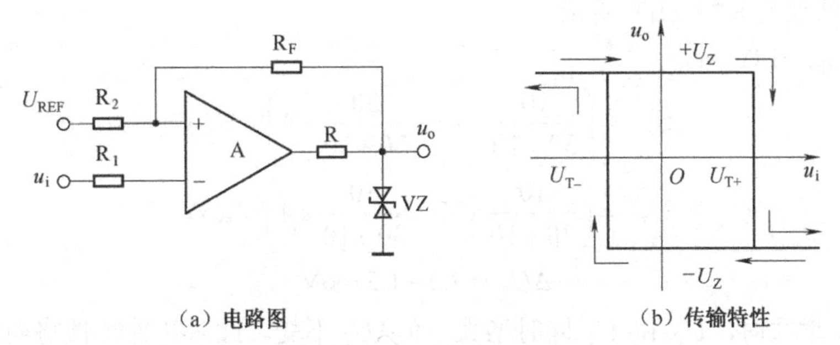

（a）电路图　　（b）传输特性

图 6.41　滞回比较器

现在来估算滞回比较器两个门限电平的值。利用叠加原理可求得同相输入端的电位为

$$u_+ = \frac{R_F}{R_2 + R_F} U_{REF} + \frac{R_2}{R_2 + R_F} u_o$$

若原来 $u_o = +U_Z$，当 u_i 逐渐增大时，使 u_o 从$+U_Z$ 跳变为$-U_Z$ 所需的门限电平用 U_{T+}表示，由上式可知

$$U_{T+} = \frac{R_F}{R_2 + R_F} U_{REF} + \frac{R_2}{R_2 + R_F} U_Z \tag{6.52}$$

若原来的 $u_o = -U_Z$，当 u_i 逐渐减小，使 u_o 从$-U_Z$ 跳变为$+U_Z$ 所需的门限电平用 U_{T-}表示，则

$$U_{T-} = \frac{R_F}{R_2 + R_F} U_{REF} - \frac{R_2}{R_2 + R_F} U_Z \tag{6.53}$$

上述两个门限电平之差称为门限宽度或回差，用符号ΔU_T表示，由以上两式可求得

$$\Delta U_T = U_{T+} - U_{T-} = \frac{2R_2}{R_2 + R_F} U_Z \tag{6.54}$$

由上式可见，门限宽度ΔU_T 的值取决于稳压管的稳定电压 U_Z 以及电阻 R_2 和 R_F 的值，但与参考电压 U_{REF} 无关。改变 U_{REF} 的大小可以同时调节两个门限电平 U_{T+}和 U_{T-}的大小，但二者之差ΔU_T 不变。也就是说，当 U_{REF} 增大或减小时，滞回比较器的传输特性将平行地右移或左移，但滞回曲线的宽度将保持不变。

如图 6.41（a）所示电路中，信号从反相端输入，所以称为反相输入方式的滞回比较器。如将输入电压 u_i 与参考电压 U_{REF} 的位置互换，即可得到同相输入滞回比较器。读者可自行分析其传输特性，此处不再重复。

例 6-2　在如图 6.41（a）所示的滞回比较器中，假设参考电压 U_{REF} = 6V，稳压管的稳定电压 U_Z=4V，电路其他参数为 R_2=30kΩ，R_F = 10kΩ，R_1=7.5kΩ。

（1）试估算其两个门限电平 U_{T+} 和 U_{T-} 以及门限宽度ΔU_T。

（2）设电路其他参数不变，参考电压 U_{REF} 由 6V 增大至 18V，估算 U_{T+} 和 U_{T-} 及ΔU_T 的值，分析传输特性如何变化。

（3）设电路其他参数不变，U_Z 增大，定性分析两个门限电平及门限宽度将如何变化。

解：（1）由式（6.31）、式（6.32）和式（6.33）可得

$$U_{T+}=\frac{R_F}{R_2+R_F}U_{REF}+\frac{R_2}{R_2+R_F}U_Z=\left(\frac{10}{30+10}\times 6+\frac{30}{30+10}\times 4\right)=4.5\text{V}$$

$$U_{T-}=\frac{R_F}{R_2+R_F}U_{REF}-\frac{R_2}{R_2+R_F}U_Z=\left(\frac{10}{30+10}\times 6-\frac{30}{30+10}\times 4\right)=-1.5\text{V}$$

$$\Delta U_T=U_{T+}-U_{T-}=4.5-(-1.5)=6\text{V}$$

传输特性的形状如图 6.33（b）所示。

（2）当 U_{REF}=18V 时，

$$U_{T+}=\left(\frac{10}{30+10}\times 18+\frac{30}{30+10}\times 4\right)=7.5\text{V}$$

$$U_{T-}=\left(\frac{10}{30+10}\times 18-\frac{30}{30+10}\times 4\right)=1.5\text{V}$$

$$\Delta U_T=7.5-1.5=6\text{V}$$

可见，当 U_{REF} 增大时，U_{T+}和 U_{T-}同时增大，但ΔU_T 不变。此时传输特性将向右平行移动，全部位于纵坐标右侧。

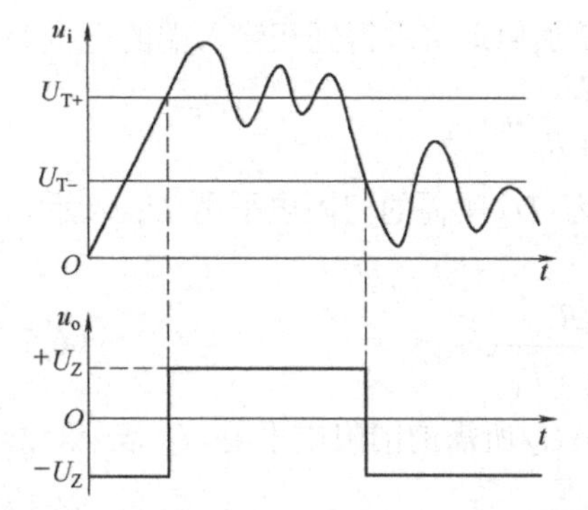

图 6.42　存在干扰时，滞回比较器的 u_i、u_o 波形

（3）由式（6.52）、式（6.53）和式（6.54）可知，当 U_Z 增大时，U_{T+}将增大，U_{T-}将减小，故ΔU_T 将增大，即传输特性将向两侧伸展，门限宽度变宽。

滞回比较器可用于产生矩形波、三角波和锯齿波等各种非正弦波信号，也可用于波形变换电路。用于控制系统时，滞回比较器的主要优点是抗干扰能力强。当输入信号受干扰或噪声的影响而上下波动时，只要根据干扰或噪声电平适当调整滞回比较器两个门限电平 U_{T+}和 U_{T-}的值，就可以避免比较器的输出电压在高、低电平之间反复跳变，如图 6.42 所示。

6.8　集成运放应用需注意的几个问题

在使用集成运放组成各种应用电路时，为了使电路能正常、安全地工作，尚需解决几个具体问题，如集成运放参数的测试，使用中出现的异常现象的分析和排除，以及集成运放的保护等。

6.8.1　集成运放参数的测试

当选定集成运放的产品型号后，通常只要查阅有关器件手册即可得到各项参数值，而不必逐个测试。但是手册中给出的往往只是典型值，由于材料和制造工艺的分散性，每个运放的实际参数与手册上给定的典型值之间可能存在差异，因此有时仍需对参数进行测试。

参数的测试可以采用一些简易的电路和方法手工进行。在成批生产或其他需要大量使用集成运放的场合，也可以考虑利用专门的参数测试仪器进行自动测试。集成运放各项参数的具体测试方法请参阅有关文献，此处不再赘述。

6.8.2 集成运放使用中可能出现的问题

将集成运放与外电路接好并加上电源后，有时可能出现一些异常现象。此时应对异常现象进行分析，找出原因，采取适当措施，使电路正常工作。常见的异常现象有以下几种。

1．不能调零

有时当输入电压为 0 时，集成运放的输出电压调不到 0，可能输出电压处于两个极限状态，等于正的或负的最大输出电压值。

出现这种异常现象的原因可能是：调零电位器不起作用；应用电路接线有误或有虚焊点；反馈极性接错或负反馈开环；集成运放内部已损坏等。如果关断电源后重新接通即可调 0，则可能是由于运放输入端信号幅度过大而造成的“堵塞”现象。为了预防“堵塞”，可在运放输入端加上保护措施。具体办法将在本节后面介绍。

2．漂移现象严重

如果集成运放的温漂过于严重，大大超过手册规定的数值，则属于不正常现象。

造成漂移过于严重的原因可能是：存在虚焊点；运放产生自激振荡或受到强电磁场的干扰；集成运放靠近发热元件；输入回路的保护二极管受到光的照射；调零电位器滑动端接触不良；集成运放本身已损坏或质量不合格等。

3．产生自激振荡

自激振荡是经常出现的异常现象，表现为当输入信号等于 0 时，利用示波器可观察到运放的输出端存在一个频率较高、近似为正弦波的输出信号。但是这个信号不稳定，当人体或金属物体靠近时，输出波形将产生显著的变化。

常用的消除自激振荡的措施主要有：按规定部位和参数接入校正网络；防止反馈极性接错，避免负反馈过强；合理安排接线，防止杂散电容过大等。

6.8.3 集成运放的保护

使用集成运放时，为了防止损坏器件，保证安全，除了应选用具有保护环节，质量合格的器件以外，还常在电路中采取一定的保护措施。常用的有以下几种。

1．输入保护

若集成运放输入端的共模电压或差模电压过高，可能使输入级某一个三极管的发射结被反向击穿而损坏，即使没有造成永久性损坏，也可能使差分对管不平衡，从而使集成运放的技术指标恶化。输入信号幅度过大还可能使集成运放发生“堵塞”现象，使放大电路不能正常工作。

常用的保护措施如图 6.43 所示，图（a）是反相输入保护，限制集成运放两个输入端之间的差模输入电压不超过二极管 VD_1、VD_2 的正向导通电压。图（b）是同相输入保护，限制集成运放的共模输入电压不超过 $+U_{CC}$ 至 $-U_{EE}$ 的范围。

2．电源极性错接保护

为了防止正、负两路电源的极性接反而引入的保护电路如图 6.44 所示。由图可见，若电源极性错接，则二极管 VD_1、VD_2 不能导通，使电源被断开。

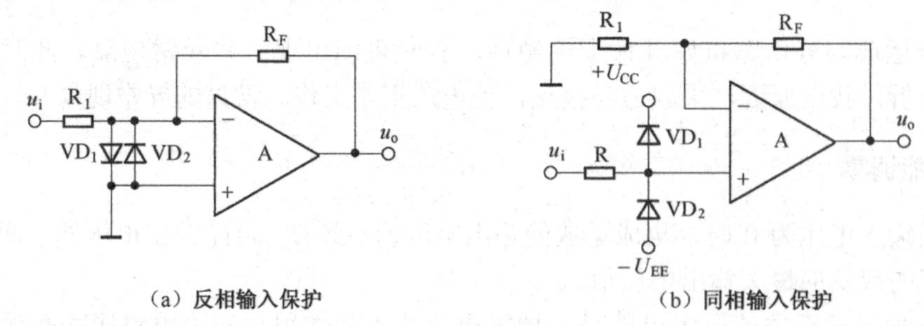

（a）反相输入保护　　（b）同相输入保护

图 6.43　输入保护

3．输出端错接保护

若将集成运放的输出端错接到外部电压，可能引起过流或击穿而造成损坏。为此，可采取如图 6.45 所示的保护措施。若放大电路输出端的电压过高时，稳压管 VZ_1 或 VZ_2 将被反向击穿，使集成运放的输出电压被限制在 VZ_1 或 VZ_2 的稳压值，从而避免了损坏。

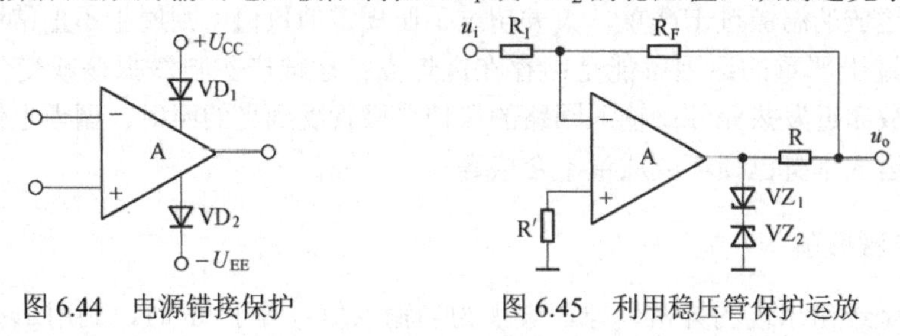

图 6.44　电源错接保护　　图 6.45　利用稳压管保护运放

6.9　实训 6

6.9.1　集成运算放大器的参数测试

1．实训目的

（1）加深理解差动放大器的工作原理和抑制零漂的方法。

（2）了解差动放大器的特点及其测试方法。

2．实训仪器与器件

（1）实训仪器：双踪示波器、万用表、交流毫伏表、稳压电源。

（2）实训器件：开关、三极管、电位器和电阻若干、实验板。

3．实训原理

如图 6.46 所示，差动式放大器由两个完全对称的单管共射放大电路组成，它有两个输入端 A、B 和两个输出端 C、D。当 $U_A=U_B=0$ 时，由于电路参数完全对称，两个管子的 U_{BE}、β和 I_{CBO} 参数变化相同，所以有 $I_{C1}=I_{C2}$、$U_C=U_D$，使零点漂移受到抑制。当输入信号电压 $U_A=-U_B$ 时，电路的两个输入端输入大小相等、极性相反的信号电压，经对称的单管放大电路放大，在 C、D 两输出端得到电压大小相等、极性相反的放大信号。同理，当 A、B 两端输入大小相等、极性相同的信号电压时，在 C、D 两输出端得到的是大小相等、极性相同的放大信号，如果电路为双端输出则输出电压为 0，共模信号被完全抑制；如果是单端输出，由于公共射极电阻或恒流源的引入（对共模信号有强负反馈作用），也能使共模信号得到很大程度的抑制。

4．实训内容与步骤

（1）实训电路。按图6.46连接实训电路。

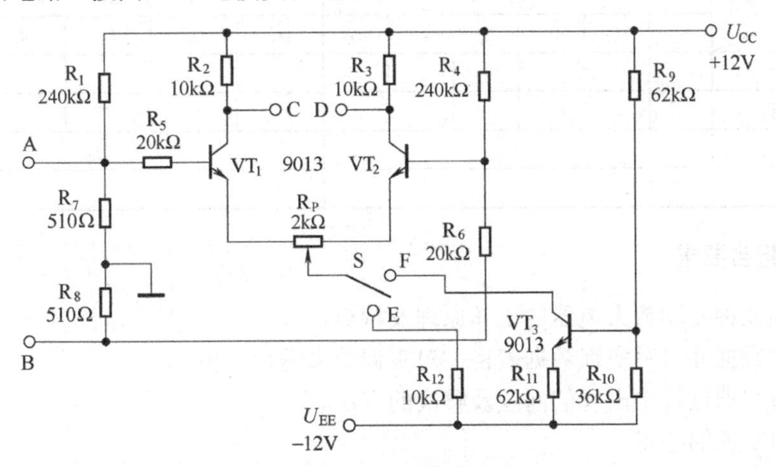

图6.46　差动放大器实训电路

（2）射极耦合式差动放大器的参数测试。将开关扳向E，接上±12V电源，就构成射极耦合（长尾）式差动放大器电路。

① 静态工作点的测试。用短接线短接A、B两点到地端，用万用表直流电压的最低挡监视C、D之间的电压，调节R_P使U_o（即C、D之间的电压值）=0，然后分别测量晶体管VT_1、VT_2各极对地的直流电压值，将数据填入表6.1中。

表6.1　差动放大器测试记录表（静态测试）

对地电压 / 电路形式	U_{B1}	U_{E1}	U_{C1}	U_{B2}	U_{E2}	U_{C2}
射极耦合式						
恒流源式						

② 测量差动放大器的放大倍数。拨开输入端短路线，从A、B之间输入f=1kHz，U_i=100mV的正弦波信号，用示波器分别监视输出端C和地及D和地之间的波形，用交流毫伏表测量双端输出电压U_o（C→D）、单端输出电压U_{o1}（C→地）、U_{o2}（D→地），并根据$A_d = U_o/U_i$、$A_{d1} = U_{o1}/U_i$、$A_{d2}= U_{o2}/U_i$，计算A_d、A_{d1}和A_{d2}，将数据填入表6.2中。

③ 测量共模放大倍数。将A、B短接，从短接端与地之间输入f =1kHz，U_i =100mV的正弦波信号，用示波器监视输出端C→地、D→地的波形，用交流毫伏表测量单端输出电压U_{o1}（C→地），U_{o2}（D→地），并根据$U_o =|U_{o1}-U_{o2}|$，$A_c = U_o/U_i$，$K_{CMR} = A_d/A_c$，计算A_c和K_{CMR}。将数据填入表6.2中。

（3）单端输入差动放大器。将B与地短接，构成单端输入差动放大器，从A与地之间输入信号，其信号与实训1的内容相同，测量双端输出电压U_o，并计算A_d，将数据填入表6.2中。

（4）具有恒流源的差动放大器。

① 将开关扳向F端，构成恒流源差动放大器。

② 静态工作点测试。测试内容、方法与实训步骤（2）的静态工作点的测试相同，将测量数据填在表 6.1 中。

③ 按步骤 2 的第②、③内容测量，并计算 A_d、A_c 和 K_{CMR}。将数据填入表 6.2 中。

表 6.2 差动放大器测试记录表（动态测试）

<table>
<tr><td rowspan="2">测试内容
电路形式</td><td colspan="6">差 动 值</td><td colspan="4">共 模 值</td><td rowspan="2">K_{CMR}</td></tr>
<tr><td>U_{o1}</td><td>U_{o2}</td><td>U_o</td><td>A_d</td><td>A_{d1}</td><td>A_{d2}</td><td>U_{o1}</td><td>U_{o2}</td><td>U_o</td><td>A_c</td></tr>
<tr><td>射极耦合</td><td></td><td></td><td></td><td></td><td></td><td></td><td></td><td></td><td></td><td></td><td></td></tr>
<tr><td>恒流电源</td><td></td><td></td><td></td><td></td><td></td><td></td><td></td><td></td><td></td><td></td><td></td></tr>
<tr><td rowspan="2">单端</td><td colspan="6">U_o</td><td colspan="5">A_d</td></tr>
<tr><td colspan="6"></td><td colspan="5"></td></tr>
</table>

5. 实训报告要求

（1）简述几种差动放大电器的工作原理及特点。

（2）整理数据并填写实训数据表格，对实训结果进行分析。

（3）分析实训过程中出现的问题及解决的方法。

（4）写出实训的心得。

6. 思考题

（1）电路中 R_P 起什么作用？对挑选 VT_1、VT_2 有什么要求？

（2）当电路形式分别为射极耦合式、恒流源式差动放大器时，VT_1、VT_2 各极的静态参数有无区别？并给以简要说明。

6.9.2 电平指示电路制作与调试

1. 实训目的

（1）加深理解二极管、三极管的应用。

（2）了解信号运算与处理电路的工作原理。

2. 实训仪器与器件

（1）实训仪器：双踪示波器、万用表、交流毫伏表、稳压电源。

（2）实训器件：开关、三极管、电位器和电阻若干、实验板。

3. 实训原理

如图 6.47 所示，当 U_i>（0.6～0.7V）时，VT_1 由截止变为导通，LED_1 点亮，以后 U_i 每增加约 0.7V，后续 LED 就被点亮一只，以此来对信号进行直观显示。

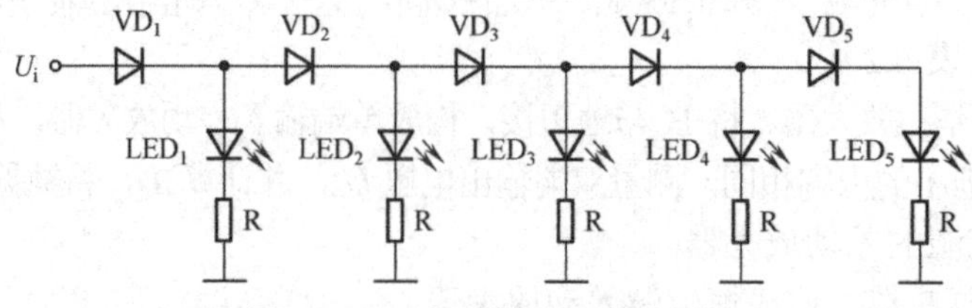

图 6.47 五电平指示电路原理图

4．实训内容与要求

（1）实训电路。按图 6.48 连接实训电路。图中，晶体管 VT_1～VT_5、发光管 VL_1～VL_5 组成电平指示电路，它是利用信号电压的幅度来逐个点亮发光二极管而获得指示的。当可变电位器 R_P 两端无输入信号电压时，VT_1～VT_5 的基极均无正向电压，故 5 个晶体管都处于截止状态，VL_1～VL_5 均不发光。当 R_P 两端有信号电压输入时，VT_1～VT_5 的基极将获得正向电压，由于信号电压的大小不同和 VD_1～VD_4 的每个二极管的压降作用（每个管子压降约为 0.65V），会使 VT_1～VT_5 各基极所获得的正向电压逐一递减，晶体管中有的工作在饱和导通区、有的工作在放大区、有的则处于截止状态。因此发光二极管中，有的亮、有的暗、有的不亮，便将信号电平强弱指示出来了。

晶体管 VT_6 接受输入电平，无输入电压时，VT_6 处于截止状态，R_P 两端也就无电压输出，这时 VL_1～VL_5 均不亮。当有输入电压时，VT_6 导通。输入电压愈高，发光二极管点亮的个数也就愈多，调节则 R_P 值可以调整 VL1 起始点亮的阈值电平。

（2）元件选择。VT_1～VT_5 可用 9014 型等硅 NPN 晶体管，$\beta \geqslant 100$。VT_6 要用 9015 型硅 PNP 晶体管，β值 150 左右。VD_1～VD_4 可用 1N4148 型硅开关二极管。VL_1～VL_5 可用红色发光二极管。R_P 最好采用 WSW 型有机实心微调可变电位器，其余电阻全为 RTX-1/8W 型碳膜电阻器。GB_2 用四节 5 号电池。

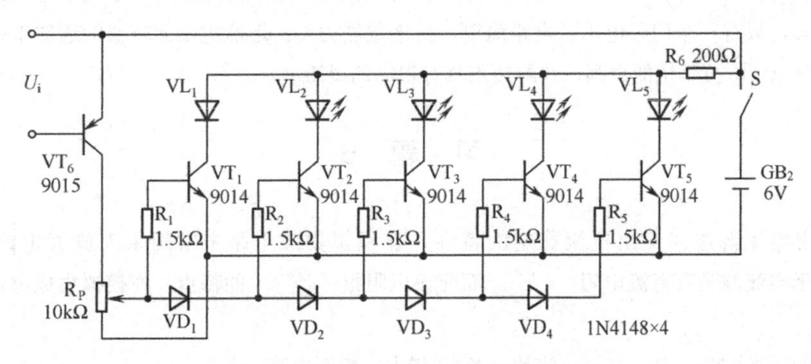

图 6.48　五电平指示电路实训接线图

本电路比较简单，只要安装准确，就能正常工作。在实际制作时，发光管的个数还可以增加几个以进行扩充。

5．实训报告要求

（1）简述该电路的工作原理及特点。

（2）分析实训过程中出现的问题及解决的方法。

（3）写出实训的心得。

6．思考题

（1）查阅发光二极管的有关知识。

（2）估计电路中各位 LED 被点亮时的输入电压值。当输入电压为 5V 时，该电路能点亮多少盏灯？

本 章 小 结

1．集成运放是一种高增益的直接耦合放大电路，通常采用差分放大电路作为输入级。差分放大电路主要运用电路的对称性克服零点漂移，它对差模信号有较大的放大能力，对共模信号有较强的抑制能力

2．在分析理想运放构成的电路时，要区分运放是工作在线性区还是非线性区，在线性区，可利用“虚短”和“虚断”两介重要概念进行分析；在非线性区，“虚短”的概念不再成立，但“虚断”的概念依然成立。

3．运放组成的信号运算电路主要有：比例、加法、减法、积分、微分、乘法、除法、对数、指数等，在这些运算电路中，运放均工作在线性区。

4．有源滤波电路通常是由运放和 RC 网络构成的电子系统，根据幅频响应不同，可分为低通、高通、带通、带阻和全通滤波电路。高阶滤波电路一般都可由一阶和二阶有源滤波电路组成。

5．作为一个基本的信号处理器件，集成运放的外特性是由它的性能指标来表征的。因此，只有深刻理解各项指标的含义，在实际应用中才能合理地选择和使用集成运放。

6．电压比较器中的运放工作在非线性状态，其输入的是模拟信号，输出的是数字信号，是模拟电路与数字电路之间的接口电路。

7．单门限电压比较器、迟滞电压比较器有同相输入和反相输入两种接法。单门限电压比较器的运放工作在开环状态，只有一个门限电压，电路简单，抗干扰能力差；迟滞电压比较器的运放工作在正反馈状态，有两个门限电压，抗干扰能力强，在翻转点具有很高的灵敏度。

习 题 6

6.1　利用电流源电路输出电流稳定的特性，在模拟集成电路中常用来为放大电路提供稳定的________；由于电流源具有直流电阻________而交流电阻很________的特点。在模拟集成电路中广泛用做________使用。

6.2　共模抑制比 K_{CMR} 是________之比，K_{CMR} 越大，表明电路________。

6.3　通用型集成运算放大器的输入级大多采用________电路，输出级大多采用________电路。

6.4　集成运算放大器的两个输入端分别为________端和________端，前者的极性与输出端________，后者的极性与输出端________。

6.5　为了避免 50Hz 电网电压的干扰进入放大器，应选用________滤波电路。

6.6　已知输入信号的频率为 10～12kHz，为了防止干扰信号的混入，应选用________滤波电路。

6.7　为了获得输入电压中的低频信号，应选用________滤波电路。

6.8　为了使滤波电路的输出电阻足够小，保证负载电阻变化时滤波特性不变，应选用________滤波电路。

6.9　集成运放电路的输入级采用差分放大电路的原因是________。

6.10　画出一个典型的差动放大电路，说明减小零漂的工作原理。

6.11　为什么说共模抑制比越大，电路抗共模干扰能力越强？

6.12　差动放大电路如图 6.49 所示。已知 $R_{c1}=R_{c2}=3\text{k}\Omega$，$R_e=5.1\text{k}\Omega$，$U_{CC}=U_{EE}=9\text{V}$，两管的 $U_{BE}=0.7\text{V}$，$\beta=50$，$r_{be}=2\text{k}\Omega$，求：

（1）静态时 I_{CQ1} 和 U_{CQ1}。

（2）差模电压放大倍数 A_d。

6.13　差动放大电路如图 6.50 所示。

（1）说明 R_P 的名称和作用。

（2）写出差模电压放大倍数 A_d、输入电阻 R_{id} 和输出电阻 R_{od} 的表达式。

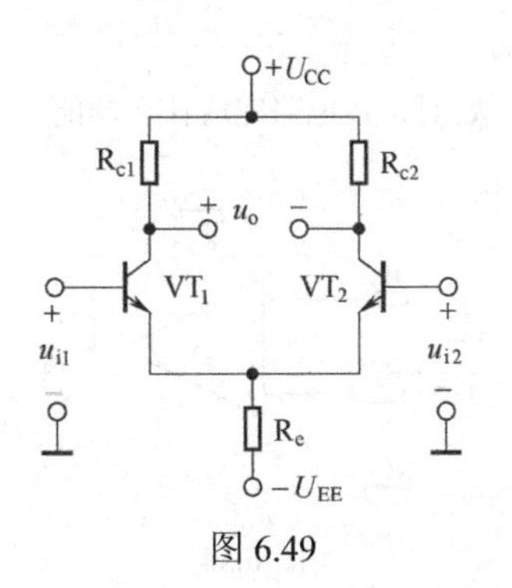

图 6.49

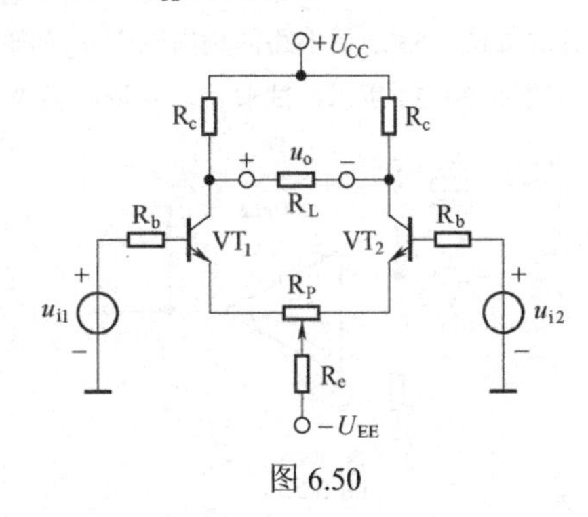

图 6.50

6.14　在如图 6.51 所示的恒流源差动放大电路中，两个三极管的参数$\beta = 60$，r_{be}=3kΩ，输入电压 u_{i1} = 1V，u_{i2}=1.01V，试求：

（1）差模输入信号 u_{id} 和共模输入信号 u_{ic}。

（2）双端输出时 u_o 和单端输出时的 u_{o1}。

6.15　单端输出的差动放大电路如图 6.52 所示，两个三极管的特性参数相同：$\beta = 60$，r_{be}= 3kΩ，U_{BE} = 0.6V，R_e=10kΩ，U_{CC}=U_{EE}= 12V。

（1）问静态时 I_{CQ1} 是否等于 I_{CQ2}？为什么？

（2）估算电路的共模抑制比 K_{CMR}。

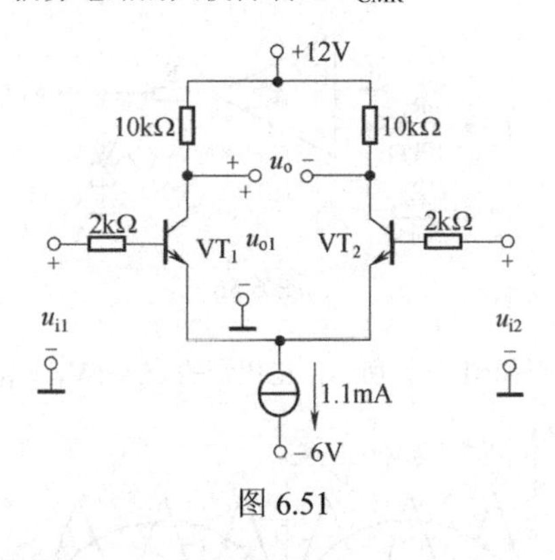

图 6.51

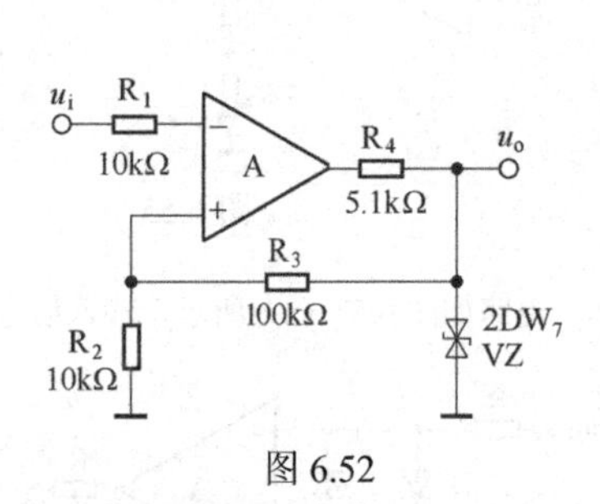

图 6.52

6.16　理想运放有哪些特点？有哪两个工作状态？采取什么措施可使运放工作在线性状态？

6.17　在理想运放构成的线性应用电路中，其电路增益由哪些参数决定？

6.18　什么叫“虚短”、“虚断”和“虚地”？

6.19　由运放构成的积分电路中，其最大输出电压由哪些参数决定？

6.20　现有以下电路，选择一个合适的答案填入空内。

A．反相比例运算电路　　B．同相比例运算电路　　C．积分运算电路

D．微分运算电路　　E．加法运算电路　　F．乘方运算电路

（1）欲将正弦波电压移相+90°，应选用________。

（2）欲将正弦波电压转换成二倍频电压，应选用________。

（3）欲将正弦波电压叠加上一个直流量，应选用________。

（4）欲实现 A_u=−100 的放大电路，应选用________。

（5）欲将方波电压转换成三角波电压，应选用________。

（6）欲将方波电压转换成尖顶波电压，应选用________。

6.21　计算如图 6.53 所示电路的输出电压 u_o 和平衡电阻 R_4。

6.22　电路如图 6.54 所示，试求 u_o，并说明当 $R_1 = R_2 = R_3 = R_4$ 时，该电路完成什么功能。

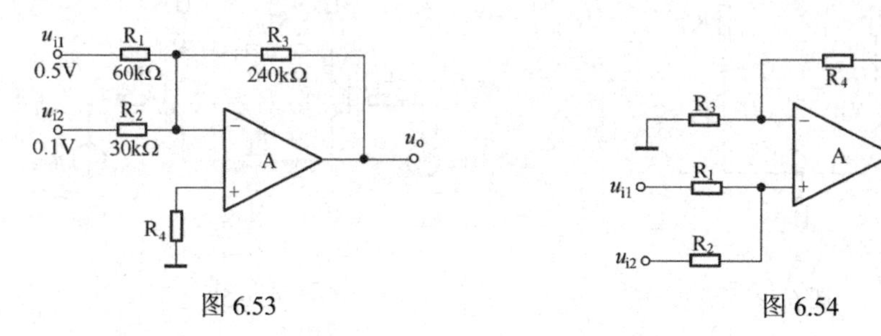

图 6.53　　　　　　图 6.54

6.23　电路如图 6.55 所示，试求 u_o。

6.24　试述用低通滤波器和高通滤波器组成带通滤波器的原理。

6.25　电路如图 6.56 所示，已知 U_R = 1V，u_i = 10sinωtV，U_Z = 6.3V，稳压管正向导通电压为 0.7V，试对应于 u_i 画出 u_o 的波形。

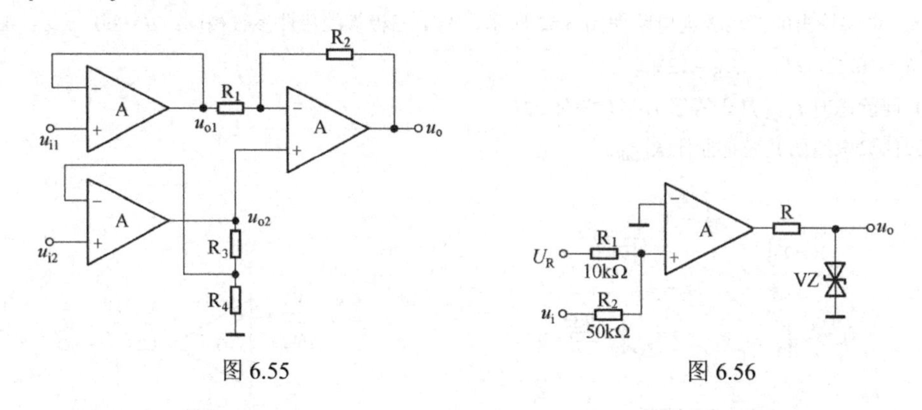

图 6.55　　　　　　图 6.56

6.26　电路如图 6.57（a）所示，输入信号 u_{i1}、u_{i2} 的波形如图（b）所示，稳压管的 U_Z = 6V，U_D = 0.7V。

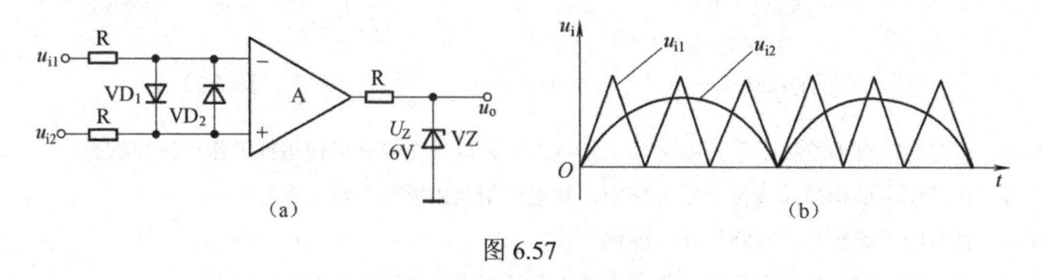

图 6.57

（1）试说明运放输入端二极管 VD_1、VD_2 的作用。

（2）画出输出电压 u_o 的波形。

6.27　在如图 6.58（a）所示电路中，已知输入电压 u_i 的波形如图（b）所示，当 t=0 时 u_o=0，试画出输出电压 u_o 的波形。

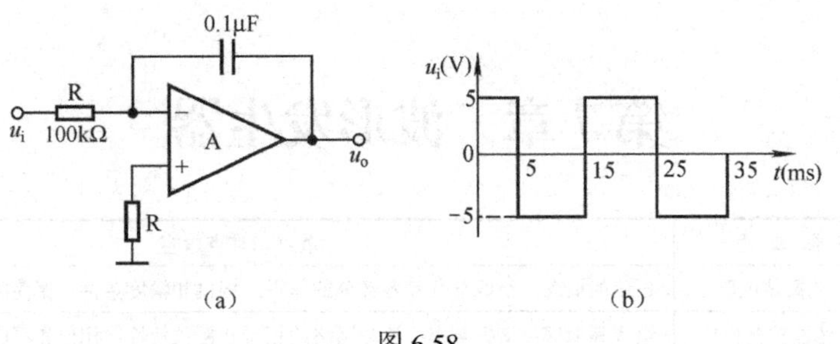

（a）　　　　　　　　　　　　　（b）

图 6.58

6.28　分别求解如图 6.59 所示各电路的运算关系。

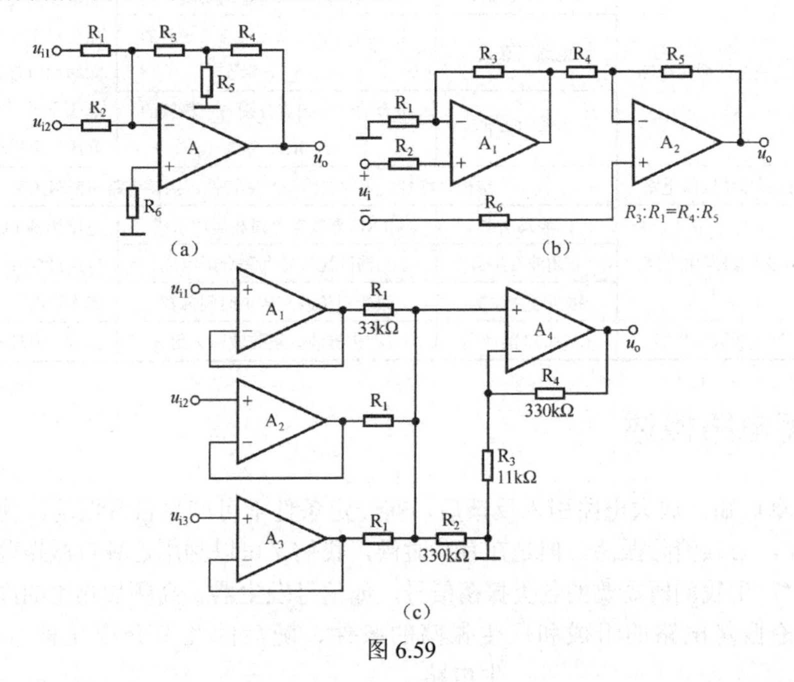

（a）　　　　　　　　　　　　　（b）

（c）

图 6.59

第7章　波形发生器

<table>
<tr><th>序号</th><th>本 章 要 点</th><th colspan="3">重点和难点内容</th></tr>
<tr><td>1</td><td>正弦波振荡电路</td><td colspan="3">振荡的概念；组成部分和各部分的作用；相位和幅度条件；振荡的判别</td></tr>
<tr><td>2</td><td>RC 正弦波振荡电路</td><td colspan="3">组成和原理；谐振频率；选频网络的相频和幅频特性；相位和幅度条件</td></tr>
<tr><td>3</td><td>LC 选频网络</td><td colspan="3">谐振时阻抗最大；频率特性、品质因数、谐振频率</td></tr>
<tr><td rowspan="3">4</td><td rowspan="3">LC 正弦波振荡电路</td><td>变压器反馈式</td><td>反馈由变压器绕组实现</td><td rowspan="3">相位和幅度条件
振荡频率和范围
频率调节方否方便
起振条件；输出波形的好坏；应用场合</td></tr>
<tr><td>电感三点式</td><td>电感的三个端点分别与三极管的 e、b、c 相连</td></tr>
<tr><td>电容三点式</td><td>电容的三个端点分别与三极管的 e、b、c 相连</td></tr>
<tr><td>5</td><td>石英晶体振荡电路</td><td colspan="3">结构、符号、等效电路和频率特性；振荡电路和振荡频率</td></tr>
<tr><td rowspan="3">6</td><td rowspan="3">非正弦波发生电路</td><td>方波发生器</td><td>由 RC 充放电电路和运放组成</td><td rowspan="3">电路组成和原理；振荡周期或频率；占空比；输出幅度</td></tr>
<tr><td>三角波发生器</td><td>由滞回比较器和积分器组成</td></tr>
<tr><td>锯齿波发生器</td><td>改变三角波充放电时间常数</td></tr>
<tr><td>7</td><td>集成函数发生器</td><td>LM8038 的应用</td><td>可产生方波、正弦波、三角波</td><td>结构、原理和应用</td></tr>
</table>

7.1　振荡电路概述

由第 3 章可知，放大电路引入反馈后，在一定条件下可产生自激振荡，使电路不能正常工作，因此，必须消除振荡。但是在有些时候，我们又可以利用这种自激振荡，使放大器变成振荡器，产生我们所需要的各类振荡信号，如信号发生器、高频加热用的高频电源等。在本节先讨论振荡电路的组成和产生振荡的条件，随后的几节介绍几种常用的波形发生电路。

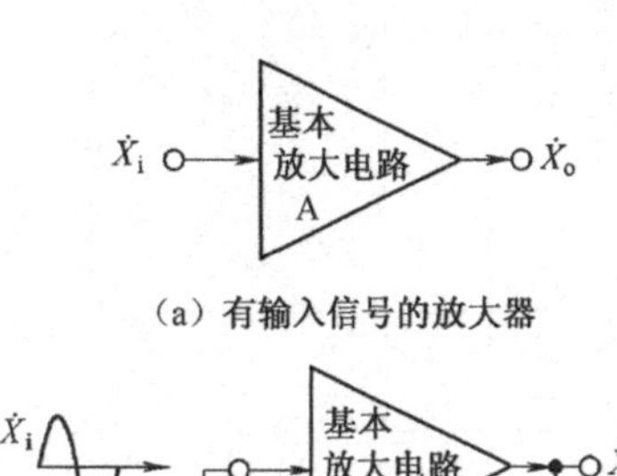

（a）有输入信号的放大器

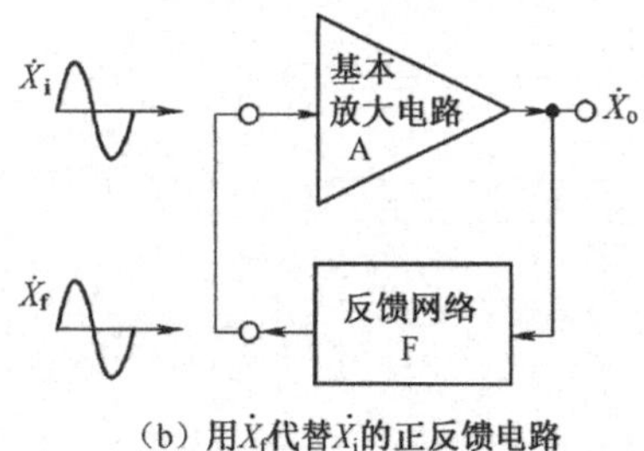

（b）用$\dot{X}_f$代替$\dot{X}_i$的正反馈电路

图 7.1　正弦波振荡电路方框图

1．产生正弦波振荡的条件

首先观察一个现象，在一个放大电路的输入端加入正弦输入信号 $\dot{X}_i$，在它的输出端可输出正弦信号 $\dot{X}_o = \dot{A}\dot{X}_i$，如果通过反馈网络引入正反馈信号 $\dot{X}_f$，使 $\dot{X}_f$ 的相位和幅度都和 $\dot{X}_i$ 相同，即 $\dot{X}_f = \dot{X}_i$，这时即使去掉输入信号，电路仍能维持输出正弦信号 $\dot{X}_o$，这种用 $\dot{X}_f$ 代替 $\dot{X}_i$ 构成振荡器的原理方框图如图 7.1 所示。图 7.1（a）的放大电路经过引入正反馈电路，变成图 7.1（b）的振荡电路。由于 $\dot{X}_f = \dot{X}_i$，便有

$$\frac{\dot{X}_f}{\dot{X}_i} = \frac{\dot{X}_o}{\dot{X}_i} \cdot \frac{\dot{X}_f}{\dot{X}_o} = 1$$

则

$$\dot{A}\dot{F}=1 \tag{7.1}$$

在上式中，设 $\dot{A}=A\angle\varphi_a$，$\dot{F}=F\angle\varphi_f$，则可得

$$\dot{A}\dot{F}=AF\angle\varphi_a+\varphi_f=1$$

即

$$\left|\dot{A}\dot{F}\right|=\left|AF\right|=1 \tag{7.2}$$

$$\varphi_a+\varphi_f=2n\pi\ ,\ n=0,1,2,\cdots \tag{7.3}$$

由此可得自激振荡的条件如下：

幅度平衡条件为

$$\left|\dot{A}\dot{F}\right|=\left|AF\right|=1 \tag{7.4}$$

这个条件要求反馈信号幅度的大小与输入信号的幅度相等。

相位平衡条件为

$$\varphi_a+\varphi_f=2n\pi\ （n=0,1,2,\cdots） \tag{7.5}$$

这个条件要求反馈信号的相位与所需输入信号的相位相同，即电路必须满足正反馈。

2．振荡电路的组成

要产生正弦振荡，电路结构必须合理。一般振荡电路由以下4个部分组成。

（1）放大电路：保证电路能够有从起振到动态平衡的过程，使电路获得一定幅值的输出量，实现能量的控制。

（2）选频网络：确定电路的振荡频率，即保证电路产生正弦波振荡。正弦波振荡电路常用选频网络所用元件来命名，分为 RC 正弦波振荡电路，LC 正弦波振荡电路和石英晶体正弦波振荡电路3种类型。

（3）正反馈网络：引入正反馈，使放大电路的输入信号等于反馈信号。

（4）稳幅环节：用于稳定振荡信号的振幅，它可以采用热敏元件或其他限幅电路，也可以利用放大电路自身元件的非线性来完成。为了更好地获得稳定的等幅振荡，有时还需引入负反馈网络。

在不少实用电路中，常将选频网络和正反馈网络"合二为一"，而且对于分立元件放大电路，也不再另加稳幅环节，而是依靠晶体管特性的非线性来起到稳幅作用。

3．正弦波振荡电路的分析

通常可以采用下面的步骤来分析振荡电路的工作原理。

（1）检查电路是否包含了放大电路、反馈网络、选频网络和稳幅环节4个组成部分。

（2）判断放大电路是否能够正常工作，即是否具有合适的静态工作点，动态信号是否能够输入、输出和放大。

（3）利用瞬时极性法判断电路是否满足正弦波振荡的相位条件。判断的方法是采用瞬时极性法，具体步骤是：在反馈网络和放大电路输入回路的连接处断开反馈，在断开处加频率为 f_0 的输入信号 $\dot{X}_i$，并给定其瞬时极性，如图 7.2 所示；然后以 $\dot{X}_i$ 极性为依据判断输出信号 $\dot{X}_o$ 的极性，从而得到反馈信号 $\dot{X}_f$ 的极性；若

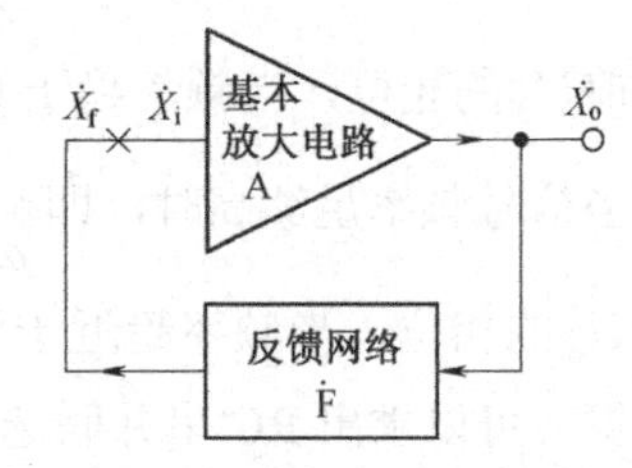

图 7.2　利用瞬时极性法判断相位条件

$\dot{X}_f$ 与 $\dot{X}_i$ 极性相同，则说明满足相位平衡条件，电路有可能产生正弦波振荡；否则表明不满足相位平衡条件，电路不可能产生正弦波振荡。

（4）判断电路是否满足正弦波振荡的幅度平衡条件。具体办法是：分别求解电路的 $\dot{A}$ 和 $\dot{F}$，然后判断$|\dot{A}\dot{F}|$是否大于 1。只有在电路满足相位平衡条件下，判断是否满足幅值条件才有意义。若电路不满足相位平衡条件，则不可能振荡，无须判断是否满足幅度平衡条件了。

实际上的振荡电路，只要电路连接正确，接通电源后，即可自行起振，并不需要加激励信号。例如，电源合上瞬间电流的突变，电路上某些电量的波动以及噪声等，都会造成扰动电压输出。这些扰动信号是由极其丰富的谐波成分组成，其中满足相位条件的分量，就成为振荡电路的初始信号，这个初始信号，即使是很微小，但只要振荡电路中存在着增幅振荡的条件$|\dot{A}\dot{F}|>1$，这一频率的正弦波电压经过放大与正反馈作用，就可迅速地由小到大建立振荡。随着信号的产生、反馈、放大，信号逐渐增强，使放大器的工作进入非线性区，引起放大倍数下降，因此输出信号的继续增大受到限制，当$|\dot{A}|$下降到$|\dot{A}\dot{F}|$由大于 1 到$|\dot{A}\dot{F}|$等于 1 时，振幅就趋于稳定。

值得指出的是，我们必须将负反馈放大电路中由于附加相移引起的振荡现象和本章讨论的振荡电路所产生的振荡区分开来：前者引入的是负反馈，由于相移变成了正反馈，这会影响电路的性能，是我们不希望的，必须设法避免和消除；而后者引入的就是正反馈，电路的振荡是我们所希望的。以下将对各种各样的振荡电路进行讨论。

7.2 RC 桥式正弦波振荡电路

实用的 RC 正弦波振荡电路多种多样，而 RC 桥式振荡电路是产生几十千赫以下频率的低频振荡电路，目前常用的低频信号源大都采用这种正弦波振荡电路。它的原理电路如图 7.3 所示。它由基本放大电路 $\dot{A}$ 及反馈网络 $\dot{F}$ 两部分组成，图中 RC 串并联电路为选频反馈网络，R_f、R_1 及放大器 A 构成负反馈基本放大电路。

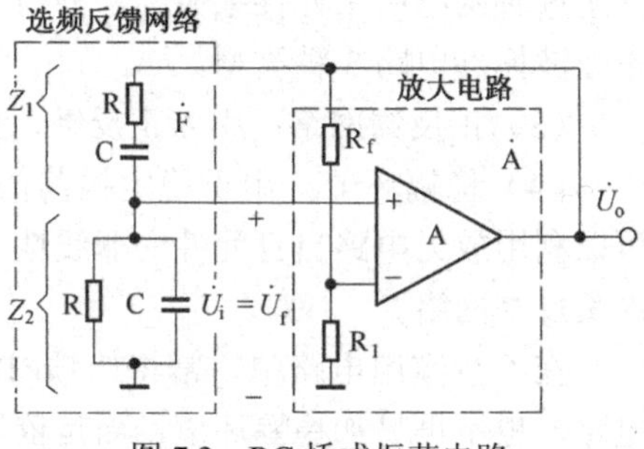

图 7.3 RC 桥式振荡电路

7.2.1 RC 串并联网络的选频特性

正反馈通道是 RC 串并联选频网络，振荡频率取决于选频网络的参数。在如图 7.4 所示电路中，因为 RC 串并联网络在正弦波振荡电路中既为选频网络，又为正反馈网络，所以其输入电压为$\dot{U}_o$，输出电压为$\dot{U}_f$，如图 7.4（a）所示。

当信号频率足够低时，即 $\dfrac{1}{\omega C} \gg R$，因而网络可以简化为如图 7.4（b）所示。$\dot{U}_f$ 的相位超前$\dot{U}_o$的相位，当频率趋于 0 时，相位超前趋近于+90°，且$|\dot{U}_f|$趋于 0。

当信号频率足够高时，即 $\dfrac{1}{\omega C} \ll R$，因而网络可以简化为如图 7.4（c）所示。$\dot{U}_f$ 的相位滞后$\dot{U}_o$的相位，当频率趋近于无穷大时，相位滞后趋近于−90°，且$|\dot{U}_f|$趋近于 0。下面通过计算，可以求出 RC 串并联选频网络的特性和振荡频率 f_0。

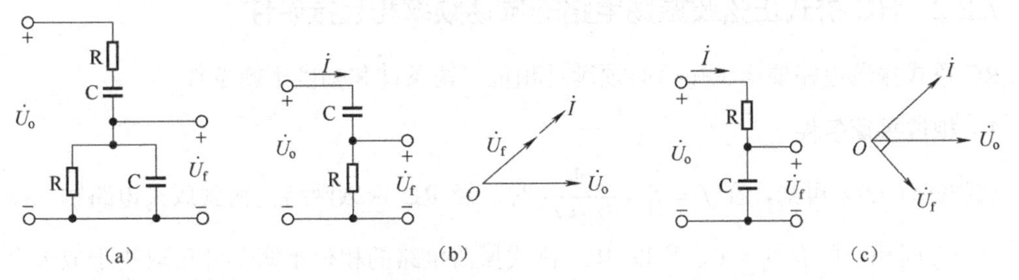

图 7.4　RC 串并联选频网络及其在低频段和高频段的等效电路

由图 7.4（a）得

$$\dot{F}=\frac{\dot{U}_\text{f}}{\dot{U}_\text{o}}=\frac{R//\dfrac{1}{\text{j}\omega C}}{R+\dfrac{1}{\text{j}\omega C}+R//\dfrac{1}{\text{j}\omega C}}$$

整理可得

$$\dot{F}=\frac{1}{3+\text{j}\left(\omega RC-\dfrac{1}{\omega RC}\right)} \tag{7.6}$$

令 $\omega_0=\dfrac{1}{RC}$，则

$$f_0=\frac{1}{2\pi RC}$$

代入式（7.6），可得

$$\dot{F}=\frac{1}{3+\text{j}\left(\dfrac{f}{f_0}-\dfrac{f_0}{f}\right)} \tag{7.7}$$

幅频特性为

$$|\dot{F}|=\frac{1}{\sqrt{3^2+\left(\dfrac{f}{f_0}-\dfrac{f_0}{f}\right)^2}} \tag{7.8}$$

相频特性为

$$\varphi_\text{f}=-\arctan\frac{1}{3}\left(\frac{f}{f_0}-\frac{f_0}{f}\right) \tag{7.9}$$

根据式（7.8）和式（7.9）画出 $\dot{F}$ 的幅频特性和相频特性如图 7.5 所示。

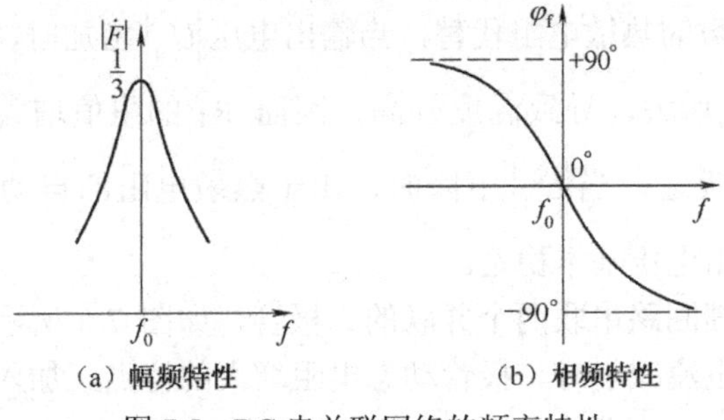

图 7.5　RC 串并联网络的频率特性

7.2.2 RC 桥式正弦波振荡电路的振荡频率和起振条件

RC 桥式振荡电路要产生振荡必须满足相位平衡条件和幅度平衡条件。

1．相位平衡条件

根据式（7.9）可知，在 $f=f_0=\dfrac{1}{2\pi RC}$ 时，经 RC 选频网络传输到放大电路输入端的电压 $\dot{U}_{\rm i}$ 与 $\dot{U}_{\rm o}$ 同相，即有 $\varphi_{\rm f}=0$，所以 RC 桥式振荡电路的相位平衡条件仅取决于放大电路本身的相位，即

$$\varphi_{\rm a}=2n\pi\ （n=0,1,2,\cdots）$$

在如图 7.3 所示的电路中，放大部分采用集成运放，反馈网络接在运放的同相端，在 $f=f_0$ 时，$\varphi_{\rm a}+\varphi_{\rm f}=0$，而对其他频率则不能满足相位平衡条件，电路的振荡频率为

$$f_0=\frac{1}{2\pi RC}$$

2．幅度平衡条件

由式（7.8）可知，在 $f=f_0$ 时，$\left|\dot{F}\right|=\dfrac{1}{3}$，为了满足振荡的幅度平衡条件，必须 $\left|\dot{A}\dot{F}\right|\geqslant 1$，由此可以求得振荡电路起振的幅度平衡条件为

$$\left|\dot{A}\right|\geqslant 3$$

对于如图 7.3 所示电路，其基本放大电路是由 $\rm R_f$、$\rm R_1$ 和运放 A 组成的同相比例运算电路，可得

$$\dot{A}_{\rm u}=\frac{\dot{U}_{\rm o}}{\dot{U}_{\rm i}}=1+\frac{R_{\rm f}}{R_1}\geqslant 3$$

即

$$R_{\rm f}\geqslant 2R_1$$

$\rm R_f$ 的取值应略大于 $2R_1$。

7.2.3 稳幅措施

应当指出，在 RC 桥式振荡电路中只在 $|\dot{A}|$ 略大于 3 时，其输出波形为正弦波，如果 $|\dot{A}|$ 的值远大于 3，则因振幅的增长，致使放大器件工作在非线性区域，波形将产生严重的非线性失真。为了进一步改善输出电压幅度的稳定问题，可以在放大电路的负反馈回路里采用非线性元件来自动调整反馈的强弱以维持输出电压的稳定。例如，在如图 7.3 所示电路中，$\rm R_1$ 可用一正温度系数的热敏电阻代替，当输出电压 $\left|\dot{U}_{\rm o}\right|$ 增加时，流过 $\rm R_f$ 和 $\rm R_1$ 上的电流增大，$\rm R_1$ 上的功耗随之增大，导致温度升高，因而 $\rm R_1$ 的阻值增大，从而使得 $\left|\dot{A}_{\rm u}\right|$ 数值减小，$\left|\dot{U}_{\rm o}\right|$ 也随之减小；反之，当 $\left|\dot{U}_{\rm o}\right|$ 下降时，由于热敏电阻的自动调节作用，将使 $\left|\dot{U}_{\rm o}\right|$ 回升，因此，可以维持输出电压基本稳定。

此外，还可以在反馈回路串联两个并联的二极管，如图 7.6 所示。它是利用电流增大时二极管动态电阻减小、电流减小时二极管动态电阻增大的特点，加入非线性环节，从而使输出电压幅度稳定。

7.2.4 频率的调节

为了使得振荡频率可调，常在 RC 串并联网络中，用双层波段开关接不同的电容，作为振荡频率 f_0 的粗调；用同轴电位器实现 f_0 的微调，如图 7.7 所示。该电路是利用场效应管来进行稳幅的 RC 桥式振荡电路。

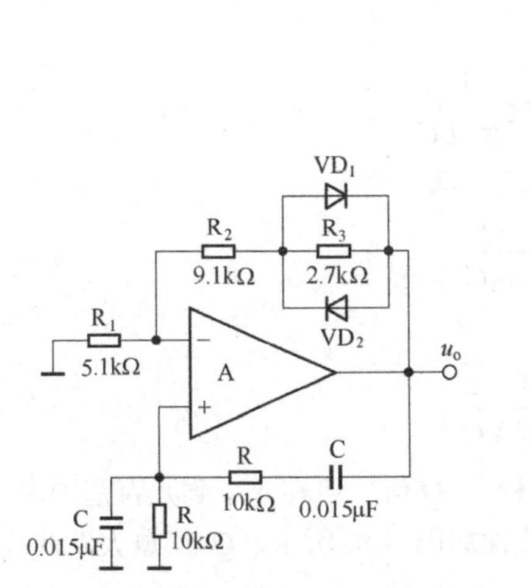

图 7.6 利用二极管性进行稳幅的电路

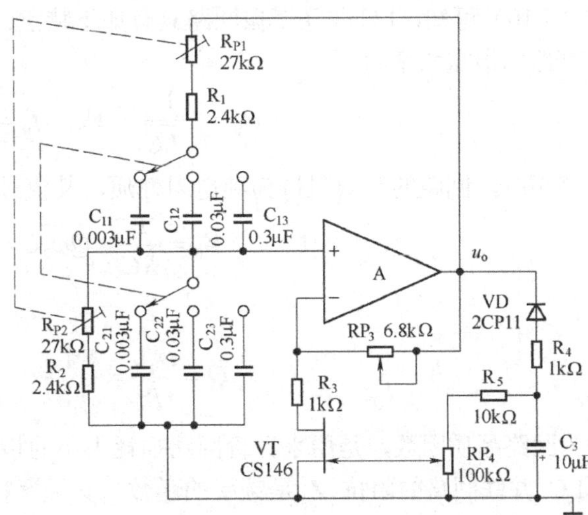

图 7.7 具有频率调节的 RC 桥式振荡电路

例 7-1 元件参数取值如图 7.7 所示，试问 f_0 的调节范围？

解：因为 $f_0=\dfrac{1}{2\pi RC}$，所以

$$f_{0\min}=\frac{1}{2\pi(R_1+R_{P_1})C_{\max}}=\frac{1}{2\pi(2.4+27)\times10^3\times0.3\times10^{-6}}\approx1.80\text{Hz}$$

$$f_{0\max}=\frac{1}{2\pi R_1C_{\min}}=\frac{1}{2\pi\times2.4\times10^3\times0.003\times10^{-6}}\approx22116\text{Hz}\approx22.12\text{kHz}$$

f_0 的调节范围为 1.80Hz～22.11kHz。

7.3 LC 正弦波振荡电路

LC 正弦波振荡电路采用 LC 并联回路作为选频网络，它主要用来产生高频正弦信号，一般振荡频率在 1MHz 以上。

7.3.1 LC 选频放大电路

1. LC 并联谐振回路

LC 并联回路如图 7.8 所示。图中 R 表示回路的等效损耗电阻，通常较小。由图可知，LC 并联谐振回路的等效阻抗为

$$Z=\frac{\dfrac{1}{\text{j}\omega C}(R+\text{j}\omega L)}{\dfrac{1}{\text{j}\omega C}+R+\text{j}\omega L}$$

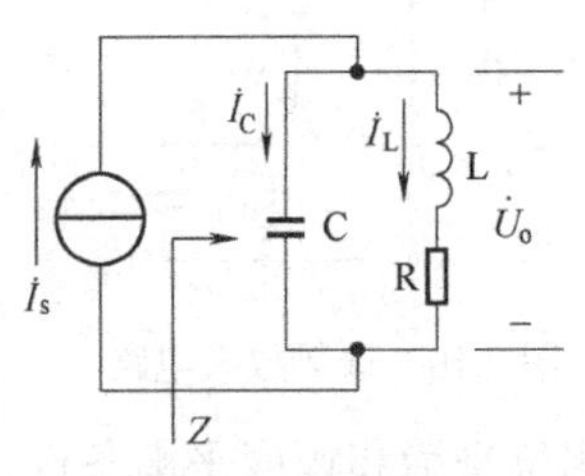

图 7.8 LC 并联谐振回路

通常有 $R \ll \omega L$，所以

$$Z \approx \frac{\frac{1}{\mathrm{j}\omega C} \cdot \mathrm{j}\omega L}{R + \mathrm{j}\left(\omega L - \frac{1}{\omega C}\right)} = \frac{L / C}{R + \mathrm{j}\left(\omega L - \frac{1}{\omega C}\right)} \tag{7.10}$$

由式（7.10）可知，LC 并联谐振回路具有如下特点：

回路的谐振频率为

$$\omega_0 = \frac{1}{\sqrt{LC}} \quad \text{或} \quad f_0 = \frac{1}{2\pi\sqrt{LC}}$$

谐振时，回路的等效阻抗为纯电阻性质，其值最大，即

$$Z_0 = \frac{L}{RC} = Q\omega_0 L = \frac{Q}{\omega_0 C}$$

式中，

$$Q = \frac{\omega_0 L}{R} = \frac{1}{\omega_0 CR} = \frac{1}{R}\sqrt{\frac{L}{C}}$$

Q 称为回路品质因数，是用来评价回路损耗大小的指标， Q 值一般在几十到几百范围内。

LC 并联回路的阻抗 Z 是频率的函数，其频率特性如图 7.9 所示。Q 值愈大，曲线愈陡，选频特性愈好。

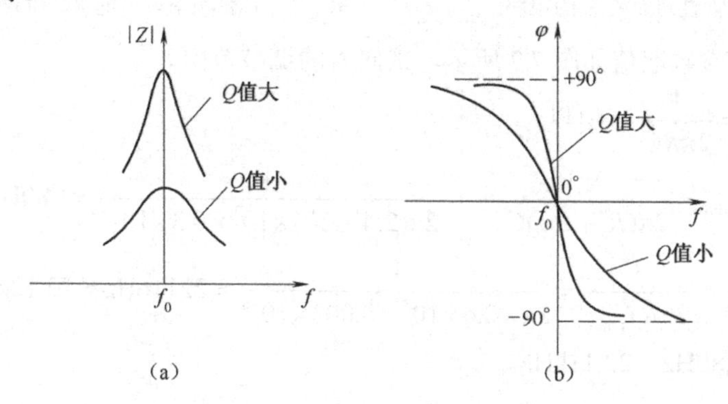

图 7.9 LC 并联网络的频率特性

2．选频放大器

如果以 LC 并联回路作为共发射极放大电路的集电极负载，如图 7.10 所示。则该电路的电压放大倍数为

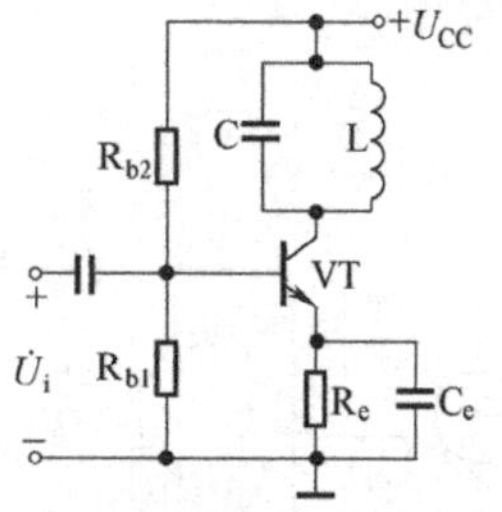

图 7.10 选频放大电路

$$\dot{A}_{\mathrm{u}} = -\beta \frac{Z}{r_{\mathrm{be}}}$$

根据 LC 并联回路的频率特性，当 $f = f_0$ 时，电压放大倍数的数值最大，且无附加相移。对于其他频率的信号，电压放大倍数不但数值减小，而且有附加相移。电路具有选频特性，故称之为选频放大电路。

LC 振荡电路就是在这种选频放大电路中引入正反馈，以满足相位平衡和幅度平衡条件而产生振荡。根据引入正反馈形式的不同，一般可分为变压器反馈式、电感三点式和电容三点式等三种基本形式的 LC 振荡电路。

7.3.2 变压器反馈式振荡电路

变压器反馈式振荡电路又称互感耦合振荡电路，其原理电路如图 7.11（a）所示。图中 R_{b1}、R_{b2} 和 R_e 组成具有稳定静态工作点的分压式偏置电路，振荡回路由变压器初级线圈 L 和电容 C 组成，反馈电压由变压器次级线圈 L_1 提供，C_e、C_b 为高频旁路电容。如图 7.11（b）所示为其相应的交流通路。

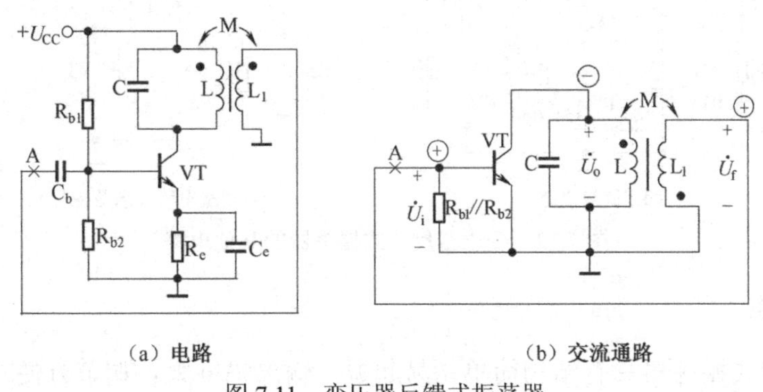

（a）电路　　（b）交流通路

图 7.11　变压器反馈式振荡器

1．相位平衡条件

为了分析电路的相位平衡条件，设从反馈点 A 处断开，同时输入 $\dot{U}_i$ 为⊕极性信号，由于 LC 回路谐振时，LC 回路呈纯电阻性，共射电路具有倒相作用，即 $\dot{U}_o$ 与 $\dot{U}_i$ 的相位差为π，因而其集电极电位瞬时极性为⊖，根据变压器初、次级线圈的同名端接法，$\dot{U}_f$ 与 $\dot{U}_o$ 的相位差也为π。因此，$\dot{U}_f$ 与 $\dot{U}_i$ 同相，满足相位平衡条件。

2．振荡频率

由于在 LC 回路的谐振频率 f_0 处满足相位平衡条件，故振荡电路的振荡频率等于 f_0。当回路的损耗很小（即为高 Q 回路）时，有

$$f_0 = \frac{1}{2\pi\sqrt{LC}}$$

3．起振条件

为了满足幅度平衡条件，对放大管的β 有一定的要求，可以证明振荡电路的起振条件为

$$\beta \geqslant \frac{r_{be}R'C}{M} \tag{7.11}$$

式中，β 为三极管的共射电流放大倍数；

r_{be} 为三极管的输入电阻；

M 为电感 L 和电感 L_1 的互感；

R' 为谐振回路中全部能量损耗的等效电阻。

实际上，式（7.11）对三极管β 值的要求并不高，一般情况下容易满足。

4．实用电路

如图 7.12（a）所示是某超外差式收音机中的本机振荡电路。基本放大电路为共基接

法，输入电阻较低，截止频率高，输出对输入影响小，比较稳定，适用于振荡频率较高的场所。图（b）为调漏变压器反馈式振荡器，它采用场效应管作为放大器件，R_g、C_g 用来产生栅偏压（自给偏压）。

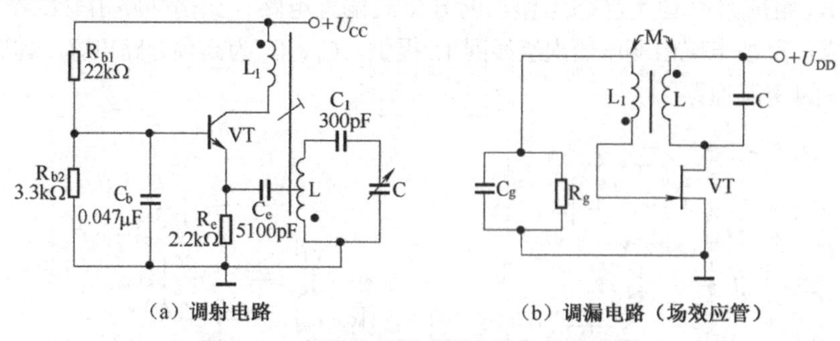

（a）调射电路　　（b）调漏电路（场效应管）

图 7.12　变压器反馈式振荡器的其他电路

5. 电路特点

变压器反馈式振荡器具有结构简单，易起振，输出幅度大，调节方便，调节频率时输出幅度变化不大和调整反馈时基本上不影响振荡频率等优点。其缺点是高频时由于分布电容的存在，频率稳定性较差。因此这种电路适用于振荡频率不太高的场合，一般为中短波段。

7.3.3　电感三点式振荡电路

电感三点式振荡电路如图 7.13（a）所示。图中，L 是具有抽头的电感线圈，L 和 C 组成振荡回路，反馈电压取自 L 的一部分 L_2 的两端，C_b 和 C_e 均对高频信号旁路。如图 7.13（b）所示为该振荡电路的交流通路，其中 $R_b = R_{b1}//R_{b2}$。由图可见，管子的输出端和输入端都采用部分接入 LC 回路的方式。由于三极管的三个电极分别与电感 L 的三个引出点（亦即 LC 回路的三个引出点）相接，故称为电感三点式振荡器。

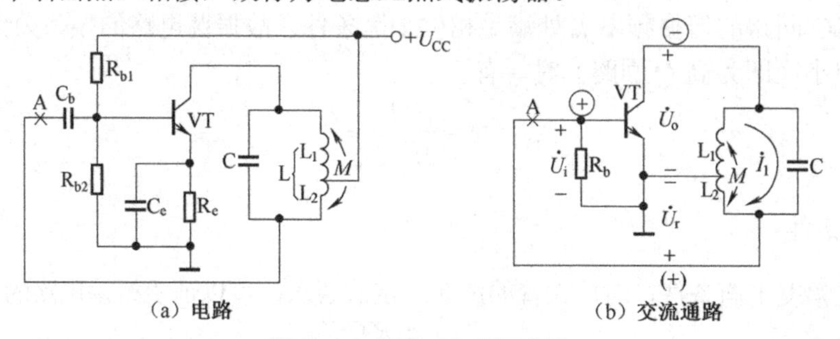

（a）电路　　（b）交流通路

图 7.13　电感三点式振荡器

1. 相位平衡条件

设从反馈点 A 点断开，在输入端加输入信号 $\dot{U}_i$，且瞬时极性为⊕，由于 LC 回路谐振时呈纯阻性，故 $\dot{U}_o$ 的瞬时极性为⊖。因为电感线圈 L 的中间抽头交流接地，则其两端的相位相反，即反馈电压 $\dot{U}_f$ 的瞬时极性为⊕。因此 $\dot{U}_f$ 与 $\dot{U}_i$ 同相，电路中引入的是正反馈，满足振荡的相位平衡条件。

2. 振荡频率

电感三点式振荡电路的振荡频率为

$$f_0 = \frac{1}{2\pi\sqrt{(L_1 + L_2 + 2M)C}}$$

若令 $L=L_1+L_2+2M$ 为回路的总电感，则振荡频率为

$$f_0 = \frac{1}{2\pi\sqrt{LC}}$$

3．幅度平衡条件

起振的幅度平衡条件为

$$\beta > \frac{L_1 + M}{L_2 + M} \cdot \frac{r_{be}}{R'}$$

式中，R' 为折合到管子的集电极和发射极间的等效并联总损耗电阻。

一般情况下，只要适当选取 L_2 / L_1 的比值，就可实现起振。

4．电路特点

电感三点式电路中 L_1 与 L_2 之间耦合紧密，振幅大，容易起振；当 C 采用可变电容时，可以获得调节范围较宽的振荡频率，频率容易调节，最高振荡频率可达几十兆赫。但由于反馈电压取自电感，对高次谐波信号具有较大电抗，输出波形中常含有高次谐波。因此电感三点式振荡电路常用在对波形要求不高的设备之中，如高频加热器、接收机的本机振荡电路等。

7.3.4 电容三点式振荡电路

电容三点式振荡器又称考毕兹振荡器，其电路如图 7.14（a）所示。图中，L 和 C_1，C_2 组成振荡回路，反馈电压取自电容 C_2 两端，C_b 和 C_e 均对高频旁路；高频扼流圈 L_C 构成集电极的直流通路，而对高频信号可视为开路。如图 7.14（b）所示为该振荡器的交流通路。由于三极管的三个电极分别与 C_1，C_2 的三个引出点 1、2 和 3（亦即 LC 回路的三个引出点）相接，故称为电容三点式振荡器。

1．相位平衡条件

假设断开图 7.14（b）中 A 点，在输入端加输入信号 $\dot{U}_i$，且瞬时极性为⊕，则三极管集电极的 $\dot{U}_o$ 为⊖极性，因为 C_1，C_2 的连接点接地，所以 C_2 对地电位极性与 C_1 对地电位极性相反，即 $\dot{U}_f$ 的极性与 $\dot{U}_o$ 的极性相反，$\dot{U}_f$ 为⊕ 极性——即“3”为⊕ 与 $\dot{U}_i$ 同极性，满足相位平衡条件。

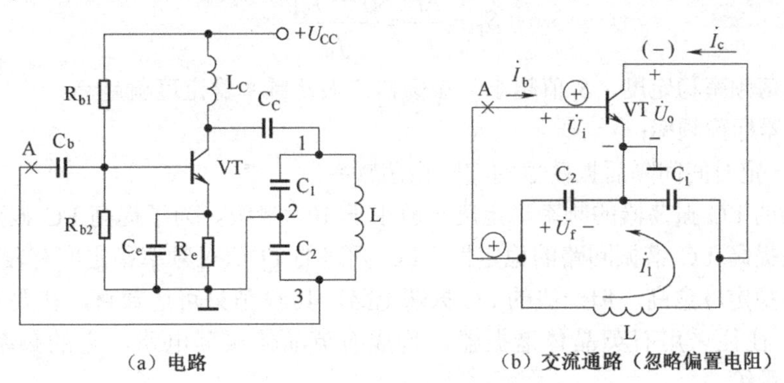

图 7.14　电容三点式振荡器

2. 振荡频率

电容三点式振荡器的振荡频率为

$$f_0 = \frac{1}{2\pi\sqrt{LC}}$$

式中，C 为回路的总电容，即 $C = C_1C_2/(C_1+C_2)$。

3. 幅度平衡条件

可以推得，该振荡器的起振条件为

$$\beta \geqslant \frac{C_2}{C_1} \cdot \frac{r_{be}}{R'}$$

式中，R' 为折合到管子集电极和发射极间的等效并联总电阻。

一般情况下，只要将管子的β 值选得大一些，并恰当选取比值 C_2/C_1，电路就能起振。

4. 电路特点

电容三点式振荡器的优点是：由于反馈信号取自电容 C_2，它对高次谐波的阻抗较小，高次谐波被短路，所以反馈和输出波形中高次谐波分量较少，振荡输出波形好。C_1 和 C_2 可以选得很小，因而振荡频率可以很高，一般可达 100MHz 以上。但是电容三点式振荡电路调节频率不方便，因为由于 C_1 和 C_2 的改变，会直接影响反馈信号的大小，改变起振条件，容易引起停振，因而频率调节范围较小。这种电路常用于对波形要求较高，振荡频率固定的设备。

7.4 石英晶体振荡电路

7.4.1 正弦波振荡电路的频率稳定问题

在工程应用中，例如，在实验用的低频及高频信号产生电路中，往往要求正弦波振荡电路的振荡频率有一定的稳定度。

振荡频率稳定度，是指振荡器在一定时间间隔（如 1 天、1 周、1 个月等）和温度下，振荡频率的相对变化量。此频率相对变化量可用下式（7.24）表示。

$$S_f = \frac{\Delta f}{f_0} = \frac{|f - f_0|}{f_0}$$

式中，S_f为振荡频率稳定度，S_f值越小，振荡器的振荡频率稳定度就越高；

f_0为振荡器标称频率；

f是经过一定时间间隔后振荡器的实际振荡频率。

前面介绍的 LC 振荡器的频率稳定度一般小于 10^{-5} 量级。为了提高 LC 振荡器的频率稳定度，主要是提高 LC 谐振回路的稳定性。LC 回路的 Q 值对频率稳定度有较大的影响，Q 值愈大，频率稳定度愈高。但一般的 LC 振荡电路，其 Q 值只可达数百，在要求频率稳定度很高的场合，往往采用石英晶体谐振器，构成石英晶体振荡电路，它的频率稳定度可达 10^{-9}～10^{-11} 数量级。

7.4.2　石英晶体的基本特性与等效电路

1．石英晶体的压电效应

石英晶体是一种各向异性的结晶体。从一块晶体上按一定的方位角切下的薄片称为晶片，然后在晶片的两个对应表面上涂敷银层并装上一对金属板，就构成石英晶体产品，如图 7.15 所示，一般用金属外壳密封，也有用玻璃壳封装的。

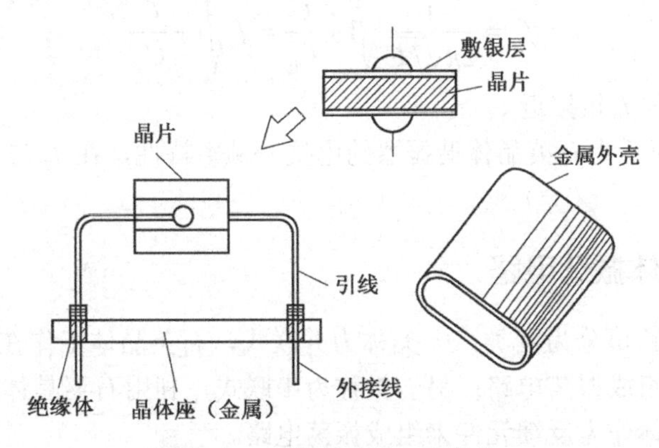

图 7.15　石英晶体的一种结构

石英晶体能作为振荡电路是基于它的压电效应，从物理学中知道，若在晶片的两个极板间加一电场，会使晶体产生机械变形；反之，若在极板间施加机械力，又会在相应的方向上产生电场，这种现象称为压电效应。如在极板间所加的是交变电压，就会产生机械变形振动，同时机械变形振动又会产生交变电场。一般来说，这种机械振动的振幅是比较小的，其振动频率则是很稳定的。但当外加交变电压的频率与晶片的固有频率（决定于晶片的尺寸）相等时，机械振动的幅度将急剧增加，这种现象称为压电谐振，因此石英晶体又称石英晶体谐振器。

2．石英晶体的符号和等效电路

石英晶体的符号和等效电路如图 7.16 所示，其中 C_0 表示以石英为介质的两个电极板间电容，称为静态电容；L、C、R 等效它的串联特性。石英晶体的一个重要特点是它具有很高的品质因数，品质因数 Q 通常在 10000～500000 的范围。例如，一个 4MHz 的石英晶体的典型参数为：L =100mH，C = 0.015pF，C_0 = 5pF，R =100Ω，Q = 25000。

由等效电路可知，石英晶体有两个谐振频率，即

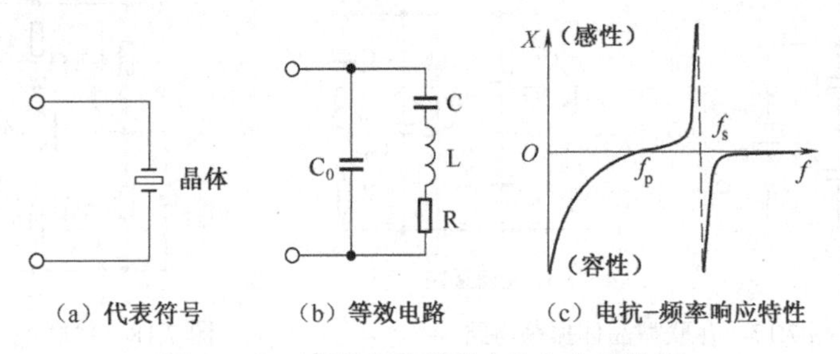

图 7.16　石英晶体的等效电路与电抗特性

（1）当 R、L、C 支路发生串联谐振时，其串联谐振频率为

$$f_s = \frac{1}{2\pi\sqrt{LC}}$$

由于 C_0 很小，它的容抗比 R 大很多，因此，串联谐振的等效阻抗近似为 R，呈纯阻性，且阻值很小。

（2）当频率高于 f_s 时，R、L、C 支路呈感性，当与 C_0 发生并联谐振时，其振荡频率为

$$f_p = \frac{1}{2\pi\sqrt{LC}}\sqrt{1+\frac{C}{C_0}} = f_s\sqrt{1+\frac{C}{C_0}}$$

由于 $C \ll C_0$，因此 f_s 与 f_p 很接近。

如图 7.16（c）所示为石英晶体谐振器的电抗—频率特性，在 f_p 与 f_s 之间呈感性，在其他区域呈容性。

7.4.3 石英晶体振荡电路

石英晶体振荡电路可分为两类：一类称为并联式，石英晶体工作在 f_s 和 f_p 之间，利用晶体作为一个电感来组成振荡电路；另一类称为串联式，利用石英晶体工作在 f_s 处，阻抗最小的特性，把石英晶体作为反馈元件来组成振荡电路。

1. 并联型晶体振荡电路

如图 7.17（a）所示为一个并联型晶体振荡电路。C_1、C_2 和石英谐振器构成谐振回路，谐振回路的振荡频率处于石英谐振器的 f_s 和 f_p 之间。石英晶体相当于一个电感，这样，C_1、C_2 和石英晶体构成一个电容三点式振荡电路，它的交流通路如图 7.16（b）所示。

2. 串联型晶体振荡电路

如图 7.18 所示是一个串联型石英晶体振荡电路。晶体接在 VT_1、VT_2 组成的正反馈电路中，当振荡频率等于晶体的串联谐振频率 f_s 时，石英谐振器的阻抗最小，且为纯阻性，因此反馈最强，且相移为 0，电路满足自激振荡条件，振荡频率为 f_s。而对于 f_s 以外的其他频率，石英谐振器阻抗增大，且不为纯阻性，因此反馈减弱，相移也不为 0，不满足自激条件，不产生振荡。调节 R 的阻值可改变反馈的强弱，以便获得良好的振荡输出。

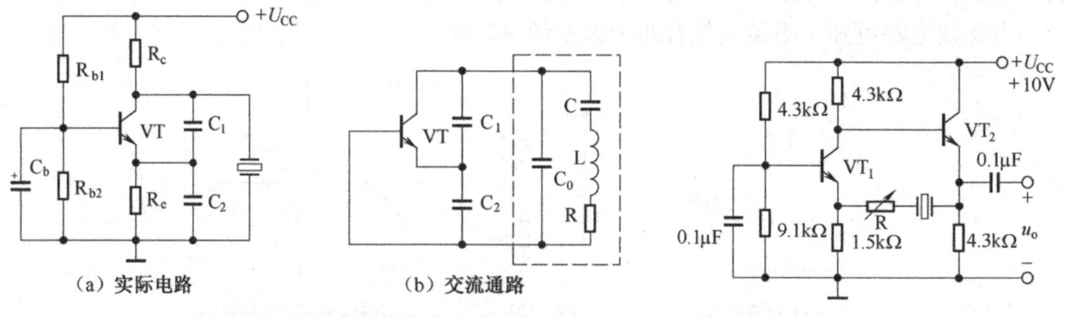

图 7.17 并联型晶体振荡电路

图 7.18 串联型石英晶体振荡电路

若 R 过大，则反馈量太小，电路不满足振幅平衡条件，不易产生振荡；若 R 太小，则

反馈量太大，输出波形产生失真；若 R 为热敏电阻，则具有自动稳幅性能。

7.5 非正弦波产生电路

在实用电路中除了常见的正弦波外，还有矩形波、三角波、锯齿波等。

7.5.1 矩形波发生器

1. 电路的组成

矩形波发生电路如图 7.19 所示，它是由反相输入的滞回比较器和 RC 电路组成。RC 回路既作为延迟环节，又作为反馈网络，通过 RC 充、放电实现输出状态的自动转换。

2. 工作原理

在图 7.19 中滞回比较器输出电压 $U_o=\pm U_Z$，阈值电压为

$$\pm U_T = \pm \frac{R_1}{R_1+R_2} \cdot U_Z$$

因而电压传输特性如图 7.20 所示。

设某一时刻输出电压为 $U_o= +U_Z$，则同相输入端电位 $u_P = +U_T$。u_o 通过 R_3 对电容 C 正向充电，如图 7.19 中实线箭头所示。反相输入端电位 u_N 随时间 t 增长而逐渐升高，但是，一旦 $u_N >+U_C$，u_o 就从 $+U_Z$ 跃变为 $-U_Z$，与此同时 u_P 从 $+U_T$ 跃变为 $-U_T$。随后，u_o 又通过 R_3 对电容 C 反向充电，或者说放电，如图 7.19 中虚线箭头所示。反相输入端电位 u_N 随时间 t 增长而逐渐降低，一旦 $u_N <-U_T$，u_o 就从 $-U_Z$ 跃变为 $+U_Z$，u_P 从 $-U_T$ 跃变为 $+U_T$，电容又开始正向充电，上述过程周而复始，电路产生自激振荡，u_C 和 u_o 的波形如图 7.21 所示。

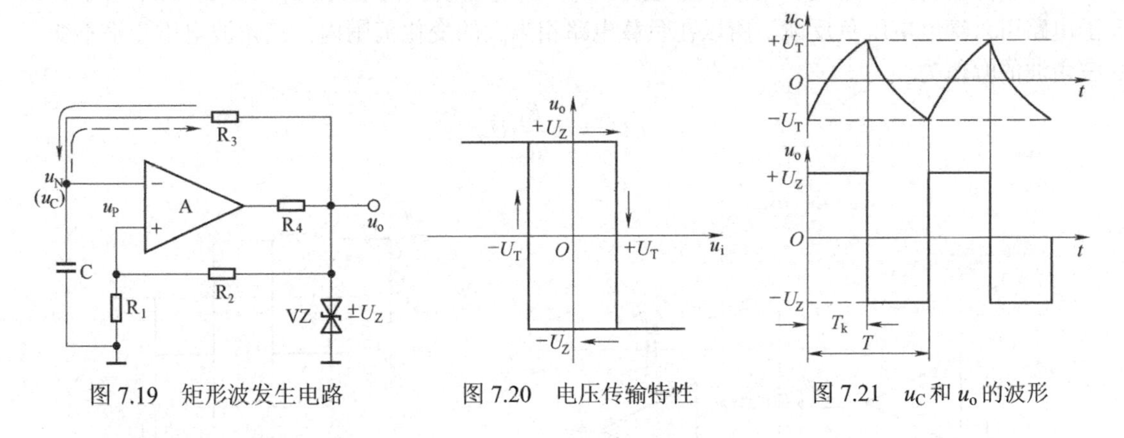

图 7.19 矩形波发生电路　　图 7.20 电压传输特性　　图 7.21 u_C 和 u_o 的波形

3. 波形分析及参数

由于如图 7.19 所示电路中电容正、反向充电时间常数均为 R_3C，而且充电的幅值也相等，因而在一个周期内 $u_o = +U_Z$ 的时间和 $u_o =-U_Z$ 的时间相等，u_o 为对称的方波，u_o 的波形如图 7.21 所示。可以求得该电路的振荡周期为

$$T = 2R_3 C \ln\left(1 + \frac{2R_1}{R_2}\right)$$

通过以上分析可知，调整电路参数 R_1、R_2 和 U_Z 可以改变方波发生电路的振荡幅值，调整 R_1、R_2、R_3 和电容 C 的数值可以改变电路的振荡频率。

7.5.2 三角波发生器

要得到三角波，实际上只要将方波电压作为积分运算电路的输入，在积分运算电路的输出就可得到三角波，如图 7.22（a）所示，当方波发生电路输出电压 $u_{o1}= +U_Z$ 时，积分运算电路的输出电压 u_o 将线性下降；而当 $u_{o1}=-U_Z$ 时，u_o 将线性上升，波形如图 7.22（b）所示。

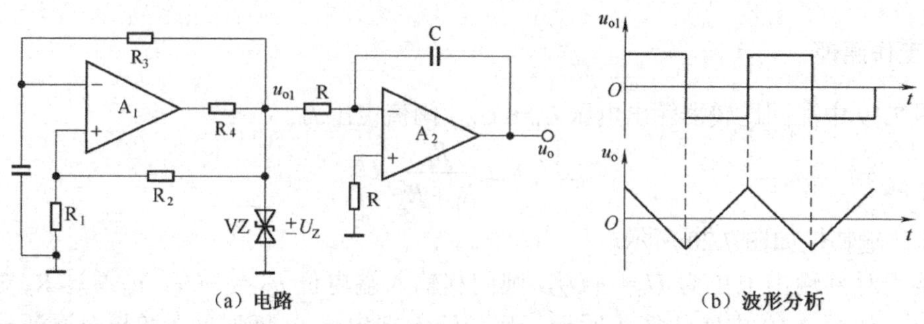

图 7.22 采用波形变换的方法得到三角波

在实用电路中，一般不采用上述波形变换的方法获得三角波，而是将方波发生器中的 RC 充、放电回路用积分运算电路来取代，滞回比较器和积分电路的输出互为另一个电路的输入，如图 7.23 所示。在该电路中，虚线左边为同相输入滞回比较器，右边为积分运算电路。

可以分析得到，u_o 是三角波，幅值为$\pm U_T$；u_o 是方波，幅值为$\pm U_Z$，如图 7.24 所示。由于电路引入深度电压负反馈，所以在负载电路相当大的变化范围内，三角波电压几乎不变。三角波的幅值为

$$\pm U_T = \pm \frac{R_1}{R_2} U_Z$$

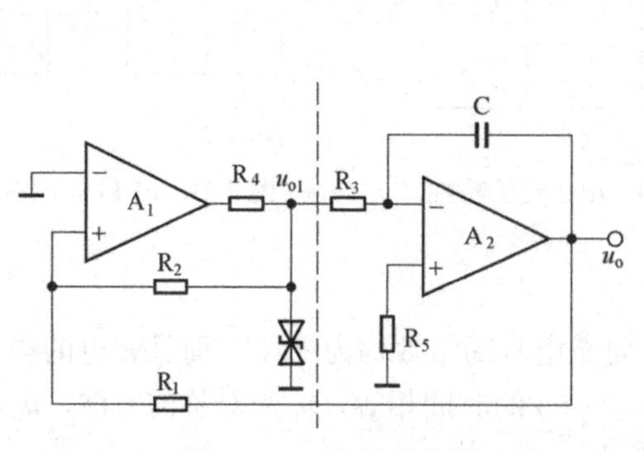

图 7.23 三角波发生器

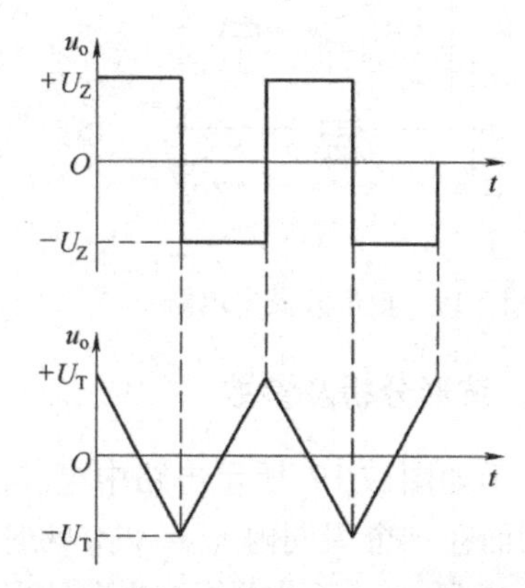

图 7.24 三角波-方波发生电路的波形图

振荡周期为

$$T=\frac{4R_1R_3C}{R}$$

调节电路 R_1 和 R_2 的阻值，可以改变三角波的幅值。调节 R_1、R_2、R_3 的阻值和 C 的容量，可以改变振荡频率。

7.5.3 锯齿波发生器

锯齿波也是常用的基本测试信号，有着广泛的应用。例如，为了在示波器荧光屏上不失真地观察到被测信号波形，就要在水平偏转板上加上随时间线性变化的电压——锯齿波电压。而电视机中显像管荧光屏上的光点，是靠磁场变化进行偏转的，所以需要用锯齿波电流来控制。

锯齿波电压产生电路如图 7.25 所示。它包括同相输入迟滞比较器（A_1）和充放电时间常数不等的积分器（A_2）两部分，共同组成锯齿波电压产生电路。该电路由于电容 C 的正向与反向充电时间常数不相等，输出波形 u_o 为锯齿波电压，u_{o1} 为矩形波电压，如图 7.26 所示。可以证明，在忽略二极管正向电阻的情况下，其振荡周期为

$$T=T_1+T_2=\frac{2R_1R_bC}{R_2}+\frac{2R_1(R_6\,//\,R_5)C}{R_2}$$

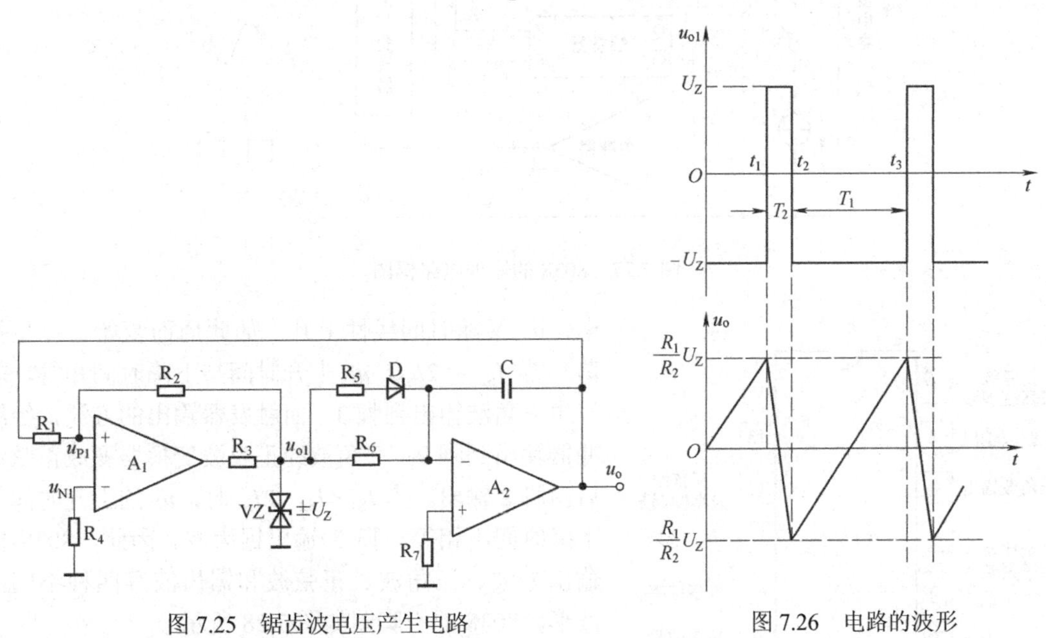

图 7.25　锯齿波电压产生电路

图 7.26　电路的波形

7.5.4 集成函数发生器 8038 简介

函数发生器是一种可以同时产生方波、三角波和正弦波的专用集成电路。适当调节外部电路参数时，还可以获得占空比可调的矩形波和锯齿波。因此，广泛用于仪器仪表之中。下面简单介绍目前用得较多的集成函数发生器 8038。

1. 8038 的结构与工作原理

函数发生器 8038 电路结构如图 7.27 所示，它由恒流源 I_{S1}、I_{S2}，电压比较器 C_1、C_2 和触发器组成。电压比较器 C_1、C_2 的门限电压分别为 $2/3U_R$ 和 $1/3U_R$（$U_R=U_{CC}+U_{EE}$），电流

源 I_{S1} 和 I_{S2} 的大小可以通过外接电阻调节，且 I_{S2} 必须大于 I_{S1}。

当触发器的 Q 端输出为低电平时，它控制开关 S 使电流源 I_{S2} 断开。而电流源 I_{S1} 则向外接电容 C 充电，使电容两端电压 u_C 随时间线性上升，当 u_C 上升到 $u_C=2/3U_R$ 时，比较器 C_1 输出发生跳变，使触发器输出 Q 端由低电平变为高电平，控制开关 S 使电流源 I_{S2} 接通。由于 $I_{S2}>I_{S1}$，因此电容 C 放电，u_C 随时间线性下降，当 u_C 下降到 $u_C\leqslant 1/3U_R$ 时，比较器 C_2 输出发生跳变，使触发器输出端 Q 又由高电平变为低电平，I_{S2} 再次断开，I_{S1} 再次向 C 充电，u_C 又随时间线性上升。如此周而复始，产生振荡。若 $I_{S2}=2I_{S1}$，u_C 上升时间与下降时间相等，就产生三角波输出到脚 3。而触发器输出的方波，经缓冲器输出到脚 9。三角波经正弦波变换器变成正弦波后由脚 2 输出。当 $I_{S1}<I_{S2}<2I_{S1}$ 时，u_C 的上升时间与下降时间不相等，脚 3 输出锯齿波。因此，8038 能输出方波、三角波、正弦波和锯齿波等四种不同的波形。8038 的引脚图如图 7.28 所示。

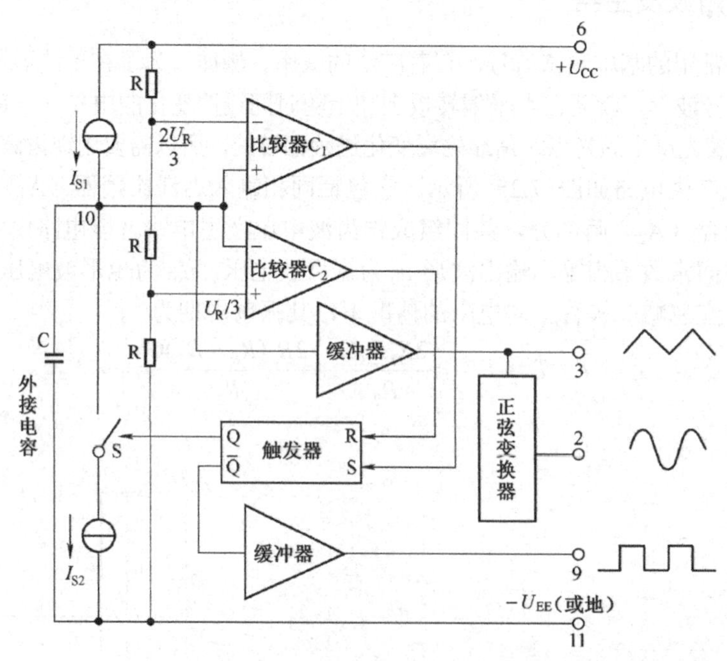

图 7.27　8038 的原理电路框图

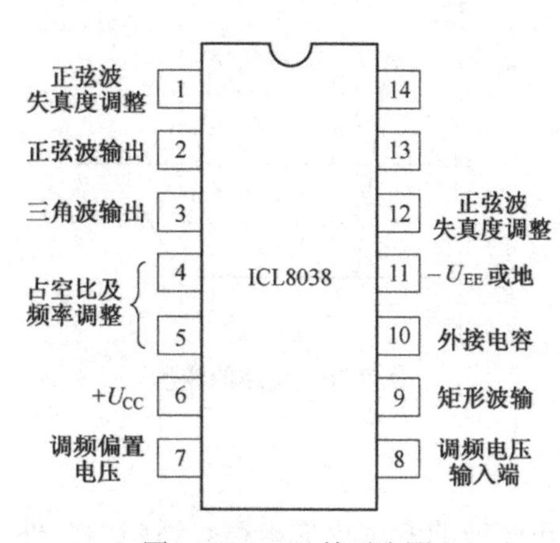

图 7.28　8038 的引脚图

2．8038 的典型应用

如图 7.29 所示为 8038 的最常见的两种接法，矩形波输出端为集电极开路形式，需外接电阻 R_L 到$+U_{CC}$。在如图（a）所示电路中，R_A 和 R_B 可分别独立调整。在图（b）所示电路中，通过改变电位器 R_P 滑动头的位置来调整 R_A 和 R_B 的数值。当 $R_A=R_B$ 时，各端输出波形如图 7.30（a）所示，矩形波的占空比为 50%，因而为方波。当 $R_A\neq R_B$ 时，矩形波不再为方波，引脚 2 也不再为正弦波，如图 7.30（b）所示为矩形波占空比是 15%时各输出端的波形图。

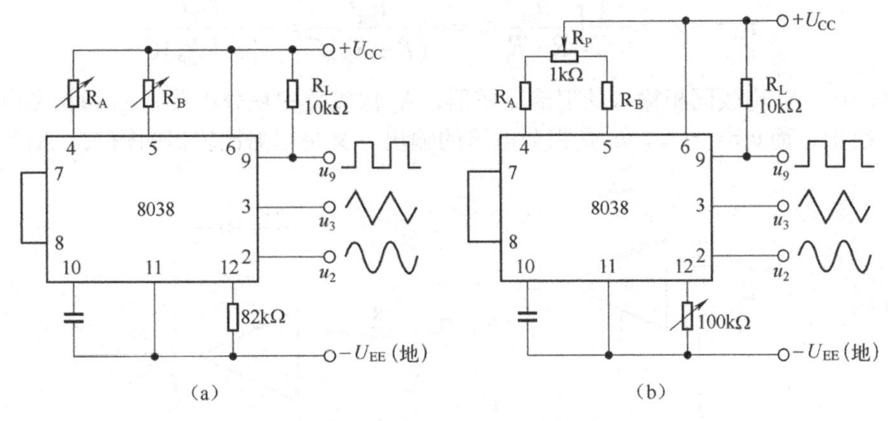

图 7.29　8038 的两种基本接法

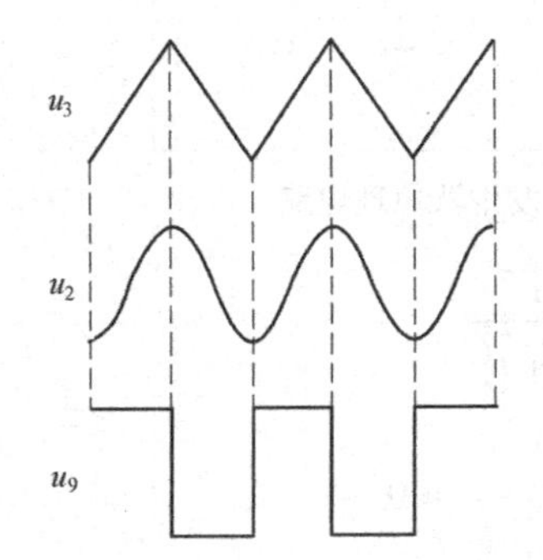

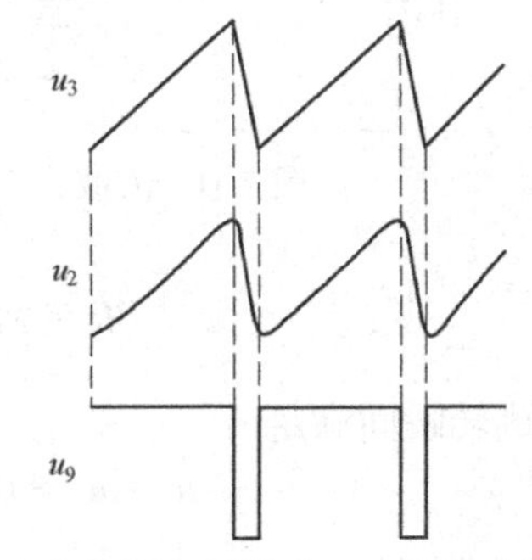

（a）矩形波占空比为50%时的输出波形　　（b）矩形波占空比为15%时的输出波形

图 7.30　8038 的输出波形

7.6　实训 7

7.6.1　方波和三角波发生电路的安装与调试

1．实训目的

（1）了解集成运算放大器在信号产生方面的广泛应用。

（2）掌握由集成运放构成的正弦波发生器、矩形波发生器、方波和三角波发生器、锯齿波发生器的电路组成及工作原理。

（3）掌握上述波形产生电路的设计和调试方法及振荡频率和输出幅度的测量方法。

2．实训原理

在集成运放的输入和输出端之间施加正反馈或正、负反馈结合构成各种信号产生电路，产生方波、三角波等。下面分别对部分波形产生电路的结构、组成和工作原理进行分析和讨论。

方波和三角波发生器的原理电路如图 7.31 所示，该电路主要由集成运放构成的滞回比较器和积分器组成。比较器中集成运放工作在非线性区，其输出端通常只有高电位和低电位两种状态，即$u_+ > u_-$时，输出高电位，$u_+ < u_-$时，输出低电位。积分器中运放工作在线性区，由于$u_+ < u_- \approx 0$，$I_+ < I_- \approx 0$，所以$i_R = i_C$，则有

$$u_o = -u_C = -\frac{1}{C}\int \frac{u_{o1}}{R+R_P}\mathrm{d}t = -\frac{u_{o1}t}{(R+R_P)C} = -\frac{U_Z t}{(R+R_P)C}$$

图 7.31 中，A_1 构成同相输入的迟滞比较器，A_2 构成反相积分电路。A_1 同相端电位由 u_{o1} 和 u_o 共同决定，而 $u_{o1} = \pm U_Z$，u_o 是积分电路的输出，又是迟滞比较器的输入。A_2 积分后有

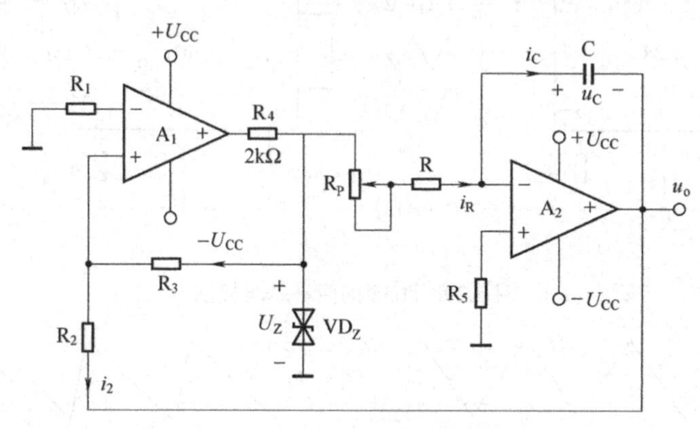

图 7.31　方波、三角波发生器原理电路

$$u_o = \frac{U_Z t}{(R+R_P)C}$$

A_1 在输出电平跳转瞬间满足

$$u_+ - u_- \approx 0\ ,\ \ i_+ - i_- \approx 0$$

所以

$$i_{R2} = i_{R3} = \frac{U_Z}{R_3}$$

当 $t=t_1$ 时（参见图 7.32 的输出波形），三角波有最大峰值

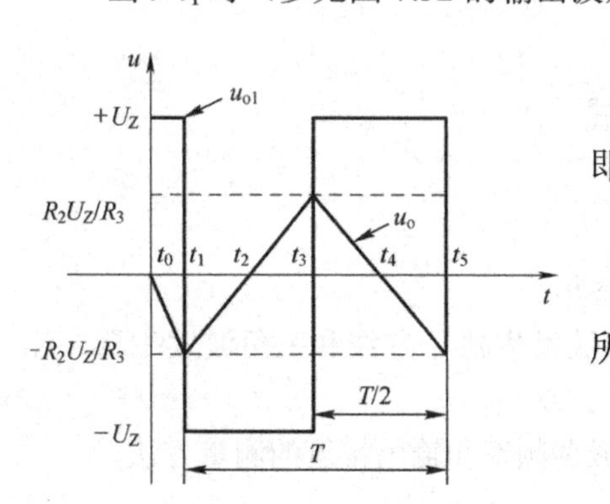

图 7.32　方波、三角波发生器输出波形

$$U_{OM} = -i_{R2}R_2 = -\frac{R_2 U_Z}{R_3}$$

即

$$U_{OM} = \frac{-U_Z}{(R_P+R)C}t_1 = -\frac{R_2 U_Z}{R_3}$$

所以

$$t_1 = \frac{CR_2(R+R_P)}{R_3}$$

从波形图中可知方波和三角波的周期为

$$T = 4t_1 = \frac{4CR_2(R+R_P)}{R_3}$$

故两种波形的频率为

$$f = \frac{1}{T} = \frac{R_3}{4CR_2(R+R_P)}$$

输出的方波电压幅度由稳压管的稳压值决定，三角波的幅值由稳压值和电阻 R_2、R_3 共

同决定，而振荡频率 f 与电阻 R_2、R_3、R 和电容 C 及电位器 R_P 均有关。

3. 实训内容及步骤

（1）设计一种用集成运放等器件组成的方波和三角波发生器实训电路。已知运放电源为+12V，要求振荡频率为 100～500Hz 可调，方波和三角波输出幅度分别为±6V、±3V，误差均为+10%。设计、计算、选择器件型号和参数，画出完整、正确的实训电路。

原理电路如图 7.31 所示，参考设计方法如下：

① 集成运放型号确定。本实训要求振荡频率不高，所以可选用通用型运放 LM358 或 μA741 等。

② 稳压管型号和限流电阻型号的确定。根据设计要求，方波幅度为+6V，误差为+10%，可查手册选用满足稳压值为+6V，误差为±10%，稳压电流≥10mA，且温度稳定性好的稳压管型号，如 2DW231 或 2DW7B 等。

$$R_4 \geqslant \frac{U_{OM} - U_{Z_{min}}}{I_{ZM}} = \frac{12V - 5.4V}{30mA} = 220\Omega$$

取 $R_4 = 2k\Omega$ 。

③ 分压电阻 R_2、R_3 和平衡电阻 R_1 的确定。R_2 和 R_3 的作用是提供一个随输出方波电压变化的基准电压，并决定三角波的幅值。一般根据三角波幅值来确定 R_2 和 R_3 的阻值。根据电路原理和设计要求可得

$$U_{OM} = \frac{-U_Z R_2}{R_3} = \frac{\pm 6V \times R_2}{R_3} = \pm 3V \Rightarrow R_3 = 2R_2$$

先选取 R_2 电阻值（一般情况下，$R_2 \geqslant 5.1k\Omega$，取值太小会使波形失真严重），则 R_3 的阻值就随之确定。平衡电阻 $R_1 = R_2 // R_3$。

④ 积分元件 R_P、R 和 C，以及平衡电阻 R_5 的确定。根据实训原理和设计要求，应有

$$f_{max} = 500Hz = \frac{R_3}{4CR_2R}$$

即

$$R = \frac{R_3}{4CR_2 f_{max}}$$

选取 C 的值，并代入已确定的 R_2 和 R_3 的值，即可求出 R。为了减小积分漂移，C 应取大些，但太大则漏电流大，一般积分电容 C 不超过 1μF：

$$f_{min} = 100Hz = \frac{R_3}{4CR_2\left(R + R_P\right)}$$

即

$$R_P = \frac{R_3}{4CR_2 f_{min}} - R$$

平衡电阻 R_5 可取 10kΩ或者取 $R_5 = R$。

（2）正确组装所设计的方波和三角波发生器实训电路，使电路振荡输出方波和三角波，并调节 R_P 使波形周期为 5ms。

（3）在坐标图上画出方波和三角波，并标注周期和各自的正、负幅值。

（4）调节 R_P，测出 T_{max} 和 T_{min} 的值，并计算 $f_{max}=\frac{1}{T_{min}}$ 和 $f_{min}=\frac{1}{T_{max}}$ 的值，然后与理论值进行比较，分析产生误差的最主要原因（要求指明元器件的名称及代号）。

4．预习要求

（1）预习方波和三角波发生器电路的工作原理。

（1）根据设计要求，完成方波和三角波实训电路的设计。

（3）理解领会实训内容和任务。

5．思考题

在方波、三角波发生器实训中，要求保持原来所设计的频率不变，现需将三角波的输出幅值由原来的 3V 降为 2.5V，最简单的方法是什么？

7.6.2 正弦波振荡电路的安装与调试

1．实训目的

（1）加深理解 RC 桥式振荡电路的组成和工作原理。

（2）掌握 RC 桥式振荡电路的调试方法。

（3）掌握 RC 桥式振荡器的起振条件和振荡频率的测试方法。

2．实训原理

（1）实训电路。如图 7.33 所示。

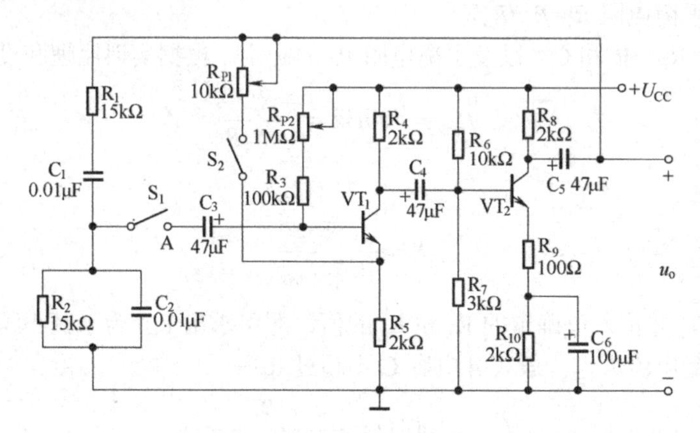

图 7.33　RC 桥式振荡器实训电路

（2）基本原理。RC 桥式振荡器是由 RC 串并联正反馈选频网络和具有电压串联负反馈的两级共射放大器组成。

由 RC 串并联网络的频率特性可知：当 $f=f_0=\frac{1}{2\pi RC}$ 时，该网络的 $\varphi_F=0°$，$|\dot{F}|=\frac{1}{3}$，因此只需用一个同相放大器与选频网络配合，且同相放大器的电压放大倍数 $A_{uf}\geqslant 3$，如图 7.33 所示组成的电路即可满足起振的幅度和相位平衡条件而产生正弦振荡。图 7.33 为用分立元器件组成的 RC 串并联振荡电路。VT_1、VT_2 组成两级阻容耦合放大器，用以将正反

馈信号放大。在电路输出与输入之间，接有正反馈 RC 网络并兼有选频作用，使整个电路振荡于一个固有的频率上。在输出端与 VT_1 发射极间接有负反馈网络，用于控制反馈深度，稳定输出幅度。

3．实训材料和仪表

直流稳压电源　　1 台
示波器　　1 台
电子电压表　　1 台
低频信号发生器　　1 台
频率计　　1 台
万用表　　1 台
元器件　　1 套

4．实训预习内容

（1）复习 RC 桥式振荡器的工作原理和 RC 串并联选频网络的频率特性。

（2）根据实训电路图及实际元件参数，估算振荡器的振荡频率。

（3）根据实训内容设计实训数据记录表格供实训测试使用。

5．实训内容与步骤

（1）调试静态工作点。断开 S_1、S_2 由 A 点输入 1kHz 正弦信号，用示波器观察输出波形。调节 R_{P2} 和输入信号幅度，使输出达到最大不失真信号电压。

（2）观察起振后波形，并调节为不失真的稳幅振荡，测试振荡频率。在上述工作点调整的基础上，去除信号源，将 S_1、S_2 合上，用示波器观察输出波形，调节 R_{P1}，使输出为不失真的正弦波，用频率计测试信号的频率和用示波器测试信号周期，用毫伏表分别测量输出电压 U_o、U_{f+}、U_{f-}，将测试结果填入表 7.1 中。

表 7.1　频率测试值

测 试 值			计 算 值	
f_0	T_0	U_o	f_0'	误差：$\dfrac{f_0'-f_0}{f_0'}\times100\%$

（3）测试电压放大倍数 A_{uf}、负反馈系数 F_-和正反馈系数 F_+。在上述测试频率基础上，R_{P1} 维持不变，断开 S_1，在 A 端输入与振荡相同频率的信号，用示波器监视输出波形，调节输入信号 U_i 幅度，使输出电压 U_o 与振荡时相同，用电子电压表测量 U_i，U_o 和 U_{f-}，然后用与振荡时相同的频率和输出电压信号加于 RC 串并联选频网络两端，测量并联输出电压 U_{f+}。将上述测试值记于表 7.2，并分析是否与振荡条件符合。

表 7.2　电压测试值

测 试 值				由测试值计算		
U_i	U_o	U_{f-}	U_{f+}	A_{uf}	F_+	F_-

6. 实训报告

（1）整理实训数据和测量的波形图。

（2）对实训测出的振荡频率与理论计算值进行对比，分析产生误差的原因。

（3）验证 RC 桥式振荡器起振的条件。

7.6.3 简易电子门铃的制作

1. 实训目的

（1）了解 YKML-I 型无绳门铃工作原理。

（2）掌握电子元器件的焊接方法及技巧。

（3）学习调试电路的基本方法。

2. 实训设备及器材

YKML-I 型无绳门铃散件一套；电烙铁（配烙铁架）、镊子、斜口钳、尖嘴钳、螺丝刀（一字、十字）各 1 把；万用表 1 块；焊锡丝若干。

3. 实训原理

（1）发射原理。发射电路原理如图 7.34 所示。

① 发射电路由多谐振荡器和高频振荡器组成，F_1、F_2 两个非门与 R_1、JZ_1 构成多谐振荡器，产生一个 32.768kHz 的方波去控制调制开关，当方波处在正半周时调制开关导通，反之调制开关截止。

② 调制开关由 F_3～F_6 四个非门电路组成，具有对方波进行整形的功能。

③ VT_1、C_1、C_2 等元件构成高频振荡器，高频振荡器的电源又是通过调制开关来控制的，因此高频振荡器输出的不是连续的波形，而是被上述 32.768kHz 的方波调制过的超高频脉冲串，这样做的目的主要是为了提高无绳门铃的抗干扰能力，超高频脉冲串经过印制电路板的环形天线 L′ 向外辐射，调节 C_3 使发射电路与接收电路的频率相近。

④ 图 7.34 中，反相器 F_1 和 F_2 工作在放大状态，晶振 JZ_1 起稳频作用，F_2 的输出端产生一个 32.768kHz 的低频振荡，去控制并联在一起的四个反相器 F_3～F_6，这样带负载的能力更强。

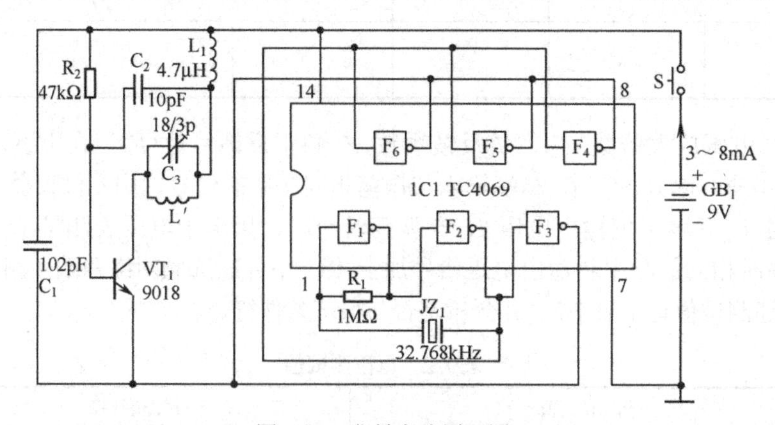

图 7.34 发射电路原理图

（2）接收原理。接收电路原理如图 7.35 所示。

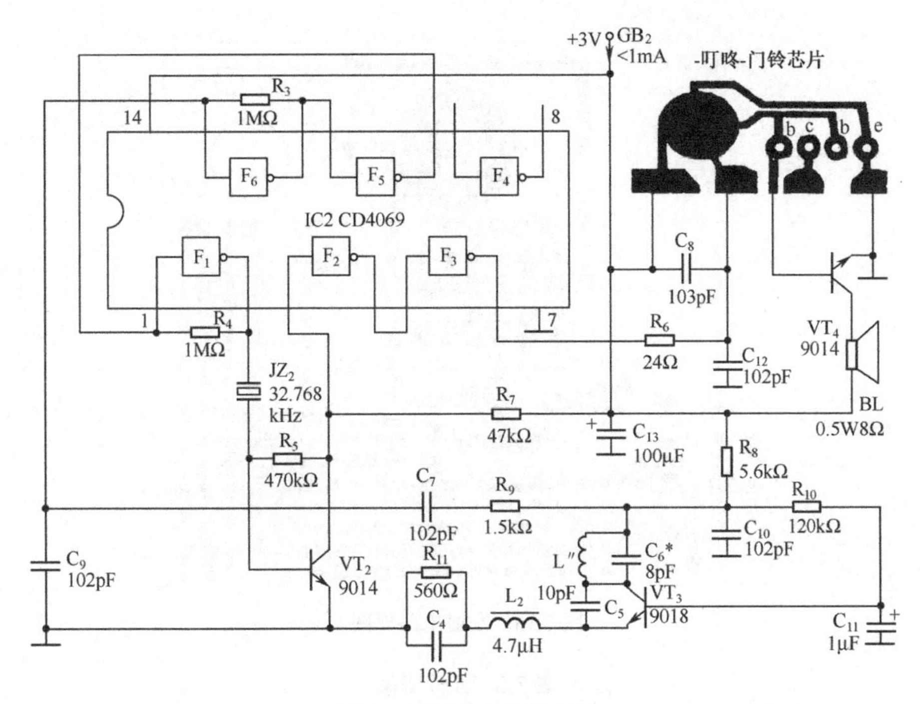

图 7.35　接收电路原理图

① 接收电路由超再生检波、低频放大器、音乐门铃的驱动电路组成。

② 超再生检波电路主要由 L″、C_6、C_5、VT_3 等元件组成，主要是将天线 L″接收到的极其微弱的超高频信号检波变成 32.768kHz 的低频信号，从 VT_3 的集电极输出，其中的高频分量通过 C_{10}、C_4、C_{11} 组成的旁路到地；R_8、R_{10}、R_{11} 是 VT_3 的直流偏置电阻。

③ L″、C_6 组成接收机的调谐电路，L″既是调谐回路的一部分，同时它又是接收天线，接收电路板上的弧形覆铜条即为 L″。

④ CD4069 中的三个反相器 F_1、F_6、F_5 对检波后的信号进行二级前置低放并整形，放大后低频信号再由晶体 JZ_2 耦合到下一级，晶体 JZ_2 相当于一个 Q 值极高的 LC 串联谐振电路，其作用是选频，只允许 32.768kHz 的信号通过，除此之外的其他频率都受到很大的衰减。选频后的低频信号再通过 VT_2 进行放大，R_5 是 VT_2 的偏置电阻，放大的目的是提高带负载的能力，经 VT_2 放大的低频信号通过 CD4069 的二个反相器 F_2、F_3 整形变成陡峭的方波，以驱动音乐芯片工作。

⑤ 音乐芯片为 CW9300，构成音乐芯片功率放大器的主要元件是 VT_4，以推动扬声器发出响亮的音乐声，C_8 是防误触发电容。当无绳门铃的发射按钮按一次时，CW9300 音乐片就受到一次触发，扬声器就会发出音乐声。

4．实训内容

（1）将印制板图与电路原理图进行对照，判明各元件在印制板上的位置。

（2）根据元件清单，检查元器件数量和质量是否符合要求。

（3）分别焊接发射机和接收机，并进行一定的调整，实现在一定距离内接收机能接收到发射机所发出的信号，最后按照说明安装产品。

印制电路板分别如图 7.36、图 7.37 所示。元件清单如表 7.3 所示。

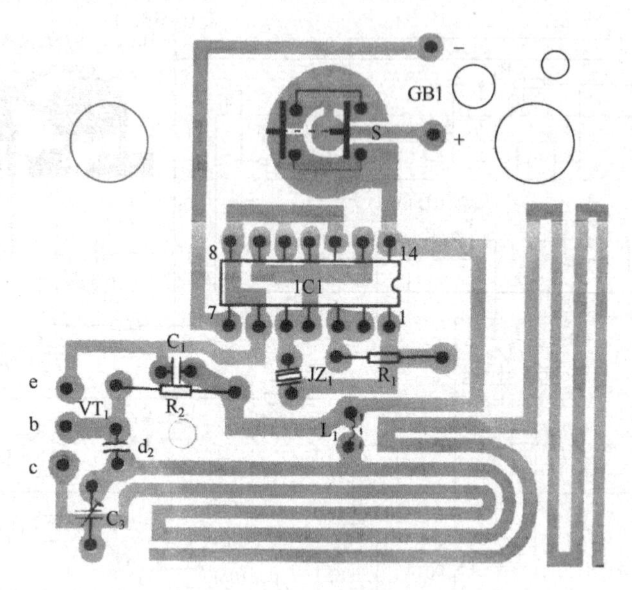

图 7.36　发射电路板图

表 7.3　元件清单

序号	名称	型号	位号	数量	序号	名称	型号	位号	数量
1	电阻	24Ω	R_6	1	19	集成块	TC4069		2
2	电阻	560Ω	R_{11}	1	20	晶振	32.768kHz		2
3	电阻	1.5kΩ	R_9	1	21	电感器	4.7μH		2
4	电阻	5.6kΩ	R_8	1	22	微动开关			1
5	电阻	47kΩ	R_2、R_7	2	23	音乐芯片			1
6	电阻	120kΩ	R_{10}	1	24	电池扣			1
7	电阻	470kΩ	R_5	1	25	喇叭			1
8	电阻	1MΩ	R_1、R_3、R_4	3	26	电路板	接收，发射		2 块
9	瓷片电容	8pF	C_6	1	27	不干胶面板			1
10	瓷片电容	10pF	C_2、C_5	2	28	电池极片			1 套
11	瓷片电容	102pF	C_1、C_4、C_7、C_9、C_{10}、C_{12}	6	29	自攻螺钉	$\phi3\times6$		4 粒
12	瓷片电容	103pF	C_8	1	30	自攻螺钉	$\phi2\times5$		2 粒
13	微调电容	18/3pF	C_3	1	31	自攻螺钉	$\phi2\times12$		2 粒
14	电解电容	1μF	C_{11}	1	32	导线			3 根
15	电解电容	100μF	C_{13}	1	33	发射外壳			1 套
16	三极管	9013H	VT_4	1	34	接收外壳			1 套
17	三极管	9014C	VT_2	1	35				
18	三极管	9018H	VT_3	2					

5．实训提示及要求

（1）元件选择：C_3（或 C_6）选用高频陶瓷微调电容器，C_1、C_2、C_4、C_5、C_6 选用高频

瓷片电容器，L_1、L_2 选用 1～15μH 的色码电感均可，但发射与接收电路中的电感量应一致，JZ_1、JZ_2 采用电子表中的石英晶振，其振荡频率为 32.768kHz，IC_1、IC_2 选用 CD4069 或 TC4069。在调试前仔细检查元器件参数选择是否正确，安装是否有误，检查完毕后即可进行调试工作。

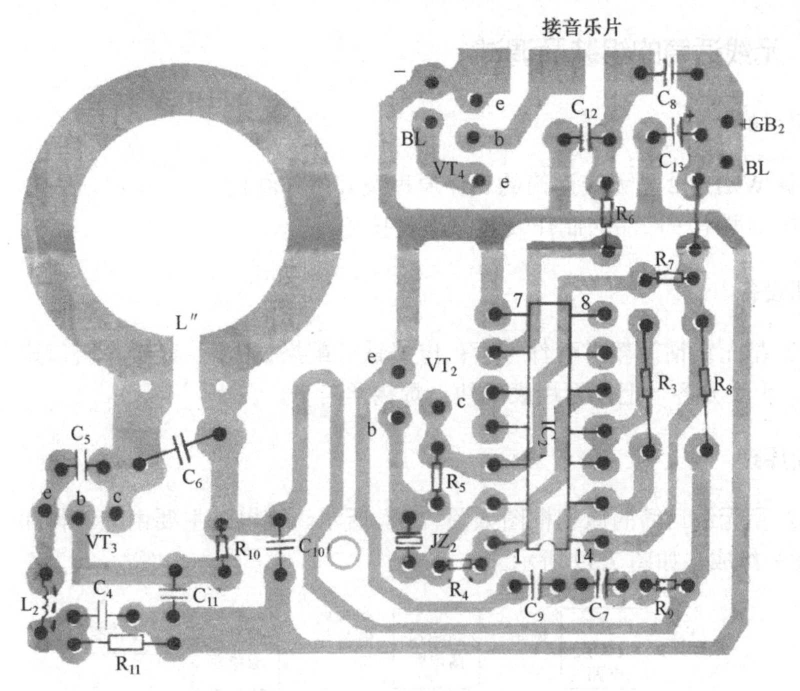

图 7.37　接收电路板图

（2）发射电路板上 IC_1 管脚排列有误，应按照如图 7.34 所示顺序进行焊装；R_1、R_2、R_3、R_8、R_{11} 贴紧电路板卧装，其他电阻一律竖装，瓷介电容采用竖装，要求紧贴电路板，电解电容 C_{11}、C_{13} 采用卧装，以留出空间固定接收电路板，晶振 JZ_1、JZ_2 没有极性，要求竖装；焊接音乐片时，先在音乐片上的电池正极、负极、触发端和 b 极上好锡，再在接收电路板的相应处上好锡，将音乐片的四个接线端紧贴接收电路板的相应处，将两处的焊锡熔在一起即可，当然音乐片和接收电路板也可用导线连接。

（3）发射调整：装上 9V 电池，用万用表测发射电流（电流表跨接在 S 两端），应在 3～8mA，若用手触摸 C_3 两端时，电流应大幅度升高，说明已起振；也可以借助电视机来进行调整，方法是：打开一台电视机，将频道开关置于 UHF 段的低端 13～15 频道处，接通发射机的开关 S，用无感起子调节 C_3 直到使电视屏幕上出现黑白相间的细横条纹，这样发射机就算调好了。

（4）接收调整：装上两节 5 号电池，测量接收机整机电流小于 1mA，按下发射机开关 S 不放，将发射机放在待调的接收机附近，用无感起子微调 C_6，如果调到某一点，门铃发出声音，那就说明接收机和发射机的频率大致相同；再用万用表测 F_2 的输入端（CD4069 的第三脚），微调 C_6 使此点的电压最高；最后进行拉距离调试，使发射机逐渐远离接收机，同时不断按动发射机开关 S，并微调 C_3（发射机）或 C_6（接收机）直到距离最远为止。如果调试工作出现问题，请仔细检查元器件（如三极管的极性、集成块的缺口方向、音乐片的焊接点等）的参数是否弄错或元器件有没有装错；检查有无虚焊、错焊；检查电路板上有无拖锡造成短路而出现故障。

6．问题与思考

（1）对你而言，本实训的难点在何处？你是如何解决的？

（2）如果不要电容 C_8，会有什么后果？请有兴趣的同学试一试。

（3）本门铃可以改装成一些什么装置，如何改装？

7.6.4 无线话筒的组装及调试

1．实训目的

（1）了解 WXH-02 型无线话筒的工作原理及其内部结构。

（2）掌握小型电子产品的制作安装方法及技巧。

2．实训设备

WXH-02 型无线话筒教学套件一套；电烙铁（配烙铁架）、镊子、斜口钳、尖嘴钳、螺丝刀（一字、十字）各一把；万用表一块；焊锡丝若干。

3．实训原理

WXH-02 型无线话筒的原理框图如图 7.38 所示。该电路主要由驻极体和一只高频三极管 VT（9018）组成，如图 7.39 所示。

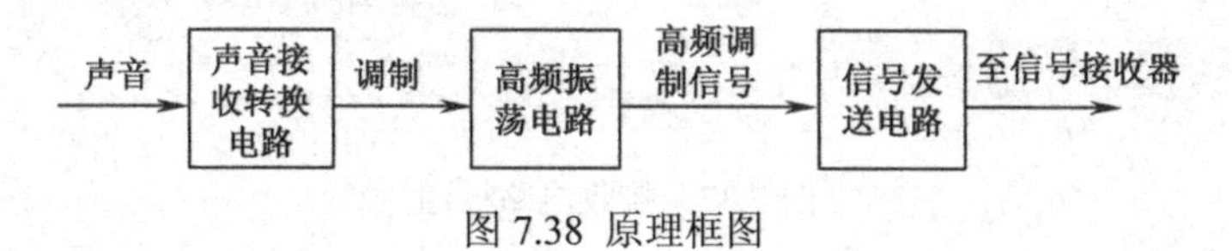

图 7.38 原理框图

（1）三极管 VT 及其外围元件 L、C_4、C_5 组成高频振荡电路；驻极体 BM 将声音信号变成电信号，通过电容 C_1 耦合到 VT 的基极，对高频等幅振荡电压进行调制；经过调制的高频信号通过 C_6，由天线向外发射。

（2）R_3 是 VT 的直流偏置电阻，R_4 组成直流负反馈电路，使 VT 的工作更稳定；L 和 C_5 决定振荡频率，调整 L 的匝数及间距可改变振荡频率；R_1 为驻极体话筒的供电电阻。

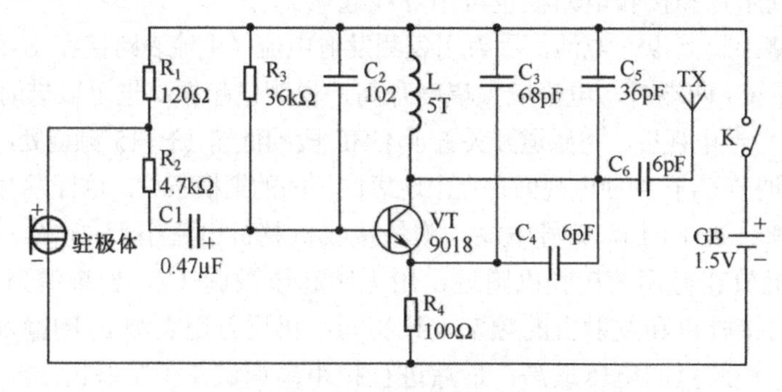

图 7.39 WXH-02 型无线话筒电路原理图

4．实训内容

（1）将印制板图与电路原理图进行对照，判明各元件在印制板上的位置。

（2）根据元件清单，检查元器件数量和质量是否符合要求。

（3）将元件正确焊接在其相应的位置，并根据需要可对振荡线圈进行适当调节，最终达到能用普通 FM 调频收音机接收到无线话筒所发出的信号，最后按照说明安装产品。

印制电路板如图 7.40 所示。元件清单如表 7.4 所示。

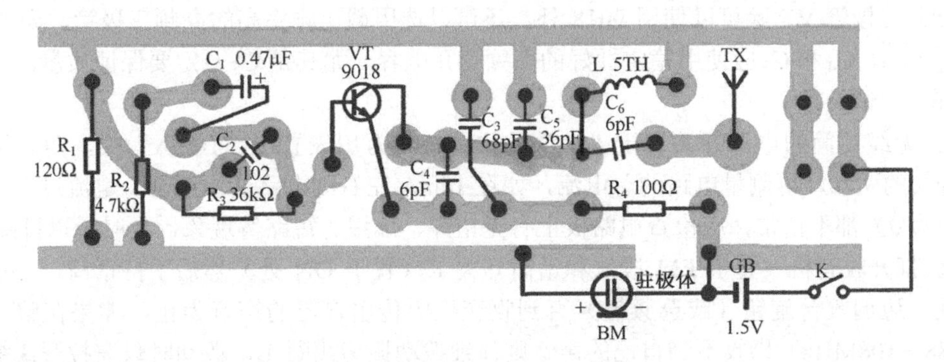

图 7.40 印制电路板图

表 7.4 元件清单

序号	名　　称	型　　号	位号	数量	序号	名　　称	型　　号	位号	数量
1	三极管	9018	VT	1	13	开关		K	1
2	振荡线圈	5T	L	1	14	发射天线	15～25cm	TX	1
3	驻极体		BM	1	15	印制电路板	54×15mm		1
4	电阻	100Ω	R4	1	16	电池架	5 号 1 节		1
5	电阻	120Ω	R1	1	17	电池弹簧			1
6	电阻	4.7kΩ	R2	1	18	电池极片			1
7	电阻	36kΩ	R3	1	19	螺钉	$\phi2\times4$		2
8	电解电容	0.47μF	C_1	1	20	开关标牌			
9	瓷片电容	6pF	C_4、C_6	2	21	话筒手柄			
10	瓷片电容	36pF	C_5	1	22	网罩海绵			
11	瓷片电容	68pF	C_3	1	23	网罩架			
12	瓷片电容	102	C_2	1	24	尾线			

5．实训提示及要求

（1）在准备安装制作前，应先用万用表筛选一下各个元件的质量，在焊接时注意杜绝虚焊、错焊。

（2）建议安装的先后顺序：电感线圈→电阻器→电容器→高频三极管→话筒→拨动开关→电池卡子。将电阻器、电容器等元件分类集中安装的目的是减少差错和防止元件的丢失；电感线圈的两个引出端首先刮除表面上的绝缘漆，然后上好锡，插装时要贴近电路板并牢固焊接；三极管尽可能最后安装的目的是尽量减少焊接中静电、热量对管子的损害，插装时注意极性，同时尽量贴近电路板；驻极体话筒用两根导线焊接引出，焊接到电路时注意驻极体的正负极不要接反，否则不会有声音或灵敏度低，将焊好线的话筒固定在电池架上；电池正极片和负极簧都插装在电池架的相应处，并用红色、黑色导线分别焊接在正极片和负极簧上，然后引出焊接到电路板上；电阻器和电解电容器采用卧式安装，并靠近电路板。瓷片电容立式安装，也需靠近电路板。

（3）振荡线圈 L 的制作：在直径为ϕ3mm 的直柄钻花上用ϕ0.7mm 的漆包线平绕 5 圈脱胎后即成。

（4）焊接时，电源线长度应留够，以免安装时不够长而影响安装；安装时先装开关，用螺钉从外面将其固定，然后再将线路板及导线等放入话筒中。

（5）三极管 VT 除可以使用 9018 外，还可以选用截止频率高的高频三极管，如 3DG80 等。C_2、C_3、C_4和 C_5应使用稳定性好的高频瓷介电容，尤其是 C_5一定要保证质量。

（6）调试。

① 无线话筒的电源开关置于“关”的位置，将万用表置于“10mA”挡，两表笔接到电源开关的两端，可测量电路的总电流，如在 10mA 左右则电路基本正常，电流过大或过小（甚至为 0）都不正常，应检查电路板上有无错焊、虚焊、短路等现象，及时予以排除。

② 打开收音机（置于 FM 段）和话筒开关 K（置于 ON 处）然后手持话筒，一边对话筒讲话一边调收台旋钮（或选频键）直到收音机中传出自己的声音为止。如果在整个频段（即 88～108MHz）仍收不到自己的声音则仔细拨动振荡线圈 L，拨动时只需拉开或缩小线圈每匝之间的距离，调整时应仔细。若调整线圈的松紧仍无效则应将 L 焊下来增加一匝或者减少一匝（因电子元件参数的影响），重新焊上后继续上述调整。

6．问题与思考

（1）本话筒能用于其他音响设备吗？如果可以，还需不需要进行调整？如何调整？

（2）振荡线圈 L 的松紧或其匝数的多少对话筒的发射频率有何影响？

本 章 小 结

1．正弦波振荡电路由放大器、正反馈网络、选频网络、稳幅环节四个部分组成。产生振荡的振幅平衡条件是 AF=1，相位平衡条件是 $\varphi_A+\varphi_F=2n\pi$（$n$ 为整数）。当满足信号发生器的起振条件 $\dot{A}\dot{F}>1$ 时，振荡就可以建立起来。

2. 分析电路是否可能产生振荡时，首先用瞬时极性法判断电路是否满足相位平衡条件（即是否构成正反馈），其次分析是否满足振幅起振条件（即电路参数设计是否满足 AF>1）。

3．按选频网络来分，正弦波振荡电路主要有 RC、LC 正弦波信号发生器和石英晶体振荡器，常用的 RC 正弦波信号发生器是文氏电桥信号发生器，其振荡频率为 $f_0=\frac{1}{2\pi RC}$，一般小于 1MHz。

4．LC 正弦波信号发生器的振荡频率比较高，它可分为变压器耦合式、电感三点式、电容三点式三种电路。LC 正弦波信号发生器振荡频率为 $f_0=\frac{1}{2\pi\sqrt{LC}}$，等效品质因数 Q 值越大，电路的选频特性越好，振荡频率的稳定度越高。

5．石英晶体振荡器的 Q 值极高，电路的振荡频率稳定度很高，应用十分广泛。

6．非正弦波信号发生器电路中没有选频网络，是利用比较器、延时电路、积分电路等实现振荡的。非正弦波信号发生电路有方波发生器、三角波发生器、锯齿波发生器等。

习 题 7

7.1　设集成运放的最高输出电压为 $\pm U_{om}$，则由它组成的运算电路的电压输出范围为________，电压比较器的输出为________。

7.2 根据石英晶体的电抗特性，当 $f = f_s$ 时，石英晶体呈现________性；在 $f_s < f < f_p$ 的很窄频率范围内石英晶体呈________性；当 $f < f_s$ 或 $f > f_p$ 时，石英晶体呈________性。

7.3 在串联型石英晶体振荡电路中，晶体等效为________；而在并联型石英晶体振荡电路中，晶体等效为________。

7.4 单门限比较器只有________个门限电压，而迟滞比较器则有________个门限电压。

7.5 若希望在 $u_i < +3V$ 时，u_o 有高电平，而在 $u_i > +3V$ 时，u_o 有低电平，则可以采用反相输入的________电压比较器。

7.6 制作频率为 20MHz 且非常稳定的测试用信号源，应选用________作为选频网络。

7.7 判断下列说法是否正确，用“√”或“×”表示判断结果。

（1）只要电路引入了正反馈，就一定会产生正弦波振荡。（　　）

（2）凡是振荡电路中的集成运放均工作在线性区。（　　）

（3）非正弦波振荡电路与正弦波振荡电路的振荡条件完全相同。（　　）

7.8 产生正弦波振荡的条件是什么？

7.9 正弦波振荡电路由哪些部分组成？各有什么作用？

7.10 如何判断一个电路能否产生正弦波振荡？

7.11 振荡器为什么要在有了初始信号之后才能起振？为什么在接通电源时，振荡器便有了初始信号？

7.12 振荡器是如何从 $|\dot{A}\dot{F}| > 1$ 过渡到 $|\dot{A}\dot{F}| = 1$ 的？振荡器能否从 $|\dot{A}\dot{F}| < 1$ 过渡到 $|\dot{A}\dot{F}| = 1$？

7.13 RC 桥式振荡电路振荡频率决定于哪些因素？输出幅度决定于哪些因素？写出 f_0 和起振条件的表达式。

7.14 通常要求振荡电路接成正反馈，为什么电路中又引入负反馈？它起什么作用？负反馈太强或太弱有什么问题？

7.15 分别说明变压器反馈式、电感三点式、电容三点式振荡电路的振荡原理和特点。

7.16 为什么电容三点式比电感三点式振荡电路产生的波形失真小？

7.17 石英晶体在并联型晶体振荡电路中起什么作用？在串联型晶体振荡电路中起什么作用？

7.18 变压器反馈式振荡电路如图 7.41 所示，已知电路总电感 $L = 10\text{mH}$，$C = 0.01\mu\text{F}$。

（1）标明变压器副边绕组的同名端，使反馈信号的相移满足电路振荡的相位条件。

（2）估算电路的振荡频率。

7.19 试判断如图 7.42 所示电路是否能产生正弦波振荡？并说明理由。

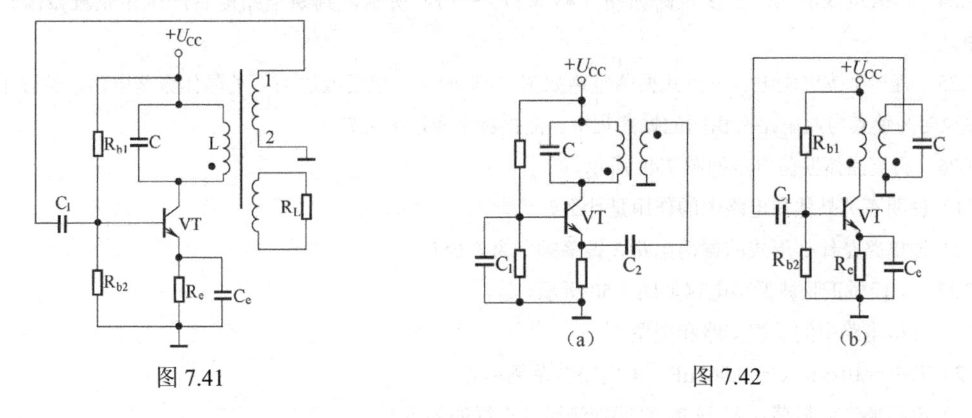

图 7.41　　　　图 7.42

7.20　电容三点式 LC 振荡电路如图 7.43 所示。

（1）用瞬时极性法在图中有关位置标明极性，说明电路满足相位条件。

（2）若 L=0.1mH，C_1=C_2=3300pF，求电路的振荡频率 f_0。

7.21　用相位平衡条件判断图 7.44（a），（b）所示电路是否能产生正弦波振荡？并说明理由。

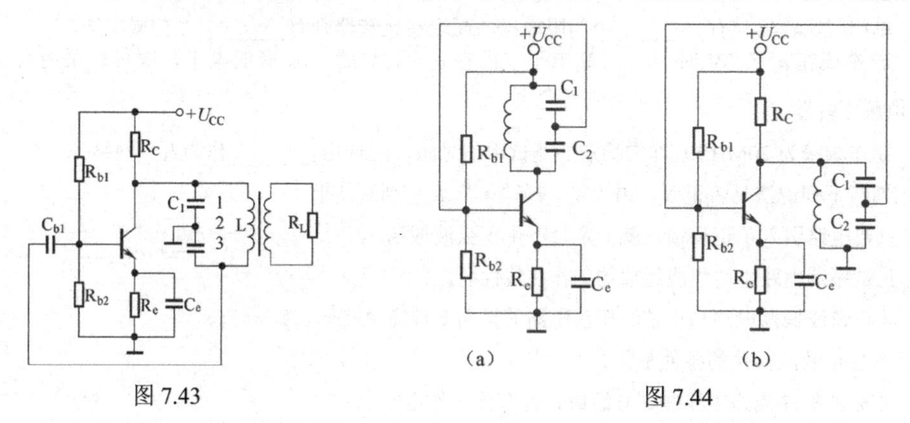

图 7.43　　　　图 7.44

7.22　电感三点式 LC 振荡电路如图 7.45 所示。

（1）用瞬时极性法在图中有关位置标明极性，说明满足振荡的相位条件。

（2）若电路总电感 L=0.02mH，C=2000pF，求电路振荡频率 f_0。

7.23　用相位平衡条件判断如图 7.46（a），（b）所示电路能否产生正弦波振荡？并说明理由。

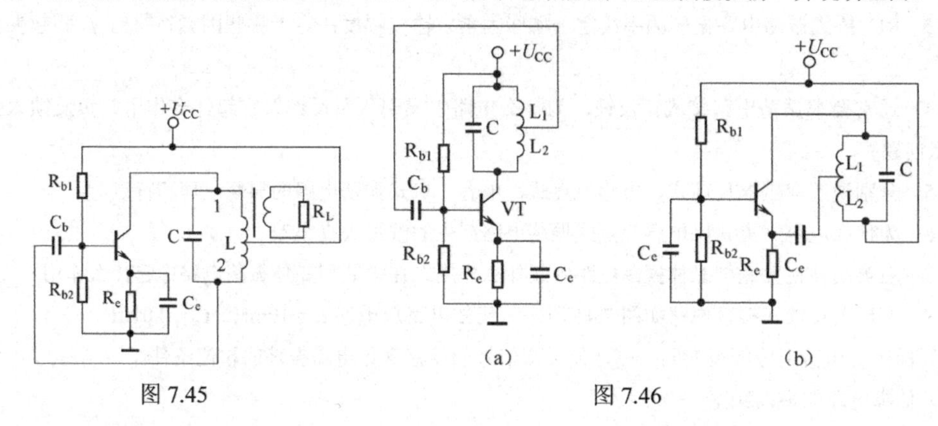

图 7.45　　　　图 7.46

7.24　运放组成的 LC 振荡电路如图 7.47（a）～（f）所示，判断电路能否产生正弦波振荡？并说明理由。

7.25　有一个改进型电容三点式振荡电路如图 7.48 所示，现要改进为石英晶体振荡电路，试画出其电路，并说明为使其与原电路有相同的振荡频率，晶振频率应选多大？

7.26　石英晶体振荡电路如图 7.49 所示。

（1）说明石英晶体在电路中的作用是什么？

（2）该电路是什么形式的振荡电路？振荡频率为多少？

7.27　文氏桥正弦波振荡电路如图 7.50 所示。

（1）分析电路中的反馈支路和类型。

（2）若 R = 10kΩ，C = 0.062μF，求电路振荡频率 f_0。

（3）电路要产生振荡，R_f 与 R_1 之间应满足什么样的关系？

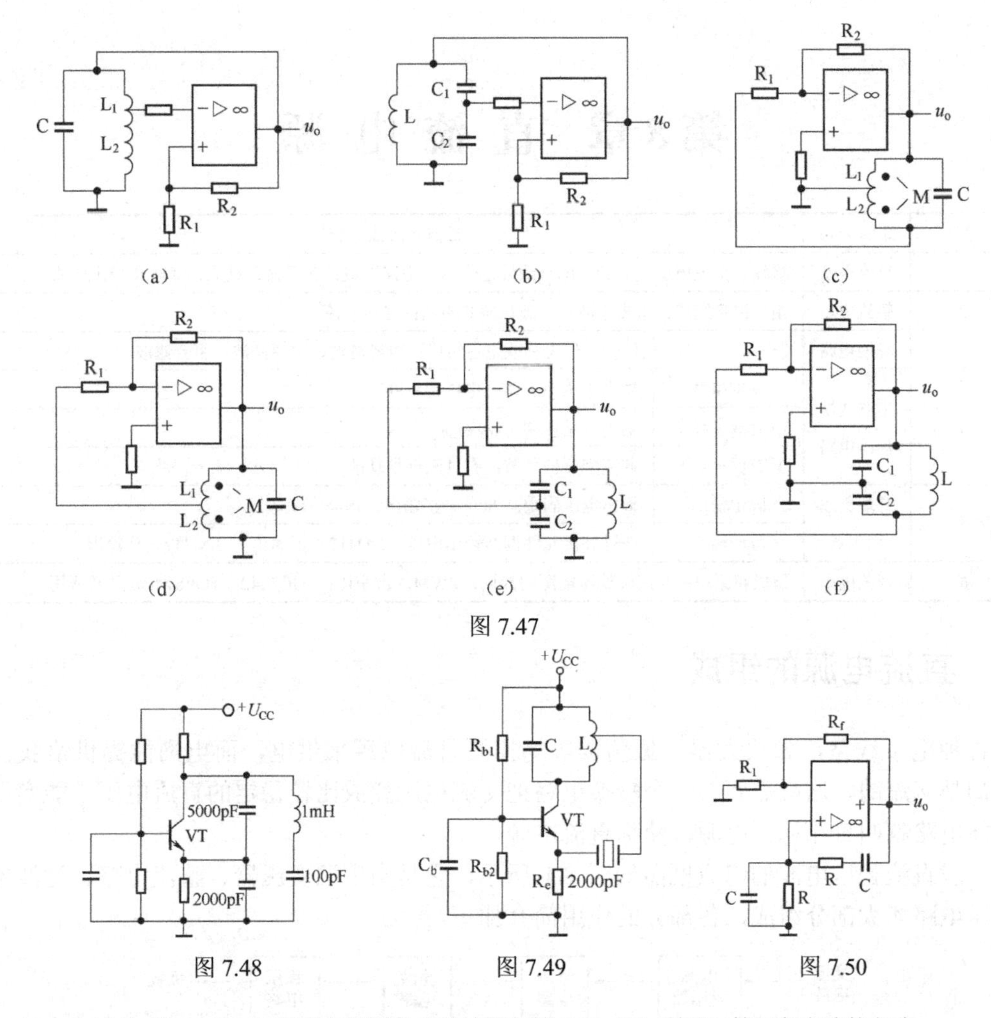

图 7.47

图 7.48

图 7.49

图 7.50

7.28　已知如图 7.51（a）所示方框图各点的波形如图 7.51（b）所示，填写各电路的名称。电路 1 为________，电路 2 为________，电路 3 为________，电路 4 为________。

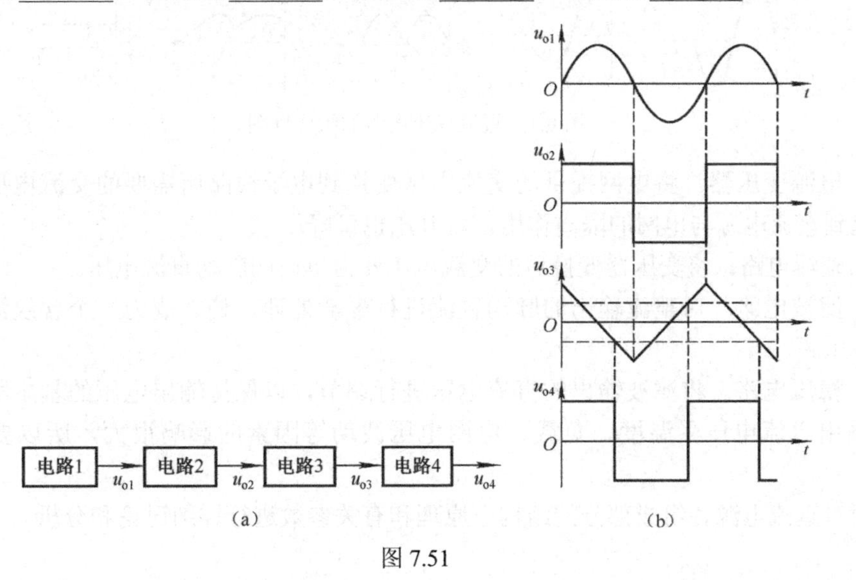

图 7.51

第8章 直流电源

序号	本章要点	重点和难点内容	
1	直流电源	将输入交流电压变为稳定的直流输出电压；电路组成：变压器、整流、滤波和稳压电路	
2	整流电路	由二极管组成：单相半波；全波；桥式整流；倍压整流	
3	滤波电路	用储能元件电感或电容组成；电容滤波、电感滤波、组合滤波	
4	串联线性稳压电路	基本串联	输出电压不可调，电压稳定度差
		具有放大环节	输出电压可调、精度高
		具有保护环节	截流型保护环节；有过流保护功能
5	三端集成稳压器	固定输出	输出电压固定；78××—正输出；79××—负输出
		可调输出	通过外接元件调节输出电压；LM117—正输出； LM317—负输出
6	开关电源	组成和原理；与线性稳压电源的异同；PWM；占空比； UC3842、TOPSwitch 及其应用	

8.1 直流电源的组成

各种电子线路，如放大器、振荡器等均需要直流电源来供电，而电网能提供给我们的电源却是交流的，这就需要有一个转换电路把交流电压变成比较稳定的直流电压，能实现这种功能电路就叫直流稳压电源，简称直流电源。

一般直流稳压电源的组成框图如图 8.1 所示，它是由电源变压器、整流电路、滤波电路和稳压电路 4 大部分组成，各部分的作用简介如下。

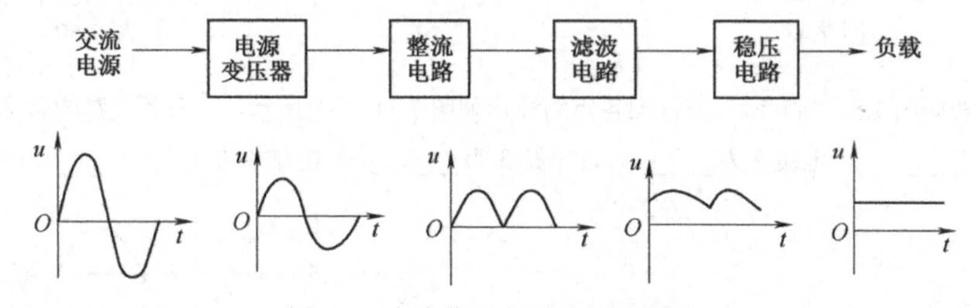

图 8.1 直流稳压电源的组成框图

（1）电源变压器。将电网提供的交流电压变换到电子线路所需要的交流电压范围，同时还可起到直流电源与电网的隔离作用，可升压也可降压。

（2）整流电路。将变压器变换后的交流电压变为单向的脉动直流电压。

（3）滤波电路。对整流输出的脉动直流进行平滑处理，使之成为一个含纹波成分很小的直流电压。

（4）稳压电路。将滤波输出的直流电压进行调节，以保持输出电压的基本稳定。由于滤波后输出直流电压受温度、负载、电网电压波动等因素的影响很大，所以要设置稳压电路。

下面对直流电源各组成部分的结构、原理和有关参数进行详细讨论和分析。

8.2 单相整流电路

能将正负交替变化的交流电压变成单方向的脉动电压的过程叫整流，能实现整流的电路叫整流电路。整流电路通常是利用二极管的单向导电性来实现整流的。整流电路的种类很多，下面我们首先来分析单相整流电路。

8.2.1 整流电路的基本参数

1．输出直流电压

输出直流电压 $U_{o(AV)}$ 是整流电路输出电压瞬时值 U_o 在一个周期之内的平均值，即有

$$U_{o(AV)}=\frac{1}{2\pi}\int_0^{2\pi}u_o\mathrm{d}(\omega t)$$

2．脉动系数 *S*

整流输出直流电压的脉动系数 S 定义为输出电压基波的最大值 U_{o1M} 与其平均值 $U_{o(AV)}$ 之比，即

$$S=\frac{U_{o1M}}{U_{o(AV)}}$$

3．整流二极管的正向平均电流

整流二极管的正向平均电流，是整流二极管的主要参数，与通过二极管的电流有效值有关，通常定义在规定的散热条件下，二极管的阳极与阴极之间允许连续通过工频（50Hz）正弦半波电流的平均值。

4．整流二极管承受的反向峰值电压 U_{RM}

在二极管关断的情况下，允许加在二极管的阳极与阴极之间的最大反向电压，常用 U_{RM} 来表示，它是选用二极管的主要依据之一。

8.2.2 单相半波整流电路

为了简化分析，在讨论各整流电路时，一般均假定负载为纯电阻性，整流元件和变压器都是理想的，即认为二极管正向压降为 0，反向电阻为无穷大，变压器无内部压降等。

1．电路结构和工作原理

单相半波整流电路如图 8.2（a）所示，u_2 是变压器的次级交流电压，$u_2=\sqrt{2}U_2\sin\omega t$，式中 U_2 为 u_2 的有效值。当 u_2 在正半周时，变压器次级电位为上正下负，二极管因正向偏置而导通，电流流过负载。当 u_2 在负半周时，变压器次级电位为下正上负，二极管因反向偏置而截止，负载中没有电流流过。其电压波形如图 8.2（b）所示。

2．负载上的直流电压和电流值的计算

负载上得到的电压平均值为

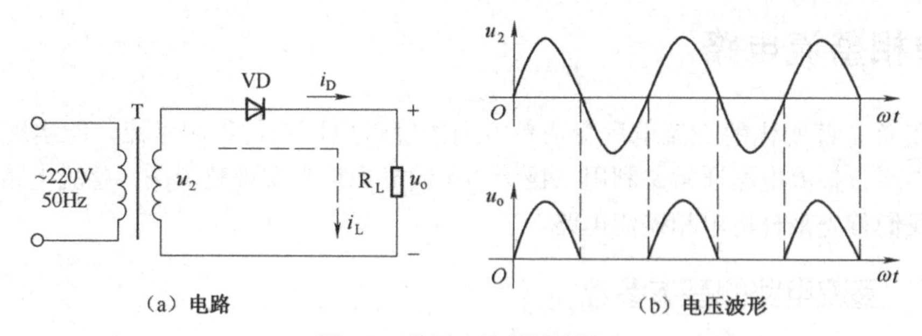

图 8.2 单相半波整流电路

$$U_L = U_o = \frac{1}{T}\int_0^T u_o \mathrm{d}(t) = \frac{1}{2\pi}\int_0^{\pi}\sqrt{2}U_2 \sin\omega t \mathrm{d}(\omega t) = \frac{\sqrt{2}}{\pi}U_2 = 0.45U_2$$

式中，T 为输入电压周期。

负载中通过的电流平均值为

$$I_L = \frac{U_L}{R_L} = 0.45\frac{U_2}{R_L}$$

通过以上讨论可以看出，由于单相半波整流电路只利用了交流电压的半个周期，所以单相半波整流电路的效率是很低的，而且脉动也很大。

3. 二极管的选择

在图 8.2 中，加到二极管两端的最大反向电压 U_{RM}，是二极管截止时加到二极管上的 u_2 负半周的最大值。因此在选用二极管时要保证二极管的最大反向工作电压大于变压器次级电压 u_2 的最大幅值，即

$$U_{RM} > \sqrt{2}U_2$$

因为通过二极管的电流与流经负载的电流相同，所以二极管的最大整流电流 I_F 应大于负载电流 I_L，即

$$I_F > I_L$$

在工程实际中，为了使电路能安全、可靠地工作，选择整流二极管时应留有充分的余量，避免整流管处于极限运用状态。所以在工程应用时，通常使二极管的反向击穿电压 $U_R \geqslant 2\sqrt{2}U_2$，正向电流 $I_F \geqslant (1.5\sim2)I_L$。单相半波整流电路结构简单，但变压器利用率低、脉动大，所以实际工程中很少用到，而常用到的是全波整流或桥式整流，以下分别予以介绍。

8.2.3 单相全波整流电路

1. 工作原理

单相全波整流电路如图 8.3（a）所示，电路由带中心抽头的变压器和两个二极管组成。在 u_2 的正半周时，VD_1 为正向导通，电流 i_{D1} 经 VD_1 流过 R_L 回到变压器的中心抽头，此时 VD_2 因反偏而截止；在 u_2 的负半周，VD_2 正向导通，电流 i_{D2} 经 VD_2 流过 R_L 回到变压器的中心抽头，此时 VD_1 因反偏而截止。由此可见全波整流电路在 u_2 的正、负半周中，VD_1 和 VD_2 轮流导通，负载 R_L 在 u_2 的正、负半波中均有电流通过，其电压波形如图 8.3（b）所示。

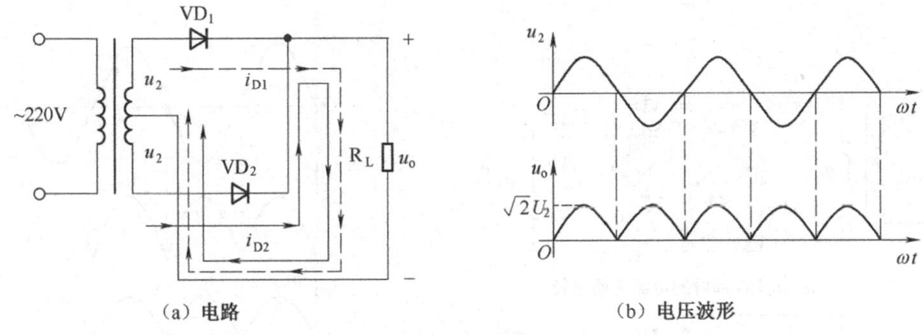

（a）电路　　（b）电压波形

图 8.3　单相全波整流电路

2．负载上的直流电压和电流值计算

负载上的直流电压为

$$U_L = U_o = 2 \times 0.45U_2 = 0.9U_2$$

负载中的平均电流为

$$I_L = \frac{U_L}{R_L} = 0.9\frac{U_2}{R_L}$$

比较图 8.2 和图 8.3 的电压波形可以看出，全波整流电路负载上的直流电压和平均电流是半波整流的两倍，所以它的整流效率比半波整流电路高，脉动也减小了。

3．二极管的选择

从图 8.3（a）中可以看出，两个二极管承受的最大反向电压 U_{RM} 均为$2\sqrt{2}U_2$，因此在选用二极管时应保证

$$U_R > 2\sqrt{2}U_2$$

由于二极管在 u_2 的正、负半周轮流导通，所以通过每一个二极管的电流是负载电流的一半，故二极管的选择应满足

$$I_F > \frac{1}{2}I_L$$

通过上面的分析可以看出，虽然单相全波整流电路的整流效率比单相半波整流电路高一倍，但二极管所承受的最大反向电压 U_{RM} 却比单相半波整流电路要高一倍。

8.2.4　单相桥式全波整流电路

单相桥式整流电路如图 8.4（a）所示，该电路共用 4 只二极管，接成电桥型结构，故称其为桥式整流电路。

1．工作原理

在 u_2 正半周，变压器副边电压为上正下负，二极管 VD_1、VD_3 导通，电流流通路径如图 8.4（a）。在 u_2 负半周，变压器副边电压为下正上负，二极管 VD_2、VD_4 导通，电流流通路径如图 8.4（b）。可以看出在 u_2 整个周期里，负载中均有电流流过，而且电流的方向不变，负载上的电压波形与全波整流的电压波形完全一样。

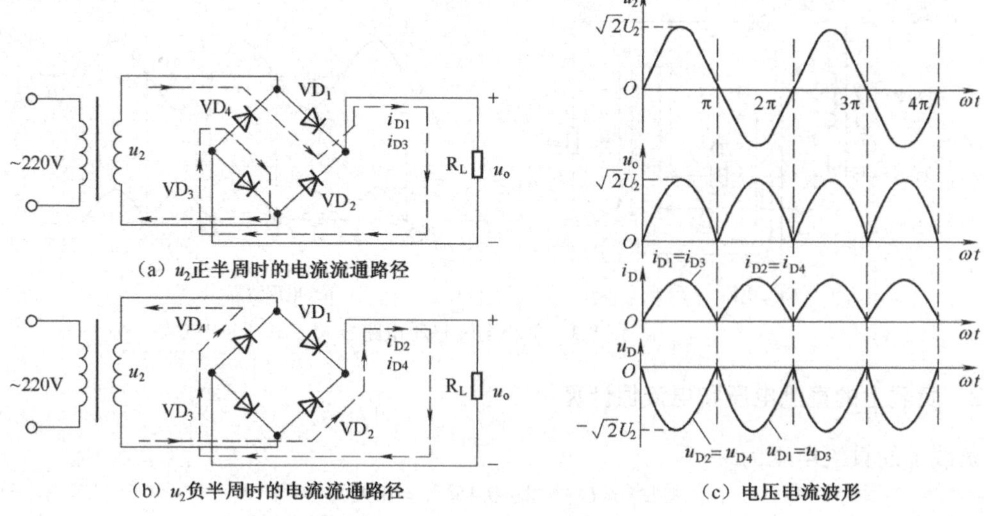

图 8.4 单相桥式整流电路

2. 负载上直流电压和电流值的计算

桥式整流电路负载上的直流电压和电流与全波整流电路完全一样，即

$$U_{\mathrm{L}} = 0.9U_2$$

$$I_{\mathrm{L}} = \frac{U_{\mathrm{L}}}{R_{\mathrm{L}}} = 0.9\frac{U_2}{R_{\mathrm{L}}}$$

3. 二极管的选择

二极管承受的最大反向电压为

$$U_{\mathrm{RM}} = \sqrt{2}U_2$$

通过每个二极管的平均电流 I_{D} 与全波整流电路一样，即

$$I_{\mathrm{D}} = \frac{1}{2}I_{\mathrm{L}}$$

故二极管的选择原则为

$$U_{\mathrm{R}} > \sqrt{2}U_2$$

$$I_{\mathrm{F}} > \frac{1}{2}I_{\mathrm{L}}$$

通过以上讨论可以看出，在负载得到相同的直流电压情况下，桥式整流电路的整流二极管所承受的反向电压只有全波整流电路的一半。同时桥式整流电路的变压器没有中心抽头，在正负半波都有电流通过，从而提高了变压器的效率。因此桥式整流电路的应用较为广泛。目前器件生产厂商已经将 4 个整流二极管封装到一起，构成模块化的整流桥，使用更为方便。

8.2.5 倍压整流电路

在电子线路中，有时需要很高的工作电压。在变压器次级电压受到限制又不能提高的情况下，可以采用倍压整流电路，较为方便地实现升压。这种电路常用来提供电压高、电流小的直流电压，如供给电子示波器或电视机显像管等。

如图 8.5 所示为二倍压整流电路。当电源电压为正半周时，变压器次级上端为正，下端为负，二极管 VD_1 导通，VD_2 截止，电容 C_1 被充电，其值可充到 $\sqrt{2}U_2$（U_2 为 u_2 的有效值）。

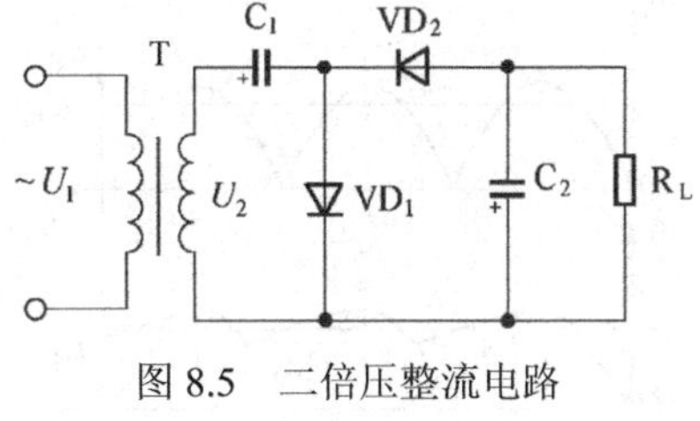

图 8.5　二倍压整流电路

当电源电压为负半周，变压器次级下端为正，上端为负，二极管 VD_1 截止，VD_2 导通，电容 C_2 被充电，其充电电压系变压器次级电压与电容 C_1 电压之和。如果电容 C_2 的容量足够大，则电容 C_2 上电压可充至 $2\sqrt{2}U_2$，为一般整流电路输出电压的两倍。

以上分析是不接负载的情况。如果接上负载，当负载电流较大时，变压器次级电压和电容 C_1 上电压串联起来对 C_2 充电时，C_1 上的电压就会发生显著的变化（逐渐降低），C_2 上的充电电压就会达不到 $2\sqrt{2}U_2$，输出电压也就达不到二倍压，且负载电流越大，这种现象越严重，这也说明了为什么这种整流电路仅适用于小电流场合。作为估算，电容与其两端等效负载电阻的乘积（RC 时间常数）应等于交流电压一个周期的 5 倍以上。

8.3　滤波电路

通过整流得到的单向脉动直流电压，包含了多种频率的交流成分，还不能直接被采用，为了滤除或抑制交流分量以获得平滑的直流电压，必须设置滤波电路。滤波电路直接接在整流电路后面，一般由电容、电感及电阻等元件组成。

8.3.1　电容滤波电路

1．电路结构和工作原理

如图 8.6 所示为单相桥式整流电容滤波电路，负载两端并联的电容为滤波电容，利用电容 C 的充放电作用，使负载电压、电流趋于平滑。

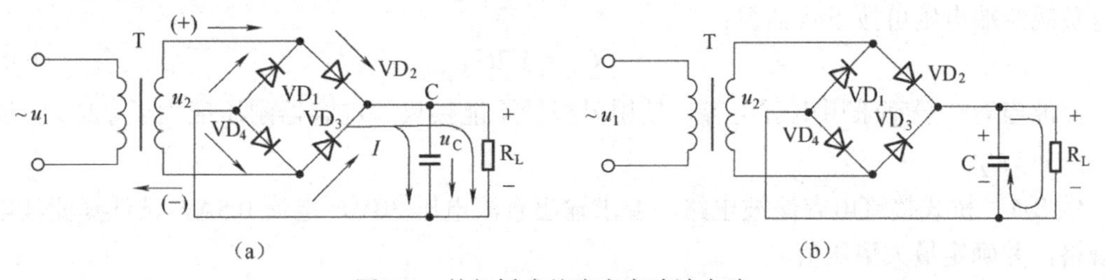

图 8.6　单相桥式整流电容滤波电路

单相桥式整流电路在不接电容 C 时，其输出电压波形如图 8.7（a）所示。接上电容器 C 后，在输入电压 u_2 正半周，二极管 VD_2、VD_4 在正向电压作用下导通，VD_1、VD_3 反偏截止，如图 8.6（a）所示。整流电流分为两路，一路向负载 R_L 供电，另一路向 C 充电，因充电回路电阻很小，充电时间常数很小，C 被迅速充电，如图 8.7（b）所示的 Oa 段。到 t_1 时刻，电容器上电压 $u_C \approx \sqrt{2}U_2$，极性上正下负。经过 t_1 时刻后，u_2 按正常规律迅速下降（此时 $u_2<u_C$，二极管 VD_2、VD_4 因承受反向电压而截止＝直到 t_2 时刻。在 t_1～t_2 阶段，电容 C 经 R_L 放电，放电回路如图 8.6（b）所示，因放电时间 $\tau = R_LC$ 较大，故 u_C 只能缓慢下降，如图 8.7（b）中 ab 段所示。与此同时，u_2 负半周到来（未接电容 C 时，二极管 VD_1、VD_3

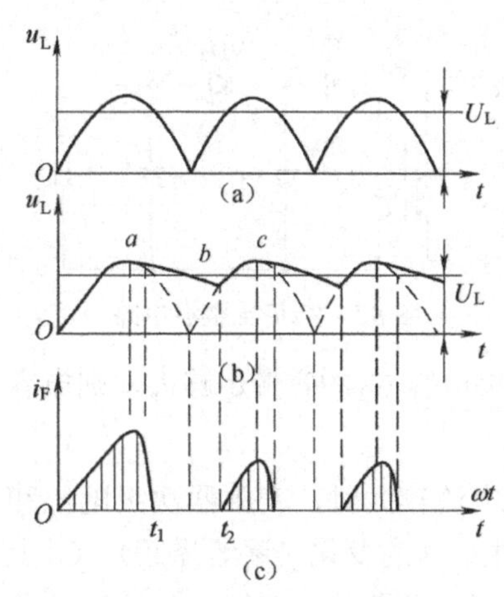

图 8.7 单相桥式整流电容滤波波形

可导通），但由于电容的作用，此时 $u_C > u_2$，迫使 VD_1、VD_3 反偏截止，直到 t_2 时刻 $|u_2|$ 上升到大于 u_C 时，VD_1、VD_3 才导通，同时 C 再度充电至 $u_C \approx \sqrt{2}U_2$，如图 8.7（b）中 *bc* 段。而后，u_2 又按正弦规律下降，当 $|u_2| < u_C$ 时，VD_1、VD_3 反偏截止，电容器又经 R_L 放电。电容器 C 如此反复地充放电，负载上便得到近似于锯齿波的输出电压。

至此，交流电压已经转换成脉动较小的直流电压了，像市场上出售的某些塑料壳的小稳压电源，壳内主要就是一个小变压器、一个二极管和一个电解电容，极为简单，只进行半波整流及滤波，有了故障自己就可以处理。

2．电容滤波特性

根据以上分析，可得电容滤波电路的一些特性如下。

（1）接入滤波电容后，二极管的导通时间变短，导通角小于 180°，如图 8.7（c）所示。

（2）负载平均电压升高，交流成分减小。

（3）电路的放电时间常数 $\tau = R_L C$ 越大，C 放电过程就越慢，负载上得到的 U_L 就越平滑。

3．滤波电容的选择

由前述可知，电容 C 越大，电容放电时间常数 $\tau = R_L C$ 越大，负载波形越平滑。一般情况下，桥式整流可按下式来选择 C 的大小：

$$R_L C \geqslant (3\sim5)\frac{T}{2} \tag{8.1}$$

式中，T 为输入交流电压的周期。

此时负载两端电压可按下式估算：

$$U_L = 1.2U_2 \tag{8.2}$$

滤波电容一般都采用电解电容，使用时极性不能接反。电容器耐压应大于 $\sqrt{2}U_2$，通常取（2～3）U_2。

例 8-1 桥式整流电容滤波电路，要求输出直流电压 30V，电流 0.5A，试选择滤波电容的规格，并确定最大耐压值。

解： 由式（8.1），$R_L C \geqslant (3\sim5)\frac{T}{2}$

$$C \geqslant \frac{5T}{2R_L} = 5 \times \frac{0.02}{2\times 30/0.5} = 830\times10^{-6} = 830\mu\text{F}$$

式中，

$$T = \frac{1}{f} = \frac{1}{50} = 0.02(\text{s})，\quad R_L = \frac{U_L}{I_L} = \frac{30}{0.5} = 60\Omega$$

取电容标称值 1000μF。

由式（8.2），

$$U_2 = \frac{U_L}{1.2} = \frac{30}{1.2} = 25\text{V}$$

所以可选 1000μF/50V 的电解电容器一只。

8.3.2 电感滤波电路

电容滤波在大电流工作时滤波效果较差，当一些电气设备需要脉动小，输出电流大的直流电时，往往采用电感滤波电路，如图 8.8 所示。

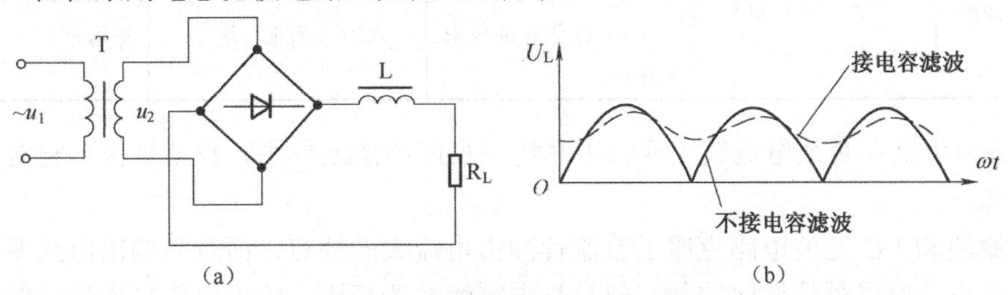

图 8.8 单相桥式整流电感滤波电路

电感元件具有通直流阻碍交流的作用，交流分量几乎全部降落在电感元件上，负载上的交流分量很小。这样经过电感元件滤波，负载两端的输出电压脉动程度大大减小。

不仅如此，当负载变化引起输出电流变化时，电感线圈也能抑制负载电流的变化，这是因为电感线圈的自感电动势总是阻碍电流的变化。所以，电感滤波适用于大功率整流设备和负载电流变化大的场合。

一般来说，电感越大滤波效果越好，滤波电感常取几亨到几十亨。有的整流电路的负载是电机线圈、继电器线圈等电感性负载，就如同串入了一个电感滤波器一样，负载本身能起到平滑脉动电流的作用，这样可以不另加滤波器。

8.3.3 组合滤波电路

为了进一步提高滤波效果，减少输出电压的脉动成分，常将电容滤波和电感滤波组合成复式滤波电路。常用的有 LC 滤波器、RC 滤波器等，其电路及特点和使用场合归纳在表 8.1 中，以供参考。

表 8.1 各种滤波电路的比较

形 式	电 路	优 点	缺 点	使用场合
电容滤波	C R_L	（1）输出电压高 （2）在小电流时滤波效果较好	电源接通瞬间因充电电流很大，整流管要承受很大正向浪涌电流	负载电流较小的场合
电感滤波	L R_L	（1）负载能力较好 （2）对变动的负载滤波效果较好 （3）整流管不会受到浪涌电流的损害	（1）负载电流大时扼流圈铁芯要很大才能有较好的滤波作用 （2）电感的反电动势可能击穿半导体器件	适宜于负载变动大、负载电流大的场合
T 形滤波	L C R_L	（1）输出电流较大 （2）负载能力较好 （3）滤波效果好	电感线圈体积大、成本高	适宜于负载变动大、负载电流较大的场合

续表

形　式	电　路	优　点	缺　点	使用场合
π形 LC 滤波	L, C_1, C_2, R_L	（1）输出电压高 （2）滤波效果好	（1）输出电流较小 （2）负载能力差	适宜于负载电流较小、要求稳定的场合
π形 RC 滤波	R, C_1, C_2, R_L	（1）滤波效果较好 （2）结构简单经济 （3）能兼起降压限流作用	（1）输出电流较小 （2）负载能力差	适宜于负载电流小的场合

LC 滤波电路在负载电流较大或较小时均有良好的滤波作用，也就是说，它对负载的适应性比较强。

电感滤波和 LC 滤波电路克服了整流管冲击电流大的缺点，而且当输出电流变化时，因电感内阻很小，所以外特性比较硬。但是与电容滤波器相比，输出电压平均值较低。另一个缺点是采用了电感，使体积和重量都大为增加。所以综合考虑，在输出电流不太大时，应用最多的还是电容滤波电路。

8.4　晶体管稳压电路

输入的交流电压经过整流滤波后，已经变成比较平滑的直流电压，但距理想的直流电源还有一些差距，主要存在的问题是：随着负载的变化和输入电压的波动，输出电压也将发生相应的变化。为了能够提供更加稳定的直流电源，还需要在整流滤波电路后面加上稳压电路。

8.4.1　基本串联型稳压电路

最基本的串联型晶体管稳压电路如图 8.9（a）所示。图中 U_i 是经整流滤波后的输入电压，VT 为调整管，VZ 为硅稳压管，用来稳定晶体管 VT 的基极电位 U_B，作为稳压电路的基准电压，R 既是稳压管的限流电阻，又是晶体管 VT 的偏置电阻。由于调整管 VT 与输出负载串联，所以称为串联型晶体管稳压电路。

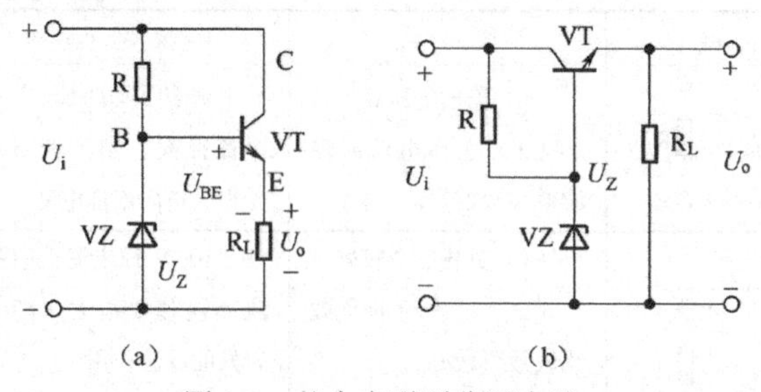

图 8.9　基本串联型稳压电路

图 8.9（a）可改画成 8.9（b）的形式，它实质上是在第 1 章的硅稳压管稳压电路（见第 1 章图 1.16）的基础上，加上一个共集放大电路（射随器）而形成的。输出电压 U_o 与基极电位 U_B 即稳压管稳压值 U_Z 是跟随关系。由于 U_Z 是稳定的，所以 U_o 也能基本稳定。若电网电压变动或负载电阻变化使输出电压 U_o 升高，电路的稳压过程可表示如下：

$$U_o\uparrow \rightarrow U_{BE}\downarrow \rightarrow I_B\downarrow \rightarrow I_E\downarrow \rightarrow U_{CE}\uparrow \rightarrow U_o\downarrow$$

结果使电压维持稳定。基本稳压电路实际上相当于硅稳压管稳压电路的扩流电路。

8.4.2 带有放大环节的串联型稳压电路

基本的串联稳压电路，电路结构简单，但存在两个问题。

（1）稳压精度差。因为输出电压 $U_o=U_Z-U_{BE}$，而 U_Z 和 U_{BE} 均不太稳定。

（2）输出电压不能调节，U_o 取决于 U_Z。

改进的办法是在稳压电路中引入放大环节，如图 8.10 所示。

1. 电路组成

该电路由四个基本部分组成，其框图如图 8.11 所示。

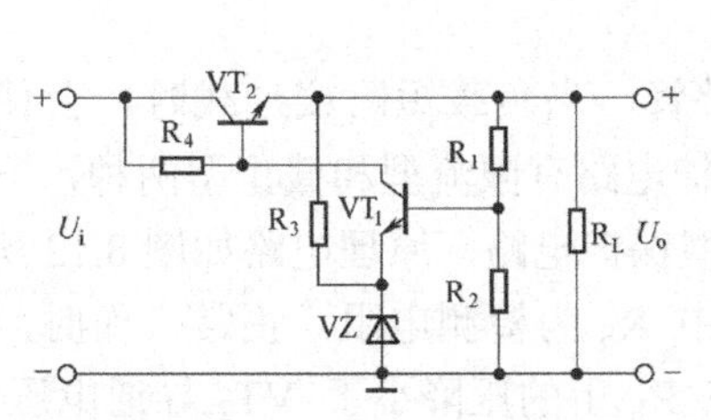

图 8.10　有放大环节串联型稳压电路

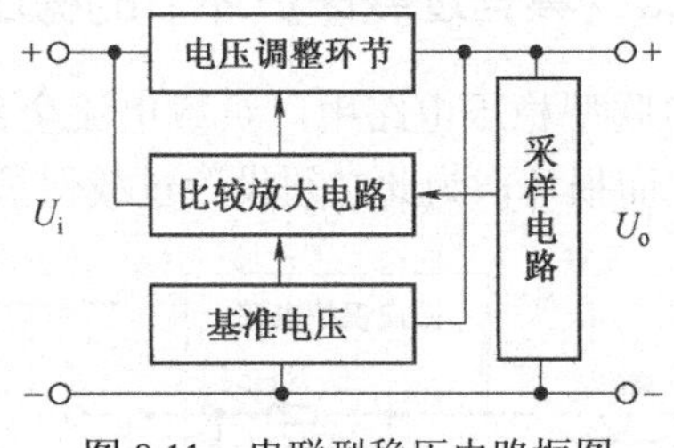

图 8.11　串联型稳压电路框图

（1）采样电路：由分压电阻 R_1、R_2 组成，它对输出电压 U_o 进行分压，取出一部分作为取样电压给比较放大电路。

（2）基准电压电路：由稳压管 VZ 和限流电阻 R_3 组成，提供一个稳定性较高的直流电压 U_Z，作为调整、比较的标准，称为基准电压。

（3）比较放大电路：由晶体管 VT_1 和 R_4 构成，其作用是将采样电路采集的电压与基准电压进行比较并放大，进而推动电压调整环节工作。

（4）电压调整电路：由工作于线性状态的晶体管 VT_2 构成，其基极电流受比较放大电路输出信号的控制，在比较放大电路的控制下改变调整管两端的压降，使输出电压稳定。

2. 稳压过程

假设 U_o 因输入电压波动或负载变化而增大时，则经采样电路获得的采样电压也增大，而基准电压 U_Z 不变，所以采样放大管 VT_1 的输入电压 U_{BE1} 增大，VT_1 管基极电流 I_{B1} 增大，经放大后，VT_1 的集电极电流 I_{C1} 也增大，导致 VT_1 的集电极电位 U_{C1} 下降，VT_2 管基极电位 U_{B2} 也下降，I_{B2} 减小，I_{C2} 减小，U_{CE2} 增大，使输出电压 U_o 下降，补偿了 U_o 的升高，从而保证输出电压 U_o 基本不变，这一调节过程可表示为

$$U_i\uparrow \rightarrow U_o\uparrow \rightarrow U_{BE1}\uparrow \rightarrow I_{B1}\uparrow \rightarrow I_{C1}\uparrow \rightarrow U_{C1}\downarrow$$

$$U_o\downarrow \leftarrow U_{CE2}\uparrow \leftarrow I_{C2}\downarrow \leftarrow I_{B2}\downarrow \leftarrow U_{B2}\downarrow$$

同理，当 U_o 降低时，通过电路的反馈作用也会使 U_o 保持基本不变。

串联型稳压电路的比较放大电路还可以用集成运放来组成，由于集成运放的放大倍数高，输入电流极小，提高了稳压电路的稳定性，因而应用越来越广泛。

3．输出电压

由图 8.10 的电路可知

$$U_{B1}=U_Z+U_{BE1}\approx U_o\frac{R_2}{R_1+R_2}$$

所以电路的输出电压为

$$U_o\approx\frac{R_1+R_2}{R_2}(U_Z+U_{BE1}) \tag{8.3}$$

由式（8.3）可知，改变 R_1 或 R_2 的大小，就可方便地调节输出电压 U_o。而且将图 8.10 与图 8.9 比较可知，图 8.10 的稳压管限流电阻接至经过稳定的输出电压 U_o 端，所以基准电压 U_Z 更稳定，因而输出电压 U_o 的稳定精度更高。

8.4.3 具有过载保护环节的稳压电路

在串联型稳压电路中，负载电流全部流过调整管，当负载短路或过载时，会使调整管电流过大而损坏，为此必须设置过载保护电路。保护电路有限流型和截止型两种，下面仅介绍限流型保护电路，原理电路如图 8.12 所示。

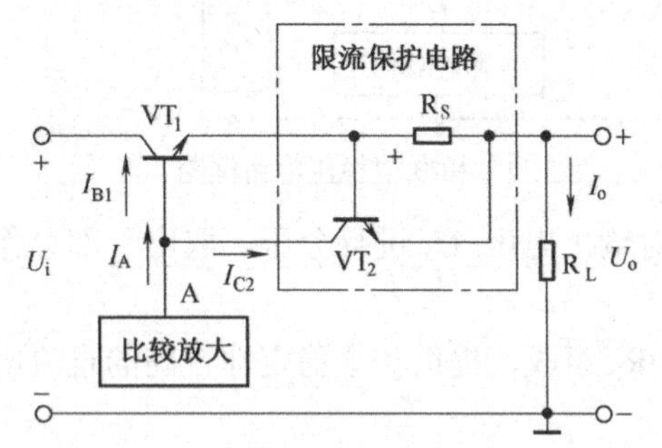

图 8.12 稳压电路中的限流型保护电路原理电路

图中 R_S 为检测电阻。正常工作时，负载电流 I_o 在 R_S 上的压降小于 VT_2 导通电压 U_{BE2}，VT_2 截止，稳压电路正常工作。当负载电流 I_o 过大超过允许值时，R_S 两端电压 U_{RS} 增大使 VT_2 导通，比较放大器输出电流被 VT_2 分流，使流入调整管 VT_1 基极的电流减小，从而使输出电流 I_o 受到限制（$I_o\approx\frac{U_{BE2}}{R_S}\approx\frac{0.7}{R_S}$），保护了调整管及整个电路。

8.5 集成稳压器

集成稳压器是将直流稳压电路的调整管、稳压管、比较放大器和多种保护电路集成到一块芯片上的单片集成稳压电源。它具有体积小、可靠性高、使用简单安全等特点。集成稳压电路种类很多，最常用的是三端集成稳压器。三端集成稳压器只有三个外部接线端子，即输入端、输出端和公共端。三端稳压器由于使用简单，外接元件少，性能稳定，因此广泛应用于各种电子设备中。三端稳压器可分为固定式和可调式两类。

8.5.1 固定三端稳压器

固定三端稳压器的输出电压是固定的，主要有两个系列——LM78xx 系列、LM79xx 系列。78 系列为正电压输出，79 系列为负电压输出，xx 为集成稳压器输出电压的标称值，如 LM7812 表示该集成稳压器输出为正 12V 电压。78 或 79 系列集成稳压器的输出电压有 5V、6V、8V、9V、10V、12V、15V、18V、24V 等。其额定输出电流以 78 或 79 后面所加字母来区分，L 表示 0.1A，M 表示 0.5A，无字母表示 1.5A。其外形和引线端排列如图 8.13 所示。

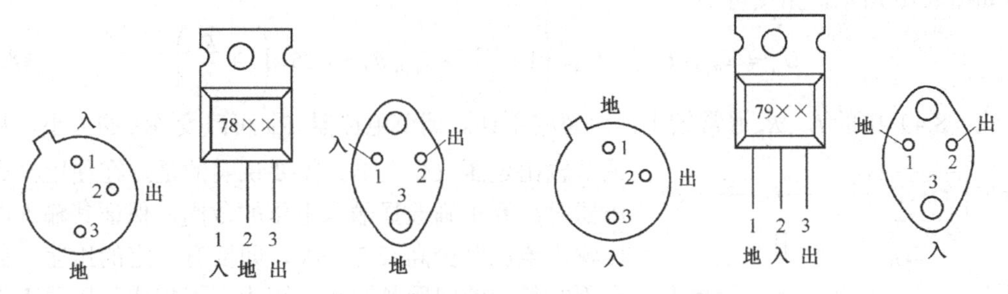

图 8.13　三端集成稳压器外形和引线端排列

三端集成稳压器的典型应用电路如图 8.14 所示，图中 C_i 用以减小纹波以及抵消输入端接线较长时的电感效应，防止自激振荡，并抑制高频干扰，一般取 0.1～1μF。C_o 用以改善负载的瞬态响应并抑制高频干扰，可取 0.1μF。同时 C_i 和 C_o 应紧靠集成稳压器安装。

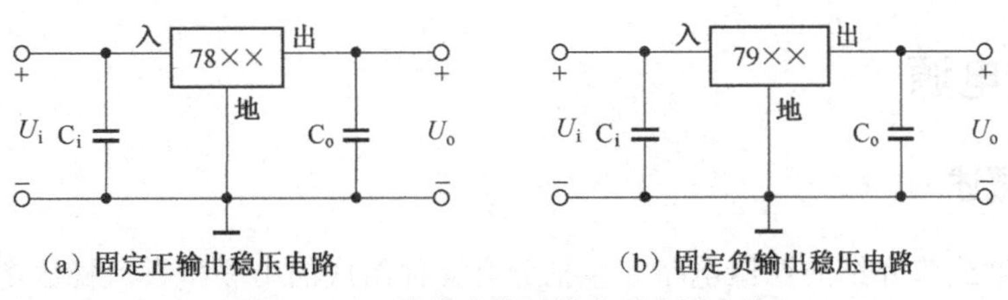

图 8.14　三端集成稳压器典型应用电路

8.5.2　可调三端稳压器

三端可调式稳压器是在三端固定式稳压器基础上发展起来的一种性能更为优异的集成稳压器件，它除了具备三端固定式稳压器的优点外，可用少量的外接元件，实现大范围的输出电压连续调节（调节范围为 1.2～37V），应用更为灵活。其典型产品有输出正电压的 LM117、LM217、LM317 系列和输出负电压的 LM137、LM237、LM337 系列。同一系列的内部电路和工作原理基本相同，只是工作温度不同。如 LM117、LM217、LM317 的工作温度分别为−55～150℃、−25～150℃、0～125℃。根据输出电流的大小，每个系列又分为 L 型系列（I_o≤0.1A）、M 型系列（I_o≤0.5A）。如果不标 M 或 L，则表示该器件的 I_o≤1.5A。三端可调稳压器的外形及引脚排列如图 8.15 所示。

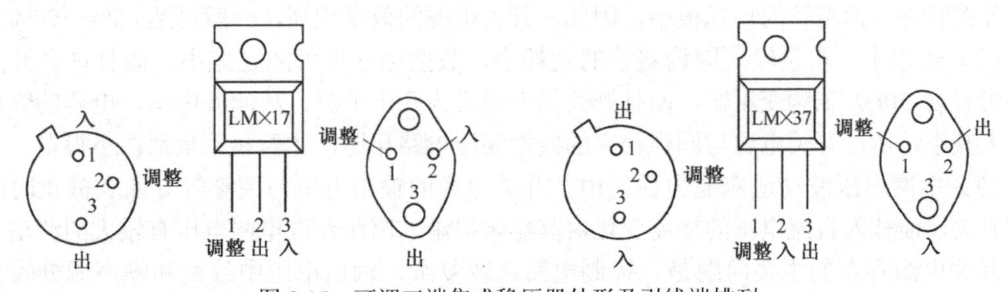

图 8.15　可调三端集成稳压器外形及引线端排列

正常工作时，三端可调集成稳压器输出端与调整端之间的电压为基准电压 U_{REF}，其典型值为 U_{REF} =1.25V，流过调整端的电流典型值为 I_{REF} =50μA。三端可调稳压器的基本应用

电路如图 8.16 所示，由图可知

$$U_o = U_{R_1} + U_{R_2} = U_{REF}\left(1+\frac{R_2}{R_1}\right) + I_{REF}R_2 \approx 1.25\times\left(1+\frac{R_2}{R_1}\right) \tag{8.4}$$

式（8.4）中的 $I_{REF}R_2$ 通常较小，可忽略不计。调节电位器 R_P 可改变 R_2 的大小，从而调节输出电压 U_o 大小。需要说明的是，在使用集成稳压器时，要正确选择输入电压的范围，保证其输入电压比输出电压至少高 2.5～3V，即要有一定的压差。另一个不容忽视的问题是散热，因为三端集成稳压器工作时有电流通过，且其本身又具有一定的压差，这样三端集成稳压器就有一定的功耗，而这些功耗一般都转换为热量。因此，在使用中、大电流三端稳压器应加装足够尺寸的散热器，并保证散热器与集成稳压器的散热头（或金属底座）之间接触良好，必要时两者之间要涂抹导热胶以加强导热效果。

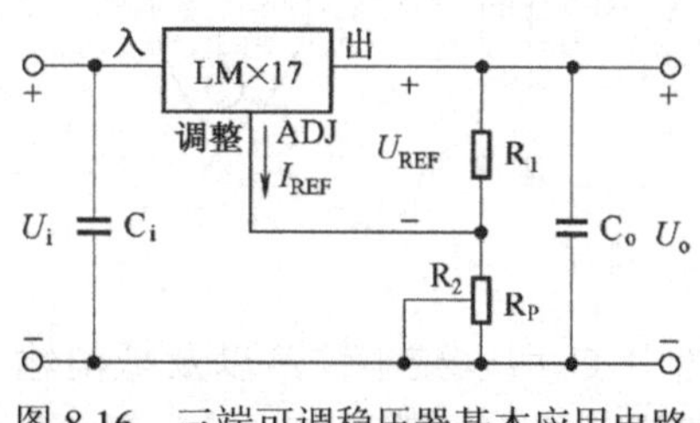

图 8.16　三端可调稳压器基本应用电路

8.6　开关电源

8.6.1　概述

8.4 节和 8.5 节介绍的稳压电路，包括分立元件组成的串联型直流稳压电路，以及集成稳压器等均属于线性稳压电路，这是由于其中的调整管总是工作在线性放大区。线性稳压电路的优点是结构简单、调整方便、输出电压脉动较小。但是这种稳压电路的主要缺点是效率低，一般只有 20%～40%。由于调整管功耗较大，有时需要在调整管上安装散热器；调整管或三端稳压器所能承受的电压或允许的压差不能太高，因此往往在电路的输入端还需要加工频降压变压器降压，致使电源的体积和重量增大，比较笨重。而开关电源克服了上述缺点，因而它的应用日益广泛。

1．开关电源的特点

（1）效率高。开关电源的调整管工作在开关状态，可以通过改变其导通与截止时间的比例来改变输出电压的大小。当调整管饱和导通时，虽然流过较大的电流，但饱和压降很小；当调整管截止时，管子将承受较高的电压，但流过调整管的电流基本等于 0。可见，工作在开关状态，调整管的功耗很小，因此，开关电源的效率较高，一般可达 65%～90%。

（2）体积小，重量轻。因调整管的功耗小，故散热器也可随之减小。而且许多开关电源还可省去 50Hz 工频变压器，而且开关频率通常为几十千赫，故滤波电感、电容的容量均可大大减小，所以开关电源与同样功率的线性稳压电路相比，体积和重量都将小得多。

（3）电网电压波动适应能力强。由于开关电源的输出电压与调整管导通和截止时间的比例有关，而输入直流电压的幅度变化对其影响很小，因此允许电网电压有较大的波动。

开关电源存在的主要问题是，控制电路比较复杂，输出电压中纹波和噪声成分较大。但由于开关电源的突出优点，仍使其得到了越来越广泛的应用。

2．开关电源的分类

开关电源的类型很多，可以按不同的方法来分类。

（1）按控制的方式分类，有脉冲宽度调制型（PWM），即开关工作频率保持不变，控制导通脉冲的宽度；脉冲频率调制型（PFM），即开关导通的时间不变，控制开关的工作频率；混合调制型，它是以上两种控制方式的结合，即脉冲宽度和开关工作频率都将变化。以上 3 种方式中，脉冲宽度调制型（PWM）用得较多。

（2）按是否使用工频变压器来分类，有低压开关稳压电路，即 50Hz 电网电压先经工频变压器降压后再进入开关电源，因这种电路需用笨重的工频变压器，且效率较低，目前已很少采用；高压开关稳压电路，即无工频变压器的开关稳压电路，由于高压大功率三极管的出现，可将 220V 交流电网电压直接进行整流滤波，然后再进行稳压，使开关稳压电路的体积和重量大大减小，而效率更高。目前，实际工作中大量使用的，主要是无工频变压器的开关稳压电路。

（3）按激励的方式分类，有自激式和他激式。

此外还有其他许多分类方式，在此不一一列举。

8.6.2 开关电源的组成和工作原理

一个串联式开关电源的组成如图 8.17 所示。图中包括开关调整管、滤波电路、脉冲调制电路、比较放大器、基准电压和采样电路等各个组成部分。

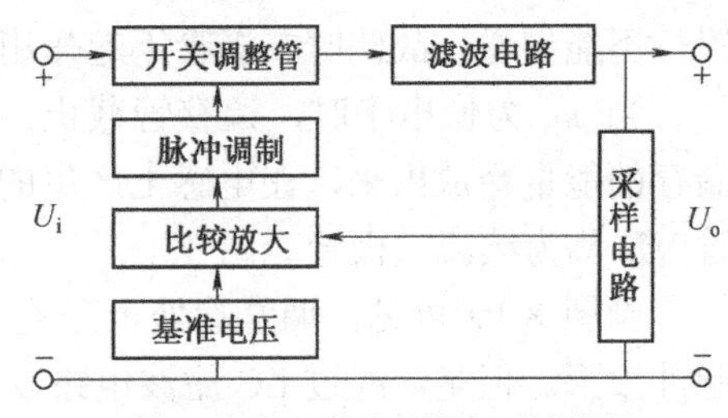

图 8.17 开关电源的组成框图

如图 8.18 所示为一个最简单的开关电源的原理示意图，电路的控制方式采用脉冲宽度调制式。图中三极管 VT 为工作在开关状态的调整管，由电感 L 和电容 C 组成滤波电路，二极管 VD 称为续流二极管。脉冲宽度调制电路（PWM）由一个比较器和一个产生三角波的振荡器组成。运算放大器 A 作为比较放大电路，基准电源产生一个基准电压 U_{REF}，电阻 R_1、R_2 组成采样电路。

下面分析如图 8.18 所示电路的工作原理，为简化分析将调整管和二极管看成理想元件，即导通压降为 0，关断电阻为无穷大。由采样电路得到的采样电压 u_F 与输出电压成正比，它与基准电压进行比较并放大以后得到 u_A，被送到比较器的反相输入端；振荡器产生的三角波信号 u_t 加在比较器的同相输入端。u_A 与 u_t 比较，当 $u_t > u_A$ 时，比较器输出高电平，即 $u_B = +U_{oH}$；当 $u_t < u_A$ 时，比较器输出低电平，即 $u_B = +U_{oL}$，故调整管 VT 的基极电压 u_B 成为高、低电平交替的脉冲波形，如图 8.19 所示。

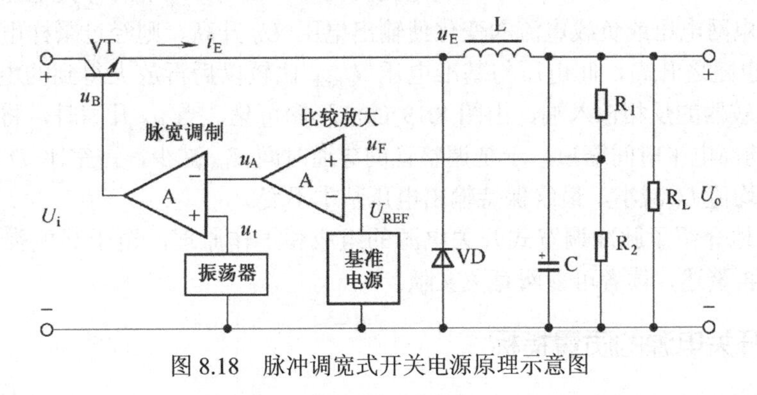

图 8.18 脉冲调宽式开关电源原理示意图

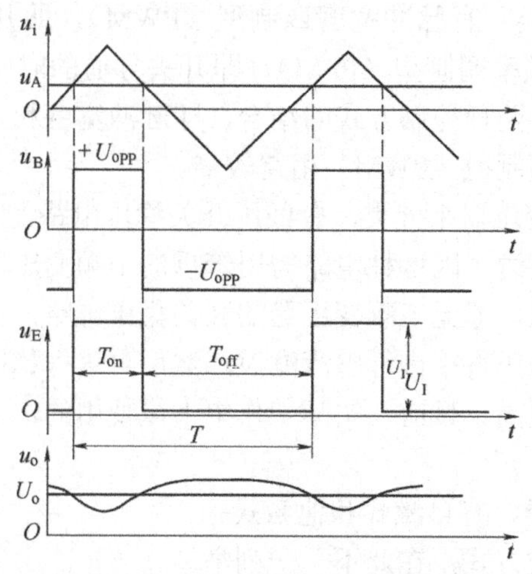

图 8.19　图 8.18 电路的波形图

当 u_B 为高电平时，调整管饱和导通，此时发射极电流 i_E 流过电感和负载电阻，一方面向负载提供输出电压，同时将能量储存在电感的磁场中。由于三极管 VT 饱和导通，因此其发射极电位 $u_E = U_i$，U_i 为直流输入电压。u_E 的极性为上正下负，则二极管 VD 被反向偏置，不能导通，故此时二极管不起作用。

当 u_B 为低电平时，调整管截止，i_E=0。但电感具有维持流过电流不变的特性，此时将储存的能量释放出来，在电感上产生的反电势使电流通过负载和二极管继续流通，因此二极管 VD 称为续流二极管。

由图 8.19 可见，调整管处于开关工作状态，它的发射极电位 u_E 也是高、低电平交替的脉冲波形。但是，经过 LC 滤波电路以后，在负载上可以得到比较平滑的输出电压 U_o。

在理想情况下，输出电压 u_o 的平均值 U_o 即是调整管发射极电压 u_E 的平均值。根据图 8.19 中 u_E 的波形可求得

$$U_o = \frac{1}{T}\int_0^T u_E \mathrm{d}t = \frac{1}{T}\int_0^{T_{on}} U_I \mathrm{d}t = \frac{T_{on}}{T} U_i = DU_i \tag{8.5}$$

式中，$D=\frac{T_{on}}{T}$，称为占空比，即调整管的导通时间 T_{on} 与开关周期 T 之比。

由式（8.5）可知，在一定的直流输入电压 U_i 之下，改变占空比 D 就可改变输出电压，占空比 D 越大，则开关电源的输出电压 U_o 越高。显然有 $D \leqslant 1$，则 $U_o \leqslant U_i$。

下面再来分析当电网电压波动或负载电流变化时，图 8.18 中的开关电源如何起稳压作用。假设由于电网电压或负载电流的变化使输出电压 U_o 升高，则经过采样电阻以后得到的采样电压 u_F 也随之升高，此电压与基准电压 U_{REF} 比较以后再放大得到的电压 u_A 也将升高，u_A 送到比较器的反相输入端，由图 8.19 的波形图可见，当 u_A 升高时，将使开关调整管基极电压 u_B 的高电平时间缩短，于是调整管的导通时间 T_{on} 减少，占空比 D 减小，从而使输出电压的平均值 U_o 减小，最终保持输出电压基本不变。

以上扼要地介绍了脉冲调宽式开关电源的组成和工作原理，至于其他类型的开关稳压电源，此处不再赘述，读者可参阅有关文献。

8.6.3　开关电源的质量指标

开关电源的技术指标分两种：一种是特性指标，包括允许的输入电压范围、输出电

压、输出电流及输出电压的可调范围等；另一种是质量指标，用来衡量输出直流电压的稳定度，包括输出电压精度、电压调整率、负载调整率、温度系数、输出纹波电压、转换效率等。这些质量指标的含义，可说明如下。

（1）输出电压精度。在常温下、输出最大电流时，测得的实际输出电压（U'_o）偏离标称输出电压值（U_o）的相对量，即

$$D=\frac{|U'_o-U_o|}{U_o}\times 100\%\Bigg|_{T=\text{常温}，I_o=I_{omax}}$$

（2）电压调整率 S_V。（单位为%/V）反映在负载、环境温度保持不变的条件下，由于输入电压的变化而引起输出电压的相对变化，即

$$S_V=\frac{\Delta U_o/U_o}{\Delta U_I}\times 100\%\Bigg|_{\Delta I_o=0，\Delta T=0}$$

（3）负载调整率。（又称输出电流调整率）S_I（单位为%/A）在输入电压、环境温度保持不变的条件下，由于输出电流的变化引起的输出电压的相对变化，即

$$S_I=\frac{\Delta U_o/U_o}{\Delta I_o}\times 100\%\Bigg|_{\Delta U_I=0，\Delta T=0}$$

（4）温度系数 S_T。（单位为：%/℃）在输入电压、输出电流保持不变的条件下，由于电源所处的环境温度发生变化而引起输出电压的变化 S_T（单位为：%/℃），即

$$S_T=\frac{\Delta U_o/U_o}{\Delta T}\times 100\%\Bigg|_{\Delta U_I=0，\Delta I_o=0}$$

（5）输出纹波电压。指在观测输出电压波形时出现的与交流输入频率或开关转换频率同步的干扰，也称纹波噪声，用峰—峰值和有效值来表示。

（6）转换效率。指电源输出功率和输入功率的比值，它的大小直接影响电源所需散热装置的大小，从而引起体积、重量、温度等的不同，即

$$\eta=\frac{P_o}{P_I}\times 100\%$$

8.6.4 实用的开关电源

尽管开关电源电路复杂，但由于其突出的优点，一问世就得到广泛的应用，而且发展速度很快，种类也很多。早期的开关稳压电源主要由分立元件组成，如比较放大器、振荡器、PWM、驱动、保护和开关调整管等全是用分立元件构成。随着电子技术的发展，陆续推出了一些将多种功能集成于一体的集成电路芯片，如将比较放大、振荡器及 PWM 集成于一体的控制芯片：TL494、SG3524、UC3842～6 等；将驱动、保护电路集成于一体的专用隔离驱动电路 IR2110、EXB840/1、M57959 等。由于这些芯片的推出，开关电源的电路结构已变得越来越简单，尤其是 20 世纪 90 年代问世的单片开关电源芯片——TOPSwitch，更是受到大家的青睐。下面对 UC3842 和 TOPSwitch 的性能特点及其应用做一些简单的介绍。

1. 用 UC3842 组成的开关电源

（1）UC3842 特性与工作原理。UC3842 是近年来开发的新型脉宽集成控制器，其主要优点是电压调整率可达 0.01%/V，工作频率高达 500kHz，启动电流小于 1mA，外围元件

少，利用高频变压器实现与电网隔离。工作温度为 0℃～＋70℃，最高输入电压为 30V，最大输出电流为 1A，能驱动双极型功率管或 VMOS 管，UC3842 采用 DIP-8 封装，引脚排列和内部框图如图 8.20 所示。1 脚为补偿端，外接阻容元件以补偿误差放大器的频率特性。2 脚是反馈端，将取样电压加至误差放大器的反相输入端，再与同相输入端的基准电压进行比较，产生误差电压。3 脚接过流检测电阻，构成过流保护电路。4 脚（R_T/C_T）为锯齿波振荡器外部定时电阻与定时电容的公共端。内部基准电压 U_{REF} = 5V，输入电压 U_i≤30V，输出电压 U_o则取决于高频变压器的变压比。

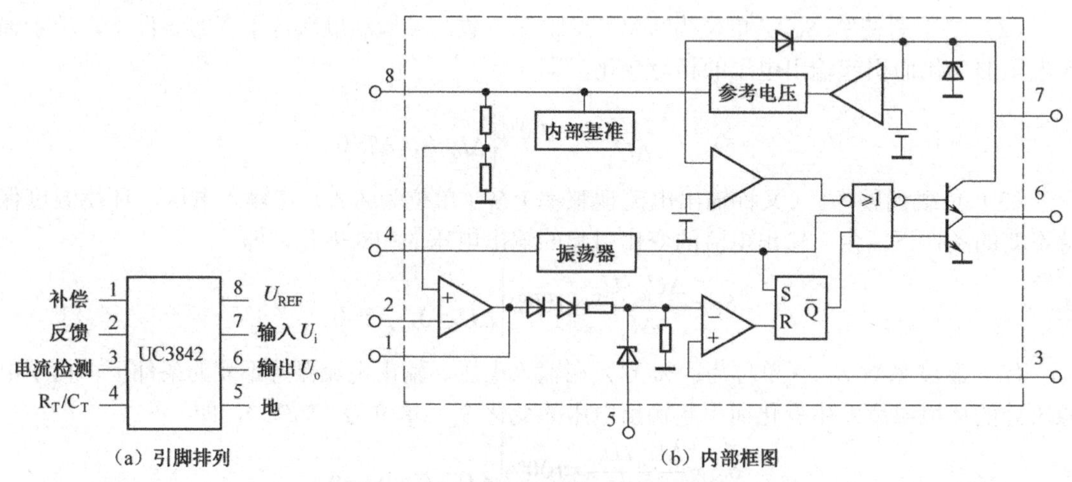

图 8.20　UC3842 引脚排列和内部框图

UC3842 是开关电源的核心，它能产生频率固定而占空比可调的 PWM 信号，通过改变开关功率管的通断状态，来调节输出电压的高低，实现稳压目的。例如，由于某种原因使 U_o 升高时，PWM 就改变占空比，使斩波后的电压平均值下降，导致 U_o 下降，使 U_o 趋于稳定；反之亦然。

（2）UC3842 组成的开关电源。采用 UC3842 构成的开关电源电路如图 8.21 所示。其基本工作原理是：交流输入电压 U_{ac} 经过整流滤波电路变成直流电压 U_i，再被开关功率管斩波和高频变压器降压后，得到高频矩形波电压，最后经过整流滤波，获得所需要的直流输出电压 U_o。图中的 EMI 为电源噪声滤波器，TR 为高频变压器，开关功率管选用 IRFPG407 型 VMOS 管。该开关电源的输出功率为 35W（7A/5V）。

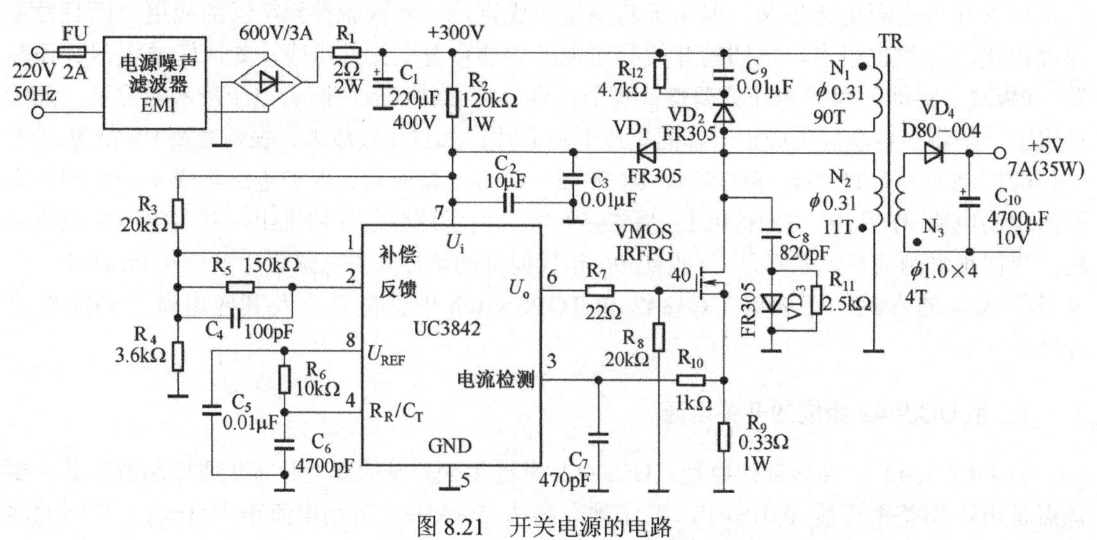

图 8.21　开关电源的电路

刚开机时，220V 交流电压首先经过 EMI 滤除高频干扰，再经过桥式整流和滤波，产生约＋300V 的直流电压，然后经 R_2 降压后向 UC3842 提供＋16V 的启动电压。R_1 是限流电阻，C_1 为滤波电容。进入正常工作状态后，自馈线圈 N_2 上的高频电压经过 VD_1、C_3 整流滤波，就作为 UC3842 的正常工作电压。R_5、C_4 用以改善内部误差放大器的频率响应。取 R_6=10kΩ，C_6 = 4700pF 时，开关频率为 40kHz。C_5 是消噪电容，R_9 为过流检测电阻。R_7 是 VMOS 管的栅极限流电阻。由 C_8、VD_3、R_{11}、R_{12}、VD_2 和 C_9 构成两级吸收回路，用以吸收尖峰电压。VD_1～VD_3 选用快恢复二极管 FR305。VD_4 为输出级的整流管，采用 D80-004 型肖特基二极管，以满足高频、大电流整流之需要。整机工作过程是首先通过自馈线圈 N_2 对输出电压采样，然后依次经过片中的误差放大器、PWM 锁存器和输出级，去控制 VMOS 管的导通与截止，以决定高频变压器的通断状态，最终达到稳压目的。

2．用 TOPSwitch 组成的开关电源

（1）TOPSwitch 特点。TOPSwitch 是一种三端式脉宽调制（PWM）开关电源集成组件，它将振荡器、脉宽调制电路、比较放大器、基准电压和开关调整管集成在同一块芯片上，如图 8.22 所示。

图 8.22（a）是外形图，与三端稳压器相似；图 8.22（b）是内部组成方框图。开关调整管 VT 为 MOS 管，它的源极 S 和漏极 D 分别为端子 2 和端子 3。端子 1 称为控制端 C，用以输入从开关电源输出端得到的取样电压。该器件的基本工作原理是用输入取样电压与内部的基准电压进行比较，并通过脉宽调制（PWM）比较器控制开关管导通时间来稳定输出电压。该器件的各种保护作用是通过关断调整管 VT 来达到的。

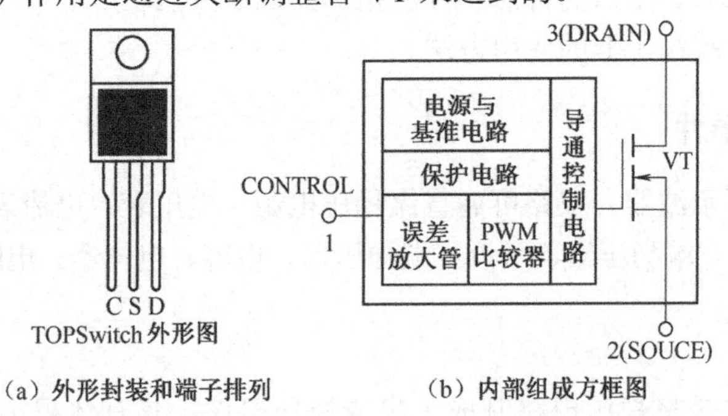

（a）外形封装和端子排列　　（b）内部组成方框图

图 8.22　单片开关电源芯片 TOPSwitch

（2）TOPSwitch 的典型应用电路。如图 8.23 所示是用单片开关电源芯片 TOPSwitch 构成的开关电源电路。其工作原理简述如下。

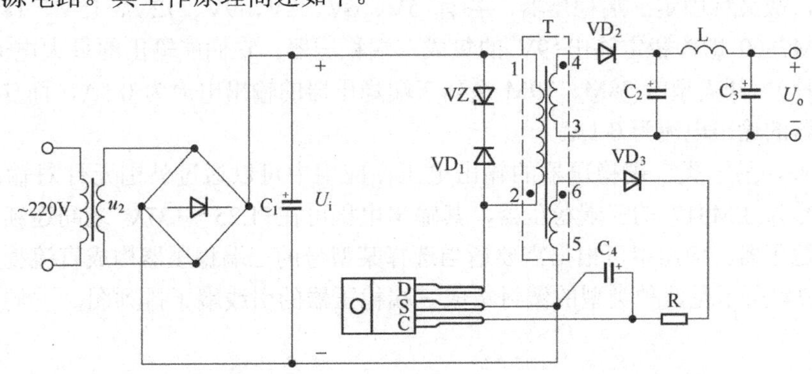

图 8.23　用单片开关电源芯片 TOPSwitch 构成的开关电源电路

电网电压经过整流、滤波后在 C_1 两端得到的直流电压，经脉冲变压器 T 的原边绕组 1～2、TOPSwitch 组件的 D 端和 S 端形成回路。TOPSwitch 以固定的频率导通、截止，使已经经过整流、滤波后的直流电压又转变为脉冲电压。此脉冲电压经过脉冲变压器 T 的原边绕组传到副边绕组，T 的副边绕组 3～4 端的脉冲电压经过二极管 VD_2 的整流、π型 LC 滤波器转换为平滑的直流输出电压。该电路的稳压过程是：从脉冲变压器的另一组副边绕组 5～6 端取样得到反馈电压，经二极管 VD_3 整流后送到开关组件的 C 端，组件根据反馈电压值的大小调整内部功率开关管的导通、截止时间，从而达到稳压的目的。

在开关稳压电源中脉冲变压器是一个十分重要的器件，改变其原边、副边绕组的匝数比，可以改变输出直流电压 U_o 的大小。由于开关稳压电源的开关频率一般比较高，所以对脉冲变压器的工艺要求较高。

上面介绍了目前最常用的两种控制芯片组成的开关电源，可以看出随着半导体技术的发展，单个芯片的功能越来越强大，所组成的开关电源也就变得越来越简洁，加之开关电源本身所具备的诸多优势，开关电源取代传统的线性电源是电源发展的必由之路。

8.7 实训 8

8.7.1 三端集成稳压器的测试与应用

1. 实训目的

（1）研究集成三端稳压器的特点和性能指标的测试方法。

（2）掌握集成三端稳压器的应用方法。

2. 实训仪器与器件

（1）实训仪器。示波器、双路可调直流稳压电源、电压表、电流表和滑线变阻器。

（2）器材。固定三端稳压器、可调三端稳压器、电容、电位器、电阻和二极管等若干。

3. 实训原理

集成三端稳压器是将稳压电路制成了集成稳压器件，具有体积小、外围电路简单、工作性能可靠、通用性强和使用方便等优点。按其输出电压的正、负分为 78 系列（正电压输出）和 79 系列（负电压输出）两类。这两类三端稳压器的输出电压由其型号确定，输出电压不可调整，故又称固定三端稳压器，各有 5V、6V、8V、9V、12V、15V、18V、24V 等多种，如 LM7809 即为稳定输出+9V 的集成三端稳压器。它们能输出的最大电流可达 1.5A（需加散热片），同类型的 78M、79M 系列三端稳压器的输出电流为 0.5A，而 78L、79L 系列三端稳压器的输出电流为 0.1A。

除此以外，另一类三端稳压器的输出电压在应用中可以通过外围元件对输出电压连续调整，如型号为 LM317 的三端稳压器，其输出电压可在+1.25～+37V 之间连续可调，故称为可调三端稳压器。应用中可根据需要适当选择某型号的三端稳压器构成直流稳压电路。

如图 8.24 所示是四种类型的塑封集成三端稳压器的引线端子排列图，它们对外都有三个引出端。

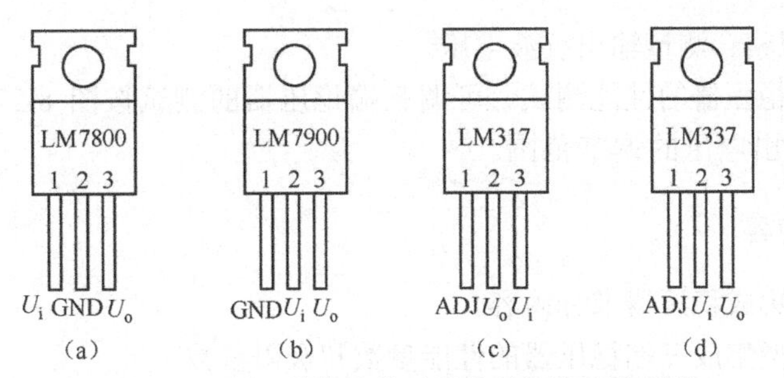

图 8.24　塑封三端集成稳压器的引线端子排列图

4．实训内容

（1）集成三端稳压器的应用。如图 8.25 所示是 78xx 系列三端稳压器的典型应用电路。在应用中，一般输入 U_i 要比输出 U_o 高 3～5V，以保证集成稳压器工作在线性区域，实现良好的稳压作用，但输入 U_i 又不能太高，否则集成三端稳压器上压降太大，发热严重。输入 U_i 为整流滤波电路的输出直流电压。

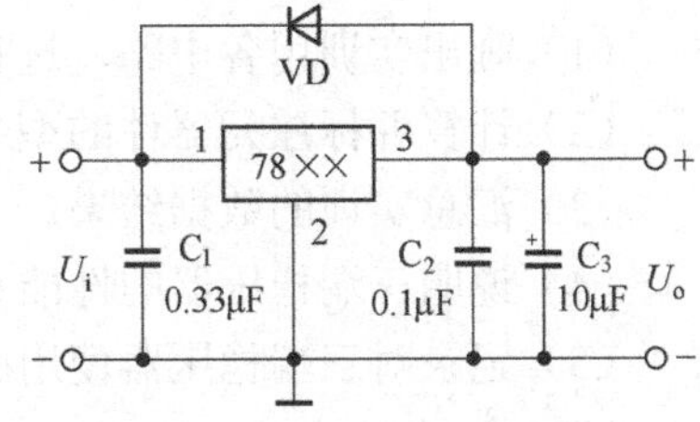

图 8.25　单电压输出稳压电路

输入端接 C_1 =0.33μF 的电容，是为了抵消线路的电感效应，防止产生自激振荡；输出端接 C_2 = 0.1μF 电容，用以滤除高频信号，改善稳压电路的瞬态响应；C_3 电容（10μF）是为了减少低频干扰而接入的，二极管 VD 起保护三端稳压器作用（一般也可不接）。

如图 8.26 所示为正、负双电压输出的稳压电源，选择对应的 78xx 和 79xx 系列相应型号的固定三端稳压器即可输出稳定的双电源电压。例如，要输出±12V 的双电源电压，即可选择 7812 和 7912 三端稳压器，按图 8.32 接线，即可构成±12V 双电源稳压电路。

有时在应用中，固定三端电压值不能满足要求，如需要+20V 的电压时，无固定三端稳压器能稳压输出电压 20V，可选用可调三端稳压器稳压，如图 8.27 所示。

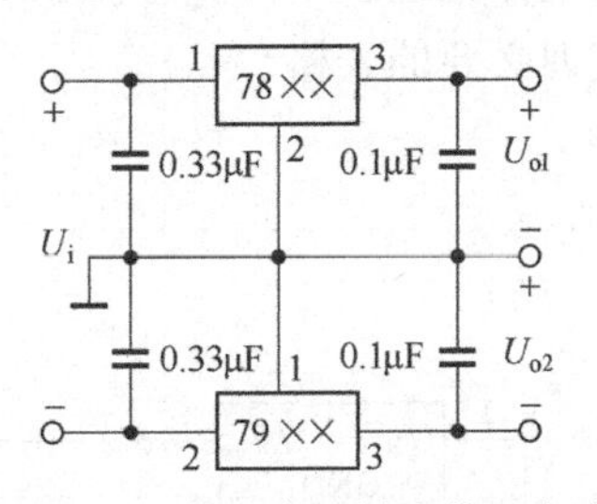

图 8.26　正、负双电压输出稳压电路

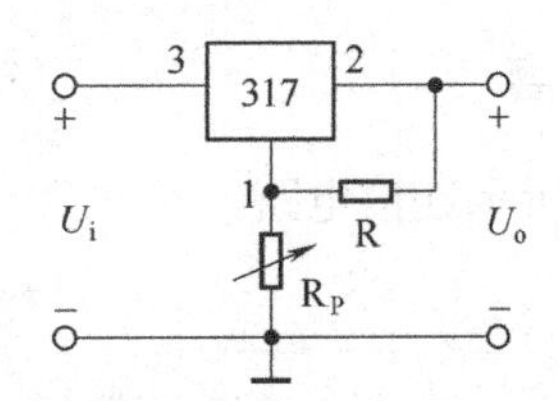

图 8.27　可调三端稳压电路

（2）固定集成三端稳压器的性能测试。选择某型号（如 78L12）的集成稳压器，配接相应负载（如 R_L=120Ω）或变阻器，注意负载电阻的功率要适当。输入 U_i 应大于三端稳压器的稳压值 3～5V。

① 输出电压 U_o 和最大输出电流 I_{omax}：若选择 78L12 三端稳压器，R_L 接 200Ω的滑线变阻器，慢慢调节滑线变阻器，则流过 R_L 的电流由小变大，直到 I_{omax} =100mA，U_o 应为+12V 左右，若变化较大，说明三端稳压器性能不良。

② 测试三端稳压器的电压调整率、负载调整率。自拟测量步骤和记录表格。

③ 用示波器观察、测量输出纹波电压。

（3）可调三端稳压器的性能测试。可调三端稳压器的测试按图 8.27 接线，调节 R_P 电位器，测量电路输出电压的调节范围。

5. 实训预习内容

（1）熟悉关于集成稳压器部分内容。
（2）了解各类型集成三端稳压器的性能参数和极限参数。
（3）拟定实训测试步骤和记录表格。
（4）熟悉有关仪器、仪表及其使用方法，选择实训用的测试仪表。

6. 实训报告要求

（1）画出实训用各电路，选择实训用仪器、仪表及所有元器件。
（2）计算并标注元器件的型号和参数值。
（3）汇总实训的数据结果。
（4）说明三端稳压器的性能和特点。
（5）记录对三端稳压器使用的体会。

8.7.2 直流稳压电源的安装、调试与检测

1. 实训目的

（1）掌握直流稳压电源的分析及其测试方法。
（2）掌握直流稳压电源的安装、调试与检测。

2. 预习要求

（1）预习教材相关内容，掌握直流稳压电源的工作原理。
（2）确定实训线路连接，画出接线图，拟定实训必要的表格。

3. 实训内容

按图 8.28 所示连接电路。

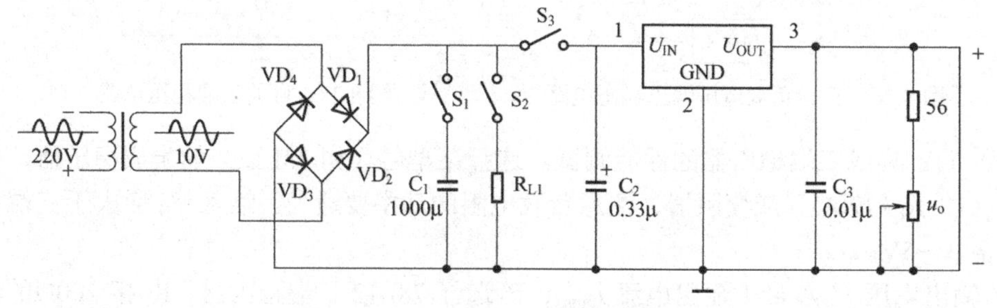

图 8.28 直流稳压电源电路原理图

（1）桥式整流电路的波形测试。

① 开关 S_1，S_3 打开，S_2 闭合，电路为桥式整流电路，负载为 R_{L1} 470Ω纯电阻。

② 用万用表和示波器分别测量变压器二次侧输出的交流电压和负载两端的直流电压，

记录数据和相应的波形。

③ 用示波器或毫伏表测量负载两端的纹波电压。

④ 将 470Ω负载电阻 R_{L1} 换为 4.7kΩ电阻，重复上述步骤。

（2）滤波电路的测试。

① 将开关 S_1，S_2 闭合，S_3 打开，用示波器再次测量负载两端的电压波形及纹波电压，并记录数据和波形。

② 改变滤波电容的大小（如 C= 100μF/16V）重复上述步骤，记录数据并观察测试结果的变化情况。

（3）三端集成稳压器测试。

① 开关 S_1，S_3 闭合，S_2 断开，电路构成直流稳压电源，负载为可调电阻。

② 用万用表和示波器分别测量输出电压，观察波形，记录数据，并和没有稳压时进行比较。

③ 改变负载电阻的阻值，重复上述步骤，观察输出电压 u_o 的变化情况。

4．实训设备和器材

（1）变压器、二极管、电容器、电阻、三端集成稳压器、开关等元件。

（2）万用表 1 块。

（3）示波器 1 台。

（4）晶体管毫伏表 1 个。

5．实训报告要求

（1）电路板焊接整洁，元件排列整齐，焊点圆滑光亮，无毛刺、虚焊和假焊。

（2）写出制作和调试过程中遇到的问题和解决方法。

6．思考题

（1）设两个稳压管的稳压值分别为 6V 和 9V，正向压降均为 0.7V，则用这两只稳压管串联可以组成哪些稳压值的稳压电路？若改为并联使用又可组成哪些稳压值的稳压电路？

（2）现有一片 LM7805 集成稳压器和一个发光二极管（正向压降为 1.7V），一个 1kΩ电阻，若将它们组成一个输出电压 u_o 为 6～7V 的稳压电路，请画出电路图。

8.7.3 串联型稳压电源的安装与调试

1．实训目的

（1）研究单相桥式整流、电容滤波电路的特性。

（2）掌握串联型晶体管稳压电源主要技术指标的测试方法。

2．实训原理

电子设备一般都需要直流电源供电。这些直流电除了少数直接利用干电池和直流发电机外，大多数是采用把交流电（市电）转变为直流电的直流稳压电源。

直流稳压电源由电源变压器、整流、滤波和稳压电路四部分组成，其原理框图如图 8.29

所示。电网供给的交流电压 u_1（220V，50Hz）经电源变压器降压后，得到符合电路需要的交流电压 u_2，然后由整流电路变换成方向不变、大小随时间变化的脉动电压 u_3，再用滤波器滤去其交流分量，就可得到比较平直的直流电压 u_I。但这样的直流输出电压，还会随交流电网电压的波动或负载的变动而变化。在对直流供电要求较高的场合，还需要使用稳压电路，以保证输出直流电压更加稳定。

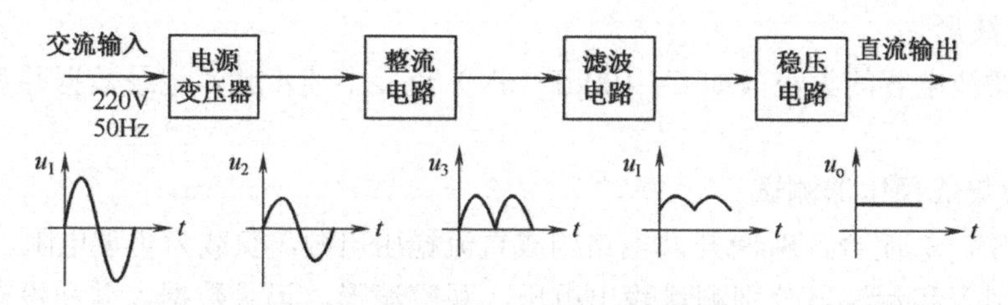

图 8.29　直流稳压电源原理框图

如图 8.30 所示是由分立元件组成的串联型稳压电源的实验电路图。其整流部分为单相桥式整流、电容滤波电路。稳压部分为串联型稳压电路，它由调整元件（晶体管 VT_1）；比较放大器 VT_2、R_7；取样电路 R_1、R_2、R_W，基准电压 D_W、R_3 和过流保护电路 VT_3 管及电阻 R_4、R_5、R_6 等组成。整个稳压电路是一个具有电压串联负反馈的闭环系统，其稳压过程为：当电网电压波动或负载变动引起输出直流电压发生变化时，取样电路取出输出电压的一部分送入比较放大器，并与基准电压进行比较，产生的误差信号经 VT_2 放大后送至调整管 VT_1 的基极，使调整管改变其管压降，以补偿输出电压的变化，从而达到稳定输出电压的目的。

由于在稳压电路中，调整管与负载串联，因此流过它的电流与负载电流一样大。当输出电流过大或发生短路时，调整管会因电流过大或电压过高而损坏，所以需要对调整管加以保护。在图 8.30 电路中，晶体管 VT_3、R_4、R_5、R_6 组成减流型保护电路。此电路设计在 $I_{om}=1.2I_o$ 时开始起保护作用，此时输出电流减小，输出电压降低。故障排除后电路应能自动恢复正常工作。在调试时，若保护提前作用，应减少 R_6 值；若保护作用迟后，则应增大 R_6 之值。

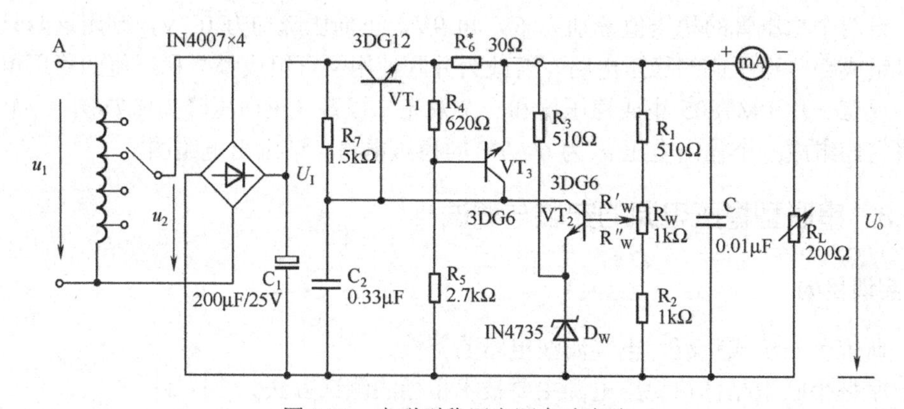

图 8.30　串联型稳压电源实验电路

稳压电源的主要性能指标如下：

（1）输出电压 U_o 和输出电压调节范围。

$$U_o = \frac{R_1 + R_W + R_2}{R_2 + R''_W}(U_Z + U_{BE2})$$

调节 R_W 可以改变输出电压 U_o。

（2）最大负载电流 I_{om}。

（3）输出电阻 R_o。输出电阻 R_o 定义为：当输入电压 U_I（指稳压电路输入电压）保持不变，由于负载变化而引起的输出电压变化量与输出电流变化量之比，即

$$R_o = \left.\frac{\Delta U_o}{\Delta I_o}\right| U_I\text{=常数}$$

（4）稳压系数 S（电压调整率）。稳压系数定义为：当负载保持不变，输出电压相对变化量与输入电压相对变化量之比，即

$$S = \left.\frac{\Delta U_o / U_o}{\Delta U_I / U_I}\right| R_L\text{=常数}$$

由于工程上常把电网电压波动±10%作为极限条件，因此也有将此时输出电压的相对变化 $\Delta U_o/U_o$ 作为衡量指标，称为电压调整率。

（5）纹波电压。输出纹波电压是指在额定负载条件下，输出电压中所含交流分量的有效值（或峰值）。

3．实训设备与器件

可调工频电源　　　1 个
双踪示波器　　　1 台
交流毫伏表　　　1 块
直流电压表　　　1 块
直流毫安表　　　1 块
滑线变阻器 200Ω/1A
晶体三极管 3DG6×2(9011×2)，3DG12×1(9013×1)
晶体二极管 IN4007×4　　　稳压管 IN4735×1
电阻器、电容器若干

4．实训预习内容

（1）复习教材中有关分立元件稳压电源部分内容，并根据实训电路参数估算 U_o 的可调范围及 U_o=12V 时 VT_1，VT_2 管的静态工作点（假设调整管的饱和压降 $U_{CE1S}\approx 1V$）。

（2）说明图 8.30 中 U_2、U_I、U_o 的物理意义，并从实训仪器中选择合适的测量仪表。

（3）在桥式整流电路实训中，能否用双踪示波器同时观察 u_2 和 u_L 波形，为什么？

（4）在桥式整流电路中，如果某个二极管发生开路、短路或反接三种情况，将会出现什么问题？

（5）当稳压电源输出不正常，或输出电压 U_o 不随取样电位器 R_w 而变化时，应如何进行检查找出故障所在？

5．实训步骤

（1）整流滤波电路测试。按图 8.31 连接实训电路。取可调工频电源电压为 16V，作为整流电路输入电压 u_2。

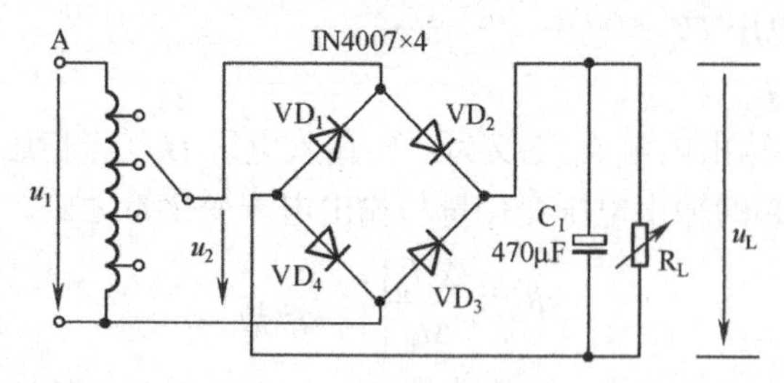

图 8.31　整流滤波电路

① 取 R_L=240Ω，不加滤波电容，测量直流输出电压 U_L 及纹波电压，并用示波器观察 u_2 和 u_L 波形，记入表 8.2。

② 取 R_L=240Ω，C=470μF，重复内容①的要求，记入表 8.2。

③ 取 R_L=120Ω，C=470μF，重复内容①的要求，记入表 8.2。

表 8.2　整流滤波电路测试记录表（U_2=16V）

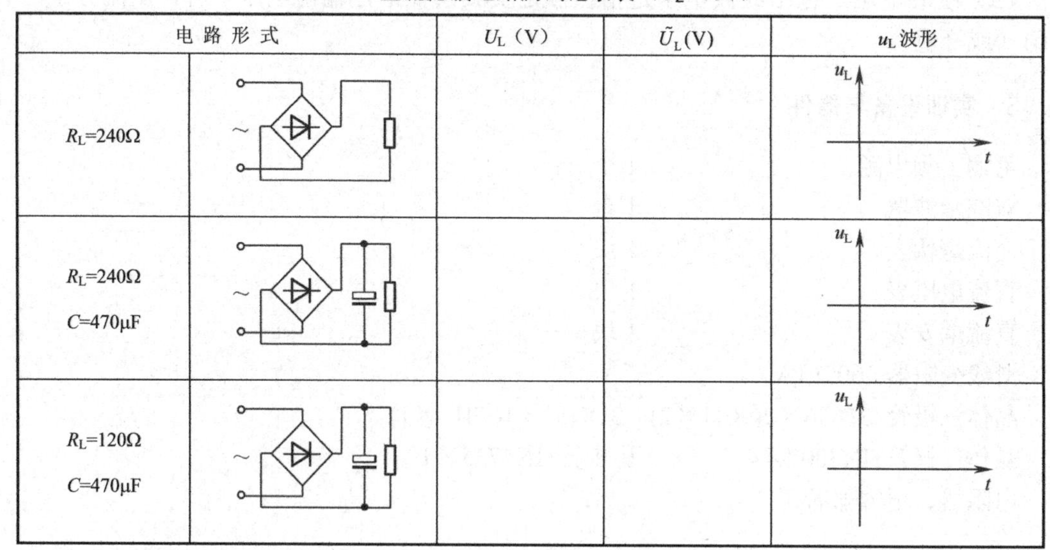

电路形式		U_L（V）	$\tilde{U}_L$(V)	u_L 波形
R_L=240Ω				
R_L=240Ω C=470μF				
R_L=120Ω C=470μF				

注意

a．每次改接电路时，必须切断工频电源。

b．在观察输出电压 u_L 波形的过程中，“Y 轴灵敏度”旋钮位置调好以后，不要再变动，否则将无法比较各波形的脉动情况。

（2）串联型稳压电源性能测试。切断工频电源，按图 8.30 连接实训电路。

① 初测。稳压器输出端负载开路，断开保护电路，接通 16V 工频电源，测量整流电路输入电压 u_2，滤波电路输出电压 U_I（稳压器输入电压）及输出电压 U_o。调节电位器 R_W，观察 U_o 的大小和变化情况，如果 U_o 能跟随 R_W 线性变化，这说明稳压电路各反馈环路工作基本正常。否则，说明稳压电路有故障，因为稳压器是一个深负反馈的闭环系统，只要环路中任一个环节出现故障（某管截止或饱和），稳压器就会失去自动调节作用。此时可分别检查基准电压 U_Z，输入电压 U_I，输出电压 U_o，以及比较放大器和调整管各电极的电位（主要是 U_{BE} 和 U_{CE}），分析它们的工作状态是否都处在线性区，从而找出不能正常工作的原因。排除故障以后就可以进行下一步测试。

② 测量输出电压可调范围。接入负载 R_L（滑线变阻器），并调节 R_L，使输出电流 $I_o \approx$ 100mA。再调节电位器 R_W，测量输出电压可调范围 $U_{omin} \sim U_{omax}$。且使 R_W 动点在中间位置附近时 U_o=12V。若不满足要求，可适当调整 R_1、R_2 之值。

③ 测量各级静态工作点。调节输出电压 U_o=12V，输出电流 I_o=100mA，测量各级静态工作点，记入表 8.3。

表 8.3　各级静态工作点测试记录表（U_2=16V，U_o=12V，I_o=100mA）

	VT_1	VT_2	VT_3
U_B（V）			
U_C（V）			
U_E（V）			

④ 测量稳压系数 S。取 I_o=100mA，按表 8.3 改变整流电路输入电压 U_2（模拟电网电压波动），分别测出相应的稳压器输入电压 U_I 及输出直流电压 U_o，记入表 8.4。

⑤ 测量输出电阻 R_o。取 U_2=16V，改变滑线变阻器位置，使 I_o 为空载、50mA 和 100mA，测量相应的 U_o 值，记入表 8.5。

表 8.4　稳压系数测试记录表（I_o=100mA）

测　试　值			计算值
U_2（V）	U_I（V）	U_o（V）	S
14			S_{12}=
16		12	
18			S_{23}=

表 8.5　输出电阻测试记录表（U_2=16V）

测　试　值		计算值
I_O（mA）	U_o（V）	R_o（Ω）
空载		R_{o12}=
50	12	
100		R_{o23}=

⑥ 测量输出纹波电压。取 U_2=16V，U_o=12V，I_o=100mA，测量输出纹波电压 U_o，并记录。

⑦ 调整过流保护电路。

a. 断开工频电源，接上保护回路，再接通工频电源，调节 R_W 及 R_L 使 U_o=12V，I_o=100mA，此时保护电路应不起作用。测出 VT_3 管各极电位值。

b. 逐渐减小 R_L，使 I_o 增加到 120mA，观察 U_o 是否下降，并测出保护起作用时 VT_3 管各极的电位值。若保护作用过早或迟后，可改变 R_6 值进行调整。

c. 用导线瞬时短接一下输出端，测量 U_o 值，然后去掉导线， 检查电路是否能自动恢复正常工作。

6. 实训报告要求

（1）对表 8.2 所测结果进行全面分析，总结桥式整流、电容滤波电路的特点。

（2）根据表 8.4 和表 8.5 所测数据，计算稳压电路的稳压系数 S 和输出电阻 R_o，并进行分析。

（3）分析讨论实训中出现的故障及其排除方法。

本 章 小 结

1. 直流稳压电源的功能是将电网交流电压转换为稳定输出的直流电压。它一般由电源变压器、整流电路、滤波电路和稳压电路组成。

2．整流电路的功能是将正、负交替变化的交流电压转换成单方向脉动的直流电压，最常用的是桥式整流电路。

3．滤波电路的作用是滤除整流后脉动直流电压中的脉动成分。最基本的滤波电路有电容滤波和电感滤波电路，小电流负载时用电容滤波电路：大电流负载时用电感滤波电路。若单纯的电容和电感滤波电路的滤波效果不佳时，可采用复式滤波电路。

4．稳压电路的作用是在电网电压和负载电流变化时，保持输出电压基本不变。稳压电路分线性稳压电路和开关型稳压电路两大类。线性稳压电路效率低，多用于小功率电源中；开关型稳压电路效率高，多用于中、大功率电源中。两类电路均有集成化或模块化产品可供选用。

5．串联反馈式稳压电路由基准电压电路、取样电路、比较放大电路和调整管组成。其中，调整管工作在线性放大区，利用控制调整管的管压降来调整输出电压，它实质上是通过引入电压串联负反馈来稳定输出电压的。

6．三端集成稳压器仅有三个接线端，使用方便，稳压性能好。如LM78xx/LM79xx系列为固定式三端稳压器；LM137（237，337）等系列为可调式三端稳压器。

7．开关电源的调整管工作在开关状态，通过控制调整管的饱和导通与截止时间的比例来稳定输出电压。它的控制方式有脉宽调制型（PWM）、脉频调制型（PFM）和混合调制型。

习 题 8

8.1 直流稳压电源由________、________、________和________组成。

8.2 直流稳压电源输出电压波动的原因有________、________、________。

8.3 滤波电路的主要作用是________，采用的主要元件是________和________。

8.4 在硅稳压管稳压电路中，稳压管和负载采用________的连接形式，电阻 R 与负载采用________连接形式，电阻R的作用是________。

8.5 带有放大环节的串联型稳压电源的调整管与负载之间采用________的连接形式，调整管常处于________工作状态，其输出电压的调整是通过________来实现的。

8.6 三端固定式集成稳压器的三个端子分别是________、________、________，三端可调式集成稳压器的三个端子分别是________、________、________。

8.7 三端集成稳压器CW7805的输出电压是________，最大输出电流是________；CW7912的输出电压是________，最大输出电流是________。

8.8 开关稳压电源由________、________、________和________组成，调整管常处于________工作状态。

8.9 整流电路的作用是什么？常见的整流电路有哪几种？各有什么特点？

8.10 为什么一般直流电源（整流电路）的输出电压随负载变化而发生波动？

8.11 电容滤波电路中，滤波电容漏电，容量失效，对电路有什么影响？

8.12 画出桥式整流电路图，若输出电压 $U_L = 9V$，负载电流 $I_L = 1A$，试求：

（1）电源变压器次级绕组电压 U_2 的值；

（2）整流二极管承受的最大反向电压 U_{RM}；

（3）流过二极管的平均电流 I_D。

8.13 滤波电路的作用是什么？常见的滤波电路有哪几种？各有什么特点？

8.14 电路如图8.32所示：

（1）输出平均电压 U_{o1} 和 U_{o2} 的值，并标出其极性；

（2）流过二极管 VD_1、VD_2 和 VD_3 中的平均电流值；

（3）VD_1、VD_2 和 VD_3 所承受的最大反向电压值。

8.15　电路如图 8.33 所示。

（1）标出 U_{o1}、U_{o2} 对公共地的极性；

（2）如果 $U_{21} = U_{22} = 20V$，则输出平均电压 U_{o1} 和 U_{o2} 各是多少？

（3）如果 $U_{21} = 22V$，$U_{22} = 18V$，画出 U_{o1} 和 U_{o2} 的波形，并计算 U_{o1} 和 U_{o2} 的平均值。

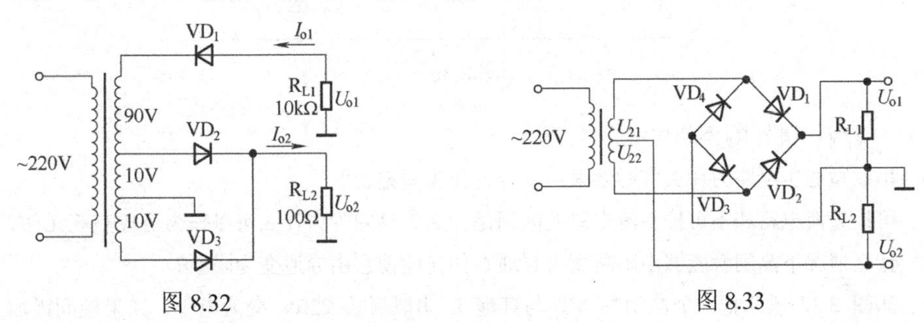

图 8.32　　　　图 8.33

8.16　在如图 8.34 所示的电路中，$U_2 = 20V$，在工程实践中如果发现有以下现象，试分别说明产生的原因。用直流电压表测得：$U_1 = 18V$；$U_1 = 9V$；$U_1 = 24V$。

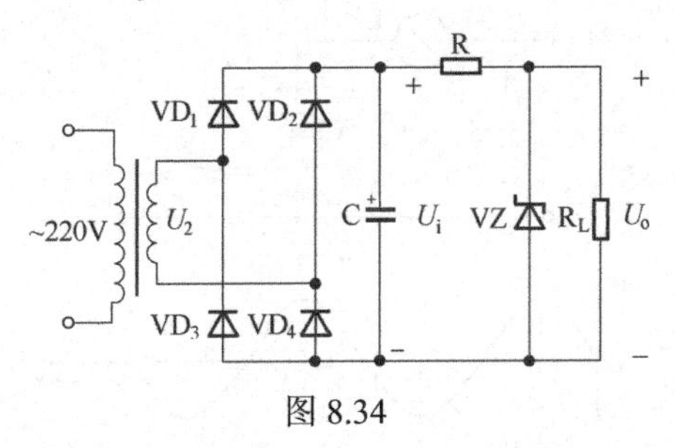

图 8.34

8.17　如图 8.35 所示为三端集成稳压器的两种应用电路，试说明其工作原理。

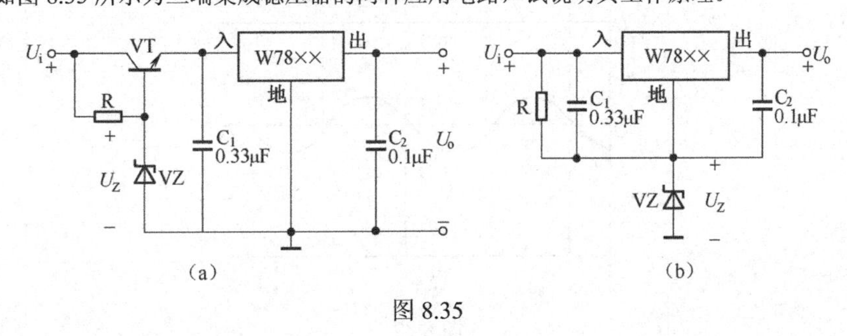

图 8.35

8.18　电路如图 8.36 所示，已知 $U_Z = 5.3V$，$R_3 = R_4 = R_P = 3k\Omega$，要求负载流 $I_L = 0 \sim 50mA$。

（1）计算输出电压的调节范围；

（2）若调整管 VT_1 的最低管压降 U_{CE1} 为 3V，试计算变压器副边电压的有效值 U_2。

8.19　如图 8.36 所示，已知 $U_i = 24V$，稳压管的稳压值 $U_Z = 5.3V$，三极管的 $U_{BE} = 0.7V$，$U_{CES1} = 2V$。在工程实践中若发生如下异常现象，试找出故障原因。

（1）U_i 比正常值（24V）低，约为 18V，且脉动很大，调节 R_P 时，U_o 可随之改变，但稳压效果差；

（2）U_i 比正常值高，约为 28V，U_o 很低，接近 0V，调节 R_P 不起作用；

（3）$U_o \approx 4.6V$，调节 R_P 不起作用；

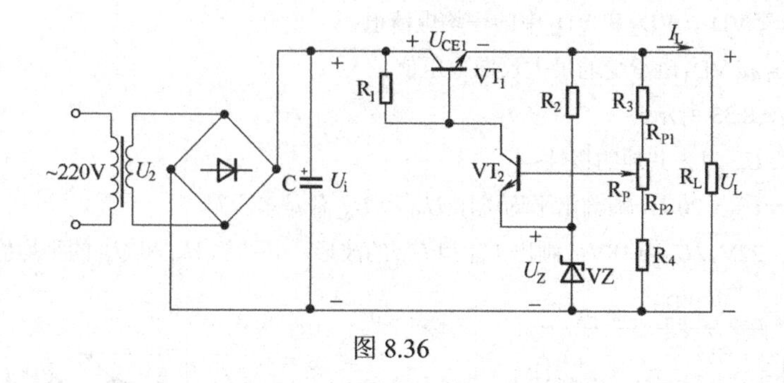

图 8.36

（4）U_o≈22V，调节 R_P 不起作用。

8.20　串联型稳压电路为什么有时要采用复合管作为调整管？

8.21　可控整流电路和不可控整流电路的区别是什么？晶闸管为什么可以作为可控整流元件？

8.22　什么情况下晶闸管能够由阻断变为导通？如何能使它由导通变为阻断？

8.23　如图 8.37 所示把一个晶闸管 VT 与灯泡 L 串联后接 220V 交流电压，如果控制极加上如图中（c）、（d）、（e）所示的直流、正弦交流及尖脉冲三种触发电压波形，试画出在正弦交流电源电压 u_a 的作用下，负载两端的三种输出电压波形，并加以比较。

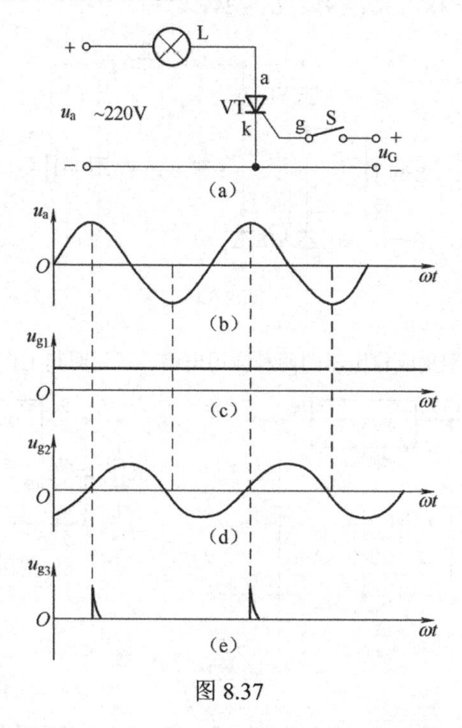

图 8.37

8.24　某电热设备（电阻性负载），要求直流电压 U_L=75V，电流 7.5A，采用单相半波可控整流电路，直接由 220V 交流电网供电，请：

（1）画出主电路图；

（2）计算导通角 θ；

（3）画出有关电压、电流波形图；

（4）选择晶闸管的额定电压。

第 9 章 Multisim 10 仿真

9.1 电路仿真软件应用背景及现状

随着电子和计算机技术的进步，推进了 EDA 技术的普及与发展，从而推动了一场新的电子电路设计革命，使得电子工程师大量的设计工作可以通过计算机来完成。传统的电子线路的设计过程要经过设计方案提出、方案验证和修改三个阶段，一般是采用搭接实验电路的方法进行，往往需要经过实验和修改的反复过程，直到设计出正确的电路。采用 EDA 工具，使得电子工程师可以将电子产品从电路设计、性能分析到设计出印制板的整个过程在计算机上自动处理完成。

目前，EDA 软件种类较多，下面简单介绍几种常见的电路仿真软件。

1. Protel

Protel 是由 Protel 公司开发的 EDA 工具软件，利用该软件可以在计算机上轻松地完成从对电路的构思到电路原理图的搭接，从仿真调试到元器件参数的确定，一直到生成所需要的印制电路板图，并产生制版文件和材料清单。使用 Protel 业余爱好者也可设计出高质量的印制电路板来。

2. Protues

Protues 软件是 Labcenter electronics 公司开发的 EDA 工具软件。它不仅具有其他 EDA 工具软件的仿真功能，还能仿真单片机及外围器件，它已受到单片机爱好者、从事单片机教学的教师、致力于单片机开发应用的科技工作者的青睐。

3. MATLAB

MATLAB 是 MathWorks 公司自 20 世纪 80 年代中期推出的数学软件，具有优秀的数值计算能力和卓越的数据可视化能力，可以提供与矩阵有关的强大的数据处理和图形显示功能，为软件开发人员在程序编制过程中实现数值计算和图形显示新添了又一行之有效的开发平台，所以一经推出便很快在数学软件中脱颖而出。随着版本的不断升级，它在数值计算及符号计算功能上得到了进一步完善。

4. PSpice

PSpice 软件是电子电路计算机辅助分析和设计中的 1 个通用软件，对电路模拟分析的精度比较高，通过软件可以画出相应的电路，直接进入计算机模拟分析阶段，具有直观、方便有效的特点。

与上述电路仿真软件相比，Multisim 是 NI 公司（美国国家仪器公司）推出的电子电路仿真设计软件，具有自己的特点。

9.2 Multisim 的特点

1. 系统高度集成，界面直观，操作方便

Multisim 将原理图的创建、电路的测试分析和结果的图表显示等全部集成到同一个窗口

中。整个操作界面就像一个实验工作台，有存放仿真元件的元件库，有存放测试仪表的仪器库，还有进行仿真分析的各种操作命令。测试仪表和某些仿真元件的外形与实物非常接近，操作方法也基本相同，因而该软件易学易用。创建电路、选用元器件和测试仪器等均可直接从屏幕上元件库和仪器库中选取。测试仪器操作面板与实验室内实际仪器相差无几，操作起来得心应手。与目前流行的某些 EDA 仿真软件相比，更具有人性化设计特色。

一切电路的分析、设计与仿真工作都蕴含于轻点鼠标之间，不仅为电子电路设计者带来了无尽的乐趣，而且大大提高了电子设计工作的质量与效率。

2. 有完备的电路分析功能

Multisim 基本能满足一般电子电路的分析设计要求。此外它还可以对被仿真电路中的元件设置各种故障，如开路、短路和不同程度的漏电等，从而观察到在不同故障情况下的电路工作状况。在进行仿真的同时，它还可以存储测试点的所有数据，列出被仿真电路的所有元器件清单，以及存储测试仪器的工作状态、显示波形和具体数值等。

3. 灵活方便，功能不断扩展

在 Multisim 中，与现实元件对应的元件模型丰富，增强了仿真电路的实用性；元件编辑器给用户提供了自行创建或修改所需元件模型的工具；元件之间的连接方式灵活，可创建电子电路并允许当作一个元器件使用，从而增大了电路的仿真规模；提供了多种输入输出接口，如可以输入由 PSpice 等其他电路仿真软件所创建的 Spice 网表文件，并自动生成电路原理图，也可以把 Multisim 环境下创建的电路原理图文件输出给 Protel，专业版的 Multisim 还支持 VHDL 和 Verilog 语言等；NI 公司（美国国家仪器公司）还推出了自己的 PCB 软件 Ultiboard 与 Multisim 配合使用，可以完成电路原理图输入、电路分析、仿真、制作印制电路板全套自动化工序，如果再加上自动布线模块 Ultiroute 和通信电路分析与设计模块 Commsim 等，功能就更加强大。另外，Multisim 提供目前众多通用电路仿真软件所不具备的射频电路仿真。

Multisim 提炼了 Spice 仿真的复杂内容，这样不必懂得深入的 Spice 技术就可以很快地进行原理图捕获、仿真和分析，这也使其更适合电子学教学。

针对不同的用户需要，Multisim 有教育版、专业版和个人版等多个版本。本章对教育版进行简要说明，并通过对我们在前面章节已了解的电路形式的 Multisim 仿真举例，使学生具备基本的电路仿真知识，更好更快地设计电子电路。

9.3 Multisim 10.1 简介

1．Multisim 10.1 界面

启动 Multisim 10.0 后，将出现如图 9.1 所示的界面，界面由多个区域构成：菜单栏，工具栏，电路工作区，元器件栏，仪器仪表栏等。通过对各部分的操作可以实现电路图的输入、编辑，并根据需要对电路进行相应的观测和分析。用户还可以通过菜单或工具栏改变主窗口的视图内容。

2．元器件栏

元器件栏包含了一些我们常用的元器件库，主要包括：信号源库、基本元器件库、二极

管、晶体管等，如图 9.2 所示。通过这部分的操作可以帮助我们快速找到所需的元器件，大大提高了画图效率。仿真软件中的元件都经过理想化处理，所以只能进行电路的功能测试。

菜单栏
工具栏
元器件栏
Circuit1 - Multisim - [Circuit1]
File Edit View Place MCU Simulate Transfer Tools Reports Options Window Help
In Use List
Design Toolbox
Circuit1
Circuit1
电路工作区
Hierarchy
Visibility
Project View
Circuit1
状态栏
仪器仪表栏

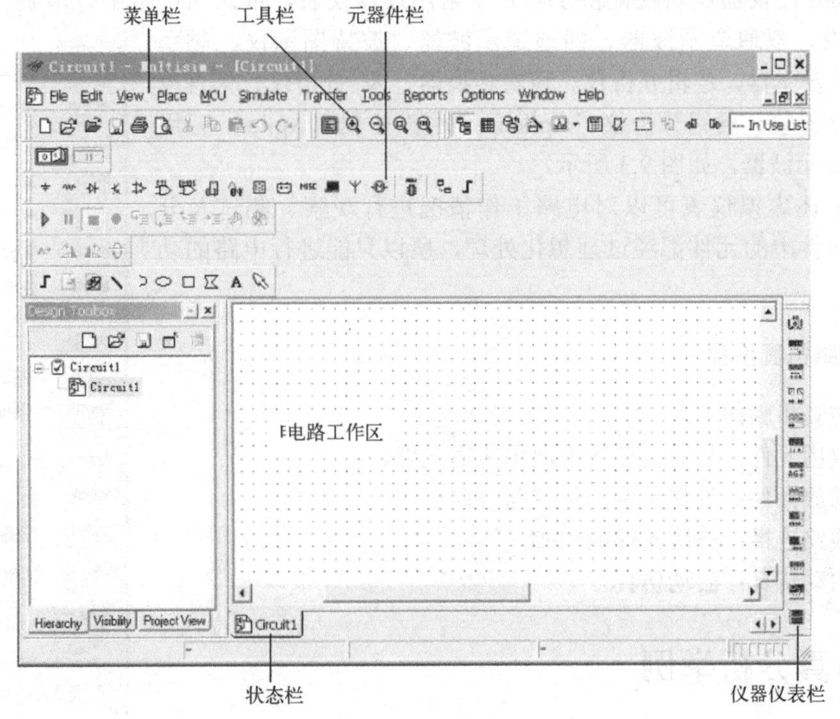

图 9.1　整体界面

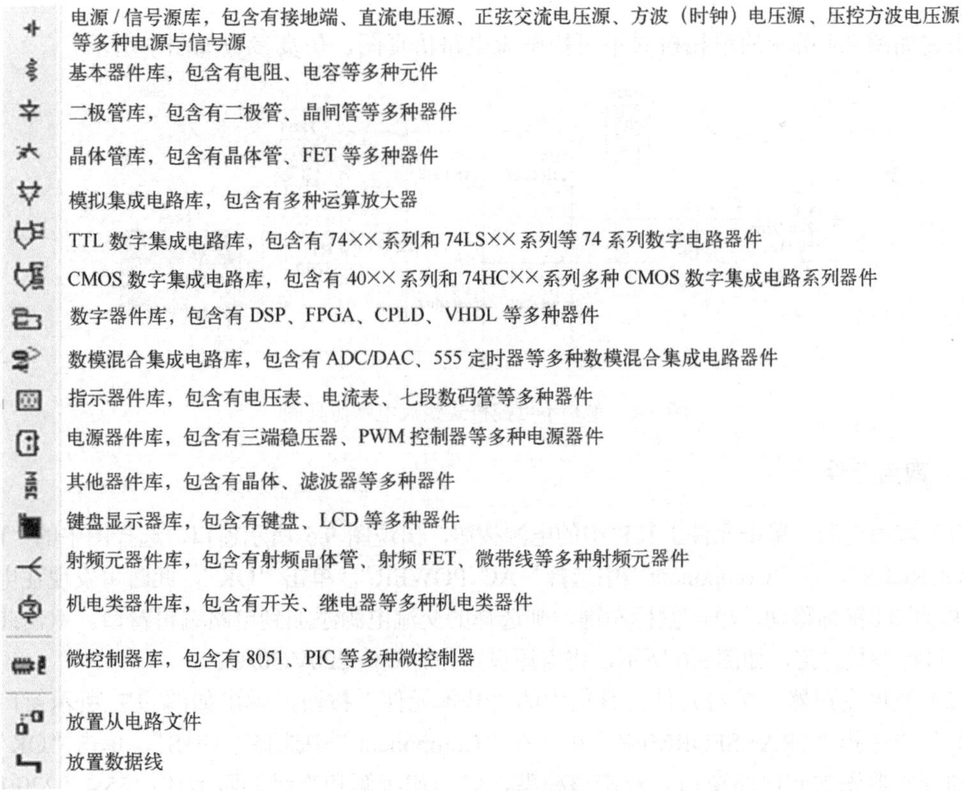

电源 / 信号源库，包含有接地端、直流电压源、正弦交流电压源、方波（时钟）电压源、压控方波电压源等多种电源与信号源
基本器件库，包含有电阻、电容等多种元件
二极管库，包含有二极管、晶闸管等多种器件
晶体管库，包含有晶体管、FET 等多种器件
模拟集成电路库，包含有多种运算放大器
TTL 数字集成电路库，包含有 74×× 系列和 74LS×× 系列等 74 系列数字电路器件
CMOS 数字集成电路库，包含有 40×× 系列和 74HC×× 系列多种 CMOS 数字集成电路系列器件
数字器件库，包含有 DSP、FPGA、CPLD、VHDL 等多种器件
数模混合集成电路库，包含有 ADC/DAC、555 定时器等多种数模混合集成电路器件
指示器件库，包含有电压表、电流表、七段数码管等多种器件
电源器件库，包含有三端稳压器、PWM 控制器等多种电源器件
其他器件库，包含有晶体、滤波器等多种器件
键盘显示器库，包含有键盘、LCD 等多种器件
射频元器件库，包含有射频晶体管、射频 FET、微带线等多种射频元器件
机电类器件库，包含有开关、继电器等多种机电类器件
微控制器库，包含有 8051、PIC 等多种微控制器
放置从电路文件
放置数据线

图 9.2　元器件栏

3．虚拟仪表

Multisim 在仪器仪表栏提供了 17 个常用仪器仪表，依次为：数字万用表、函数发生器、瓦特表、双通道示波器、四通道示波器、波特图示仪、频率计、字信号发生器、逻辑分析仪、逻辑转换器、IV 分析仪、失真度仪、频谱分析仪、网络分析仪、Agilent 信号发生器、Agilent 万用表、Agilent 示波器，如图 9.3 所示。

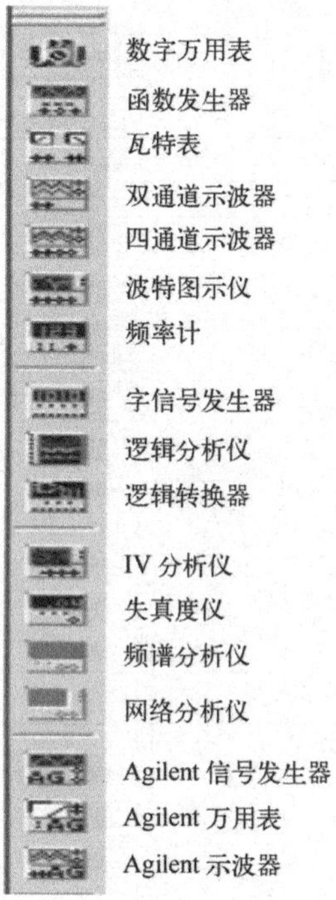

使用上述虚拟仪表可以对电路工作情况进行观察、测试及分析，仿真软件中的元件都经过理想化处理，所以只能进行电路的功能测试。

数字万用表
函数发生器
瓦特表
双通道示波器
四通道示波器
波特图示仪
频率计
字信号发生器
逻辑分析仪
逻辑转换器
IV 分析仪
失真度仪
频谱分析仪
网络分析仪
Agilent 信号发生器
Agilent 万用表
Agilent 示波器

图 9.3 虚拟仪表

4．电路仿真步骤

电路仿真步骤如下：

（1）取用元件：从元器件库中取用所需元件。

（2）摆放元件：调整元件的位置与方向。

（3）线路连接：连接元件的引脚。

（4）启动仿真：启动仿真。

9.4 仿真分析举例

9.4.1 单相不可控桥式整流电路

搭建如图 9.4 所示的单相桥式不可控整流电路仿真图，仿真参数如图中所示。

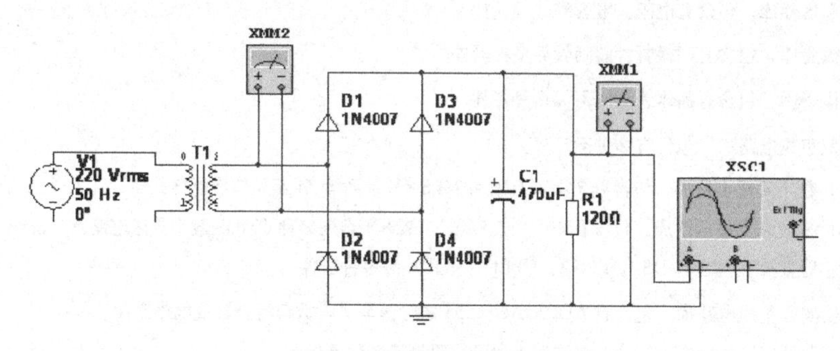

图 9.4 单相不可控桥式整流电路仿真图

1．取用元件

（1）取用电源。单击元件工具栏中的电源按钮，出现图 9.5 所示窗口，选择图中的“POWER_SOURCES”，在“Component”中选择”AC_POWER”，单击“OK”，此时可发现在电路窗口电源项跟随鼠标移动，单击鼠标左键，则选择的交流电源添加到电路编辑窗口。双击此电源模块，进行参数设定，如图 9.6 所示，将电源设定为有效值 220V/50Hz。

（2）取用变压器。单击元件工具栏中的“基本元件”按钮，弹出如图 9.7 所示窗口，在“family”中选择“TRANSFORMER”项，在“Component”中选择“1P1S”，单击“OK”，将选择的变压器添加到电路窗口。双击该模型，修改初级侧和次级侧匝数比：55:4（220:16），如图 9.8 所示，这样就将 220V/50Hz 的交流电变换成 16V/50Hz 的交流电。

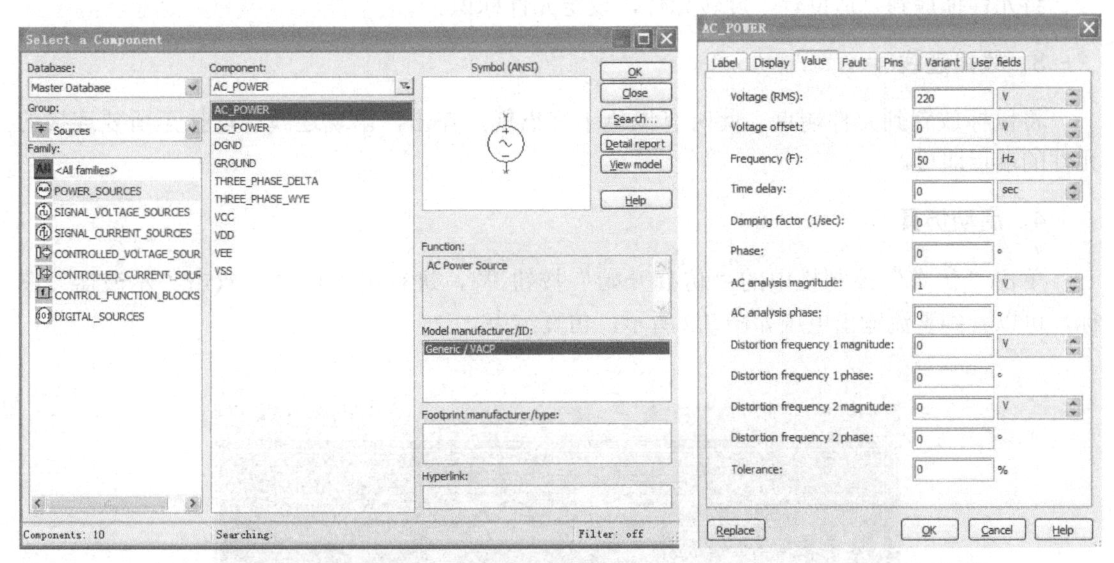

图 9.5　电源选择窗口　　　　图 9.6　电源对话窗口

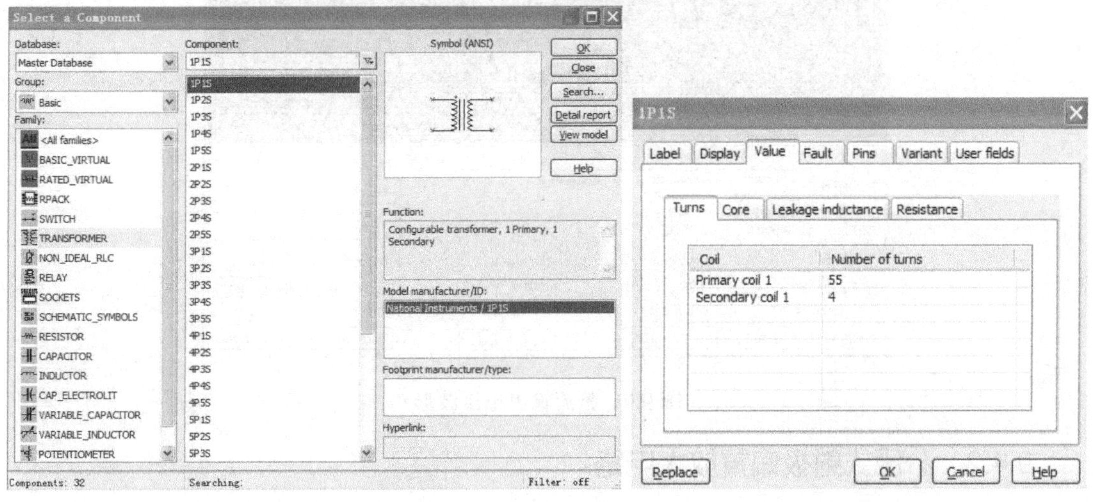

图 9.7　基本元件选择窗口　　　　图 9.8　变压器对话窗口

（3）取用整流二极管。单击元件工具栏中的“二极管”按钮，在弹出的对话窗口中，选择“Family”项中的“DIODE”，在“Component”中选择“IN4007”，添加到电路编辑窗口。同理，选择元件工具栏中的“基本元件”按钮，在“Family”中分别选择“CAP_ELECTROLIT”和“RESISTER”，选择需要的电解电容和电阻，添加到电路编辑窗口。在仪表工具栏中选择“Multimeter”（数字万用表）和“示波器”（Oscilloscope）添加到电路编辑窗口。

最后，电路中必须含有“地”，添加方法与添加交流电源类似，在元件工具栏中的“电源”选项中，选择“Family”中的“POWER_ SOURCES”，在“Component”中选择“GROUND”，添加到电路窗口中。

2. 摆放元件

将元件拖放到合适位置，旋转元件，设定元件标识。

3. 线路连线

将鼠标放置到元件端点，此时有黑色十字出现，左击，出现连线，连接至所要连接的元件的端点即可。

4. 启动仿真

单击“仿真”控制栏中的“仿真开始”按钮 ▶，进行电路仿真。双击“示波器”图标，可以看到整流输出电压如图 9.9 所示，仿真结束。

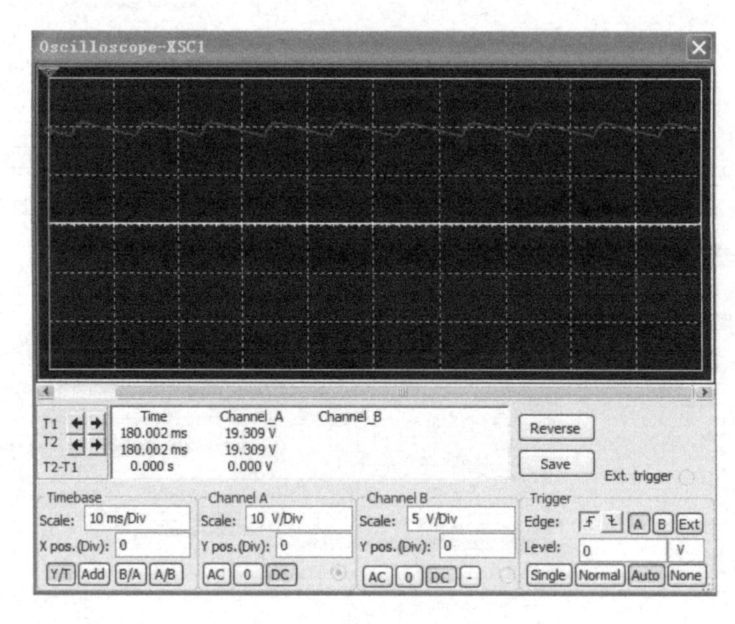

图 9.9　整流输出电压波形

9.4.2　分压式射极偏置放大电路

搭建如图 9.10 所示分压式射极偏置放大电路仿真图，仿真参数如图中所示。

首先添加元器件，如要添加如图 9.10 中所示的可变电阻 R2，可选择元件工具栏中的“基本元件”按钮，在“Family”中选择“POTENTIOMETER”，在“Component”中选择需要的电阻，之后添加到电路窗口中。添加按钮 S1、S2，可选择元件工具栏中的“机电器件”按钮，在“Family”中选择“SUPPLEMENTRY_SWITCHES”，在“Component”中选择“AIR_NO”，添加到电路窗口中。添加三极管 Q1，可选择元件工具栏中的“晶体管”按钮，在“Family”中选择“BJT_NPN”，在“Component”中选择“2N1711”，添加到电路编辑窗口中。按 9.3.1 节方法将电阻和电容也添加到电路窗口中，摆放好元器件位置之后连线。先进行静态工作点的仿真，断开开关 S1 和 S2，调节可变电阻 R2，使 U_{CE} 为 6V 左右，用万用表 XMM2 测试集电极发射极两端电压 U_{CE}，万用表 XMM1 测试集电极电流 I_C，图 9.11 所示为电压 U_{CE} 和电流 I_C 的测试值。

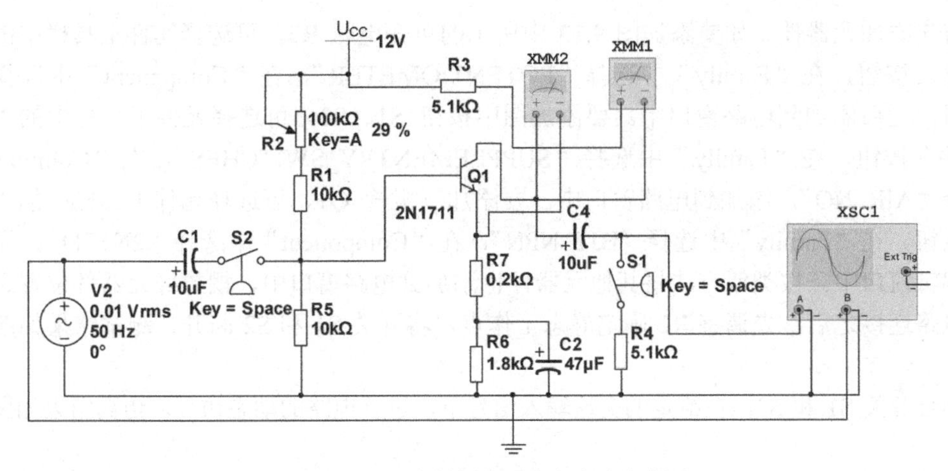

图 9.10　分压式射极偏置放大电路仿真图

在输入端接入输入信号，即闭合开关 S1 和 S2，测试输出电压并记录测试结果。图 9.12 所示为示波器显示的输入电压和输出电压波形。

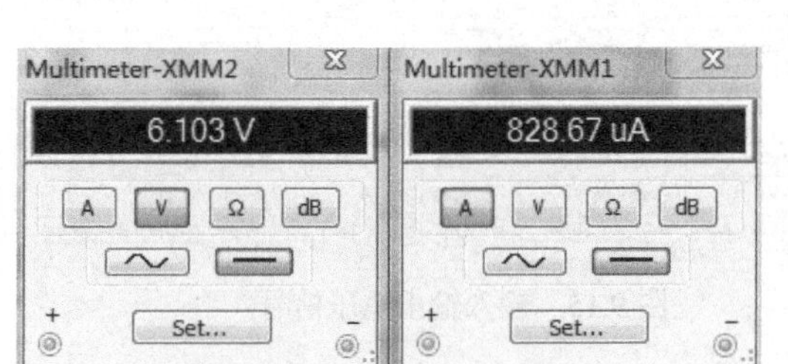

图 9.11　静态电压 U_{CE} 和电流 I_C

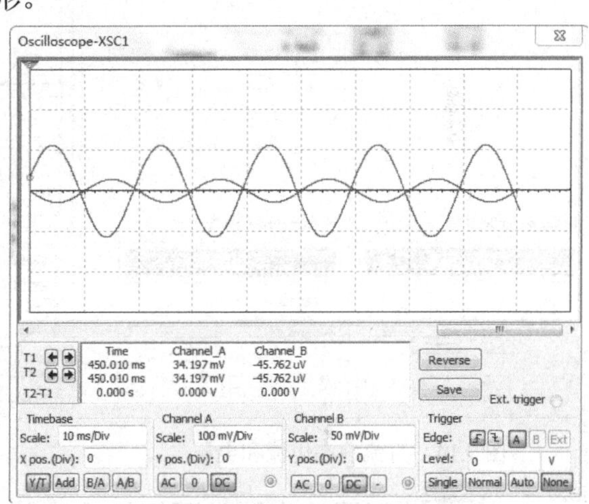

图 9.12　输入输出电压波形

9.4.3　射极输出器电路

搭建如图 9.13 所示的射极输出器电路仿真图，仿真参数如图中所示。

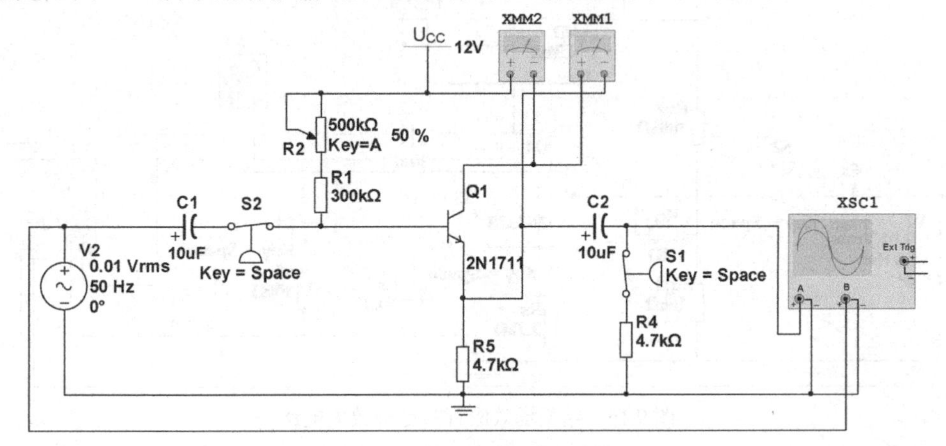

图 9.13　射极输出器电路仿真图

首先添加元器件。如要添加图 9.13 中所示的可变电阻 R2，可选择元件工具栏中的“基本元件”按钮，在“Family”中选择“POTENTIOMETER”，在“Component”中选择需要的电阻，之后添加到电路窗口中。要添加图中按钮 S1、S2，可选择元件工具栏中的“机电元器件”按钮，在“Family”中选择“SUPPLEMENTRY_SWITCHES”，在“Component”中选择“AIR_NO”，添加到电路窗口中。要添加三极管 Q1，可选择元件工具栏中的“晶体管”按钮，在“Family”中选择“BJT_NPN”，在“Component”中选择“2N1711”，添加到电路编辑窗口中。按类似方法将其他元器件也添加到电路窗口中，摆放好元器件位置之后连线。电路连接之后，先调整 R2 确定静态工作点，将开关 S1 和 S2 断开，测试结果如图 9.14 所示。

闭合开关 S1 和 S2，在给定的交流输入信号下，进行电路的动态仿真，仿真结果如图 9.15 所示。

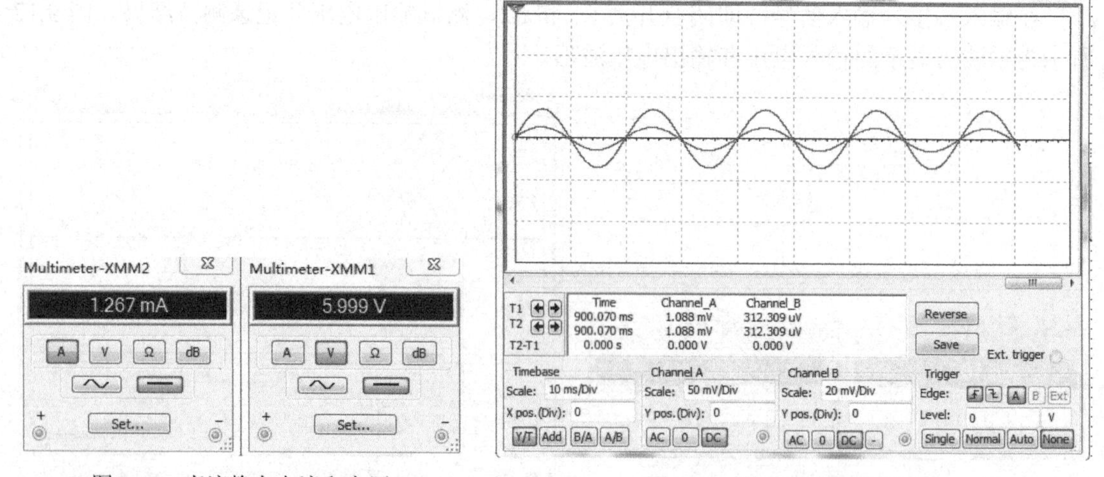

图 9.14　直流静态电流和电压　　　　图 9.15　输入输出电压信号

9.4.4　结型场效应管共源极放大电路

搭建如图 9.16 所示的结型场效应管共源极放大电路仿真图，仿真参数如图中所示。

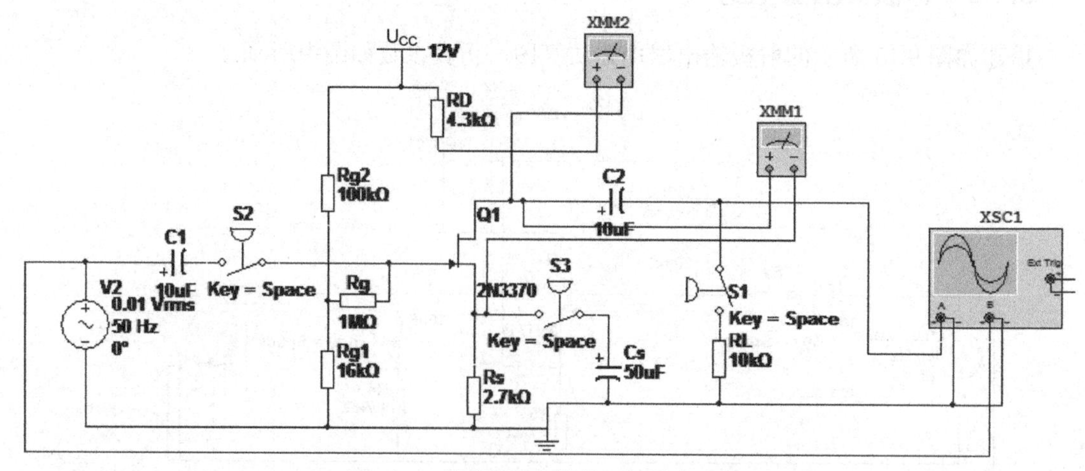

图 9.16　结型场效应管共源极放大电路

首先添加元器件。如要添加图中所示的 Q1 场效应管，选择元件工具栏中的“晶体管”按钮，在“Family”中选择“JFET_N”，在“Component”中选择“2N3370”，添加到电路编辑窗口中。选择其他的元器件添加到电路窗口中，摆放好各个元器件，连接线路。先确定静态工作点，断开开关 S1、S2 和 S3，测试的静态工作点如图 9.17 所示。在给定的交流信号（如图 9.18 所示）下测试的输出电压如图 9.19 所示。

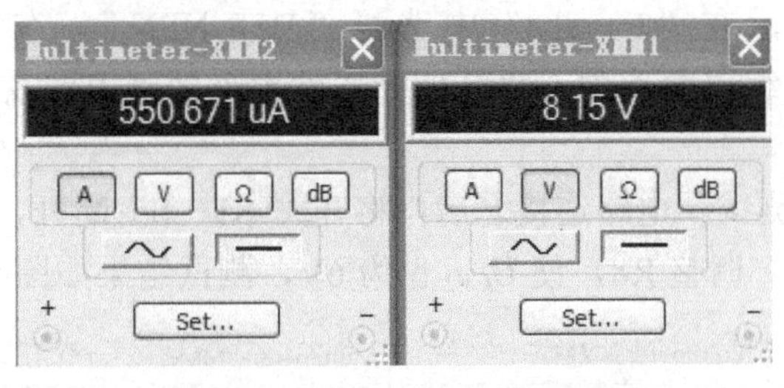

图 9.17　静态工作电流和电压

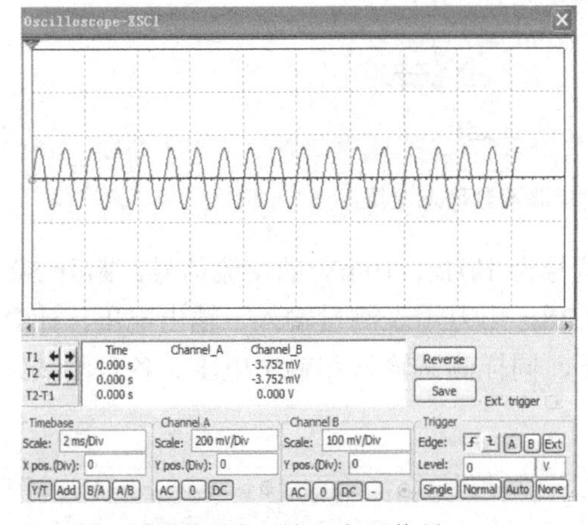

图 9.18　输入电压信号

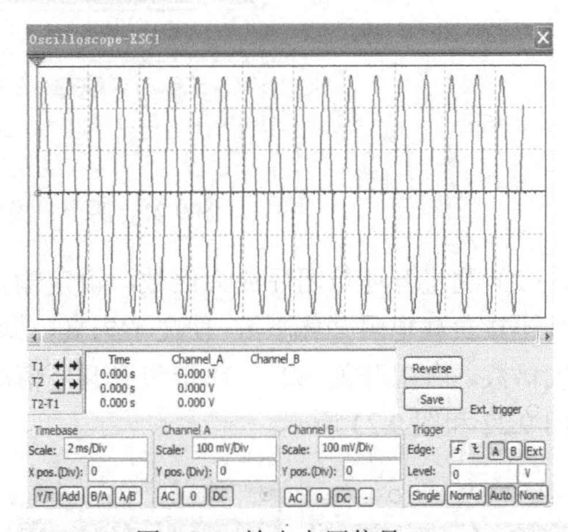

图 9.19　输出电压信号

9.4.5　负反馈放大电路

搭建如图 9.20 所示负反馈放大电路仿真图，仿真参数如图中所示。

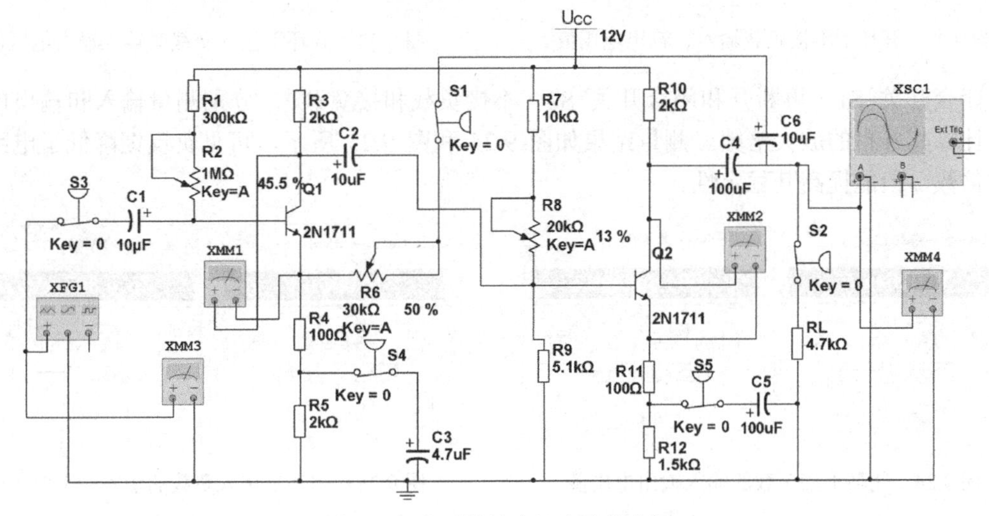

图 9.20　负反馈放大器电路仿真图

首先添加元器件，如要添加图 9.20 中所示的可变电阻 R2 和 R8，可选择元件工具栏中的“基本元件”按钮，在“Family”中选择“POTENTIOMETER”，在“Component”中选择需要的电阻，之后添加到电路窗口中。要添加图中按钮 S1～S5，可选择元件工具栏中的“机电元器件”按钮，在“Family”中选择“SUPPLEMENTRY_SWITCHES”，在“Component”中选择“AIR_NO”，添加到电路窗口中。要添加三极管 Q1，选择元件工具栏中的“晶体管”按钮，在“Family”中选择“BJT_NPN”，在“Component”中选择“2N1711”，添加到电路编辑窗口中。将其他元器件也添加到电路窗口中，摆放好元器件位置，之后连线。

（1）静态工作点的测试。电路连接之后，将开关 S1～S5 断开，以确定静态工作点。先调整 R2，使 U_{CE1} 为 6V，调整 R8，使 U_{CE2} 也为 6V，测试结果如图 9.21 所示。

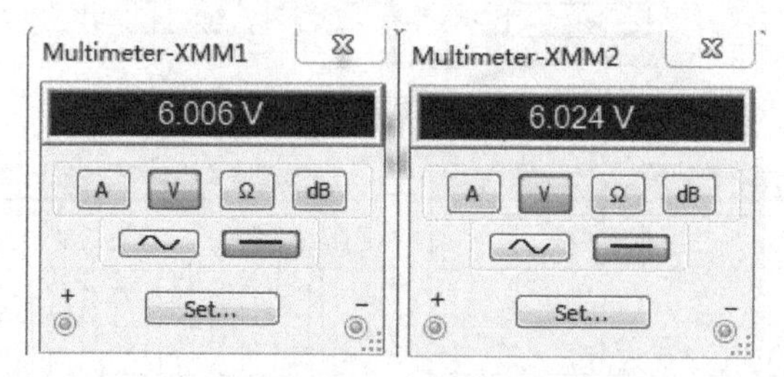

图 9.21　两个三极管 CE 端各自静态电压

（2）测量开环与闭环放大倍数。设定输入信号为 1kHz、10mV 的交流信号，断开 S2 和 S1（不接负载电阻开环下），使之不失真，微调 R8，用万用表测量输入、输出电压，计算其放大倍数。合上开关 S2，在带负载开环情况下，同样测试输入和输出电压。各自测试结果如图 9.22 和图 9.23 所示。

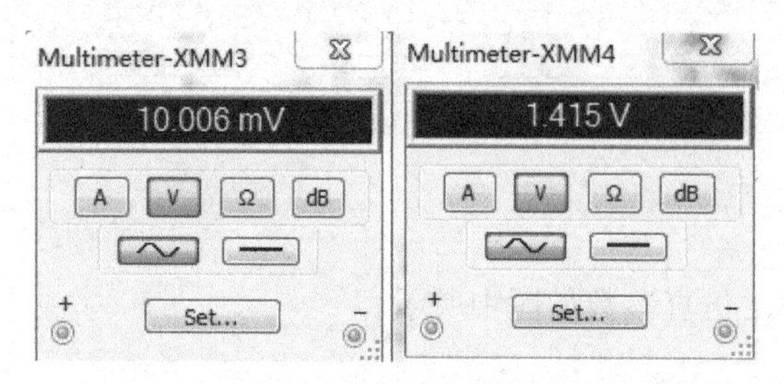

图 9.22　开环下不接负载输入、输出电压值

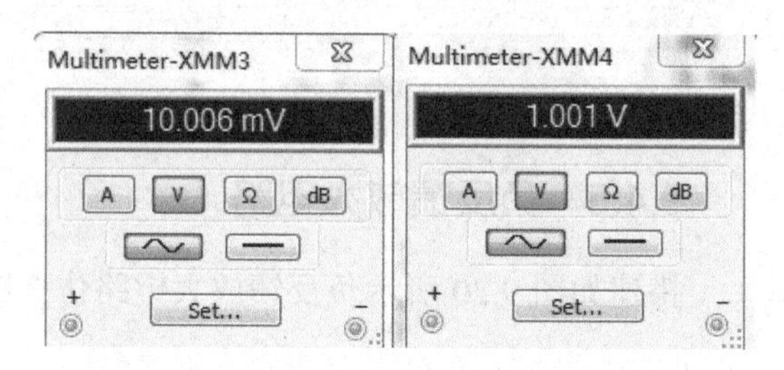

图 9.23　开环下接入负载时输入输出电压值

闭合开关 S1，再断开和闭合开关 S2（不接负载和接负载），分别测量输入和输出电压值，计算其各自的放大倍数。测量结果如图 9.24 和图 9.25 所示，可见负反馈降低了电路的放大倍数，但能提高其稳定性。

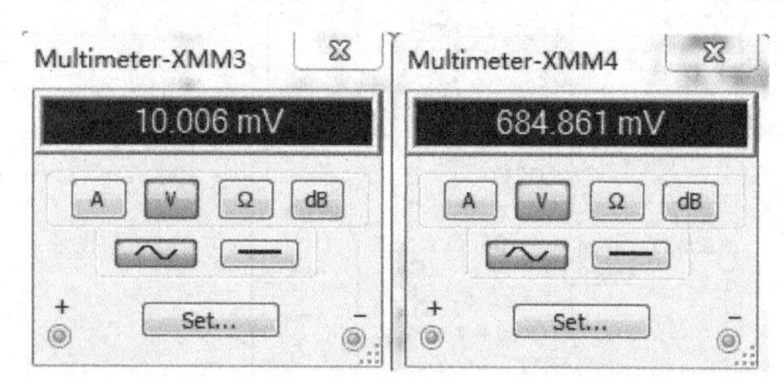

图 9.24　闭环不接负载的输入输出电压值

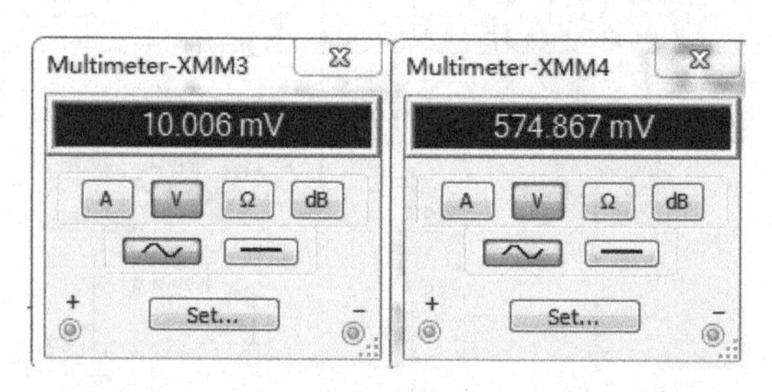

图 9.25　闭环下接入负载的输入输出电压值

（3）反馈电阻 R6 对输出电压的影响。图 9.26 所示为反馈电阻 R6 在不同值下输出电压的波形，从图中可清晰看出反馈电阻对增益的影响。

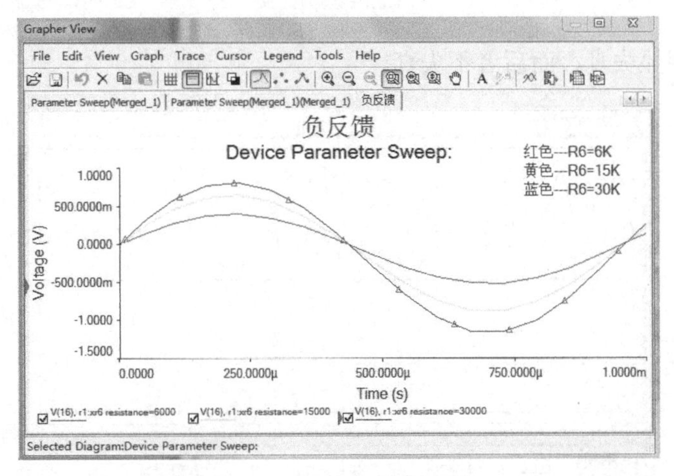

图 9.26　输出电压的波形

9.4.6　低频功率放大电路

搭建如图 9.27 所示低频功率放大电路仿真图，仿真参数如图中所示。

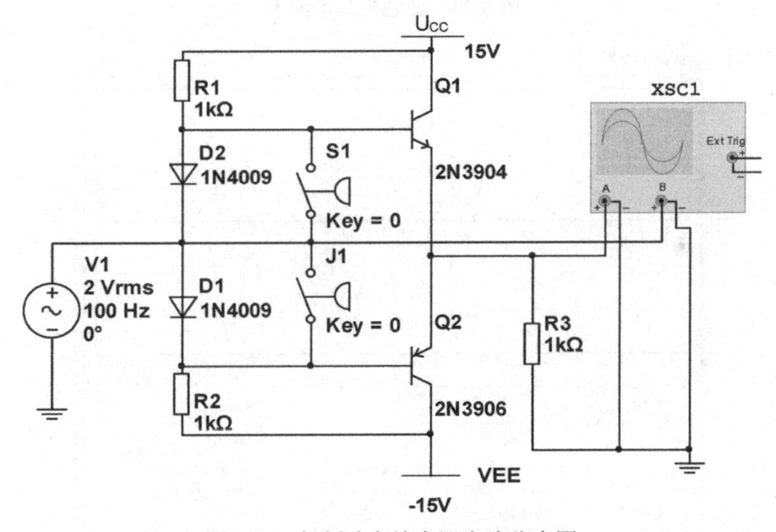

图 9.27　低频功率放大器电路仿真图

首先添加元器件，如要添加图 9.27 中所示的电阻，可选择元件工具栏中的“基本元件”按钮，在“Family”中选择“RESISTER”，在“Component”中选择需要的电阻，之后添加到电路窗口中。要添加图中按钮 S1、S2，可选择元件工具栏中的“机电元器件”按钮，在“Family”中选择“SUPPLEMENTRY_SWITCHES”，在“Component”中选择“AIR_NO”，添加到电路窗口中。要添加三极管 Q1，可选择元件工具栏中的“晶体管”按钮，在“Family”中选择“BJT_NPN”，在“Component”中选择“2N3904”，添加到电路编辑窗口中，同样可添加 Q2。将其他元器件也添加到电路窗口中，摆放好元器件位置，之后连线。

（1）闭合开关 S1、S2，观察放大器工作于乙类工作状态时的输出和输入电压波形（如

图 9.28 所示）。

（2）断开开关 S1、S2，观察输出和输入波形（如图 9.29 所示），与上述步骤观察的内容进行比较。

可见前者有明显失真，而后者不失真。

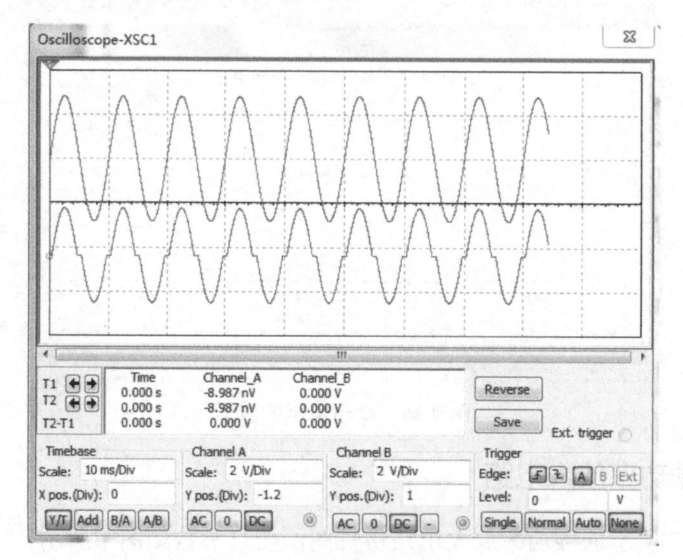

图 9.28　交越失真的波形

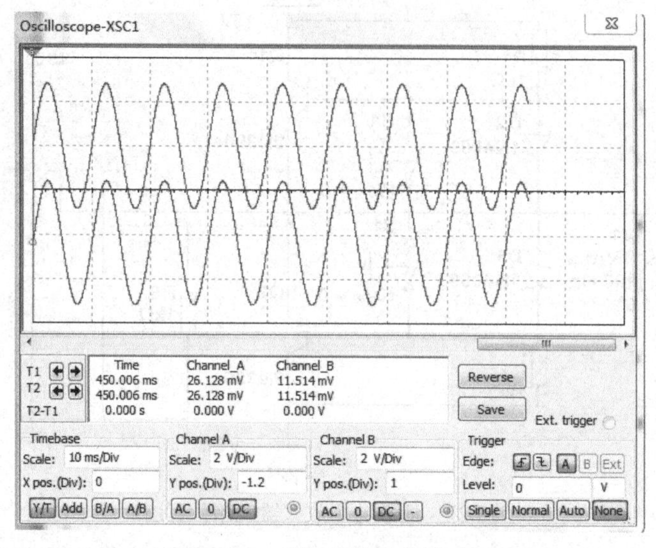

图 9.29　不失真的输出波形

9.4.7　LC 正弦振荡器电路

搭建如图 9.30 所示 LC 正弦振荡电路仿真图，仿真参数如图中所示。

首先添加元器件，如要添加图 9.30 中所示的电阻，可选择元件工具栏中的“基本元件”按钮，在“Family”中选择“RESISTER”，在“Component”中选择需要的电阻，之后添加到电路窗口中。电容和电感的添加与电阻的添加类似。要添加三极管 Q1，可选择元件工具栏中的“晶体管”按钮，在“Family”中选择“BJT_NPN”，在“Component”中选择“2N2222”，添加到电路编辑窗口中，之后连接各个元器件，进行仿真分析。

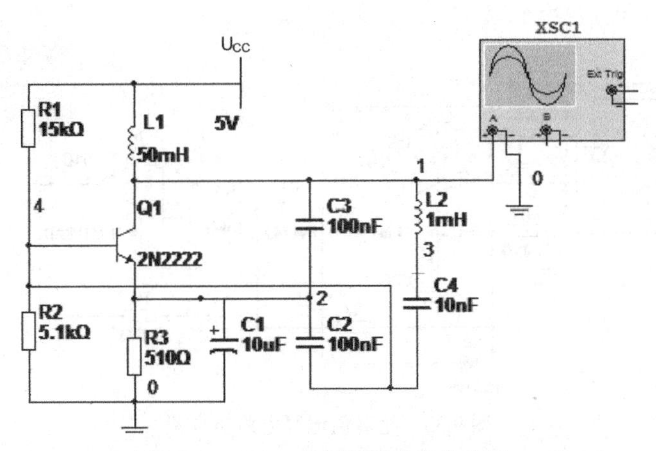

图 9.30　LC 正弦振荡器电路仿真图

使用瞬态分析方法可以观察到振荡器起振时的波形情况。选择 simulate→analyses→transient analysis，设定仿真时间：起始时间为 0，结束时间为 5ms，在“output”中添加节点 1 则 V（1）为输出结果，进行仿真，结果如图 9.31 所示。图 9.32 所示为稳定时的振荡输出。

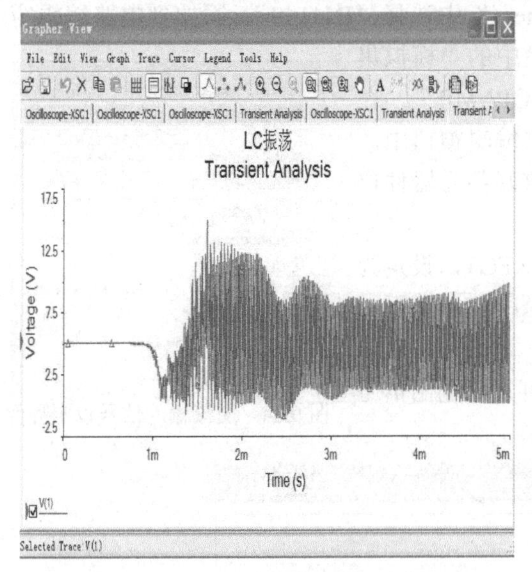

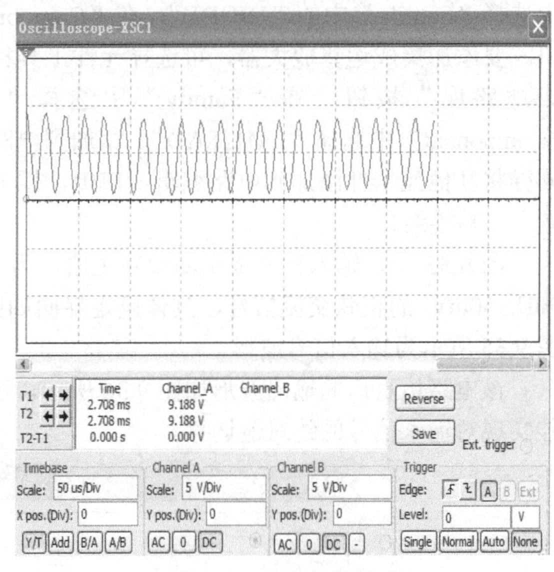

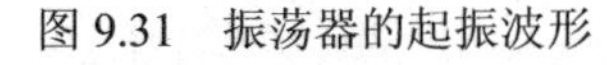

图 9.31　振荡器的起振波形　　　　图 9.32　振荡输出波形

9.4.8　绝对值运算电路

搭建如图 9.33 所示绝对值运算电路仿真图，仿真参数如图中所示。图中使用两个集成运算放大器，电路中要求 R1=R2=R3=0.5R4，具体工作过程及运算分析如下：

当输入信号 $u_{\mathrm{i}}>0$ 时，在 U1A 放大器的反馈回路中，D1 导通，D2 截止，因此 R2 上没有电流通过。对于放大器 U1B，因为 R3 上并无电流通过，此时它相当于 1 个电压跟随器，即 $u_{\mathrm{o}}=u_{\mathrm{i}}$。当 $u_{\mathrm{i}}<0$ 时，在 U1A 放大器的反馈回路中，D2 导通，D1 截止，R2 上有电流通过，因为 R1=R2，则 U1A 相当于 1 个两倍的放大器，加在 R3 左侧的电压将为 $2u_{\mathrm{i}}$。对于放大器 U1B，可以很容易推导出：

$$u_{\mathrm{o}}=\left(u_{\mathrm{i}}-2u_{\mathrm{i}}\right)\frac{R_4}{R_3}+u_{\mathrm{i}}=-u_{\mathrm{i}}\tag{9.1}$$

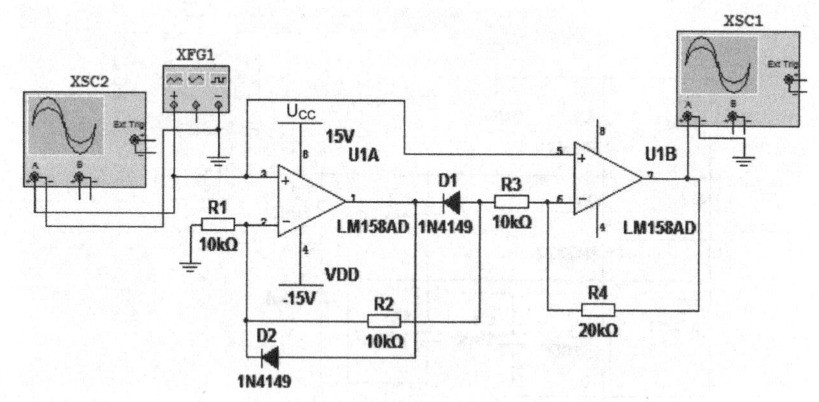

图 9.33　绝对值运算电路仿真图

可见，u_o 将永远输出正值信号，即完成了绝对值运算。

首先添加元器件，如要添加电阻 R1，可选择元件工具栏中的“基本元件”按钮，在“Family”中选择“RESISTER”，在“Component”中选择需要的电阻，之后添加到电路编辑窗口中。要添加二极管 D1，可单击元件工具栏中的“二极管”按钮，在弹出的对话窗口中选择“Family”中的“DIODE”，在“Component”中选择“IN4149”，添加到电路编辑窗口。要添加集成运算放大器，可选择元件工具栏中的“模拟集成电路库”按钮，在“Family”中选择“OPAMP”，在“Component”中选择“LM158AD”，添加到电路编辑窗口中。同样将其他元器件添加到电路编辑窗口中，摆放好各元器件位置，之后连线。

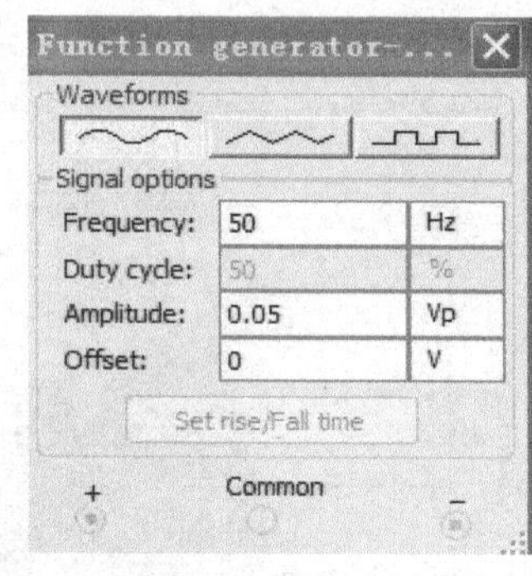

图 9.34　交流输入信号设定界面

图 9.33 中，输入信号采用函数发生器，为 XFG1，设定为 50Hz/50mV 的正弦交流信号，具体设定界面如图 9.34 所示。图 9.35 所示为输入信号波形。

该电路仿真后的输出波形如图 9.36 所示，可见，输出信号能实现对输入信号的绝对值运算。

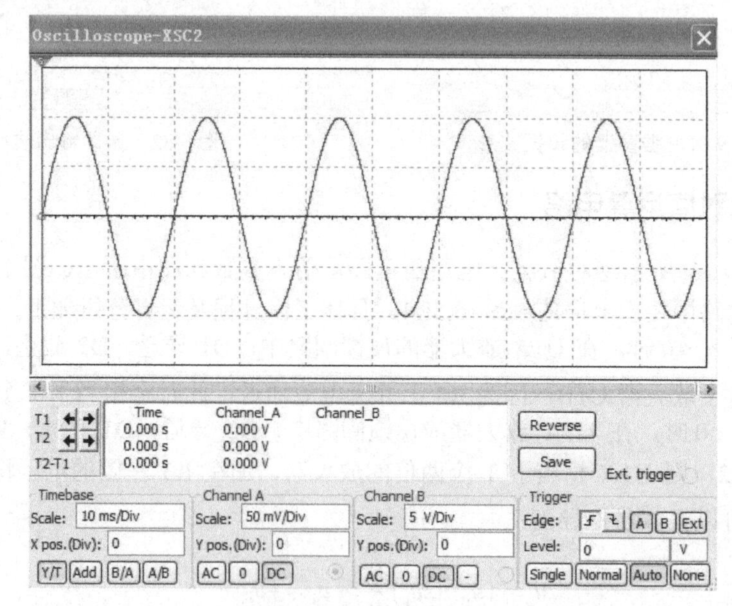

图 9.35　输入信号波形

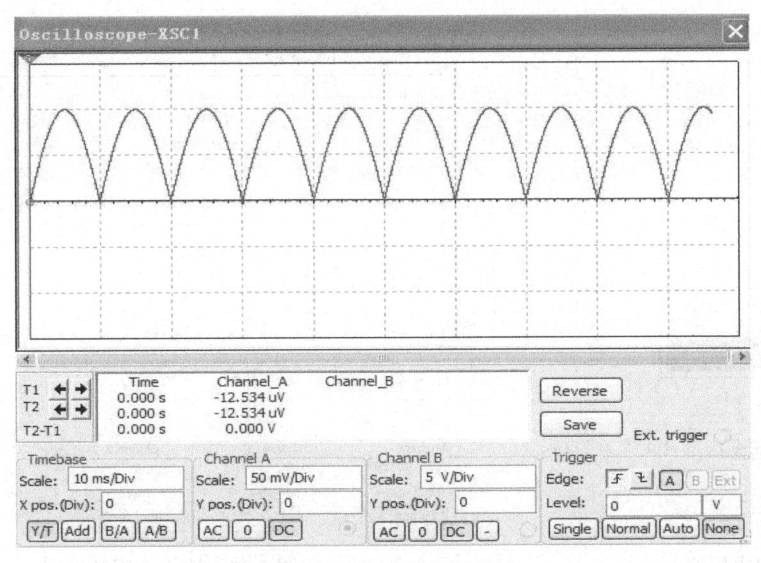

图 9.36　输出信号波形

9.4.9　开关电源

搭建如图 9.37 所示的开关电源电路仿真图，仿真参数如图中所示。

它是基于 UC3842 构成的反激式开关电源，UC3842 是一种单端输出控制电路芯片，其最大优点是外接元件极少，接线很简单，可靠性高，成本较低。在 multisim10 中建立仿真电路图，进行仿真分析。图 9.37 中的 UC3842 芯片的添加，可在“Analog”中选择“SPECIAL_FUNCTION”，在“Component”中查找“UC3842”，之后将该芯片添加到电路编辑窗口中，其他元件的添加方法如前所述。输入直流电压 310V 可转换成 5V 直流电，输出为 5.0V/400mA，直流输入 310V，市电经过不可控整流电容滤波后得到。仿真结果如图 9.38 和图 9.39 所示。

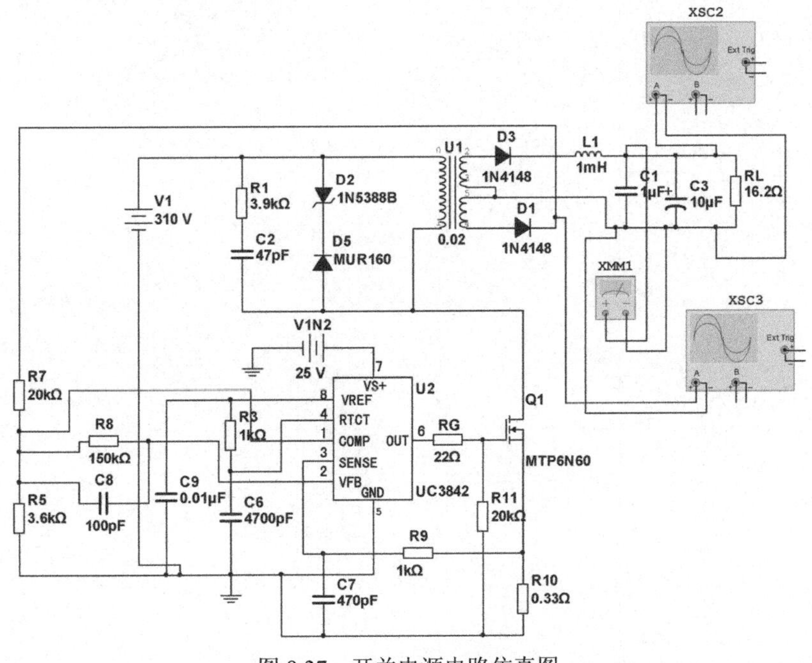

图 9.37　开关电源电路仿真图

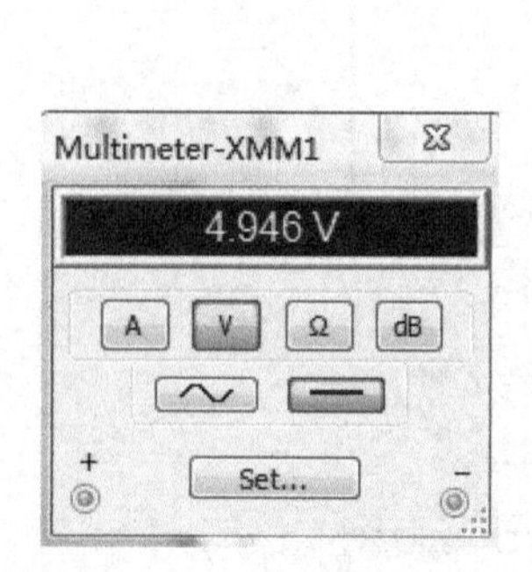

图 9.38　输出电压值

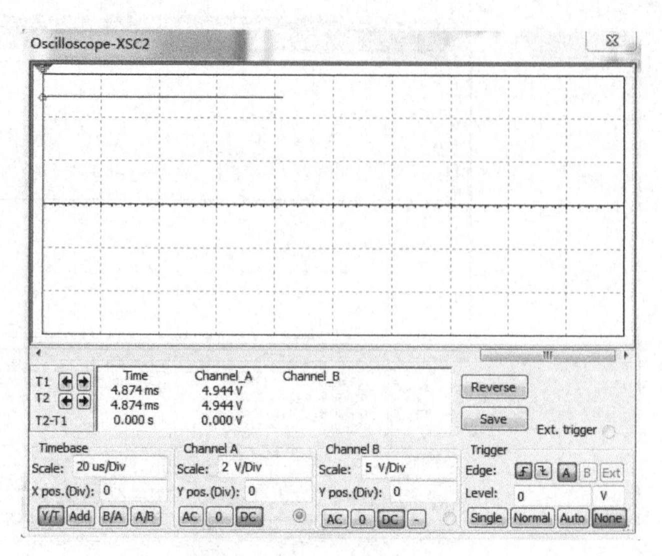

图 9.39　输出电压波形图

第 10 章　综合技能训练

10.1　电子线路读图

通过前面几章的学习，在基本掌握或熟悉了模拟电子技术的主要内容的基础上，本节进行电子电路的读图练习。首先，应用已经学过的理论知识，对如何读图归纳出几条一般方法和大致步骤，以初步了解读图的基本方法。前面各章分别介绍了半导体二极管、三极管、场效应管、集成运算放大器、集成功率放大器以及集成稳压器等元件的基本知识，并分析了由它们组成的各种基本单元电路。这为我们应用这些基本单元电路，组成各种复杂功能的电路奠定了良好的基础；任何复杂的电路都包含了若干基本单元电路，如何从错综复杂的电路中准确地判断并合理地分离出单元电路来就成为读懂 1 个实际电路的关键。

本节将运用前面所学知识，通过两个实例的分析，帮助读者如何“看懂”由这些基本电路组成或派生的较复杂的实用电路，以达到复习、巩固和深化所学知识的目的。

10.1.1　读图方法

1. 读图的一般方法

读图就是如何看懂电子线路的原理图，弄清它的组成及功能，进而做出必要的定量估算。由于电子线路是对信号进行处理的电路，因而读图时，应以信号的流向为主线，以基本单元电路为突破口，沿着主要通路，把整个电路划分成若干个具有独立功能的基本单元电路进行分析。

2. 读图步骤

对于 1 个给定的电子线路原理图，可按以下步骤逐步进行分析：

（1）了解用途并找出电源端口、信号输入输出端口和信号通路。为了弄清电路的工作原理和功能，读图之前，应先了解所读电路用于何处，主要完成什么功能。在此基础上，找出供电电源和电源端口：电路中的电源可能有 1 个或多个，通常单电源供电的电源正端在上方，公共端或负端在下方。然后找出信号的输入、输出端口及其传输通路：通常信号的传输是从左到右，输入端在左方，输出端在右方；也有可能输入在上方，而输出在下方或右端的中部。由于信号的传输枢纽是有源器件，故应以它为中心查找传输通路。

（2）找出核心元件及其组成的基本单元电路。电源和传输通路找出后，再找出组成电路的核心元件：核心元件通常为有源元件，主要包括三极管、场效应管、集成运放和其他集成电路。对照所学基本单元电路，将较复杂的原理图划分成若干个由核心元件组成的、具有单一功能的单元电路，对每 1 个单元电路进行分析，了解各元件的作用，掌握每个部分的原理及功能。

（3）画出单元框图和整体功能框图。根据以上对单元电路的分析画出单元框图，并沿着信号流向，用带箭头的线段（箭头方向代表信号的流向），把单元框图连成整体框图。由此即可看出各基本单元或功能块之间的相互联系，以及总体电路的结构和功能。

（4）性能估算。最后对各单元电路进行定量估算，得出整个电路的性能指标，以便进一步加深对电路的认识，为调试、维修甚至改进电路打下基础。

需要指出的是，对于不同水平的读图者或不同的电子电路，所采取的方法和步骤可能很不一样，上述方法仅供参考。下面通过实际电路介绍读图方法的具体应用。

10.1.2 读图举例

1．音频放大电路

图 10.1 所示为带音调控制的音频放大器，下面按照上述读图的方法和步骤对电路进行分析。

（1）了解用途并找出电源端口、信号输入输出端口和信号通路。该电路是 1 个典型、实用的音频放大电路，它可以将收音机、录音机和电唱机输出的音频信号进行放大，以获得较大的输出功率来推动扬声器发声。此外，它还可以对信号中的高频和低频成分进行控制，对音量大小进行调节。

电路有两路供电电源±15V：+15V 在上方，−15V 在下方；放大电路的信号输入端在左方，输出端在右方接扬声器；信号通路是从输入端到输出端（接扬声器的端口）之间的放大通路。

（2）找出核心元件及其组成的基本单元电路。从左向右看过去，此电路的核心元件为：VT_1（场效应管），A_1、A_2（集成运放）和 VT_2～VT_5（晶体管），信号是从 VT_1 的栅极输入，经过 VT_1放大并送到 A_1的输入端，经 A_1 放大后送到 A_2再次放大，再送到 VT_2～VT_5 组成的功放电路，最后送到扬声器。

根据信号从左边输入、右边输出的流向通路，可以将电路分为三个部分：输入级、中间级和输出级，如图 10.1 所示电路中的虚线所示。

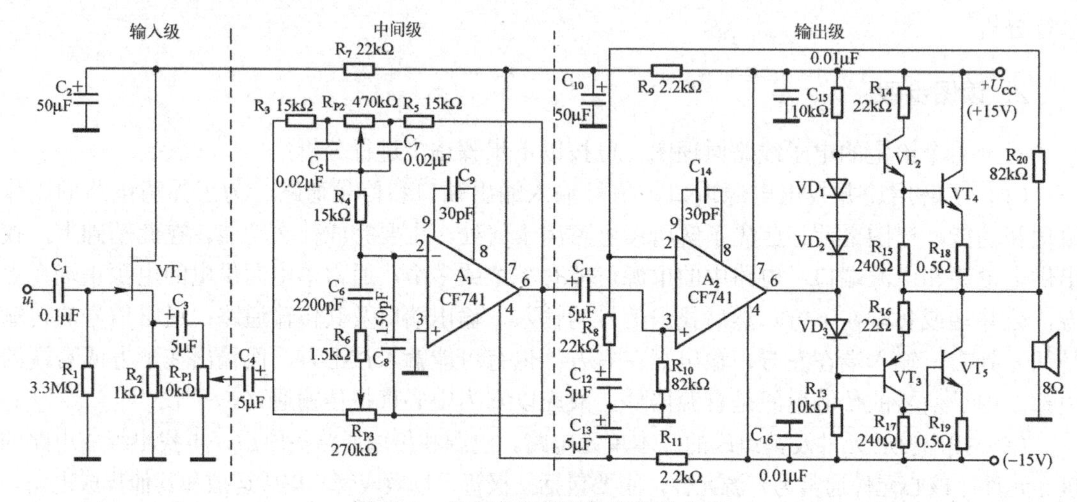

图 10.1 具有音调控制的音频放大器

① 输入级。输入级电路如图 10.2 所示，又称前置级，用来实现阻抗变换。由结型场效应管 VT_1 组成的源极跟随器作为输入级电路，它具有输入阻抗高（达 1MΩ 以上）、输出阻抗低的特点，可适合中间级音调控制电路的低阻抗要求。

输出信号通过 C_3 耦合到音量调节电位器 R_{P1} 上，以调节输入到下一级的信号大小，达到调节音量大小的目的。

② 中间级。中间级由集成运放 A_1 和 R_3～R_6、C_5～C_7、R_{P2}、R_{P3} 等 RC 选频网络所组成，如图 10.3 所示。音调控制电路实际上是 1 个高、低通选频网络，通过控制高、低频信号的增益来提升或衰减高、低音信号。由图可知，输入信号分为两路送到 A_1 输入端：一路经 R_3、C_5、R_{P2} 和 R_4 到反相输入端；另一路由 R_{P3}、R_6 和 C_6 到反相输入端。该电路的高、低音控制原理分析如下。

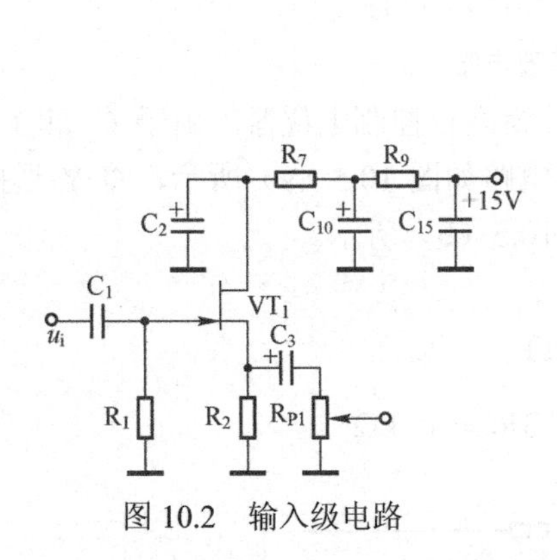

图 10.2　输入级电路

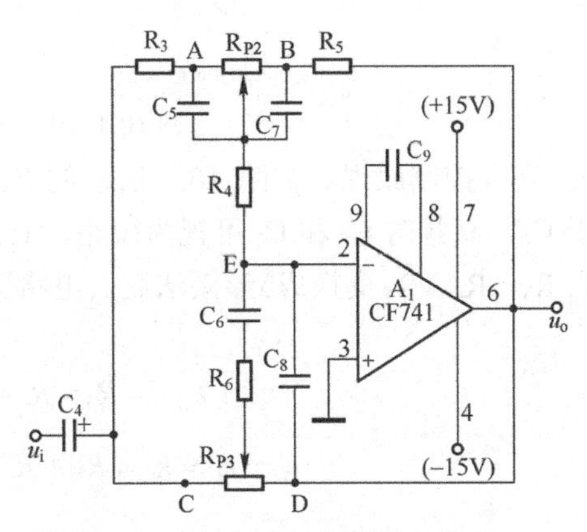

图 10.3　中间级音调控制放大电路

a．低音控制原理。在图 10.3 所示电路中，R_{P2} 为低音控制电位器，低频和中频时，由于 C_6、C_8 数值很小，可视为开路；R_{P3} 的阻值若很大，也可视为开路；R_4 的阻值对于高输入阻抗的集成运放可忽略而视为短路。当 R_{P2} 动端调至 A 点时，C_5 被短路，故中、低频时的音调控制电路可简化为图 10.4（a）所示，由图可见，当信号频率下降时，C_7 的容抗变大，当频率下降到 C_7 可示为开路时，电路的电压增益为

$$\left|\frac{U_o}{U_i}\right|=\frac{R_{P2}+R_5}{R_3}=\frac{470+15}{15}=32.3(-30\text{dB})$$

当信号频率升高时，C_7 的容抗减小，当频率上升到 C_7 可视为短路时，电路的中频电压增益为

$$\left|\frac{U_o}{U_i}\right|=\frac{R_5}{R_3}=\frac{15}{15}=1$$

所以，低音控制电位器 R_{P2} 的动端调至 A 点时，低频信号被提升了。

当 R_{P2} 动端调至 B 点时，C_7 被短路，中、低频电路可简化为图 10.4（b）所示，当信号频率下降时，C_5 的容抗随频率下降而增大，对 RP_2 的旁路作用减小，当频率下降到 C_5 相当于开路时，低频电压增益为

$$\left|\frac{U_o}{U_i}\right|=\frac{R_5}{R_{P2}+R_3}=\frac{15}{15+470}=0.03(-30\text{dB})$$

当信号频率上升至 C_5 可视为短路时，中频电压增益仍为

$$\left|\frac{U_o}{U_i}\right|=\frac{R_5}{R_3}=\frac{15}{15}=1$$

所以，低音控制电位器 R_{P2} 动端调至 B 点时，低频信号被衰减了。

以上分析说明，调节低音控制电位器 R_{P2} 的动端由 B 到 A 时，中频电压增益保持不变，为

$-R_5/R_3=-1$，而低频信号的电压增益由－30dB 提升到+30dB，实现了低音控制功能。

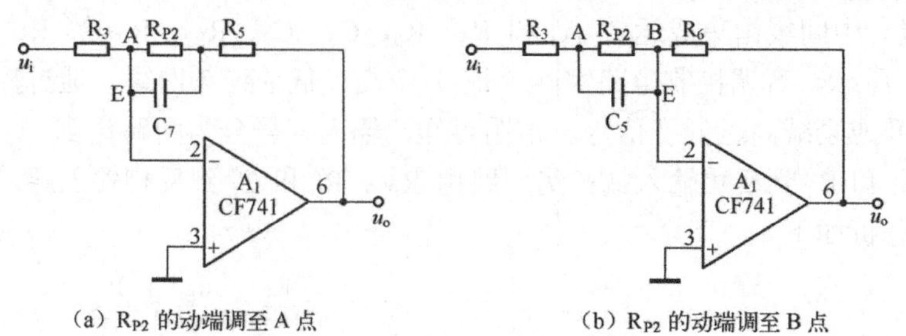

图 10.4　中、低音控制等效电路

b．高音控制原理。在图 10.3 所示的电路中，R_{P3} 为高音控制电位器，由于 C_5 和 C_7 的值大于 C_6，高频时 C_5 和 C_7 可视为短路，其高频等效电路如图 10.5（a）所示，将 Y 形接法的电阻 R_3、R_4、R_5 变换成Δ形接法后，电路变为如图 10.5（b）所示。

因为

$$R_3=R_4=R_5=15\ \text{k}\Omega$$

所以

$$r_3=r_4=r_5=R_3+R_5+\frac{R_3R_5}{R_4}=3R_3=45\ \text{k}\Omega$$

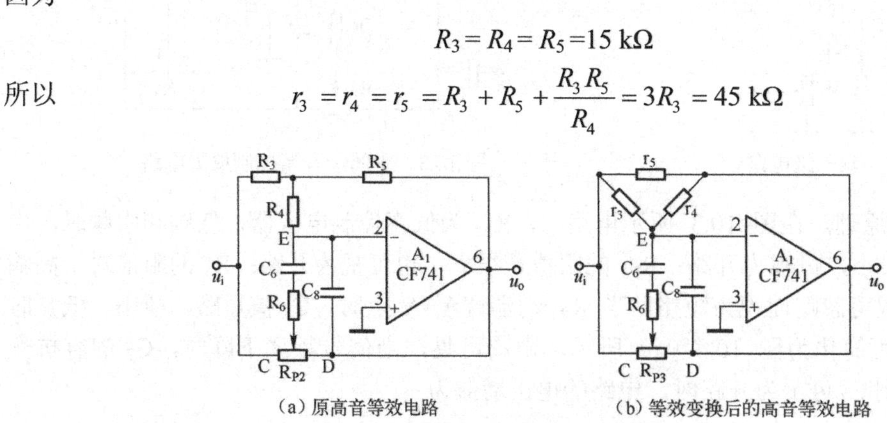

图 10.5　高音控制等效电路

由于输入级是源极跟随器，其输出电阻很小，同时由于 r_5 比源极跟随器的输出电阻 R_{o1} 大得多，故对第二级输入电压的影响可忽略不计，r_5 可视为开路。当 R_{P3} 的动端调至 C 点时，R_{P3} 的阻值很大，可视为开路，电容 $C_8<<C_6$，其影响可以忽略，于是得到简化电路如图 10.6（a）所示。

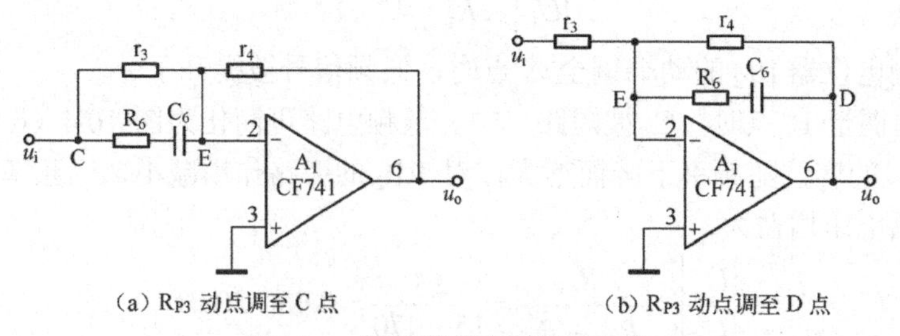

图 10.6　简化高音控制等效电路

由图 10.6（a）可知，当信号频率升高时，C_6 的容抗减小，当频率上升到 C_6 的容抗可视为零时，高频信号电压增益为

$$\left|\frac{U_{\text{o}}}{U_{\text{i}}}\right|=\frac{r_4}{r_3\,//\,R_6}=\frac{r_4+R_6}{R_6}=1+\frac{45}{1.5}=31(-29.8\text{dB})$$

当信号频率下降时，C_6 的容抗增加，当频率下降到 C_6 可视为开路时，即中频电压增益为

$$\left|\frac{U_o}{U_i}\right| = \frac{r_4}{r_3} = 1$$

所以，高音控制电位器 R_{P3} 动端调至 C 点时，高频信号提升了。

当 R_{P3} 动端移至 D 点时，同样可得到简化电路如图 10.5(b)所示，随着信号频率的增加，C_6 容抗减小直至零时，高频信号电压增益为

$$\left|\frac{U_o}{U_i}\right| = \frac{r_3 // R_6}{r_4} = \frac{R_6}{r_4 + R_6} = \frac{1.5}{4.5+1.5} = 0.032(-29.8\text{dB})$$

随着信号频率的下降，C_6 容抗增加直至开路时，即中频电压增益为

$$\left|\frac{U_o}{U_i}\right| = \frac{r_4}{r_3} = 1$$

所以，高音控制电位器 R_{P3} 的动端调至 D 点时，高频信号被衰减了。

由以上分析可见，调节高音控制电位器 R_{P3} 的动端由 D 至 C，中频信号电压增益保持不变，而高频信号电压增益由−29.8dB 提高到+29.8dB，实现了高音控制。

③ 输出级。输出级由集成运放 A_2 和三极管 VT_2～VT_5、二极管 VD_1～VD_3 组成，如图 10.7 所示。A_2 为后级攻放的驱动放大电路；VT_2～VT_5 组成复合管准互补对称电路，作为输出级；VD_1～VD_3 为 VT_2～VT_5 管提供静态小电流偏置，克服信号交越失真。R_{15} 和 R_{17} 用来减小复合管的穿透电流，以提高复合管的温度稳定性。R_{18} 和 R_{19} 用来获得电流负反馈，使电路性能更加稳定。为了提高该级的输入电阻，信号从 A_2 的同相端输入。输出端通过 R_{20}、R_8 和 C_{12} 构成交流电压串联负反馈，稳定输出电压，减小非线性失真和改善放大器的其他动态性能。

由图 10.7 可知，中频时的电压增益为

$$A_{uf} = 1 + \frac{R_{20}}{R_8} = 1 + \frac{82}{2.2} \approx 38$$

（3）画出单元框图和整体功能框图。除了前面介绍的输入级、中间级和输出级三部分电路以外，该电路为了消除低频自激振荡和滤除高频干扰，采用了由 C_2 和 R_7；C_{15}、C_{10} 和 R_9；C_{13} 和 R_{11} 及 C_{16} 组成的去耦滤波电路。为了使集成运放工作稳定，接入 C_9 和 C_{14}（30pF）来消除高频自激振荡。此外，电路还引入了深度电压串联负反馈，并采用了正、负两组电源供电。根据以上分析，可以画出该电路的整体原理框图如图 10.8 所示。

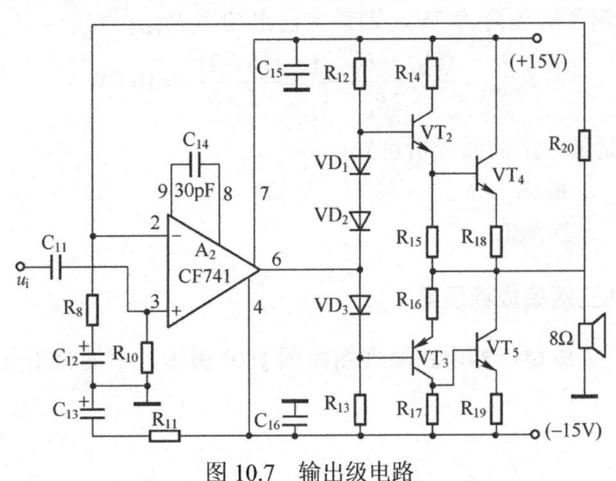

图 10.7　输出级电路

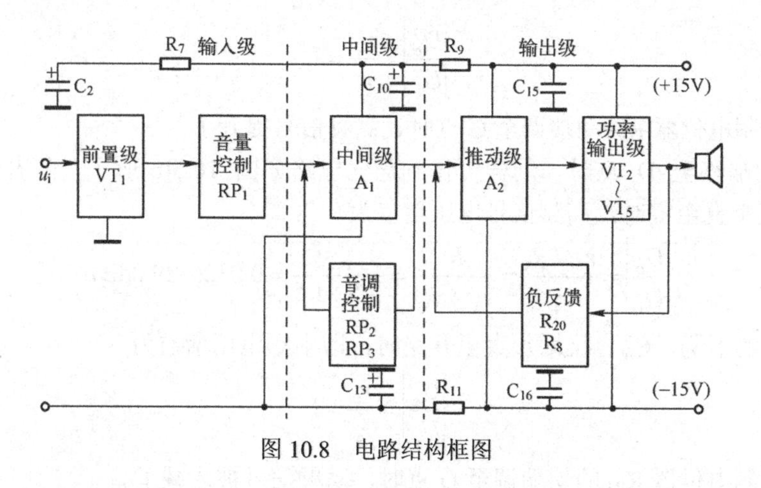

图 10.8　电路结构框图

（4）电路的性能估算。

① 输入电阻和输出电阻。输入级是结型场效应管组成的源极跟随器，输入电阻很高，所以

$$R_i = R_1 = 3.3\text{M}\Omega$$

输出级是复合管射极跟随器，并且采用了深度电压串联负反馈，输出电阻极低。

② 总电压增益。总电压增益 A_u 等于各级电压增益的乘积，即

$$A_u = A_{u1} A_{u2} A_{u3}$$

式中，A_{u1} 是输入级的电压增益，因为是源极跟随器，所以 $A_{u1} \approx 1$；

A_{u2} 是中间级音调控制电路的负反馈电压增益，中频时，C_5 和 C_7 均视为短路，C_6 视为开路，因此 $A_{u2} = -\dfrac{R_5}{R_3} = -1$；

A_{u3} 是输出极的负反馈电压增益，此时为深度电压串联负反馈，中频时的电压增益为

$$A_{u3} = 1 + \frac{R_{20}}{R_8} \approx 38$$

所以总的电压增益 A_u 为

$$A_u = A_{u1} A_{u2} A_{u3} = -38$$

③ 最大输出功率 P_{omax}。因考虑 R_{18} 上的压降和 VT_2、VT_4 管的发射结压降 $U_{BE2} = U_{BE4} \approx 0.8$V，设输出级的饱和管压降为 2V，则最大输出功率 P_{omax} 为

$$P_{omax} = \frac{(U_{CC} - U_{CES})}{2R_L} = \frac{(15-2)^2}{2 \times 8} = 10.6\text{W}$$

④ 高、低音控制量。由前面分析可知：

低音提升　　±30dB

高音提升　　±29.8dB

2．W78XX 系列三端集成稳压器

W78xx 系列三端集成稳压器电路原理图如图 10.9 所示，下面分析其原理和性能。

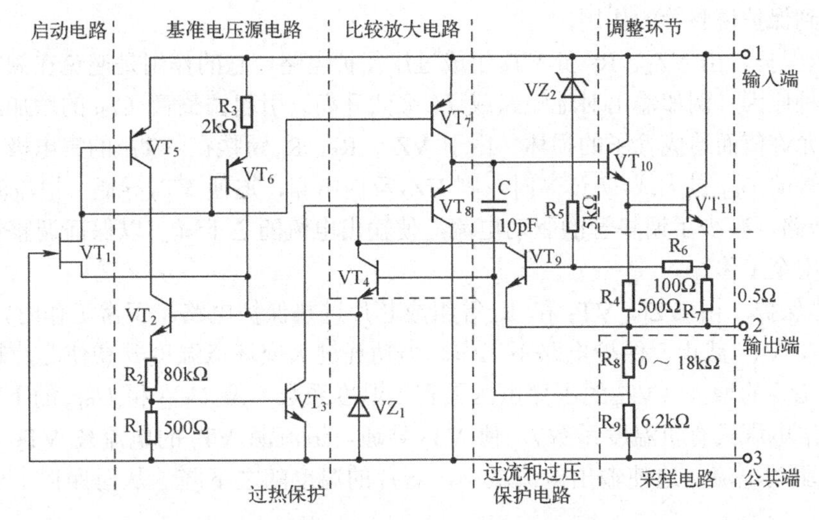

图 10.9　W78xx 集成稳压器内部电路原理图

（1）了解用途并找出电源端口、信号输入输出端口和信号通路。三端集成稳压器是用来稳定输出直流电压的器件，它有三个引出端，即输入端 1、输出端 2 和公共端 3（接地）。三端集成稳压器使用方便，只要从产品手册中查到与该型号对应的有关参数和引线端子排列，再配上少量元件和适当的散热装置，就可以组成多种应用电路，因而应用非常广泛。

从原理图上可以看出，待稳定的电压由 1 端输入，经过 VT_{10}、VT_{11} 组成的复合调整管，传到输出端 2，如果输出电压不稳定，通过采样电路 R_8、R_9 得到采样信号加到 VT_4 的基极，与基准电压 U_{Z1} 比较，其差值信号经 VT_4 进行放大，从 VT_8 的射极输出给复合调整管 VT_{10}、VT_{11} 的基极，进行自动调整，实现稳压。

（2）找出核心元件及其组成的基本单元电路。电路的核心元件为稳压管 VZ_1、场效应管 VT_1 和三极管 VT_2~VT_{11}，这些元件组成的稳压电路大体上可分为如下几个部分：调整单元、采样电路、比较放大电路和基准电压源电路四大部分以及过流保护、过压保护、过热保护、启动恒流源工作的启动电路。如图 10.9 中的虚线所示。

① 调整环节。由 VT_{10}、VT_{11} 组成复合调整管，用小电流去控制较大的输出电流。VT_{10} 管的发射极电阻 R_4 用来泄放 VT_{10} 管的穿透电流。

② 采样电路。R_8、R_9 构成输出电压采样电路，采样信号直接送到 VT_4 的基极。

③ 基准电压源电路。由 VT_5、VT_6 和 VZ_1 等组成。其中 VT_5、VT_6 构成微电流源，VZ_1 是稳压二极管，它产生 1 个稳定的电压 U_{Z1} 直接提供给 VT_4 管的发射极，作为基准电压源。

④ 比较放大电路。由 VT_4、VT_7、VT_8 组成，其中 VT_7、VT_8 为 VT_4 的有源负载（VT_5、VT_7 为镜像电流源），因而放大倍数很高。VT_4 将采样信号与基准电压相比较后的差值信号进行放大，经 VT_8 射极输出，送到 VT_{10} 的基极起自动调整作用。

⑤ 保护电路。W78xx 芯片中有三种保护：过流保护、过压保护和过热保护。

a．过流保护。由 VT_9、R_6 和 R_7 组成限流型过电流保护电路。当稳压器正常工作时，由于 U_{R7} 不足以使 VT_9 导通，保护电路不工作。R_7 上的电压 U_{R7} 随着电流的增加而增加，当 U_{R7} 增大到约 0.7V（过流情况）时，VT_9 由截止变为导通，使 VT_8 的基极电流和发射极电流都增加，加大了对恒流管 VT_7 的分流，调整管 VT_{10} 的基极电流减小，从而使输出电流减小。即使在输出短路的情况下，输出电流也不会太大。最终达到限制流过 VT_{10}、VT_{11} 电流的目的，起到保护调整管的作用。

b．过压保护。由 VZ_2、R_5 和 VT_9 组成过压保护电路，它的作用是避免在额定输出电流下，若因某种原因（例如输出对地短路或 U_I 突然升高）引起调整管 U_{CE} 的增加，瞬时功率有可能超过允许值而造成管子的损坏。由于 VZ_2、R_5、R_6 跨接在 VT_{11} 的集电极与发射极两端，当调整管的 U_{CE} 过大或 U_i 过高时，则 VZ_2 反向击穿，迫使 VT_9 导通，恒流源 VT_7 的电流被 VT_9 旁路，减少了调整管的驱动电流，使输出电流随之下降，以保证调整管在最大允许功耗之内安全工作。

c．过热保护。由 VZ_l、VT_3 和 R_l 等组成芯片过热保护电路。正常工作时，R_l 上的压降 $U_{Rl}<U_{BE3}$，VT_3 截止，保护电路不工作。当功耗过大或环境温度升高使芯片超过允许温升时，由于 U_{Z1} 的增大（VZ_l 的击穿电压具有正温度系数）及 U_{BE2} 和 U_{BE3} 的下降（VT_2 和 VT_3 的发射结电压具有负温度系数），使 VT_3 导通，恒流源 VT_7 的电流被 VT_3 分流，减少了调整管的驱动电流，迫使输出电流减小，芯片的温度随之下降，从而保护了稳压器不致过热而烧坏。

⑥ 启动电路。前面介绍的比较放大电路、基准电压源和调整电路都是由 VT_5、VT_6、VT_7 组成的电流源提供静态电流的。但电流源本身却未构成基极电流通路，因此在接入 U_i 后将因电流源未建立而使稳压电源无法工作，启动电路的作用就是要解决这个问题。为此，在电路中接入 N 沟道结型场效应管 VT_l 作启动用，它的工作原理是：接通 U_i 后，VT_l 导通，给恒流源 VT_5、VT_2 提供基极电流，随着 VT_5、VT_2 的导通，VT_6 的发射结处于正向偏置，使 VT_6 导通，而 VT_5、VT_2 和 VT_6 之间存在着正反馈作用，使 VT_2 基极电位迅速上升，VZ_l 很快就工作在稳压状态。

此外，在 VT_4 的基极与 VT_8 的发射极之间接入小电容 C，防止电路自激。

（3）画出单元框图和整体功能框图。根据以上分析可画出 W78XX 三端集成稳压器的内部电路结构框图如图 10.10 所示。

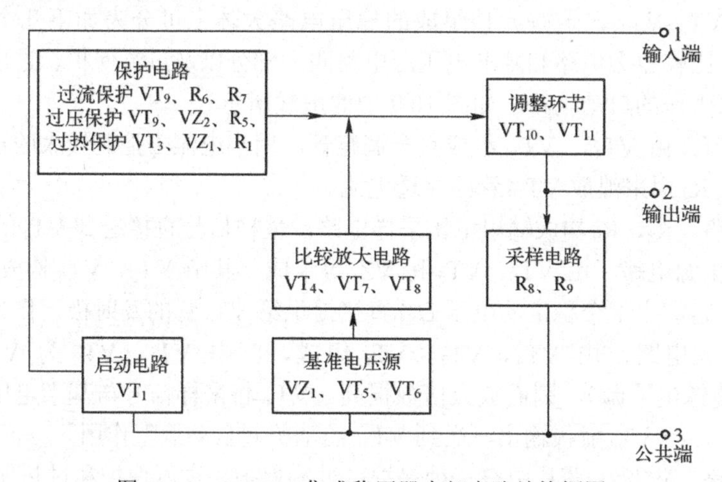

图 10.10　W78XX 集成稳压器内部电路结构框图

（4）电路的性能估算。

① 输出电压 U_o。由图 10.9 可知，当忽略 VT_4 管基极电流的影响时。则

$$U_o \approx \left(1+\frac{R_8}{R_9}\right)U_{Z1} \qquad (10.1)$$

W78xx 系列三端集成稳压器输出电压为固定值，输出电压主要有 5V、6V、9V、12V、18V、24V 等，选用不同的芯片，便可获得不同的输出电压。

② 输出电流 I_o。W78xx 系列三端集成稳压器的最大输出电流由 R_7 决定。在充分散热的条件下，由图 10.9 中参数可知最大电流约为 1.5A。

③ 最大输入电压 U_{imax}。

当输出电压 U_o= 5～18V 时，U_{imax}= 35V；

当 输出电压 U_o= 24V 时，U_{imax}= 40V。

④ 最小输入输出电压差：2V。

⑤ 最大功耗 P_{CM}。在加足够的散热器的条件下，最大输出功率可达 15W。

W78xx 的其他性能指标，读者可参阅有关手册，此处不再述及。由以上分析可见，W78xx 系列三端集成稳压器由于有比较完善的保护电路，所以使用起来安全可靠。

10.2 综合技能训练

综合技能训练是“低频电子线路”课程学习中非常重要的环节，是把所学理论知识应用于实际，强化实践动手能力训练的关键环节。本节的实训制作综合性较强，重点培养电气电子类专业学生的动手和创新能力，使学生了解和掌握电子产品制造、工艺设计、系统集成与运行维修等相关知识，并具备简单电路的制作及电子产品的开发能力。

10.2.1 综合技能训练 1 雷电预警报警器的制作

此装置实际上就是 1 个极其灵敏的静电检测器，它可以在发生雷击前，根据云层内部的放电而发出早期声光报警。由 1 根短导线构成的天线可检测半径 3.2km 范围内的云中放电。

当每次检测到云层放电时，蜂鸣器就发出报警声，或者 LED 闪烁，从而留出充裕的时间来采取预防措施，如拔下调制解调器上的电话线、关断计算机电源并拔下插头等。

1. 电路设计及工作原理

电路原理见图 10.11 所示，此装置的基本特点是调整电路使逼近自激振荡状态。由图 10.11 中所示的偏置电阻值可获得最佳的张弛特性。此振荡器为直流耦合，而反馈支路为晶体管 VT_1 的集电极至 VT_2 基极。环路总增益由多圈（12、18 或 20 圈）预置电位器 R_{P1} 设定。

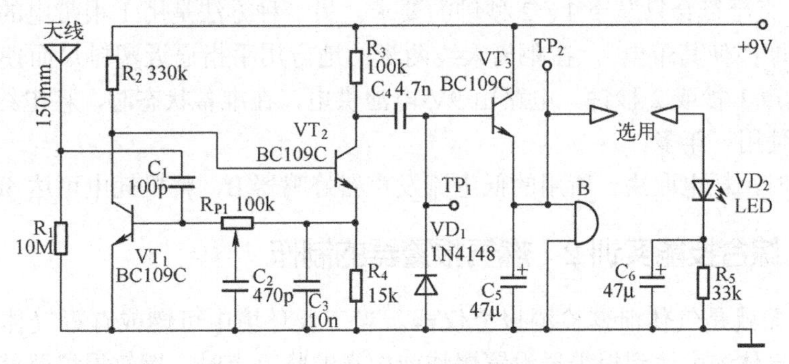

图 10.11　自制雷电预警报警器电路原理图

电容器 C_3 设定了 VT_2 发射极的固定电位，而接在 R_{P1} 滑动触点上的电容器 C_2 在振荡时增加了相移。这里用的晶体管为BC109C，实际上任何同类的小信号、高增益晶体管都可用。

一旦触发起振，VT_2的集电极就输出42kHz的振荡信号，并经C_4耦合到VT_3的基极，再经二极管VD_1整流，得到正向电压作为VT_3偏置，使其导通，从而在VT_3的发射极上输出直流电压，驱动自激式压电发声器B。如果需要，可加一脉动发光二极管支路而获得报警。

2．元器件选择

元器件选择见表10.1。

表10.1　元件清单

编　号	名　称	型　号	数　量
R_1	电阻	10MΩ	1
R_2	电阻	330kΩ	1
R_3	电阻	100kΩ	1
R_4	电阻	15kΩ	1
R_5	电阻	33kΩ	1
R_{P1}	多圈电位器	10kΩ	1
C_1	瓷片电容	100P	1
C_2	瓷片电容	470pF	1
C_3	瓷片电容	10n	1
C_4	瓷片电容	4.7n	1
C_5、C_6	电解电容	47μF	2
VD_1	开关二极管	IN4148	1
VD_2	发光二极管	LED	1
VT_1、VT_2、VT_3	晶体三极管	BC109C　或同类的小信号、高增益晶体管	3
B	蜂鸣器	尽可能选用高灵敏度的以降低功耗	1

3. 制作与调试

在开始调试时，先改变R_{P1}电路起振，这可在VT_1上进行检测，此点电压应为7V峰-峰值。测试点VT_2上应为＋6V直流。现在略微回调R_{P1}使振荡停止，用起子触及C_1接天线处，反复几次，报警器应发声1秒或2秒钟，然后停止。如果连续发声，则可再次微调R_{P1}，再检测，直至符合只发声1、2秒钟的要求。另一种方法是用1根带电的塑料直尺（可与干燥的毛发摩擦使其带电），在距离天线两米的地方用手指逼近塑料尺而使其放电，并观察能否使B发声1秒或2秒钟。电路由9V电池供电，在准备状态时，耗电约600μA。1个新电池可连续使用一年多。

发生报警时，耗电取决于所用的低电流发声器蜂鸣器B，整机耗电可达4mA。

10.2.2　综合技能实训2　燃气报警器的制作

燃气报警器就是气体泄露检测报警仪器。当工业环境中可燃或有毒气体泄露时，气体报警器检测到气体浓度达到报警器设置爆炸或中毒的临界点时，燃气报警器就会发出报警信号，提醒工作人员采取安全措施。燃气报警器相当于自动灭火器，可驱动排风、切断、喷淋系统，防止发生爆炸、火灾、中毒事故，从而保障安全生产。燃气报警器可以测出各种气体浓度，经常用在化工厂、石油、燃气站、钢铁厂等有气体泄漏的地方。

1. 电路设计及原理

如图 10.12 所示在燃气灶正常燃烧时，报警器处于待机工作状态。VT_1 光敏三极管受到火焰照射呈低阻状态，VT_2 导通，音乐发声片 KD-153 处于低电位不工作，扬声器则不发声。一旦燃气灶突然熄火，光敏三极管失去光照射，其内阻提高，VT_2 由饱和转为截止，音乐集成片触发工作，经 VT_3 放大后由报警喇叭发出警告声，提示主人关闭燃气灶具，及时防止燃气中毒事故发生。

2. 元器件选择

1/8 碳膜电阻 3kΩ、150kΩ各 1 只，KD-153 音乐集成片 1 片，光敏三极管 3DD11 只，三极管 3DG6、3DG130 各 1 只，8Ω 扬声器 1 只，开关 1 只，2 节干电池连电池夹。

3. 制作与调试

在 1 块环氧绝缘板上，将以上各元件按图 10.12 所示焊接之后装在合适的小塑料盒里，塑料盒正面中心位置钻 1 个小孔，将 VT_1 光敏三极管露出盒外，再在小盒的侧面安装 1 个开关，电池夹也装在塑料盒内。

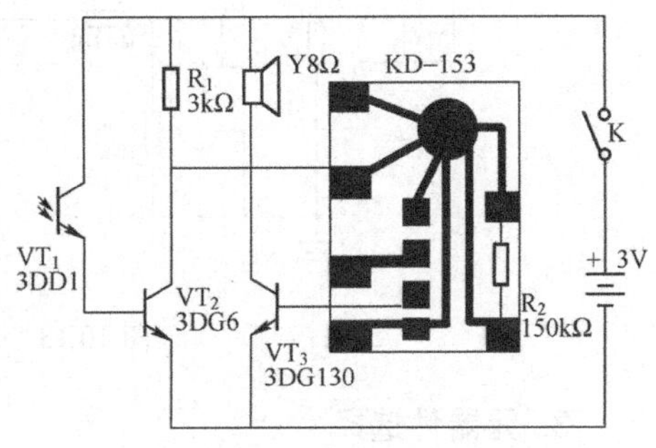

图 10.12　燃气报警器电路原理图

4. 使用方法

将做好的报警器固定在靠近燃气灶具两只灶眼、比灶眼高 5cm 的正前方墙上，在烧饭、烧水时，点燃灶具以后将报警器开关闭合，就可以放心离开。

10.2.3　综合技能实训 3　瓦斯气体监测报警仪

近年来，瓦斯爆炸严重威胁煤矿的安全生产和数百万名煤矿工人的生命安全，瓦斯浓度的监测对煤矿井下安全状况，防范安全隐患方面起着重要作用，瓦斯气体监测报警仪采集矿井瓦斯浓度，当瓦斯实际浓度超过设定瓦斯浓度预警值时进行声光报警，同时控制排风扇排风以降低瓦斯浓度含量，瓦斯气体监测报警仪对有效地预防和减少瓦斯爆炸具有非常现实的意义。

1. 电路特点

本系统采用 MQ-2 气体传感器，传感器通常用于家庭和工厂的液化气、甲烷、丁烷、丙烷气体泄漏检测。该电路简单，易于制作，稳定性好，寿命长，灵敏度高，几乎不用维护及维修。

2. 电路设计及原理

如图 10.13 所示为瓦斯气体监测报警仪原理图，传感器采集矿井、家庭燃气灶泄漏的瓦斯气体，并通过燃烧式化学反应把瓦斯信号转换为电压信号，由于所转化的电压信号比较小，通过运算放大器 OP07 即 U1，把该信号同相放大 2 倍，放大后信号输入到比较器 LM339 即 U2A 同相端，与设定报警阀值电压（该参考电压可以通过电位器 R_{P2} 调节设定）进行比较，当转换放大后的输入电压大于报警阀值电压时，比较器 U2A 输出为高电平信号时，三极管 VT_1 导通，使得接在三极管 VT_1 集电极的蜂鸣器 B 发声、发光二极管 VD_1 发光同时进行声光报警；使现场人员疏散，排气扇打开，当转换放大后的输入电压小于报警阀值电压时，比较器 U2A 输出为低电平时，使得三极管 VT_1 截至，蜂鸣器、发光二极管停止声光报警。

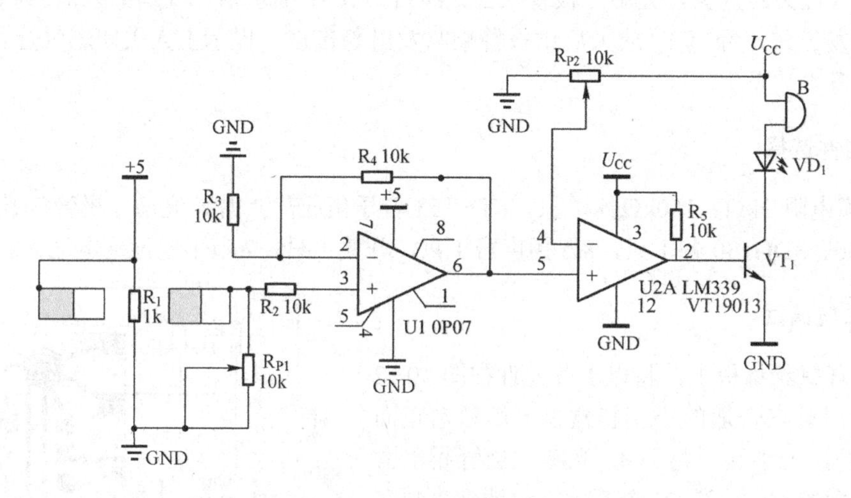

图 10.13　瓦斯气体监测报警仪原理图

3. 元器件选择

（1）MQ-2 气体传感器。MQ-2 气体传感器实物图如图 10.14 所示，使用的气敏材料是在清洁空气中电导率较低的二氧化锡（SnO_2）。当传感器所处环境中存在可燃气体时，传感器的电导率随空气中可燃气体浓度的增加而增大。使用简单的电路即可将电导率的变化转换为与该气体浓度相对应的输出信号。MQ-2 气体传感器结构图如图 10.15 所示。

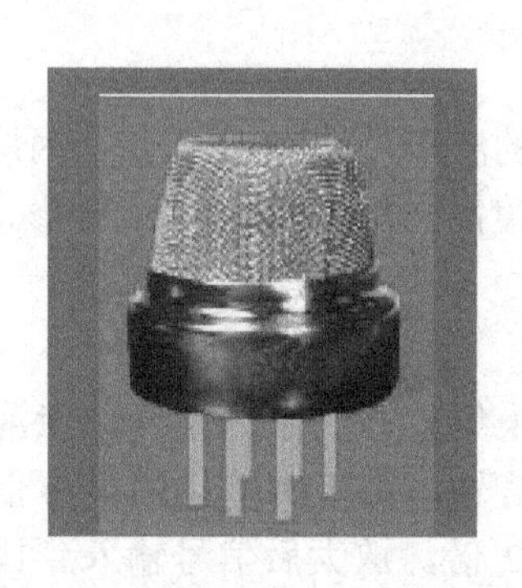

图 10.14　MQ-2 气体传感器实物图

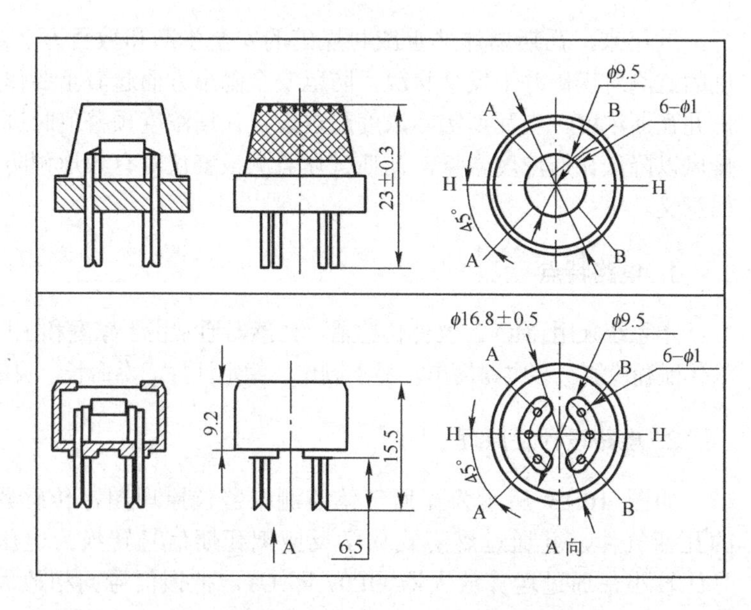

图 10.15　MQ-2 气体传感器结构图

MQ-2 气体传感器对丁烷、丙烷、甲烷的灵敏度高。这种传感器可检测多种可燃性气体，特别是天然气，是一款适合多种应用的低成本传感器。

① 特点。在较宽的浓度范围内对可燃气体有良好的灵敏度，长寿命，低成本，简单的驱动电路即可，表 10.2 列出了传感器的技术指标。

表 10.2　传感器技术指标

产品型号			MQ-2
产品类型			半导体气敏元件
标准封装			胶木（黑胶木）
检测气体			液化气、甲烷、煤制气、LPG
检测浓度			300～10000ppm（甲烷、丙烷、丁烷、氢气）
标准电路条件	回路电压	U_C	≤24V　DC
	加热电压	U_H	5.0V±0.2V AC or DC
	负载电阻	R_L	可调
标准测试条件下气敏元件特性	加热电阻	R_H	31Ω±3Ω（室温）
	加热功耗	P_H	≤900mW
	敏感体表面电阻	R_S	2～20kΩ (in 2000ppm C_3H_8)
	灵敏度	S	Rs/Rs(1000ppm 异丁烷)≥5
	浓度斜率	α	≤0.6($R_{1000ppm}/R_{500ppm}$ H_2)
标准测试条件	温度、湿度		20℃±2℃；65%±5%RH
	标准测试电路		U_c:5.0V±0.1V U_H: 5.0V±0.1V
	预热时间		不少于 48 小时

② 基本测试回路。图 10.16 是传感器的基本测试电路。该传感器需要施加 2 个电压：加热器电压（U_H）和测试电压（U_C）。其中 U_H 用于为传感器提供特定的工作温度。U_C 则是用于测定与传感器串联的负载电阻（R_L）上的电压（U_{RL}）。该传感器具有极性，U_c 需用直流电源。在满足传感器电性能要求的前提下，U_c 和 U_H 可以共用同 1 个电源电路。为更好利用传感器的性能，需要选择恰当的 R_L 值。

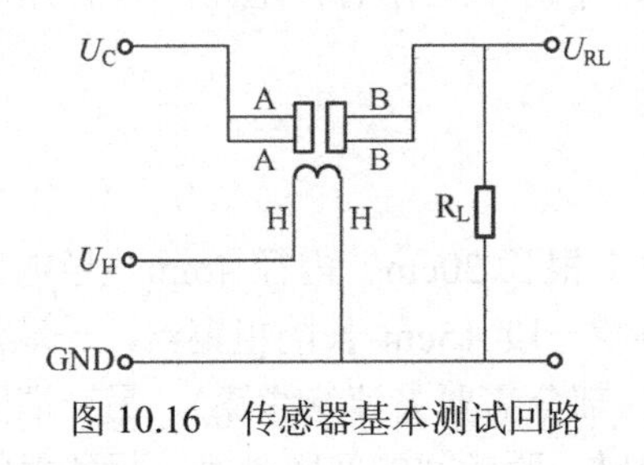

图 10.16　传感器基本测试回路

4. 元器件清单

图 10.13 所示电路中所用的元器件如表 10.3 所示。

表 10.3　元器件清单列表

编号	名称	参数	数量
R_1	电阻	1kΩ	1
R_2、R_3、R_4、R_5	电阻	10kΩ	4
U1	运算放大器	OP07	1
U2A	比较器	LM339	1
VT_1	三极管	9013	1
R_{P1}、R_{P2}	电位器	10kΩ	2
VD_1	发光二极管	红色	1
B	蜂鸣器		1

5. 电路调试

首先，先检查电路板，确定电路板焊接与设计图是否一致，然后开始用万用表测量是否有虚焊等焊接问题。确定焊接无误后，开始进行分块检测。

电路线路焊接无误，也没有虚焊后，就应该检查供电问题，检查电源和地之间是否短路或断路。

以上问题测试完成后就应通过测得的实验数据检验与理论设计是否一致，计算电路是否正常工作，出问题的原因从而改进电路。首先用信号源给出输入信号检查放大器输出信号是否与理论设计放大倍率一致，例如，输入信号 1V，放大器输出是否为 2V 左右。如果放大没有问题，下面应该检查比较器，将比较器阀值电压调节为 2.5V，测量放大器输入端的电压为 0.78V，放大器输出端电压为 1.56V，该电压小于阀值电压，比较器输出低电平信号使三极管截至，蜂鸣器和放光二极管都不会工作。如果瓦斯气体泄漏，放大器输入电压增大，放大器输出电压大于阀值电压，比较器输出高电平信号，该信号使三极管导通，蜂鸣器和放光二极管进行声光报警。

10.2.4 综合技能实训 4 地震报警器的设计

地震给人类造成的损失不可估量，大地震往往发生在夜晚，使人难于防范。现介绍一种家用地震报警器，当发生地震时，它能及时唤醒人们迅速转移，有效减少人身伤亡。该地震报警器线路简单，制作容易，成本低，声音响亮，平时不耗电，且地震停止后能自动停止报警。

1. 电路设计及工作原理

地震报警器电路如图 10.17 所示。图 10.17 可分成两个部分：第一部分是由 VT_1、R_1、C 组成单管音频振荡器，喇叭 Y 发出音频报警信号；第二部分由 VT_2、R_2、K、J 等组成自锁电路。当地震发生时，悬挂着的铜管与粗铜丝接触，接通 CK，在此瞬间，VT_2 的偏流导通，线圈 J 通电吸合，其常开触点 J_1、J_2 闭合。此时，报警部分接通电流，电路振荡，Y 发出音频报警信号；同时，J 由于 J_1 的吸合，VT_2 始终得到偏流而导通，尽管 CK 时断时通，但 J 能一直保持吸合，使报警器一直报警。地震过后，按一下装在室外的开关 K，VT_2 失去偏流，J 因失电而释放，报警即告停止。考虑到发生毁灭性地震时，交流电源可能被破坏，故本报警装置采用 4 节一号电池供电，平时不工作时，电路中只有几微安穿透电流，耗电极微。

2. 制作与调试

报警接触开关 CK 制作方法见图 10.18 所示：找 1 根长 20cm、内径 4mm，导电良好的铜管，一端焊上 1 根导线（1～2m）固定在墙上。再找一段 15cm 长的粗铜丝，一端焊上 1 根引线，将粗铜丝插入铜管内 1 / 2 左右（插入铜管内部分需要去掉绝缘漆），另一端固定在墙上，并使铜管静止不动时，粗铜丝恰好不与铜管相碰，两者间的间隙越小，报警器的灵敏度越高（本报警器一般在四级左右地震均可准确报警）。最后将铜管引出线及粗铜丝引出线端焊 1 个 $\phi 3.5$mm 插头，插入 CK 即可。

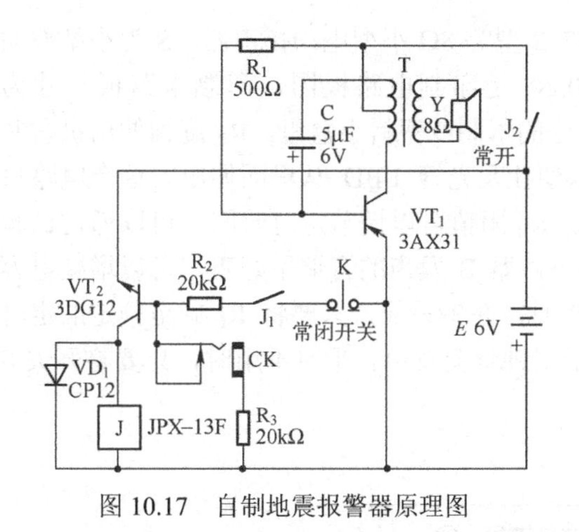

图 10.17　自制地震报警器原理图

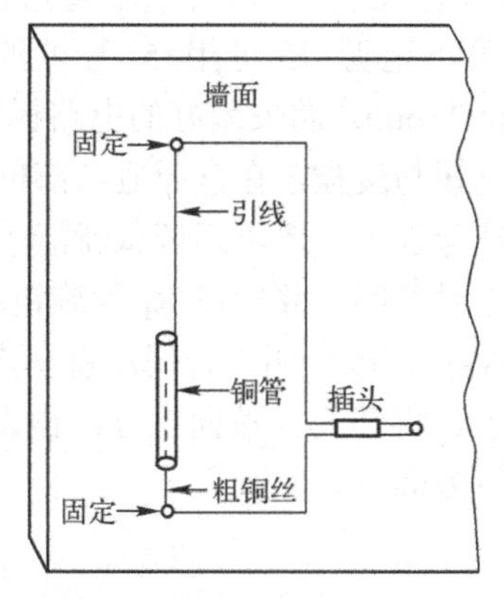

图 10.18　自制地震报警器接触开关 CK 制作图

10.2.5　综合技能实训 5　简易电子闹钟

简易电子闹钟怎样防止睡午觉睡过头呢？这里介绍 1 个简单易做的电子闹钟，它开机后一小时便会自动发出“嘟”信号声，把你从睡梦中唤醒。

（1）工作原理。

简易电子闹钟的电路如图 10.19 所示，电路由电子延迟开关与振荡器两大部分组成。三极管 VT_1、VT_2 组成复合管，它与电阻 R_P 及电容 C_1 构成延迟电子开关电路，开机后，电源经电位器 R_P 向电容 C_1 充电，当 C_1 两端电压低于 VT_1 基极的开门电平时，VT_1 与 VT_2 均处于截止状态，由 VT_3 和 VT_4 组成的音频振荡器停振不工作，扬声器 B 无声。随着充电不断进行，C_1 两端电压逐渐升高，当 C_1 两端电压升至 VT_1 基极的开门电平时，VT_1、VT_2 就由原来的截止态转变为导通态，VT_2 的发射极电流就经电阻 R_2 注入 VT_3 的基极，使 VT_3、VT_4 构成的振荡器立即起振，扬声器 B 就发出响亮的“嘟”声，唤你起床，同时 LED 发光显示。起床后，可以关闭电源开关，即将开关 S 拨向下方（即图示位置），声光信号停止，同时电容 C_1 储存的电荷将通过电阻 R_1 泄放，可为第二次开机作延迟准备。R_1 的阻值不能为零，否则放电电流过大，长期使用易使开关接点烧坏。电路的延迟时间主要由 R_P 与 C_1 的充电时间常数决定，调节电位器 R_P 的阻值可以调整电路的定时时间，图示数据可在一小时内连续可调。若想再加大延迟时间，可以增大 R_P 或 C_1 的数值。

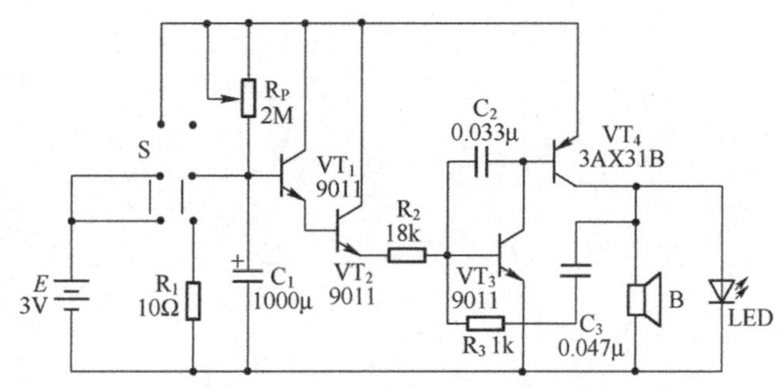

图 10.19　简易电子闹钟电路原理图

（2）元器件选择与制作。VT_1～VT_3 可用 9011、9013 型等硅 NPN 三极管，$\beta \geqslant 100$；VT_4 要用 3AX31B 型等锗 PNP 三极管，$\beta \geqslant 50$。LED 可用普通红色发光二极管。R_P 用小型旋轴线性电位器，其余电阻均用 RTX-1/8W 型碳膜电阻。C_1 用 CD11-10V 型小体积电解电

容器，C_2、C_3 为 CT4 型独石电容器。B 用 YD57-2 型等 8Ω 小型电动扬声器，S 为小型拨动式开关，电源 E 可用 5 号电池两节。图 10.20 是印制电路板图，印制电路板尺寸为 50mm×35mm。将安装好的电路板装入事先准备好的木制或塑料小盒里，R_P 旋轴伸出机盒并配上旋钮与度盘，在盒面适当部位开一小孔，以便让发光管 LED 从里面伸出。这个电路只要接线无误，一般不用调试就能正常工作。改变 R_P 阻值可以调节定时时间，可以通过试验测出定时时间，并标在 R_P 的旋钮度盘上。若嫌扬声器 B 发声的音调不好听，可以增减电容 C_3 的容量，改变叫声音调，直至满意为止。使用时，在午睡前，只要将 R_P 旋至预定的定时时间上，将开关 S 拨向上方，预设时间一到电子闹钟就会发声。平时不用时，只要将开关 S 拨向下方即可。

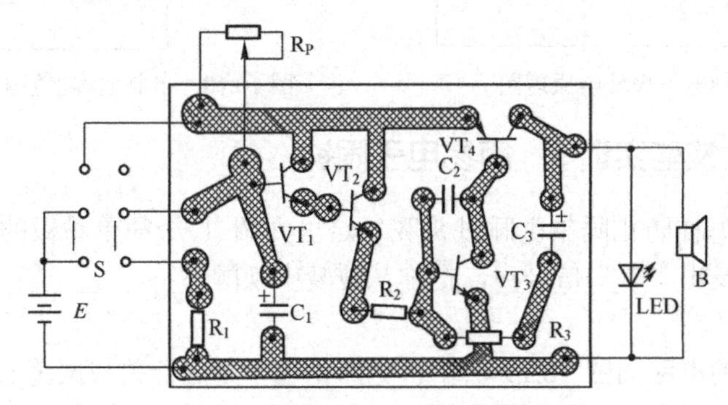

图 10.20　简易电子闹钟印制电路板图

参 考 文 献

[1] 清华大学电子学教研组. 模拟电子技术基础简明教程. 北京：高等教育出版社，1994.

[2] 康华光. 电子技术基础（第四版）. 北京：高等教育出版社，1999.

[3] 孙建设. 模拟电子技术. 北京：化学工业出版社，2002.

[4] 陶希平. 模拟电子技术基础. 北京：化学工业出版社，2001.

[5] 徐开友. 低频电子线路. 天津：天津大学出版社，2001.

[6] 高卫斌. 电子线路. 北京：电子工业出版社，2001.

[7] 韦建英. 模拟电子技术. 北京：中国人民大学出版社，2000.

[8] 黄俊，王兆安. 电力电子变流技术. 北京：机械工业出版社，1995.

[9] 刘树林，刘健. 开关变换器分析与设计. 北京：机械工业出版社, 2011.

[10] 沙占友等. 新型单片开关电源的设计与应用. 北京：电子工业出版社, 2001.

[11] 陈余寿. 电子技术实训指导. 北京：化学工业出版社，2001.

[12] 周美珍，陈昌彦. 电子技术基础实验与实习. 北京：中国水利水电出版社，2002.

[13] Wayne Wolf. Modern VLSI Design Systems on Silicon (Second Edition). 北京：科学出版社，2002.

[14] Timothy J.Maloney. Modern Industrial Electrinics (Fourth Edition). 北京：科学出版社，2002.

[15] 于卫 .模拟电子技术综合实训教程. 武汉：华中科技大学出版社，2013.

[16] 王维斌，王庭良. 模拟电子技术实验教程. 西安：西北工业大学出版社 2012.

[17] 翟丽芳. 模拟电子技术. 北京：机械工业出版社， 2011.

反侵权盗版声明

举报电话：（010）88254396；（010）88258888

传　　真：（010）88254397

E-mail：dbqq@phei.com.cn

通信地址：北京市海淀区万寿路173信箱

电子工业出版社总编办公室

邮　　编：100036